# CHEMINS DE FER DE L'OUEST.

## SERVICE DE L'ENTRETIEN ET DE LA SURVEILLANCE.

### Ligne de Paris au Havre

(Du kilomètre 8,700 au kilomètre 228.)

### Ligne de Malaunay à Dieppe.

(Du kilomètre 150 au kilomètre 200.)

### Ligne de Beuzeville à Fécamp.

(Du kilomètre 202 au kilomètre 221.)

# SÉRIE DES PRIX.

ROUEN

IMPRIMERIE DE E. CAGNIARD

RUES DE l'IMPÉRATRICE, 88, ET DES BASNAGE, 5.

1867.

# CHEMINS DE FER DE L'OUEST

*0029*

## SERVICE DE L'ENTRETIEN ET DE LA SURVEILLANCE

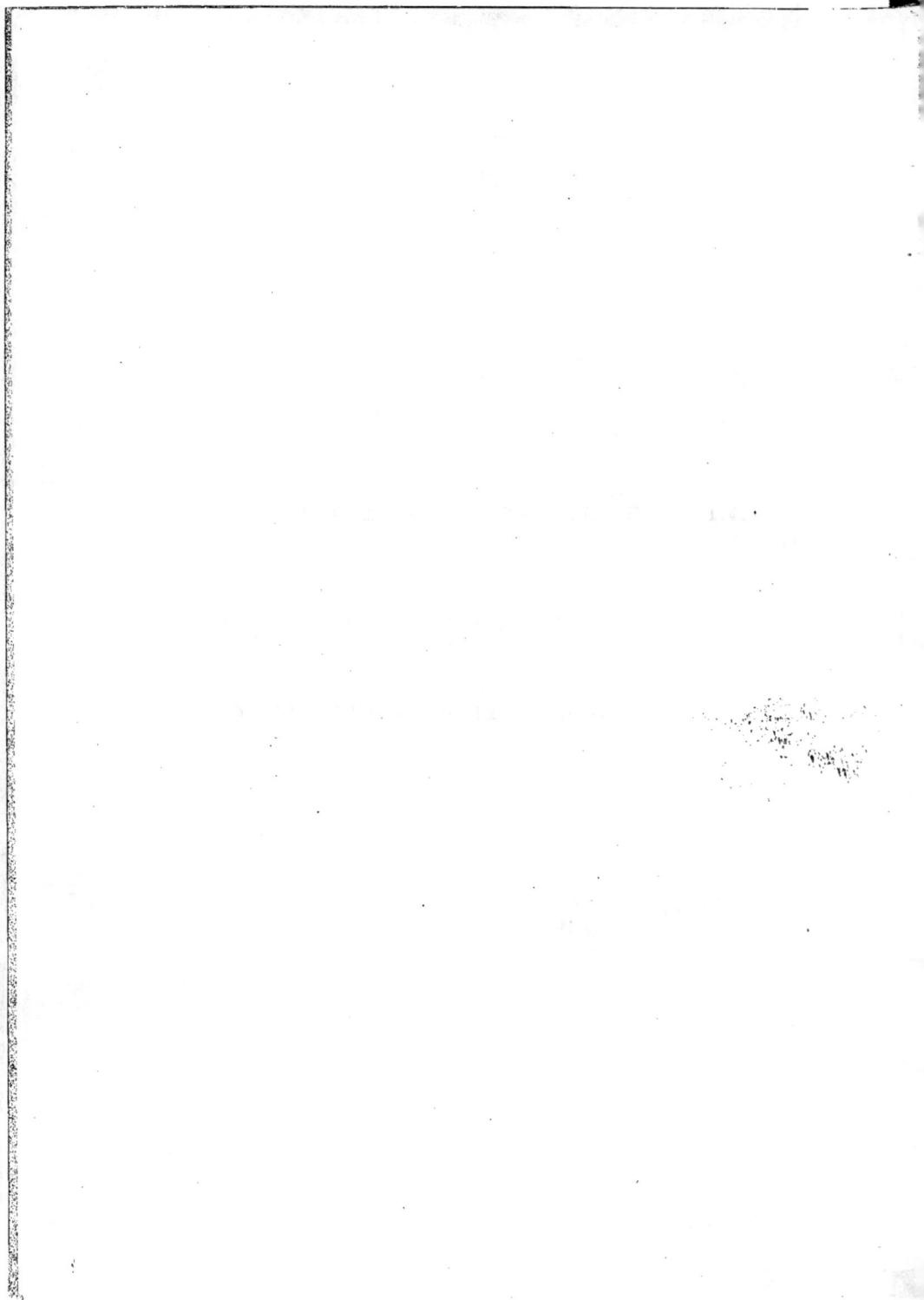

# CHEMINS DE FER DE L'OUEST.

## SERVICE DE L'ENTRETIEN ET DE LA SURVEILLANCE.

**Ligne de Paris au Havre**
(Du kilomètre 8,700 au kilomètre 228.)

**Ligne de Malaunay à Dieppe.**
(Du kilomètre 150 au kilomètre 200.)

**Ligne de Beuzeville à Fécamp.**
(Du kilomètre 202 au kilomètre 221.)

# SÉRIE DES PRIX.

ROUEN
IMPRIMERIE DE E. CAGNIARD
RUES DE L'IMPÉRATRICE, 88, ET DES BASNAGE, 5.

1867.

IMPRIMERIE E. CAGNIARD

ROUEN

## SERVICE DE L'ENTRETIEN ET DE LA SURVEILLANCE.

**LIGNE DE PARIS AU HAVRE,**
du kilomètre 8,700 au kil. 228 ;

**LIGNE DE MALAUNAY A DIEPPE,**
du kilomètre 150 au kil. 200 ;

**LIGNE DE BEUZEVILLE A FÉCAMP,**
du kilomètre 202 au kil. 221.

# SÉRIE DES PRIX.

| NUMÉROS | | DÉSIGNATION DES OUVRAGES. | PRIX |
|---|---|---|---|
| DU DEVIS. | DE LA SÉRIE. | | DE L'UNITÉ. |
| | | **CHAPITRE Ier.** | |
| | | Terrassements et Transports. | |
| | | Article 1er. — Prix élémentaires. | |
| | | **Heures de Travail effectif.** | |
| » | 1 | *Chef d'atelier*, cinquante centimes . . . . . . . . . . . . . . . | 0 f. 50 |
| » | 2 | *Terrassier* de 2{e} classe pour charger, rouler, régaler et pilonner, trente centimes | 0 30 |
| » | 3 | *Terrassier* de 1re classe pour piocher ou pour dresser les talus, trente-cinq centimes . . . . . . . . . . . . . . . . . . . . . . . | 0 35 |
| » | 4 | *Charretier* conduisant une voiture quelconque, trente-cinq centimes . . . . | 0 35 |
| » | 5 | *Tombereau* ou voiture quelconque, vingt centimes . . . . . . . . . | 0 20 |
| » | 6 | *Cheval* harnaché, soixante centimes . . . . . . . . . . . . . . | 0 60 |
| » | 7 | *Tombereau* ou voiture quelconque, attelé d'un cheval, y compris le salaire du charretier et l'entretien du véhicule, un franc quinze centimes. . . . . . . | 1 15 |

| NUMÉROS | | DÉSIGNATION DES OUVRAGES. | PRIX |
| DU DEVIS. | DE LA SÉRIE | | DE L'UNITÉ. |
|---|---|---|---|
| » | 8 | *Travaux* de nuit. Dans les travaux de nuit, l'heure d'ouvrier ou l'heure de cheval sera payée moitié en plus de l'heure du jour. <br> Les frais d'éclairage seront à la charge de l'entrepreneur. | |
| » | 9 | *Jardinier* élagueur, trente-cinq centimes. . . . . . . . . . . . . | 0 f. 35 |
| » | 10 | *Marinier*, le bateau étant compté à part, quarante centimes . . . . . . . | 0 40 |
| » | 11 | *Batelet* ordinaire muni de ses agrès, vingt centimes. . . . . . . . . | 0 20 |
| » | 12 | *Location* d'une pompe d'épuisement de 0.20 de diamètre avec 10ᵐ00 de tuyaux, quinze centimes . . . . . . . . . . . . . . . . . . . . . . . . . | 0 15 |
| | | (Quand la location sera de plus de quinze jours, elle sera diminuée du tiers.) | |

| NUMÉROS | | DÉSIGNATION DES OUVRAGES. | PRIX |
|---|---|---|---|
| DU DEVIS. | DE LA SÉRIE. | | DE L'UNITÉ. |

### ARTICLE 2me. — OUVRAGES EXÉCUTÉS.

| | | | |
|---|---|---|---|
| 7-9-10-12-13 | 21 | *Déblai* de toute nature pour fouille seulement : <br> Le mètre cube, quarante centimes . . . . . , . . . . | 0f 40 |
| do | 22 | *Déblai* de toute nature en rigole, jusqu'à 2m de largeur, pour fouille seulement : <br> Le prix du déblai sera augmenté de un cinquième. . . . . . . . . | 1/5 |
| 12 | 23 | NOTA. — Au-dessus de 2m00 de largeur, le déblai en rigole ne donnera lieu à aucune plus-value. | |
| 7-9-10-12-13 | 24 | *Reprise* de déblai de toute nature, déjà fouillé et mis en dépôt, pour fouille seulement : <br> Le mètre cube, vingt centimes . . . . . . . . . . . . , . . | 0 20 |
| do | 25 | *Déblai* en souterrain, dans l'embarras des étais ou des étrésillons : <br> Ces déblais seront payés, suivant le cas, aux prix ci-dessus, nos 21, 22 et 24, qui seront augmentés de un cinquième. . . . . . . . . . . . . . <br> NOTA. — Les étais ou les étrésillons ne seront jamais posés que quand ils seront reconnus nécessaires par l'agent de la Compagnie chargé de la surveillance des travaux. | 1/5 |
| » | 26 | *Chargement* en brouette ou en lory de déblai de toute nature : <br> Le mètre cube, quinze centimes . . . . . . . . . . . . . . | 0 15 |
| » | 27 | *Chargement* en tombereau ou en wagon de déblai de toute nature : <br> Le mètre cube, vingt-cinq centimes . . . . . . . . . . . . | 0 25 |
| » | 28 | *Jet* à la pelle, sur berge ou sur banquette, de déblai de toute nature, jusqu'à 3m00 de distance horizontale ou jusqu'à 1m60 de hauteur : <br> Le mètre cube . . . . . . . . . . . . . . . . | 0 15 |
| » | 28 bis. | *Déchargement* de déblai de toute nature de dedans le lory ou le wagon, y compris le nettoyage des voies : <br> Le mètre cube, vingt centimes . . . . . . . . . . . . . | 0 20 |
| 8 | 29 | *Régalage* au remblai ou au dépôt, de déblai de toute nature, par couches de 0m25 d'épaisseur : <br> Le mètre cube, cinq centimes. . . . . . . . . . . . . . | 0 05 |
| » | 30 | *Pilonnage* ordinaire de remblai par couches de 0m20 d'épaisseur : <br> Le mètre cube, quinze centimes . . . . . . . . . . . . . | 0 15 |

| NUMÉROS | | DÉSIGNATION DES OUVRAGES. | PRIX | |
|---|---|---|---|---|
| DU DEVIS. | DE LA SÉRIE. | | DE L'UNITÉ. | |
| » | 31 | *Pilonnage* soigné de remblai derrière les maçonneries, par couches de 0ᵐ10 d'épaisseur, les terres étant divisées, arrosées au besoin et fortement pilonnées : Le mètre cube, quarante centimes . . . . . . . . . . . . . | 0 ' | 40 |
| 8 | 32 | *Dressement* des surfaces de talus de déblai ou de remblai et des surfaces de quais avant la confection des aires : Le mètre superficiel, cinq centimes . . . . . . . . . . . . | 0 | 05 |
| 8 | 33 | *Dressement* de surface circulaire de remblai pour cintre en terre, y compris régalage, arrosage et pilonnage très soigné. Ce cintre en terre doit recevoir un enduit en plâtre qui est payé à part, ainsi que la masse du remblai : Le mètre superficiel, quatre-vingts centimes . . . . . . . . . | 0 | 30 |
| 11 | 34 | *Transport* à la brouette de déblai de toute nature, à une distance de 30ᵐ00 en plaine, ou de 20ᵐ00 en rampe de 0ᵐ10 par mètre : Le mètre cube, quinze centimes . . . . . . . . . . . . . . | 0 | 15 |
| | | *Transport* au tombereau de déblai de toute nature, en plaine ou en rampe : Le mètre cube, savoir : | | |
| 11 | 35 | 1° Pour la première distance de 100ᵐ00 en plaine ou en rampe de moins de 0ᵐ05 par mètre, et de 75ᵐ00 en rampe de 0ᵐ05 ou au-dessus, et y compris le prix du temps passé à la charge et à la décharge, quarante-cinq centimes . . . . . . | 0 | 45 |
| 11 | 36 | 2° Pour chaque distance en plus de 100ᵐ00 en plaine, ou de 75ᵐ00 en rampe de 0ᵐ05 par mètre, comme ci-dessus, dix centimes . . . . . . . . . . | 0 | 10 |
| 11 | 37 | *Transport* au tombereau, aux décharges publiques, de déblai de toute nature, y compris le prix du temps passé à la charge et à la décharge et l'indemnité pour dépôt de terre, s'il y a lieu : Le mètre cube . . . . . . . . . | » | » |
| » | 37 bis. | *Transport* de ballast en wagons et à la machine : Le 1ᵉʳ hectomètre 0 fr. 45 ; chaque hectomètre en plus 0 fr. 005. . . . . | mémoire | |
| » | 37 ter. | *Transport* de déblais en wagons et par chevaux : Le 1ᵉʳ hectomètre, 0 fr. 45 ; chaque hectomètre en plus, 0 fr. 005. . . . . | mémoire | |
| | | *Transport* au petit wagon ou lory, par des terrassiers, de déblai de toute nature en plaine ou en rampe, au-dessous de 0ᵐ05 par mètre : Le mètre cube, savoir : | | |
| 11 | 38 | 1° Pour la première distance de 100ᵐ00, trente-cinq centimes . . . . . . | 0 | 35 |
| 11 | 39 | 2° Pour chaque distance de 10ᵐ00 en plus, un centime. . . . . . . . | 0 | 01 |

| NUMÉROS | | DÉSIGNATION DES OUVRAGES. | PRIX |
| DU DEVIS. | DE LA SÉRIE. | | DE L'UNITÉ. |
|---|---|---|---|
| » | 40 | *Déblai* de sable ou de terre légère ne nécessitant pas l'emploi de la pioche, pour fouille seulement : <br> Le mètre cube, vingt centimes. . . . . . . . . . . . . | 0 ᶠ 20 |
| » | 41 | *Déblai* dans le calcaire dur, nécessitant l'emploi de la mine, de la pince ou du coin, pour fouille seulement : <br> Le mètre cube, quatre-vingt-dix centimes. . . . . . . . . . . | 0  90 |
| » | 42 | *Déblais* mouillés pour les fondations des ouvrages, soit en contre-bas du niveau où se tiendraient les eaux sans épuisements, les épuisements étant a la charge de la Compagnie. <br> Ces déblais seront payés suivant leur nature, augmentés de un cinquième  . . | 1/5 |
| » | 43 | *Essartage* horizontal ou en talus : <br> Le mètre superficiel est estimé cinq centimes . . . . . . . . . | 0  05 |
| » | 44 | *Ensemencement* en ray-grass, trèfle, luzerne ou sainfoin, de talus de remblai ou de déblai, y compris la fourniture des graines, le règlement parfait des surfaces et l'ensemencement à nouveau des parties mal venues : <br> Le mètre superficiel, dix centimes . . . . . . . . . . . . | 0  10 |
| » | 45 | *Revêtement* en gazon posé à plat, de 0ᵐ10 d'épaisseur, y compris l'indemnité du dégazonnement au propriétaire du terrain, le piquetage, l'arrosage et l'entretien jusqu'à réception, mais non compris le transport, qui sera payé à part aux prix des numéros : <br> Le mètre superficiel est estimé soixante-dix centimes . . . . . . . <br> Nota. — Lorsque le gazon sera extrait du terrain de la Compagnie, le prix ci-dessus sera diminué de 0 fr. 15. <br> Le piquetage entre pour 0 fr. 10 dans le prix de 0 fr. 70. Ce prix sera réduit en conséquence lorsque le piquetage ne sera pas demandé. | 0  70 |
| » | 46 | *Revêtement* en gazon posé par assises, normalement au plan du talus, y compris l'indemnité du dégazonnement au propriétaire du terrain, le piquetage, l'arrosage et l'entretien jusqu'à la réception, mais non compris le transport, qui sera payé à part aux prix des numéros 34, 35, 36 et 37 : <br> Le mètre superficiel est estimé un franc vingt-cinq centimes . . . . . <br> Nota. — Lorsque le gazon sera extrait du terrain de la Compagnie, le prix ci-dessus sera diminué de 0 fr. 30. <br> Le piquetage entre pour 0 fr. 15 dans le prix de 1 fr. 25 ; ce dernier prix sera réduit en conséquence lorsque le piquetage ne sera pas demandé. | 1  25 |
| » | 47 | *Revêtement* en terre végétale par couches de 0ᵐ15 d'épaisseur, appliquées sur les talus de remblai ou de déblai, y compris le règlement des talus, mais non compris le prix du transport de la terre, qui sera payé aux prix des numéros 34, 35, 36 et 37 : <br> Le mètre superficiel est estimé quarante centimes . . . . . . . . <br> Nota. — Lorsque la terre sera extraite d'un terrain appartenant à la Compagnie, le prix ci-dessus sera diminué de 0 fᶜ 10. | 0  40 |

| NUMÉROS | | DÉSIGNATION DES OUVRAGES. | PRIX |
|---|---|---|---|
| DU DEVIS. | DE LA SÉRIE. | | DE L'UNITÉ. |
| » | 48 | *Haie* vive en épine blanche, à dix plants par mètre et sur un seul rang.<br>Le mètre linéaire est estimé, savoir :<br>1° Pour une longueur de haie supérieure à 500 mètres, trente-cinq centimes . . | 0 ʳ 35 |
| | | DÉTAIL.<br>Défonçage du terrain sur 0ᵐ80 de largeur et 0ᵐ50 de profondeur. . . . 0 fr. 15<br>Fourniture de dix plants, à 7 fr. le mille . . . . . . . . . 0 07<br>Plantation . . . . . . . . . . . . . . . . . . . . 0 08<br>Entretien pendant un an, y compris quatre binages, deux tailles et le remplacement des plants morts . . . . . . . . . . . . 0 05<br>       Total . . . . . . 0 fr. 35<br>2° Pour une longueur de haie de 500 mètres et au-dessous.<br>Le prix ci-dessus sera augmenté de 1/5ᵉ, soit. . . . . . . . . . | 0 42 |
| » | 49 | *Déplantation* et mise en jauge de haie vive.<br>Le mètre linéaire est estimé, savoir :<br>1° Pour une longueur de haie supérieure à 500 mètres . . . . . . . | 0 10 |
| | | DÉTAIL.<br>Recepage des plants à 0ᵐ05 au-dessus du sol . . . . . . . . 0 fr. 03<br>Déplantation, taille des racines et mise en jauge . . . . . . . 0 07<br>       Total . . . . . . 0 fr. 10<br>NOTA. — Dans le cas où la haie n'étant pas destinée à être replantée, ne serait que simplement arrachée, sans recepage, etc., le mètre linéaire ne serait payé que 0 fr. 05.<br>2° Pour une longueur de haie de 500 mètres ou au-dessous.<br>Le prix ci-dessus sera augmenté de 1/5ᵉ, soit. . . . . . . . . . | 0 12 |

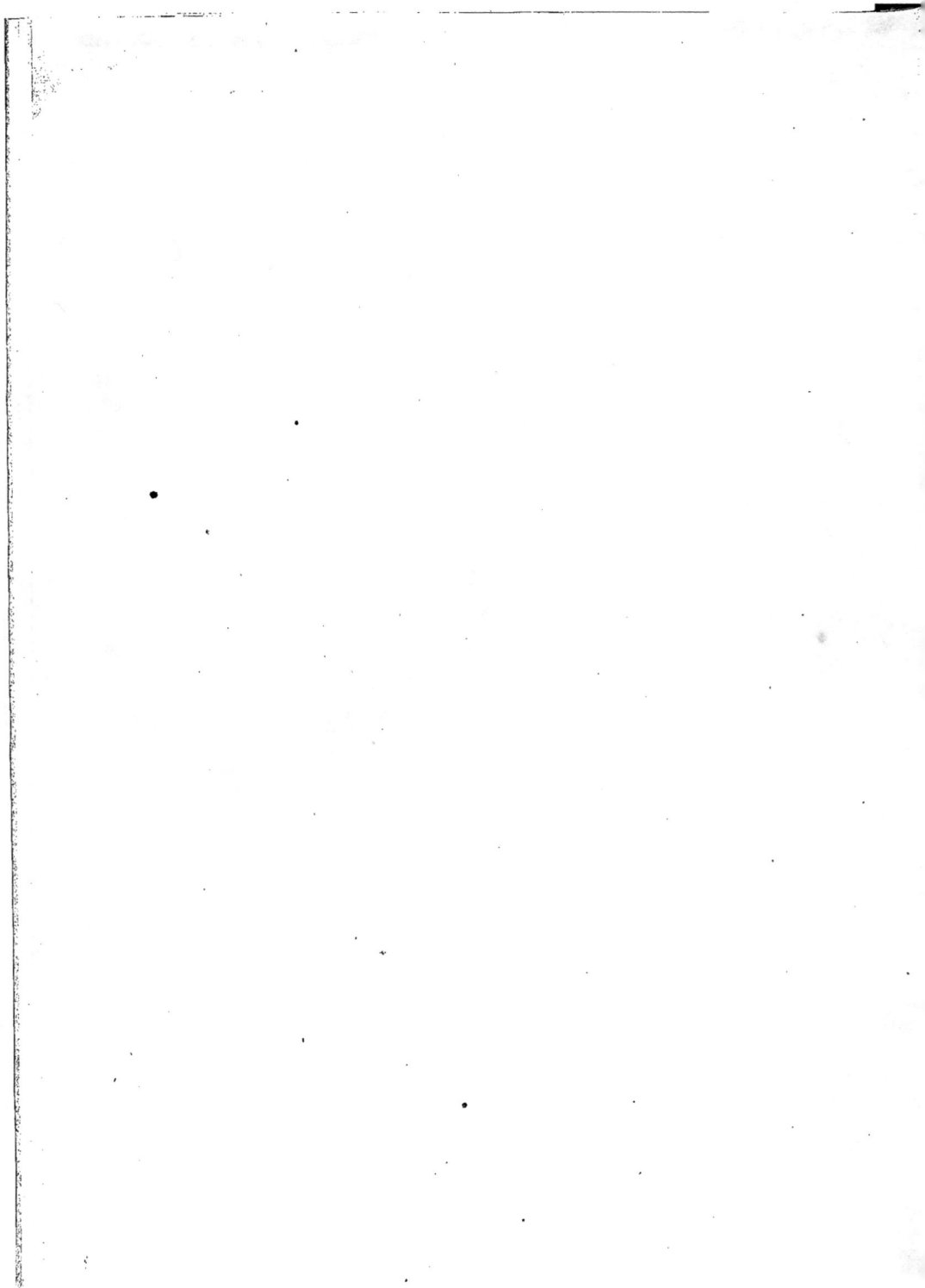

| NUMÉROS | | DÉSIGNATION DES OUVRAGES. | PRIX | |
|---|---|---|---|---|
| DU DEVIS. | DE LA SÉRIE. | | DE L'UNITÉ. | |

## CHAPITRE II.

## Pavages. — Bordures de trottoirs. — Empierrements.

### ARTICLE 1er — PRIX ÉLÉMENTAIRES.

#### § Ier. — Heures de travail effectif.

| | | | | |
|---|---|---|---|---|
| » | 51 | *Chef d'atelier*, cinquante centimes. . . . . . . . . . . . . . | 0 | 50 |
| » | 52 | *Compagnon* paveur ou dresseur, piqueur de grès, quarante-cinq centimes . . | 0 | 45 |
| » | 53 | *Garçon* paveur, terrassier, trente-cinq centimes. . . . . . . . . . | 0 | 35 |
| » | 54 | *Charretier* conduisant une voiture quelconque, trente-cinq centimes. . . . | 0 | 35 |
| » | 55 | *Tombereau* ou voiture quelconque, vingt centimes. . . . . . . . . | 0 | 20 |
| »· | 56 | *Cheval* avec harnais, soixante centimes. . . . . . . . . . . . | 0 | 60 |
| » | 57 | *Tombereau* ou voiture quelconque, attelée d'un cheval, y compris le salaire du charretier et l'entretien du véhicule, un franc quinze centimes. . . . . . . | 1 | 15 |
| » | 58 | *Gardien.* — Heure de jour, vingt centimes. . . . . . . . . . | 0 | 20 |
| » | 59 | *Gardien.* — Heure de nuit, vingt-cinq centimes. . . . . . . . . | 0 | 25 |
| » | 60 | *Travaux* de nuit. Dans les travaux de nuit, l'heure d'ouvrier sera payée moitié en plus de l'heure de jour, y compris les frais d'éclairage. | | |

| NUMÉROS | | DÉSIGNATION DES OUVRAGES. | PRIX |
| DU DEVIS. | DE LA SÉRIE. | | DE L'UNITÉ. |
|---|---|---|---|
| | | **§ II. — *Matériaux rendus à pied d'œuvre, rangés ou emmétrés.*** | |
| | | *Pavés* en grès provenant des carrières de la Crique pour Rouen, de Saint-Valery pour le Havre et Dieppe. | |
| | | Chaque pavé, savoir : | |
| | | 1° PAVÉS CUBIQUES. | |
| | | Pavé de 0ᵐ 225 sur les trois dimensions. | |
| 21, 22, 23 | 71 | De 1ᵉʳ choix, cinquante centimes. . . . . . . . . . . . | 0 f. 50 |
| | | Pavé de 0ᵐ 19 sur les trois dimensions. | |
| 21, 22, 23 | 72 | De 1ᵉʳ choix, trente-cinq centimes. . . . . . . . . . . | 0 35 |
| | | Pavé de 0ᵐ 16 sur les trois dimensions. | |
| 21, 22, 23 | 73 | De 1ᵉʳ choix, vingt-cinq centimes. . . . . . . . . . . | 0 25 |
| | | 2° PAVÉS MÉPLATS. | |
| | | Pavé de 0ᵐ 19 × 0ᵐ 19 × 0ᵐ 10. | |
| 21, 22, 23 | 74 | De 1ᵉʳ choix, vingt centimes. . . . . . . . . . . . | 0 20 |
| | | Pavé de 0ᵐ 16 × 0ᵐ 16 × 0ᵐ 08. | |
| 21, 22, 23 | 75 | De 1ᵉʳ choix, dix-sept centimes. . . . . . . . . . . | 0 17 |
| | | Pavé de 0ᵐ 14 × 0ᵐ 14 × 0ᵐ 07. | |
| 21, 22, 23 | 76 | De 1ᵉʳ choix, quinze centimes. . . . . . . . . . . . | 0 15 |
| | | *Pavés* en grès dur, de première qualité, provenant des carrières d'Epernon. | |
| | | Chaque pavé, savoir : | |
| | | PAVÉS CUBIQUES. | |
| 21, 22, 23 | 77 | Pavé de 0ᵐ 225 sur les trois dimensions, cinquante centimes. . . . . . . | 0 50 |
| 21, 22, 23 | 78 | Pavé de 0ᵐ 19 sur les trois dimensions, trente-deux centimes . . . . . . | 0 32 |
| 21, 22, 23 | 79 | Pavé de 0ᵐ 16 sur les trois dimensions, vingt-trois centimes. . . . . . . | 0 23 |
| | | *Pavés* en grès provenant des carrières de Fontainebleau. | |
| | | Chaque pavé, savoir : | |
| | | Pavés, dits gros pavés cubiques, de 0ᵐ 225 sur les trois dimensions. | |
| 21, 22, 23 | 80 | En pierre de roche, cinquante centimes. . . . . . . . . . . | 0 50 |
| 21, 22, 23 | 81 | En pierre franche, quarante centimes. . . . . . . . . . . | 0 40 |
| | | *Pavés* dits bâtards cubiques, de 0ᵐ 185 en moyenne sur les trois dimensions. | |
| 21, 22, 23 | 82 | En pierre de roche, trente centimes. . . . . . . . . . . | 0 30 |
| 21, 22, 23 | 83 | En pierre franche, vingt-cinq centimes. . . . . . . . . : . | 0 25 |

| NUMÉROS | | DÉSIGNATION DES OUVRAGES. | PRIX |
|---|---|---|---|
| DU DEVIS. | DE LA SÉRIE. | | DE L'UNITÉ. |
| 21, 22, 23 | 84 | *Boutisses* pour pavés de toutes sortes : Les boutisses seront payées aux prix des pavés, mais proportionnellement à leur cube. Ainsi une boutisse de même nature et de même épaisseur que le pavé du n° 71, et ayant une fois et demie la longueur et par conséquent une fois et demie le cube de ce pavé, sera payée une fois et demie le prix de celui-ci, soit 0 fr. 55 $+ \frac{0 \text{ fr. } 55}{2} = 0 \text{ } 825.$ | |
| 21, 22, 23 | 85 | *Pavés* refendus pour chaussées, trottoirs, etc. On ne refendra que les pavés en pierre franche. On comptera 20 pavés de déchet pour 1,000 pavés refendus, qui produiront, par conséquent, 1,980 pavés, déduction faite du cinquantième de déchet. | |
| 21, 22, 23 | 86 | *Refente* de pavés en pierre franche de 0ᵐ 225 ou de 0ᵐ 185. La refente d'un pavé (déchet compris), quatre centimes. . . . . . . . En sorte que le demi-pavé reviendra à 0 fr. 02 pour la refente. | 0 f. 04 |
| 21, 22, 23 | 87 | *Pavés* refendus de 0ᵐ 23 en pierre franche de Fontainebleau. Chaque pavé, vingt-deux centimes. . . . . . . . . . . . . | 0 22 |
| 21, 22, 23 | 88 | *Pavés* refendus de 0ᵐ 185, en pierre franche de Fontainebleau. Chaque pavé, quinze centimes. . . . . . . . . . . . . *Bordures* de trottoirs en grès, droites ou circulaires, provenant des carrières d'Epernon. Le mètre linéaire, savoir : De 0ᵐ 40 sur 0ᵐ 20, | 0 15 |
| 24, 32 | 89 | Brutes, six francs. . . . . . . . . . . . . . . . . | 6 00 |
| 24, 32 | 90 | Smillées, sept francs. . . . . . . . . . . . . . . | 7 00 |
| 24, 32 | 91 | Piquées entre ciselures, huit francs. . . . . . . . . . . . De 0ᵐ 35 sur 0ᵐ 15, | 8 00 |
| 24, 32 | 92 | Brutes, cinq francs. . . . . . . . . . . . . . . . | 5 00 |
| 24, 32 | 93 | Smillées, six francs. . . . . . . . . . . . . . . . | 6 00 |
| 24, 32 | 94 | Piquées entre ciselures, sept francs. . . . . . . . . . . . *Bordures* droites de trottoirs, en granit piqué, provenant des carrières de Vire, de Sainte-Honorine ou de Dielette-Flamanville. Le mètre linéaire : | 7 00 |
| 25, 32 | 95 | De 0ᵐ 30 de hauteur sur 0ᵐ 30 de largeur, quinze francs . . . . . . | 15 00 |
| 25, 32 | 96 | De 0ᵐ 30 — 0ᵐ 24 — treize francs. . . . . . . . | 13 00 |
| 25, 32 | 97 | De 0ᵐ 30 — 0ᵐ 18 — dix francs. . . . . . . . | 10 00 |
| 25, 33 | 98 | *Bordures* circulaires en granit, des mêmes carrières que ci-dessus, mesurées sur leur plus grand développement. Le mètre linéaire aux prix ci-dessus augmentés de un tiers . . . . . . | 1/3 |

| NUMÉROS | | DÉSIGNATION DES OUVRAGES. | PRIX |
| DU DEVIS. | DE LA SÉRIE. | | DE L'UNITÉ. |
|---|---|---|---|
| 27 | 99 | *Pierre* cassée à l'anneau de $0^m$ 06 de diamètre. | |
| | | Le mètre cube : | |
| | | Porphyre de Falaise (Calvados), dit Macadam de Caen ou de Vitré (Ille-et-Vilaine), trente francs. . . . . . . . . . . . . . . . . . . | 30 f. 00 |
| 27 | 100 | Meulière blanche, compacte, d'Epône, sept francs. . . . . . . . . | 7  00 |
| 27 | 101 | Caillou cassé, six francs . . . . . . . . . . . . . . . | 6  00 |
| 27 | 102 | *Caillou* siliceux non cassé, pouvant passer par l'anneau de $0^m$ 06 de diamètre. | |
| | | Le mètre cube, cinq francs. . . . . . . . . . . . . . | 5  00 |
| 26 | 103 | *Sable* de rivière passé à la claie. | |
| | | Le mètre cube, six francs. . . . . . . . . . . . . . . | 6  00 |
| 26 | 104 | *Sable* de plaine, très pur, passé à la claie. | |
| | | Le mètre cube, quatre francs cinquante centimes. . . . . . . . | 4  50 |
| | | *Chaux* hydraulique artificielle de Senonches, de la Mancellière, de Maromme ou du Havre. (La chaux de la Mancellière est livrée en poudre.) | |
| | | Le mètre cube : | |
| 26 | 105 | Vive en pierre, trente-cinq francs. . . . . . . . . . . . | 35  00 |
| 26 | 106 | Eteinte en poudre, vingt-deux francs. . . . . . . . . . | 22  00 |
| 26 | 107 | Eteinte en pâte, vingt-huit francs. . . . . . . . . . . | 28  00 |
| » | 108 | *Salpêtre.* | |
| | | Le mètre cube, huit francs. . . . . . . . . . . . . . | 8  00 |

| NUMÉROS | | DÉSIGNATION DES OUVRAGES. | PRIX |
|---|---|---|---|
| DU DEVIS. | DE LA SÉRIE. | | DE L'UNITÉ. |

ARTICLE 2. — OUVRAGES EXÉCUTÉS.

§ 1er. — *Ouvrages en matériaux neufs.*

| | | | |
|---|---|---|---|
| 28 | 121 | *Mortier* hydraulique, composé d'une partie de chaux hydraulique éteinte en poudre et de deux parties de sable de rivière, ou de deux parties de chaux hydraulique en pâte pour cinq parties de sable de rivière.<br>Le mètre cube, dix-sept francs soixante centimes. . . . . . . . | 17 f. 60 |
| » | 122 | *Béton* composé de cinq parties de mortier hydraulique et de huit parties de cailloux siliceux.<br>Le mètre cube, dix-sept francs vingt-cinq centimes . . . . . . . | 17  25 |

## Pavages en grès des vallées de l'Yvette, de la Juine ou de l'Oise

| | | | |
|---|---|---|---|
| | | *Chaussées*, caniveaux, ruisseaux, etc. en pavés cubiques de 0m 225, à joints de 0m 015 de large, sur forme de sable de 0m 15 d'épaisseur.<br>Le mètre superficiel : | |
| 29, 30, 35 | 123 | En pavés de premier choix du n° 71, onze francs cinquante-cinq centimes. . . | 11  55 |
| | | *Chaussées*, caniveaux, ruisseaux, etc., en pavés cubiques de 0m 19, à joints de 0m 015 de large, sur forme de sable de 0m 15 d'épaisseur.<br>Le mètre superficiel : | |
| 29, 30, 35 | 124 | En pavés de premier choix du n° 72, dix francs trente centimes. . . . . | 10  30 |
| | | *Chaussées*, caniveaux, ruisseaux, etc., en pavés cubiques de 0m 16, à joints de 0m 015 de large, sur forme de sable de 0m 15 d'épaisseur.<br>Le mètre superficiel : | |
| 29, 30, 35 | 125 | En pavés de premier choix du n° 73, dix francs vingt centimes . . . . . | 10  20 |
| | | *Chaussées*, caniveaux, ruisseaux, trottoirs, etc., en pavés méplats de 0m 19 × 0m 19 × 0m 10, à joints de 0m 015 de large, sur forme de sable de 0m 15 d'épaisseur.<br>Le mètre superficiel : | |
| 29, 30, 35 | 126 | En pavés de premier choix du n° 74, six francs cinquante centimes. . . . | 6  50 |
| | | *Chaussées*, caniveaux, ruisseaux, trottoirs, etc., en pavés méplats de 0m 16 × 0m 16 × 0m 08, à joints de 0m 015 de large, sur forme de sable de 0m 15 d'épaisseur.<br>Le mètre superficiel : | |
| 29, 30, 35 | 127 | En pavés de premier choix du n° 75, sept francs trente centimes. . . . . | 7  30 |

| NUMÉROS | | DÉSIGNATION DES OUVRAGES. | PRIX |
| DU DEVIS. | DE LA SÉRIE. | | DE L'UNITÉ. |
|---|---|---|---|
| | | *Chaussées*, caniveaux, ruisseaux, trottoirs, etc., en pavés méplats de $0^m 14 \times$ $0^m 14 \times 0^m 07$, à joints de $0^m 015$ de large, sur forme de sable de $0^m 15$ d'épaisseur. | |
| | | Le mètre superficiel : | |
| 29, 30, 35 | 128 | En pavés de premier choix du n° 76, huit francs. . . . . . . . . | 8 f. 00 |
| | | **Pavages en grès d'Epernon.** | |
| | | *Chaussées*, caniveaux, ruisseaux, etc., en pavés cubiques, à joints de $0^m 015$ de large, sur forme de sable de $0^m 15$ d'épaisseur. | |
| | | Le mètre superficiel, savoir : | |
| 29, 30, 35 | 129 | 1° En pavés de $0^m 225$ sur les trois dimensions, dix francs soixante-dix centimes. | 10  70 |
| 29, 30, 35 | 130 | 2° En pavés de $0^m 19$ sur les trois dimensions, neuf francs soixante centimes. . | 9  60 |
| 29, 30, 35 | 131 | 3° En pavés de $0^m 16$ sur les trois dimensions, neuf francs cinquante centimes. | 9  50 |
| | | **Pavages en grès de Fontainebleau** | |
| | | *Chaussées*, caniveaux, ruisseaux, etc., en pavés cubiques dits gros pavés, de $0^m 225$, à joints de $0^m 015$ de large, sur forme de sable de $0^m 15$ d'épaisseur. | |
| | | Le mètre superficiel : | |
| 29, 30, 35 | 132 | 1° En pierre de roche, dix francs soixante-dix centimes . . . . . . . | 10  70 |
| 29, 30, 35 | 133 | 2° En pierre franche, neuf francs. . . . . . . . . . . . . | 9  00 |
| | | *Chaussées*, caniveaux, ruisseaux, etc., en pavés cubiques dits bâtards, de $0^m 185$ en moyenne, à joints de $0^m 015$ de large, sur forme de sable de $0^m 15$ d'épaisseur. | |
| | | Le mètre superficiel, savoir : | |
| 29, 30, 35 | 134 | 1° En pierre de roche, neuf francs quinze centimes. . . . . . . . | 9  15 |
| 29, 30, 35 | 135 | 2° En pierre franche, sept francs soixante-cinq centimes. . . . . . . | 7  65 |
| 29, 30, 35 | 136 | *Chaussées*, trottoirs, etc., en pavés refendus de $0^m 225$ sur le dessus et de $0^m 10$ à $0^m 11$ d'épaisseur, à joints de $0^m 015$ de large, sur forme de sable de $0^m 15$ d'épaisseur. | |
| | | Le mètre superficiel, cinq francs cinquante centimes. . . . . . . | 5  50 |
| 29, 30, 35 | 137 | *Chaussées*, trottoirs, etc., en pavés refendus de $0^m 185$ sur le dessus et de $0^m 08$ à $0^m 09$ d'épaisseur, à joints de $0^m 015$ de large, sur forme de sable de $0^m 15$ d'épaisseur. | |
| | | Le mètre superficiel, cinq francs vingt-cinq centimes. . . . . . . | 5  25 |
| 35 | 138 | Nota. — Le déblai de l'encaissement est compris pour 0 fr. 20 dans le prix du pavage ; le transport de ce déblai sera compté aux prix indiqués à la série des terrassements (chapitre I^er). La profondeur de l'encaissement comprend la hauteur de la forme, en sable, du pavage. | |

| NUMÉROS | | DÉSIGNATION DES OUVRAGES. | PRIX |
|---|---|---|---|
| DU DEVIS. | DE LA SÉRIE | | DE L'UNITÉ. |
| | | Lorsque la forme en sable aura plus ou moins de 0<sup>m</sup> 15 d'épaisseur, on augmentera ou l'on diminuera le prix, suivant le cube du sable, mais le prix de la main-d'œuvre restera le même. | |
| | | Cette observation s'applique à tous les pavages. | |
| | | **Plus-value pour les prix de pavage.** | |
| | | *Plus-value* pour emploi de mortier en chaux hydraulique et sable, en remplacement du sable, la forme de sable ayant 0<sup>m</sup> 12 au lieu de 0<sup>m</sup> 15 d'épaisseur, les pavés étant posés sur un lit de mortier de 0<sup>m</sup> 03 d'épaisseur et les joints étant garnis en même mortier. | |
| 31, 35 | 139 | Pour le pavage en pavés entiers des n<sup>os</sup> 123, 124, 125, un franc. . . . . | 1 f. 00 |
| 31, 35 | 140 | Pour le pavage en pavés refendus des n<sup>os</sup> 126, 127 et 128, soixante-dix centimes. . . . . . . . . . . . . . . . | 0 70 |
| » | 141 | *Plus-value* pour pavage de nature quelconque, fait entre les rails de voies ou d'entrevoies, jusqu'à 3<sup>m</sup> 00 de largeur seulement. | |
| | | Le mètre superficiel, vingt-cinq centimes. . . . . . . . . . | 0 25 |

## Bordures de trottoirs. — Bouches d'égout.

| | | | |
|---|---|---|---|
| 32, 35 | 142 | *Bordures* de trottoirs en grès smillé de 0<sup>m</sup> 40 sur 0<sup>m</sup> 20, posées sur couche de sable de 0<sup>m</sup> 15 de hauteur. | |
| | | Le mètre linéaire, sept francs cinquante centimes. . . . . . . . | 7 50 |
| 32, 35 | 143 | *Bordures* de trottoirs en grès piqué entre ciselures, de 0<sup>m</sup> 40 sur 0<sup>m</sup> 20, posées sur couche de sable de 0<sup>m</sup> 12 de hauteur, recouverte d'un lit de mortier de 0<sup>m</sup> 03 d'épaisseur, en chaux hydraulique et sable avec joints en même mortier. | |
| | | Le mètre linéaire, huit francs soixante-quinze centimes. . . . . . | 8 75 |
| 32, 35 | 144 | *Bordures* de trottoirs en grès smillé, de 0<sup>m</sup> 35 sur 0<sup>m</sup> 15, posées sur couche de sable de 0<sup>m</sup> 15 de hauteur. | |
| | | Le mètre linéaire, six francs cinquante centimes. . . . . . . . | 6 50 |
| 32, 35 | 145 | *Bordures* de trottoirs en grès piqué entre ciselures, de 0<sup>m</sup> 35 sur 0<sup>m</sup> 15, posées sur couche de sable de 0<sup>m</sup> 12 de hauteur, recouverte d'un lit de mortier de 0<sup>m</sup> 03 d'épaisseur, en chaux hydraulique et sable, avec joints en même mortier. | |
| | | Le mètre linéaire, sept francs soixante-quinze centimes. . . . . . | 7 75 |
| | | *Bordures* droites de trottoirs en granit, posées sur massifs en maçonnerie. | |
| | | Le mètre linéaire, savoir : | |
| 32, 34, 35 | 146 | De 0<sup>m</sup> 30 sur 0<sup>m</sup> 30, dix-sept francs cinquante centimes. . . . . . . . | 17 50 |
| 32, 34, 35 | 147 | De 0<sup>m</sup> 30 sur 0<sup>m</sup> 24, quinze francs cinquante centimes. . . . . . . . | 15 50 |
| 32, 34, 35 | 148 | De 0<sup>m</sup> 30 sur 0<sup>m</sup> 18, douze francs cinquante centimes. . . . . . . . | 12 50 |

| NUMÉROS | | DÉSIGNATION DES OUVRAGES. | PRIX |
|---|---|---|---|
| DU DEVIS. | DE LA SÉRIE. | | DE L'UNITÉ. |

| | | | |
|---|---|---|---|
| | | *Bordures* circulaires de trottoirs en granit, posées sur massifs en maçonnerie. | |
| | | Le mètre linéaire, savoir : | |
| 33, 34, 35 | 149 | De 0$^m$ 30 sur 0$^m$ 30, vingt-deux francs cinquante centimes . . . . . . . | 22  50 |
| 33, 34, 35 | 150 | De 0$^m$ 30 sur 0$^m$ 24, dix-neuf francs quatre-vingts centimes . . . . . . . | 19  80 |
| 33, 34, 35 | 151 | De 0$^m$ 30 sur 0$^m$ 18, quinze francs quatre-vingts centimes . . . . . . | 15  80 |
| 35 | 152 | NOTA. — Le déblai total de l'encaissement entre pour 0 fr. 15 dans le prix des bordures, le transport de ce déblai sera payé aux prix indiqués à la série des terrassements (chapitre I$^{er}$.) | |
| | | *Bouches* en granit sous trottoirs, modèle de la ville de Paris, pour fourniture et pose et jointoiement en ciment hydraulique de Pouilly ou de Vassy. | |
| | | Chaque bouche, savoir : | |
| » | 153 | Grand modèle de 1$^m$ 80 de longueur et de 1$^m$ 20 d'ouverture. { Couronnement de 0$^m$ 30 sur 0$^m$ 30. . . . 42 fr. » » / Bavette de 0$^m$ 30 sur 0$^m$ 30. . . . . 38 » » | 80  00 |
| » | 154 | Grand modèle de 1$^m$ 80 de longueur et de 1$^m$ 20 d'ouverture. { Couronnement de 0$^m$ 24 sur 0$^m$ 30. . . . 39 » » / Bavette de 0$^m$ 24 sur 0$^m$ 30 . . . . . 31 » » | 70  00 |
| » | 155 | Petit modèle de 1$^m$ 30 de longueur et de 0$^m$ 70 d'ouverture. { Couronnement de 0$^m$ 30 sur 0$^m$ 30. . . . 33 » » / Bavette de 0$^m$ 30 sur 0$^m$ 30. . . . . 27 » » | 60  00 |
| » | 156 | Petit modèle de 1$^m$ 30 de longueur et de 0$^m$ 70 d'ouverture. { Couronnement de 0$^m$ 24 sur 0$^m$ 30. . . . 27 » » / Bavette de 0$^m$ 24 sur 0$^m$ 30. . . . . 23 » » | 50  00 |
| | | **Chaussées d'empierrement.** | |
| | | *Chaussée* en caillou porphyrique dit macadam de Caen, cassé à l'anneau de 0$^m$ 06 de diamètre. | |
| | | Le mètre superficiel, savoir : | |
| 36, 37 | 157 | 1° Pour chaussée de 0$^m$ 20 d'épaisseur comportant l'emploi de 0$^m$ 25 de pierre cassée et de 0$^m$ 05 de sable pour matière d'agrégation, huit francs vingt centimes. . | 8  20 |
| 36, 37 | 158 | 2° Pour chaque centimètre d'épaisseur en plus ou en moins comportant l'emploi de 0$^m$ 0125 de pierre cassée, quarante centimes. . . . . . . . . . . . | 0  40 |
| | | *Chaussée* en meulière, cassée à l'anneau de 0$^m$ 06 de diamètre. | |
| | | Le mètre superficiel, savoir : | |
| 36, 37 | 159 | 1° Pour chaussées de 0$^m$ 20 d'épaisseur comme ci-dessus n° 157, deux francs vingt-cinq centimes. . . . . . . . . . . . . . . . . . | 2  25 |
| 36, 37 | 160 | 2° Pour chaque centimètre d'épaisseur en plus ou en moins comme ci-dessus n° 158, douze centimes. . . . . . . . . . . . . . | 0  12 |

| NUMÉROS | | DÉSIGNATION DES OUVRAGES. | PRIX |
|---|---|---|---|
| DU DEVIS. | DE LA SÉRIE. | | DE L'UNITÉ. |
| | | *Chaussée* en caillou cassé à l'anneau de 0<sup>m</sup> 06 de diamètre. | |
| | | Le mètre superficiel, savoir : | |
| 36, 37 | 161 | 1° Pour chaussée de 0<sup>m</sup> 20 d'épaisseur, comme ci-dessus n° 157, deux francs. | 2 f. 00 |
| 36, 37 | 162 | 2° Pour un centimètre d'épaisseur en plus ou en moins, comme au n° 158, onze centimes. . . . . . . . . . . . . . . . . . . . | 0 11 |
| | | *Chaussée* en caillou siliceux non cassé, pouvant passer par l'anneau de 0<sup>m</sup> 06 de diamètre. | |
| | | Le mètre superficiel, savoir : | |
| 36, 37 | 163 | 1° Pour chaussée de 0<sup>m</sup> 20 d'épaisseur comme au n° 157, un franc soixante-quinze centimes. . . . . . . . . . . . . . . . . | 1 75 |
| 36, 37 | 164 | 2° Pour un centimètre d'épaisseur en plus ou en moins, comme au n° 158, dix centimes. . . . . . . . . . . . . . . . . . | 0 10 |
| | | *Cylindrage* de chaussée d'empierrement, y compris l'arrosage s'il est nécessaire. | |
| | | Le mètre superficiel, savoir : | |
| 36, 37 | 165 | 1° Pour chaussée de 0<sup>m</sup> 15 d'épaisseur ou au-dessus, quarante centimes . . | 0 40 |
| 36, 37 | 166 | 2° Pour chaussée de moins de 0<sup>m</sup> 15 d'épaisseur, trente centimes. . . . . | 0 30 |
| 37 | 167 | NOTA. — Le déblai de l'encaissement avec transport à 90 mètres est compris dans le prix de la chaussée pour 0 fr. 25 ; le transport de ce déblai au-delà de 90 mètres sera compté aux prix indiqués à la série des terrassements (chapitre I<sup>er</sup>.) | |

| NUMÉROS | | DÉSIGNATION DES OUVRAGES. | PRIX |
| DU DEVIS. | DE LA SÉRIE. | | DE L'UNITÉ. |
|---|---|---|---|
| | | **§ II. — *Ouvrages en matériaux vieux, déblais, transports.*** | |
| 29 | 201 | *Dépose* de pavage, sans transport. <br> Le mètre superficiel, dix centimes. . . . . . . . . . . . | 0 f. 10 |
| | | *Démolition* de pavage pour dépose, charge avec transport à 90 mètres et empilage régulier. <br> Le mètre superficiel, savoir : | |
| 29 | 202 | 1° En gros pavés des nᵒˢ 71 à 73 et 77 à 83, soixante centimes. . . . . | 0 60 |
| 29 | 203 | 2° En pavés refendus des nᵒˢ 74 à 76 et 87 à 88, trente-cinq centimes. . . . | 0 35 |
| 29 | 204 | *Déblai* de vielle forme de pavage de 0ᵐ 15 à 0ᵐ 20 d'épaisseur pour fouille, charge et transport à 90 mètres. <br> Le mètre superficiel, vingt centimes. . . . . . . . . . | 0 20 |
| | | *Chaussées*, caniveaux, ruisseaux, etc., en pavés provenant de la démolition des nᵒˢ 71 à 73 et 77 à 83, à joints de 0ᵐ 015 de large. <br> Le mètre superficiel, savoir : | |
| 29, 30, 35 | 205 | 1° Sur forme neuve de sable de 0ᵐ 15 d'épaisseur, un franc soixante-dix centimes. | 1 70 |
| 29, 30, 35 | 206 | 2° Sur forme vieille, un franc quinze centimes. . . . . . . . . | 1 15 |
| | | *Chaussée* et trottoirs en pavés refendus provenant de la démolition des nᵒˢ 74 à 76 et 87 à 88, à joints de 0ᵐ 015 de large. <br> Le mètre superficiel, savoir : | |
| 29, 30, 35 | 207 | 1° Sur forme neuve de sable de 0ᵐ 15 d'épaisseur, un franc cinquante centimes. | 1 50 |
| 29, 30, 35 | 208 | 2° Sur forme vieille, quatre-vingt-quinze centimes. . . . . . . . | 0 95 |
| 31, 35 | 209 | *Plus-value* pour emploi de mortier en chaux hydraulique et sable, au lieu de sable seul. <br> Cette plus-value sera payée comme aux nᵒˢ 139 et 140. | |
| » | 210 | *Plus-value* pour pavage entre rails. <br> Cette plus-value sera payée comme au nᵒ 141. | |
| » | 211 | *Retaille* de vieux pavés des nᵒˢ 71 à 73 et 77 à 83. <br> Cette retaille, faite sur le dessus et les côtés et de manière à ce que les bosses ou les creux ne dépassent pas 0ᵐ 01, les pavés susceptibles d'emploi après la retaille étant seuls comptés. <br> La retaille de chaque pavé, cinq centimes. . . . . . . . . . | 0 05 |
| » | 212 | *Dépose* de bordures en grès ou en granit, de dimensions quelconques, avec rangement. <br> Le mètre linéaire, dix centimes. . . . . . . . . . . . | 0 10 |

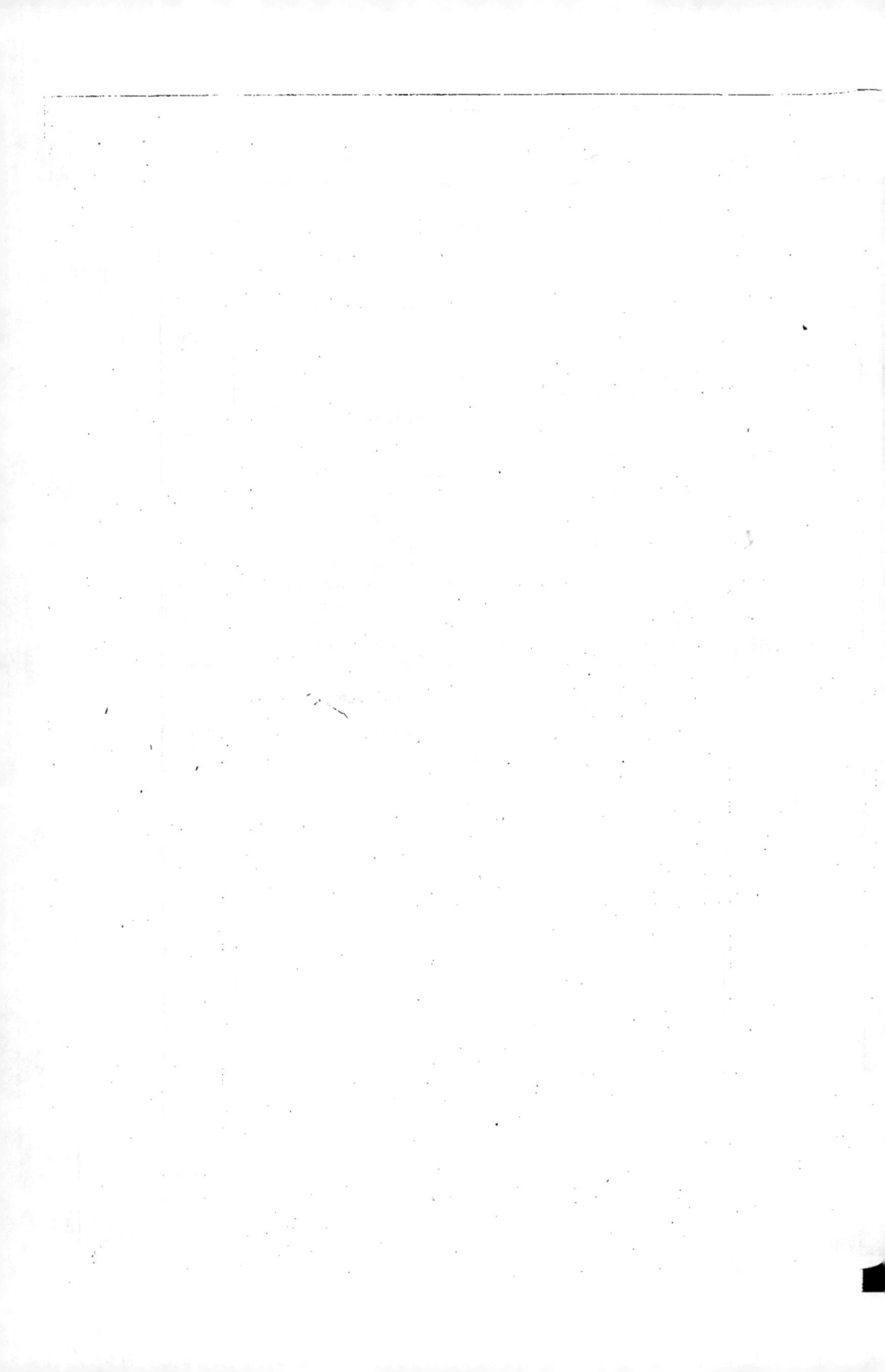

| NUMÉROS | | DÉSIGNATION DES OUVRAGES. | PRIX |
|---|---|---|---|
| DU DEVIS. | DE LA SÉRIE. | | DE L'UNITÉ. |
| » | 213 | *Dépose* de bordures en grès ou en granit, de dimensions quelconques, avec bardage jusqu'à 10 mètres et rangement.<br>Le mètre linéaire, vingt centimes. . . . . . . . . . . . . . | 0 f. 20 |
| | | *Repose* de bordures en grès de toutes dimensions.<br>Le mètre linéaire, savoir : | |
| 35 | 214 | 1° Sur couche de sable de 0ᵐ 15 de hauteur, compris fouille de la forme et fourniture du sable, cinquante centimes. . . . . . . . . . . . . | 0 50 |
| 35 | 215 | 2° Sur couche de sable de 0ᵐ 12 d'épaisseur, recouverte d'un lit de mortier de 0ᵐ 03 d'épaisseur en chaux hydraulique et sable, avec joints en même mortier, soixante-quinze centimes. . . . . . . . . . . . . . . . . | 0 75 |
| | | *Repose* de bordures en granit.<br>Le mètre linéaire, savoir : | |
| 34, 35 | 216 | 1° Bordures reposées à neuf, compris façon de l'encaissement, massif de fondation, couche de mortier et rejointoiement en ciment, deux francs vingt centimes. . | 2 20 |
| 34, 35 | 217 | 2° Même travail, les moëllons appartenant à la Compagnie, un franc cinquante centimes. . . . . . . . . . . . . . . . . . . . | 1 50 |
| 34, 35 | 218 | 3° Bordures reposées sur ancien massif, avec couche de mortier de 0ᵐ 03 et rejointoiement en mortier de ciment, soixante-cinq centimes. . . . . . . . | 0 65 |
| » | 219 | *Démolition* de chaussées d'empierrement, quel que soit le degré d'agrégation de ces matières, pour fouille seulement<br>Le mètre cube mesuré au déblai, soixante-cinq centimes. . . . . . . | 0 65 |

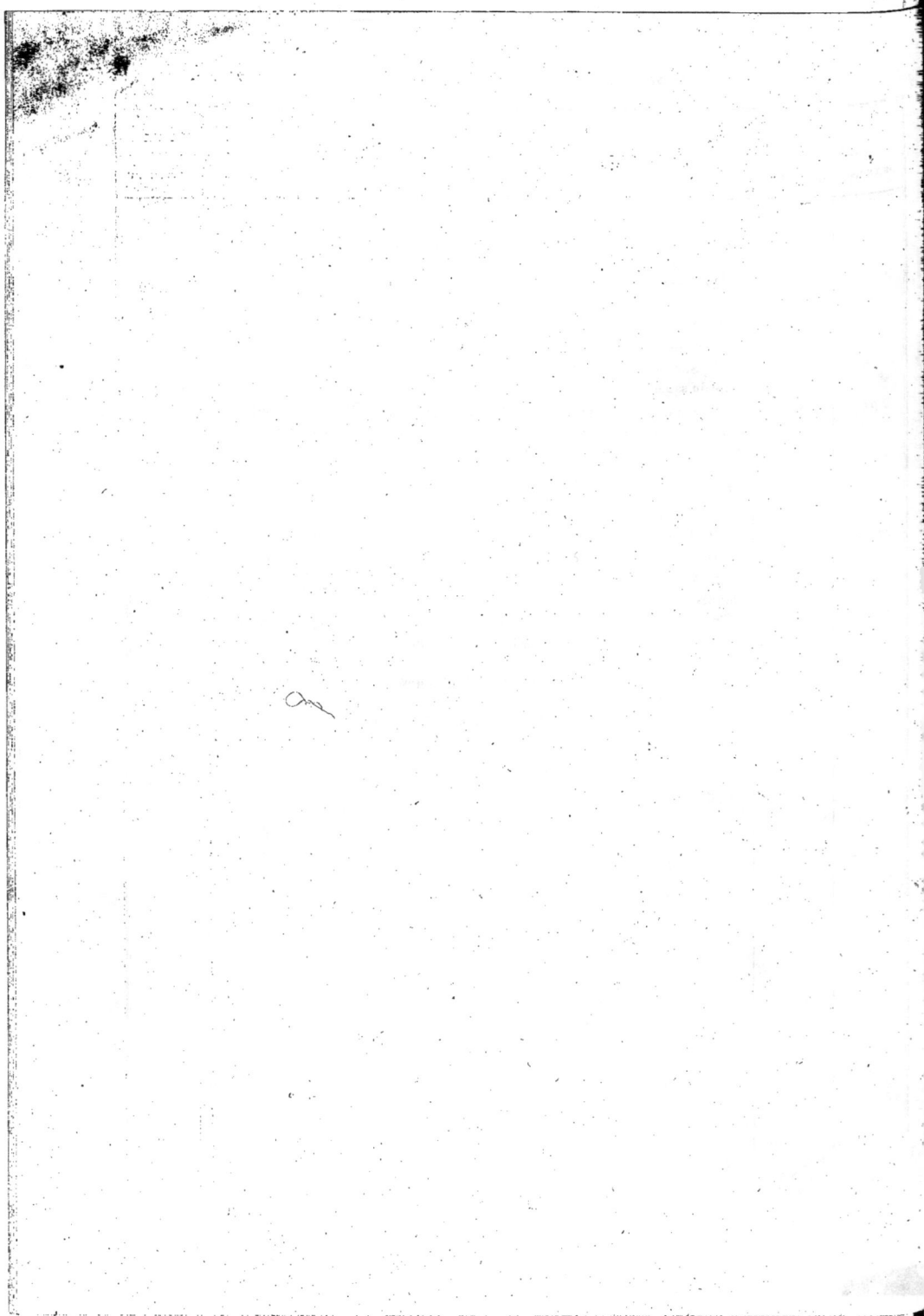

| NUMÉROS | | DÉSIGNATION DES OUVRAGES. | PRIX |
|---|---|---|---|
| DU DEVIS. | DE LA SÉRIE. | | DE L'UNITÉ. |

### CHAPITRE III.

## Ouvrages en Asphalte.

### ARTICLE 1er. — PRIX ÉLÉMENTAIRES.

§ 1er. — *Heures de travail effectif.*

| | | | |
|---|---|---|---|
| » | 251 | *Compagnon* bitumier, cinquante-cinq centimes. . . . . . . . . . | 0 f. 55 |
| » | 252 | *Aide* bitumier, quarante centimes . . . . . . . . . . . . | 0  40 |
| » | 253 | *Gardien*, heure de jour, vingt centimes. . . . . . . . . . . | 0  20 |
| » | 254 | *dito*, heure de nuit, vingt-cinq centimes . . . . . . . . . | 0  25 |
| » | 255 | *Chaudière* et ses accessoires, soixante-quinze millimes. . . . . . . . | 0  075 |
| » | 256 | *Travaux* de nuit. Dans les travaux de nuit, l'heure d'ouvrier sera payée moitié en plus de celle du jour; cette augmentation n'aura pas lieu pour la location de la chaudière. Les frais d'éclairage seront à la charge de l'Entrepreneur. | |

| NUMÉROS | | DÉSIGNATION DES OUVRAGES. | PRIX |
|---|---|---|---|
| DU DEVIS. | DE LA SÉRIE. | | DE L'UNITÉ. |

§ 2° — *Matériaux rendus à pied-d'œuvre, rangés ou emmètrés.*

| | | | |
|---|---|---|---|
| 41 | 261 | *Cailloux* siliceux à l'anneau de 0ᵐ 05 de diamètre : Le mètre cube, six francs. . . . . . . . . . . . . . | 6f. 00 |
| 42 | 262 | *Sable* de rivière passé à la claie : Le mètre cube, six francs. . . . . . . . . . . . . . | 6 00 |
| » | 263 | *Sable* de plaine passé à la claie pour bétons, enduits et chapes en mortier hydraulique : Le mètre cube, quatre francs cinquante centimes. . . . . . . . . | 4 50 |
| 42 | 264 | *Gravier* lavé et criblé ; les grains ayant moins de 0ᵐ 005 dans la plus grande dimension : Le kilogramme, un centime. . . . . . . . . . . . . | 0 01 |
| | | *Chaux* hydraulique artificielle de Senonches, de la Mancelière, de Maromme ou du Havre : Le mètre cube : | |
| 43 | 265 | Vive, en pierre, trente-cinq francs . . . . . . . . . . | 35 00 |
| 43, 50 | 266 | Éteinte, en poudre, vingt-deux francs . . . . . . . . | 22 00 |
| 43, 50 | 267 | Éteinte, en pâte, vingt-huit francs. . . . . . . . . . | 28 00 |
| 53 | 268 | *Tourbe :* Le kilogramme, trente-cinq millimes. . . . . . . . . . | 0 035 |
| 53 | 269 | *Coke :* L'hectolitre, un franc cinquante centimes. . . . . . . . . | 1 50 |
| 44 | 270 | *Terre à four :* Le kilogramme, cinq millimes. . . . . . . . . . . . | 0 005 |
| 44 | 271 | *Calcaire* blanc de Meudon : Le kilogramme, un centime. . . . . . . . . . . . . | 0 01 |
| 45 | 272 | *Bitume* naturel (goudron minéral) provenant du lavage de grès bitumineux des mines de Seyssel ou de l'épuration du brai de l'île de la Trinité : Le kilogramme en fût, déduction faite de la tare, trente-cinq centimes . . . | 0 35 |
| | | *Asphalte* en calcaire bitumineux des mines de Seyssel, de la marque de la compagnie générale des Asphaltes. | |
| 46 | 273 | *Asphalte* en roche : Le kilogramme, soixante-cinq millimes . . . . . . . . . . | 0 065 |

| NUMÉROS | | DÉSIGNATION DES OUVRAGES. | PRIX |
|---|---|---|---|
| DU DEVIS. | DE LA SÉRIE. | | DE L'UNITÉ. |
| 46 | 274 | *Asphalte* en poudre de 1re qualité (très riche en bitume) pour chaussée en asphalte comprimé : <br> Le kilogramme, quatre-vingt-quinze millimes. . . . . . . . . . . | 0 f. 095 |
| 46 | 275 | *Asphalte* en poudre de 2e qualité, pour dallage , chapes, etc : <br> Le kilogramme, soixante-quinze millimes. . . . . . . . . . . | 0  75 |
| 47 | 276 | *Roche* asphaltique d'Auvergne : <br> Le kilogramme, cinquante centimes . . . . . . . . . . . | 0  50 |
| 48, 49 | 277 | *Mastic* bitumineux naturel, en pains, de 1re catégorie, composé de un douzième de son poids en bitume naturel et de roche calcaire de Seyssel : <br> Le kilogramme, cent cinq millimes. . . . . . . . . . . | 0  105 |
| 48, 49 | 278 | *Mastic* bitumineux naturel, en pains de 2e catégorie, composé de 1/10e au plus de son poids en bitume naturel et de roche asphaltique d'Auvergne : <br> Le kilogramme, quatre-vingt-quinze millimes. . . . . . . . . . | 0  095 |
| 48, 49 | 279 | *Mastic* bitumineux naturel de 3e catégorie, composé de bitume naturel pour 1/5e au moins de son poids, de terre à four pour 1/4 au plus, et de calcaire dit blanc de Meudon : <br> Le kilogramme, quatre-vingt-cinq millimes . . . . . . . . . . . | 0  085 |

| NUMÉROS | | DÉSIGNATION DES OUVRAGES. | PRIX |
| DU DEVIS. | DE LA SÉRIE. | | DE L'UNITÉ. |
|---|---|---|---|
| | | ARTICLE 2ᵉ. — PRIX DES OUVRAGES. | |
| | | § 1ᵉʳ. — *Ouvrages en matériaux neufs.* | |
| | | **1° Ouvrages simples** | |
| » | 291 | *Déblais et transports.* Ils seront payés comme au chapitre des terrassements. | |
| 50 | 292 | *Mortier* hydraulique composé d'une partie de chaux éteinte en poudre et de deux parties de sable de rivière, ou de deux parties de chaux éteinte en pâte et de cinq parties de sable de rivière : Le mètre cube, dix-sept francs soixante centimes. . . . . . . . . | 17 f. 60 |
| 51 | 293 | *Béton,* composé en cinq parties de mortier hydraulique et de huit parties de cailloux : Le mètre cube, dix-sept francs vingt-cinq centimes . . . . . . . . | 17 25 |
| | | *Béton* bitumineux composé de mastic bitumineux naturel et de caillou ou de sable : Le mètre superficiel, savoir : | |
| 52 | 294 | Béton de 0ᵐ05 d'épaisseur, deux francs. . . . . . . . . . . . *.. | 2 00 |
| 52 | 295 | Pour chaque 0ᵐ01 d'épaisseur en plus, quarante centimes. . . . . . . | 0 40 |
| | | *Enduits* en mortier de chaux hydraulique et sable sur surface plane, pour trottoirs, etc. Le mètre superficiel, savoir : | |
| 53 | 296 | Enduit de 0ᵐ01 d'épaisseur, cinquante centimes. . . . . . . . . | 0 50 |
| 53 | 297 | dᵒ de 0ᵐ02 dᵒ soixante-quinze centimes . . . . . . . | 0 75 |
| 53 | 298 | dᵒ de 0ᵐ03 dᵒ un franc. . . . . . . . . . . . . | 1 00 |
| | | *Chapes* ou enduits en mortier de chaux hydraulique et sable, sur surfaces courbes, pour voûtes, radiers, etc. Le mètre superficiel, savoir : | |
| » | 299 | Chape de 0ᵐ03 d'épaisseur, un franc vingt-cinq centimes . . . . . . | 1 25 |
| » | 300 | dᵒ 0ᵐ04 dᵒ un franc cinquante centimes . . . . . . | 1 50 |
| » | 301 | dᵒ 0ᵐ05 dᵒ un franc soixante-quinze centimes. . . . . . | 1 75 |
| » | 302 | dᵒ 0ᵐ06 dᵒ deux francs. . . . . . . . . . . . | 2 00 |
| » | 303 | dᵒ 0ᵐ07 dᵒ deux francs vingt-cinq centimes . . . . . . | 2 25 |
| » | 304 | dᵒ 0ᵐ08 dᵒ deux francs cinquante centimes. . . . . . | 2 50 |

| NUMÉROS | | DÉSIGNATION DES OUVRAGES. | PRIX |
|---|---|---|---|
| DU DEVIS. | DE LA SÉRIE | | DE L'UNITÉ. |
| | | *Formes* ou fondations en béton, recouvertes d'un enduit en mortier hydraulique de $0^m 01$ d'épaisseur, pour recevoir les dallages en asphalte.<br>Le mètre superficiel : | |
| 53 | 305 | *Forme* de $0^m 10$ d'épaisseur, composée de $0^m 09$ d'épaisseur de béton et de $0^m 01$ d'épaisseur d'enduit, deux francs vingt centimes . . . . . . . . .<br>NOTA. — Le mètre superficiel de cette couche de béton, y compris enduit, pèse deux cent vingt kilogrammes (220 k.) | 2 f. 20 |
| 53 | 306 | *Forme* de $0^m 05$ d'épaisseur, composée de $0^m 04$ d'épaisseur de béton et de $0^m 01$ d'épaisseur d'enduit, un franc trente centimes . . . . . . . . .<br>NOTA. — Le mètre superficiel de cette couche de béton, y compris enduit, pèse cent dix kilogrammes (110 k.) | 1 30 |
| 53 | 307 | *Forme* ou fondation composée d'une couche de sable de $0^m 04$ d'épaisseur, recouverte d'un enduit ou mortier hydraulique de $0^m 01$ d'épaisseur :<br>Le mètre superficiel, quatre-vingts centimes . . . . . . . . . | 0 80 |
| | | *Dallages* pour trottoirs, en mastic bitumineux de 1re catégorie avec addition de gravier.<br>Le mètre superficiel, savoir : | |
| 53, 54 | 308 | Dallage de $0^m 015$ d'épaisseur, trois francs quatre-vingts centimes. . . . . | 3 80 |
| 53, 54 | 309 | Pour $0^m 001$ d'épaisseur en plus ou en moins, vingt-cinq centimes. . . . . | 0 25 |
| | | *Dallages* pour trottoirs en mastic bitumineux de 2e catégorie avec addition de gravier.<br>Le mètre superficiel, savoir : | |
| 53, 54 | 310 | Dallage de $0^m 015$ d'épaisseur, trois francs cinquante centimes. . . . . . | 3 50 |
| 53, 54 | 311 | Pour $0^m 001$ d'épaisseur en plus ou en moins, vingt centimes . . . . . . | 0 20 |
| | | *Dallages* pour trottoirs, en mastic bitumineux de 3e catégorie, avec addition de gravier.<br>Le mètre superficiel, savoir : | |
| 53, 54 | 312 | Dallage de $0^m 015$ d'épaisseur, trois francs . . . . . . . . . . | 3 00 |
| 53, 54 | 313 | Pour $0^m 001$ d'épaisseur en plus ou en moins, vingt centimes. . . . . . | 0 20 |
| | | *Chapes* en asphalte pur, pour voûtes, radiers, murs, etc.<br>Le mètre superficiel : | |
| 54 | 314 | Chape de $0^m 010$ d'épaisseur, quatre francs. . . . . . . . . . | 4 00 |
| 54 | 315 | Pour chaque $0^m 001$ d'épaisseur en plus ou en moins, trente-cinq centimes. . . | 0 35 |
| » | 316 | *Terrasses* ou couvertures en asphalte :<br>Les terrasses et les couvertures, soit en asphalte pur, soit en asphalte mélangé de gravier, seront payées suivant leur composition, aux prix des dallages ou aux prix des chapes.<br>NOTA. — En cas d'application de l'asphalte sur la volige, celle-ci sera préalablement recouverte de toile ou de carton. | |

| NUMÉROS | | DÉSIGNATION DES OUVRAGES. | PRIX |
|---|---|---|---|
| DU DEVIS. | DE LA SÉRIE. | | DE L'UNITÉ. |
| » | 317 | *Cannelage* des dallages, lorsqu'il auront plus de 0ᵐ03 d'épaisseur. La plus-value à ajouter aux dallages, lorsqu'ils seront cannelés, sera, par mètre superficiel, de quarante centimes . . . . . . . . . . . . . . . | 0 f. 40 |
| | | *Chaussée* ou asphalte pur, posé à chaud et fortement pilonné. Le mètre superficiel, savoir : | |
| » | 318 | Chaussée de 0ᵐ04 d'épaisseur, douze francs. . . . . . . . . . . . | 12 00 |
| » | 319 | Pour chaque 0ᵐ005 d'épaisseur en plus ou en moins, un franc vingt centimes. . | 1 20 |
| | | *Joints* de pavés, en mastic bitumineux naturel de 1ʳᵉ catégorie, de 0ᵐ01 d'épaisseur et de 0ᵐ05 de profondeur. | |
| » | 320 | Le mètre superficiel pour pavage en pavés de 0ᵐ19 en tous sens, quatre francs. . . | 4 00 |
| » | 321 | Chaque 0ᵐ001 d'épaisseur de joint en plus ou en moins, la profondeur de 0ᵐ05 étant invariable, trente-cinq centimes. . . . . . . . . . . . . . . . | 0 35 |
| » | 322 | Le mètre superficiel pour pavage en pavés de 0ᵐ225 en tous sens, trois francs soixante centimes. . . . . . . . . . . . . . . . . . . . | 3 60 |
| » | 323 | Chaque 0ᵐ001 d'épaisseur en plus ou en moins, la profondeur étant invariable, trente centimes. . . . . . . . . . . . . . . . . . . . . | 0 30 |
| | | *Solins* en mastic d'asphalte naturel de 0ᵐ03 à 0ᵐ05 de largeur, y compris, au besoin, dégradage et nettoyage de l'emplacement. Le mètre linéaire, savoir : | |
| » | 324 | Solins de 0ᵐ03 à 0ᵐ05 de largeur, quatre-vingts centimes. . . . . . . | 0 80 |
| » | 225 | Pour chaque 0ᵐ01 de largeur en plus de 0ᵐ05, quinze centimes . . . . . | 0 15 |
| | | *Mastic* bitumineux de 3ᵉ catégorie employé sous parquets, de 0ᵐ01 d'épaisseur, sans fournitures de lambourdes. Le mètre superficiel, savoir : | |
| » | 326 | Pour parquet à l'anglaise, trois francs dix centimes. . . . . . . . . | 3 10 |
| » | 327 | d° à point de Hongrie, trois francs cinquante centimes. . . . . | 3 50 |
| » | 328 | d° à compartiment, quatre francs. . . . . . . . . . . . | 4 00 |
| » | 329 | Plus-value pour fournitures de lambourdes, soixante-dix centimes. . . . . | 0 70 |

NOTA. — Les prix des n°ˢ 326, 327 et 328 seront augmentés de 0 fr. 60 pour droit de l'inventeur, jusqu'à l'expiration de son brevet.

---

**2° Ouvrages complets en dallages, en chapes et en chaussées.**

| | | Dallage en asphalte de 0ᵐ015 d'épaisseur, sur forme en béton de 0ᵐ10 d'épaisseur. Le mètre superficiel, savoir : | |
|---|---|---|---|
| 53, 54 | 330 | 1° Mastic bitumineux de 1ʳᵉ catégorie, six francs. . . . . . . . . | 6 00 |
| 53, 54 | 331 | 2° dito naturel de 2ᵉ catégorie, cinq francs soixante-dix centimes. | 5 70 |
| 53, 54 | 332 | 3° Mastic bitumineux, naturel, de 3ᵉ catégorie, cinq francs vingt centimes. . | 5 20 |

| NUMÉROS | | DÉSIGNATION DES OUVRAGES. | PRIX |
|---|---|---|---|
| DU DEVIS. | DE LA SÉRIE. | | DE L'UNITÉ. |
| | | *Dallages* en asphalte de $0^m$ 015 d'épaisseur, sur forme en béton de $0^m$ 05 d'épaisseur. | |
| | | Le mètre superficiel, savoir : | |
| 53, 54 | 333 | 1° En mastic bitumineux, naturel, de 1re catégorie, cinq francs dix centimes. . | 5 f. 10 |
| 53, 54 | 334 | 2° En mastic bitumineux, naturel, de 2e catégorie, quatre francs quatre-vingts centimes. . . . . . . . . . . . . . . . . . . . . . . . . . . | 4  80 |
| 53, 54 | 335 | 3° En mastic bitumineux, naturel, de 3e catégorie, quatre francs trente centimes. | 4  30 |
| | | *Dallages* en asphalte de $0^m$ 015 d'épaisseur, sur forme en sable de $0^m$ 05 d'épaisseur, dont $0^m$ 04 d'épaisseur en sable pilonné et $0^m$ 01 d'épaisseur d'enduit en mortier hydraulique. | |
| | | Le mètre superficiel, savoir : | |
| 53, 54 | 336 | 1° En mastic bitumineux, naturel, de 1re catégorie, quatre francs soixante centimes. . . . . . . . . . . . . . . . . . . . . . . . . . | 4  60 |
| 53, 54 | 337 | 2° En mastic bitumineux de 2e catégorie, quatre francs trente centimes. . . | 4  30 |
| 53, 54 | 338 | 3° En mastic bitumineux, naturel, de 3e catégorie, trois francs quatre-vingts centimes. . . . . . . . . . . . . . . . . . . . . . . . . . | 3  80 |
| » | 339 | *Chape* en asphalte pur de $0^m$ 01 d'épaisseur sur chape en mortier hydraulique de $0^m$ 05 d'épaisseur. | |
| | | Le mètre superficiel, cinq francs soixante-quinze centimes. . . . . . | 5  75 |
| | | *Chaussée* en asphalte naturel de $0^m$ 04 d'épaisseur sur béton hydraulique de $0^m$ 10 d'épaisseur. | |
| | | Le mètre superficiel, savoir : | |
| » | 340 | Sur béton en caillou et mortier hydraulique de $0^m$ 10 d'épaisseur, quatorze francs vingt centimes. . . . . . . . . . . . . . . . . . . . . . . . | 14  20 |
| » | 341 | Sur béton bitumineux de $0^m$ 05 d'épaisseur, quatorze francs. . . . . . . . | 14  00 |

| NUMÉROS | | DÉSIGNATION DES OUVRAGES. | PRIX |
|---|---|---|---|
| DU DEVIS. | DE LA SÉRIE. | | DE L'UNITÉ. |

§ 2ᵉ. — *Ouvrages en matériaux vieux.*

*Démolition* de dallages en asphalte, y compris la démolition du béton, jusqu'à 0ᵐ10 d'épaisseur, avec transport des matériaux à 90ᵐ00 et rangement.

| | 351 | Le mètre superficiel, vingt centimes. . . . . . . . . . . . | 0 f. 20 |
|---|---|---|---|

*Réfection* de dallages pour trottoirs, en mastic bitumineux ou naturel.

Le mètre superficiel, savoir :

| | 352 | Dallage de 0ᵐ015 d'épaisseur, deux francs. . . . . . . . . . . | 2 | 00 |
|---|---|---|---|---|
| | 353 | Pour 0ᵐ001 d'épaisseur en plus ou en moins, douze centimes . . . . . . | 0 | 12 |

*Réfection* de chapes pour voûtes, radiers, murs, etc., en asphalte pur.

Le mètre superficiel, savoir :

| | 354 | Chape de 0ᵐ01 d'épaisseur, deux francs. . . . . . . . . . . | 2 | 00 |
|---|---|---|---|---|
| | 355 | Pour chaque 0ᵐ001 d'épaisseur en plus ou en moins, quinze centimes . . . . | 0 | 15 |

| NUMÉROS | | DESIGNATION DES OUVRAGES. | PRIX |
|---|---|---|---|
| DU DEVIS. | DE LA SÉRIE. | | DE L'UNITÉ. |

## CHAPITRE IV.

## Maçonneries. — Carrelage.

### ARTICLE 1er. — PRIX ÉLÉMENTAIRES.

#### § 1er. — Heures de travail effectif.

| | | | |
|---|---|---|---|
| » | 361 | *Appareilleur*, soixante centimes. . . . . . . . . . . . . . | 0f. 60 |
| » | 362 | *Maçon* employant le plâtre, cinquante centimes . . . . . . . . . . | 0 50 |
| » | 363 | *Maçon* employant le mortier, Limousin, quarante centimes. . . . . . | 0 40 |
| » | 364 | *Garçon* maçon, garçon limousin, manœuvre, trente centimes . . . . . . | 0 30 |
| » | 365 | *Bardeur*, contreposeur, pinceur, ficheur, quarante centimes . . . . . . . | 0 40 |
| » | 366 | *Tailleur*, scieur ou poseur de pierre, cinquante centimes . . . . . . . | 0 50 |
| » | 367 | *Travaux* de nuit. Dans les travaux de nuit, l'heure d'ouvrier sera payée moitié en plus de l'heure du jour. Les frais d'éclairage seront à la charge de l'entrepreneur. | |

| NUMÉROS | | DESIGNATION DES OUVRAGES. | PRIX |
|---|---|---|---|
| DU DEVIS. | DE LA SÉRIE. | | DE L'UNITÉ |
| | | § 2. — *Matériaux et fournitures rendus à pied-d'œuvre, rangés ou emmétrés.* | |
| 61 | 372 | *Sable* de rivière passé à la claie.<br>Le mètre cube, six francs . . . . . . . . . . . . . . . . | 6 f. 00 |
| 61 | 373 | *Sable* de rivière tamisé, pour mortier fin.<br>Le mètre cube, huit francs . . . . . . . . . . . . . . | 8 00 |
| 61 | 373 *bis* | *Sable* de plaine passé à la claie.<br>Le mètre cube, quatre francs . . . . . . . . . . . . | 4 00 |
| 61 | 373 *ter* | *Sable* de plaine tamisé, pour mortier fin.<br>Le mètre cube, six francs. | 6 00 |
| 62 | 374 | *Caillou* de silex ou gravier, passé à l'anneau de $0^m05$ de diamètre.<br>Le mètre cube, cinq francs . . . . . . . . . . . . . . . | 5 00 |
| 62 | 375 | *Meulière* cassée, passée à l'anneau de $0^m05$ de diamètre, pour béton ou pour rocaillage.<br>Le mètre cube, sept francs . . . . . . . . . . . . . . | 7 00 |
| | | *Chaux* hydraulique artificielle de Senonches, de la Mancelière, de Maromme ou du Havre.<br>Le mètre cube : | |
| 63 | 376 | Vive, en pierre, trente-cinq francs . . . . . . . . . . . | 35 00 |
| 63 | 377 | Eteinte, en poudre, vingt-deux francs . . . . . . . . . . | 22 00 |
| 63 | 378 | Eteinte, en pâte, vingt-huit francs . . . . . . . . . . . | 28 00 |
| 64 | 379 | *Ciment* hydraulique à prise lente, dit de Portland.<br>Les cent kilogrammes, rendus envaisselés, déduction faite de la taxe, 8 fr., et par kilogramme, quatre-vingts millièmes . . . . . . . . . . . | 0 080 |
| 64 | 380 | *Ciment* hydraulique à prise rapide, de Pouilly ou de Vassy, dit ciment romain.<br>Les cent kilogrammes, rendus envaisselés, déduction faite de la taxe, 6 fr. 50, et par kilogramme, soixante-cinq millièmes . . . . . . . . . . | 0 065 |
| 65 | 381 | *Plâtre* en poudre.<br>Le mètre cube . . . . . . . . . . . . . . . . . . | 15 00 |
| 74 | 382 | *Plâtras.*<br>Le mètre cube, quatre francs . . . . . . . . . . . . . | 4 00 |

| NUMÉROS | | DÉSIGNATION DES OUVRAGES. | PRIX |
| DU DEVIS. | DE LA SÉRIE. | | DE L'UNITÉ. |
|---|---|---|---|
| 66 | 383 | *Moellon* dur de première qualité, provenant des meilleurs bancs de roche de Maisons, Meulan et Vernon.<br>Le mètre cube, huit francs . . . . . . . . . . . . | 8 f. 00 |
| 67 | 384 | *Moellon* dur, franc, provenant des bancs francs les plus durs.<br>Le mètre cube, sept francs . . . . . . . . . . . . | 7 00 |
| 69 | 385 | *Moellon* dur, provenant de démolitions.<br>Le mètre cube, six francs . . . . . . . . . . . | 6 00 |
| 68 | 386 | *Meulière* brute,<br>Le mètre cube, huit francs. . . . . . . . . . . | 8 00 |
| 70 | 387 | *Granit* de Caen, de Vire et de Couville de première qualité, livré sur panneaux, à pied-d'œuvre.<br>Le mètre cube :<br>1° En blocs, cubant jusqu'à 1<sup>m</sup>00, cent cinq francs. . . . . . . . | 105 00 |

DÉTAIL :

| | |
|---|---|
| Sur wagon, dans la gare la plus voisine du lieu de production. . | 60 fr. » |
| Transport à 300 kilomètres, à 0 fr. 04 par tonne et par kilom., le mètre cube étant supposé peser 2 tonnes 1/2 . . . . . . | 30 » |
| Déchargement à pied-d'œuvre . . . . . . . . . . | 5 » |
| Bénéfice de l'entrepreneur, 1/10 sur 60 » + 30 » + 5 » = 95 » | 9 50 |
| Total. . . . . | 104 fr. 50 |
| Soit en nombre rond. . . . . | 105 » |

| 70 | 388 | 2° En blocs cubant plus de 1<sup>m</sup>00, cent dix francs. . . . . . . . | 110 00 |

DÉTAIL :

| | |
|---|---|
| Sur wagon dans la gare la plus voisine du lieu de production. . | 65 fr. » |
| Transport comme à l'article 387. . . . . . . . . | 30 » |
| Déchargement à pied-d'œuvre, comme à l'art. 387. . . . . | 5 » |
| Bénéfice de l'entreprise, 1/10 sur 65 » + 30 » + 5 » = 100 ». | 10 » |
| Total. . . . . | 110 fr. » |

| 71 | 389 | *Roche* de Saint-Ylie (département du Jura).<br>Le mètre cube, savoir :<br>1° En blocs cubant jusqu'à 1<sup>m</sup>00, cent francs . . . . . . . . | 100 00 |
| 71 | 390 | 2° En blocs cubant plus de 1<sup>m</sup>00, cent dix francs . . . . . . . . | 110 00 |
| 71 | 391 | *Granit* d'Alençon.<br>Le mètre cube, savoir :<br>1° En blocs, cubant jusqu'à 1<sup>m</sup>00, quatre-vingts francs. . . . . . . | 80 00 |

| NUMÉROS | | DÉSIGNATION DES OUVRAGES. | PRIX | |
|---|---|---|---|---|
| DU DEVIS. | DE LA SÉRIE. | | DE L'UNITÉ. | |

| | | | | |
|---|---|---|---|---|
| | | DÉTAIL : | | |
| | | Sur wagon en gare d'Alençon. . . . . . . . . . . 45 fr. » | | |
| | | Transport à 230 kilom., à 0 fr. 04 par tonne et par kilomètre, le | | |
| | | mètre cube étant supposé peser 2 tonnes 1/2 . . . . . . 23　» | | |
| | | Déchargement à pied-d'œuvre. . . . . . . . . . . . 5　» | | |
| | | Bénéfice de l'entrepreneur, 1/10 sur 45 » +23 » +5 » =73 » . 7　30 | | |
| | | Total. . . . . 80　30 | | |
| | | Soit en nombre rond. . . . . 80　» | | |
| 71 | 392 | 2° En bloc cubant plus de 1ᵐ00, quatre-vingt-six francs . . . . . . . . . | 86 f. | 00 |
| | | DÉTAIL : | | |
| | | Livré sur wagon en gare d'Alençon. . . . . . . . . 50 fr. » | | |
| | | Transport comme à l'art. 391. . . . . . . . . . . 23　» | | |
| | | Déchargement comme à l'art. 391. . . . . . . . . . 5　» | | |
| | | Bénéfice de l'entrepreneur, 1/10 sur 50 » + 23 » + 5 » = 78 » . 7　80 | | |
| | | Total. . . . . 85　80 | | |
| | | Soit en nombre rond. . . . . . . 86　» | | |
| 71 | 393 | Roche de Chérence de toutes dimensions. Le mètre cube, quatre-vingt-dix francs . . . . . . . . . . . . . | 90 | 00 |
| 71 | 394 | Roche de Tessancourt, près de Meulan (Seine-et-Oise), de Saint-Nom (Seine-et-Oise), ou de Vernon (Eure), de toutes dimensions. Le mètre cube, quatre-vingts francs. . . . . . . . . . . | 80 | 00 |
| 71 | 395 | Roche des carrières ci-dessus pour libages. Le mètre cube, quarante-cinq francs . . . . . . . . . . . | 45 | 00 |
| 71 | 396 | Banc franc de Goussainville (Seine-et-Oise), de Méry (Seine-et-Oise), ou de Vitry (Seine). Le mètre cube, soixante francs. . . . . . . . . . . . . . | 60 | 00 |
| 71 | 397 | Banc royal de Saint-Maximin (Oise). Le mètre cube, cinquante francs . . . . . . . . . . . . . | 50 | 00 |
| 71 | 398 | Pierre tendre, dite Vergelé, de Méry (Seine-et-Oise), de Saint-Maximin (Oise) ou de Saint-Leu (Oise). Le mètre cube, quarante francs. . . . . . . . . . . . . | 40 | 00 |
| | | Briques de Bourgogne (premier choix) de 0ᵐ22 × 0ᵐ11 × 0ᵐ55. Le mille : | | |
| 72 | 399 | 1° Briques pleines, quatre-vingts francs . . . . . . . . . . | 80 | 00 |
| 72 | 400 | 2° Briques percées, présentant environ moitié vide, soixante-dix francs . . . | 70 | 00 |

| NUMÉROS | | DÉSIGNATION DES OUVRAGES. | PRIX |
|---|---|---|---|
| DU DEVIS. | DE LA SÉRIE. | | DE L'UNITÉ. |

| | | | | |
|---|---|---|---|---|
| | | *Briques* de pays, façon Bourgogne, première qualité, de 0<sup>m</sup>22 × 0<sup>m</sup>11 × 0<sup>m</sup>055. | | |
| | | Le mille : | | |
| 73 | 401 | 1° Briques pleines trente-trois francs (prix Requier, à Rouen) . . . . . | 33 f. | 00 |
| 73 | 402 | 2° Briques creuses, présentant moitié vide environ, cinquante-cinq francs. . . | 55 | 00 |
| » | 403 | *Briques* réfractaires. | | |
| | | Le mille, cent francs. . . . . . . . . . . . . . . . . . . | 100 | 00 |
| | | *Carreaux* en terre cuite, hexagones, de 0<sup>m</sup>16 de diamètre inscrit (à pans de 0<sup>m</sup>088) et de 0<sup>m</sup>018 d'épaisseur. | | |
| | | Le mille : | | |
| 75 | 404 | Carreaux de Bourgogne, cinquante-deux francs . . . . . . . . . | 52 | 00 |
| 75 | 405 | Carreaux de Paris, première qualité, rouges, quarante-deux francs . . . . | 42 | 00 |
| 75 | 406 | Carreaux en terre cuite de Paris, de 0<sup>m</sup>16 carrés et de 0<sup>m</sup>018 d'épaisseur, quarante-deux francs. . . . . . . . . . . . . . . . . . . | 42 | 00 |
| 76 | 407 | *Mitres* en terre cuite ou en grès, chacune, un franc vingt centimes . . . . | 1 | 20 |
| 76 | 408 | *Mitrons* en terre cuite ou en grès, chacun, quatre-vingt-dix centimes. . . . | 0 | 90 |
| | | . *Tuyaux* en grès. | | |
| | | Le mètre linéaire, savoir : | | |
| 76 | 409 | D'un diamètre intérieur de 0<sup>m</sup>08, soixante centimes . . . . . . . . | 0 | 60 |
| 76 | 410 | D'un diamètre intérieur de 0<sup>m</sup>16, un franc quinze centimes . . . . . . | 1 | 15 |
| 76 | 411 | D'un diamètre intérieur de 0<sup>m</sup>19, un franc trente-cinq centimes . . . . . | 1 | 35 |
| 76 | 412 | D'un diamètre intérieur de 0<sup>m</sup>22, un franc quatre-vingts centimes . . . . | 1 | 80 |
| 76 | 413 | D'un diamètre intérieur de 0<sup>m</sup>25, deux francs. . . . . . . . . . | 2 | 00 |
| | | *Tuyaux* dits anglais, en terre cuite, de 0<sup>m</sup>32 de hauteur. | | |
| | | Le cent, savoir : | | |
| 76 | 414 | D'un diamètre intérieur de 0<sup>m</sup>054, seize francs vingt centimes. . . . . . | 16 | 20 |
| 76 | 415 | D'un diamètre intérieur de 0<sup>m</sup>08, dix-neuf francs quatre-vingts centimes. . . | 19 | 80 |
| 76 | 416 | D'un diamètre intérieur de 0<sup>m</sup>11, vingt-quatre francs soixante centimes. . . | 24 | 60 |
| 76 | 417 | D'un diamètre intérieur de 0<sup>m</sup>135, vingt-neuf francs quatre-vingt-dix centimes. | 29 | 90 |
| 76 | 418 | D'un diamètre intérieur de 0<sup>m</sup>16, trente-quatre francs soixante-dix centimes. . | 34 | 70 |
| 76 | 419 | D'un diamètre intérieur de 0<sup>m</sup>19, trente-neuf francs soixante centimes. . . | 39 | 60 |
| 76 | 420 | D'un diamètre intérieur de 0<sup>m</sup>22, quarante-neuf francs cinquante centimes. . | 49 | 50 |
| 76 | 421 | D'un diamètre intérieur de 0<sup>m</sup>25, cinquante-neuf francs quarante centimes. . | 59 | 40 |
| | | *Boisseaux* gourlier, rectangulaires, à angles arrondis, de 0<sup>m</sup>33 de hauteur, faits avec les glaises bleues des plaines de Vaugirard, Gentilly, Vanves et Issy. | | |
| | | Le cent, savoir : | | |
| 76 | 422 | 1° Avec des parois de 0<sup>m</sup>03 d'épaisseur. | | |
| | | De 0<sup>m</sup>25 sur 0<sup>m</sup>30 d'ouverture intérieure, cent trois francs cinquante centimes. | 103 | 50 |
| 76 | 423 | De 0<sup>m</sup>20 à 0<sup>m</sup>22, sur 0<sup>m</sup>25 d'ouverture intérieure, quatre-vingt-cinq francs soixante-dix centimes. . . . . . . . . . . . . . . . | 85 | 70 |

| NUMÉROS | | DÉSIGNATION DES OUVRAGES. | PRIX |
|---|---|---|---|
| DU DEVIS. | DE LA SÉRIE. | | DE L'UNITÉ. |
| 76 | 424 | De 0^m22 sur 0^m22, ou 0^m16 sur 0^m25, ou de 0^m19 sur 0^m22 d'ouverture intérieure, quatre-vingts francs. . . . . . . . . . . . . . . . . | 80 f. 00 |
| 76 | 425 | De 0^m19 sur 0^m19 d'ouverture intérieure, soixante-quinze francs vingt-cinq centimes . . . . . . . . . . . . . . . . . . . . . . . . . . | 75  25 |
| | | 2° Avec des parois de 0^m025 d'épaisseur. | |
| 76 | 426 | De 0^m17 sur 0^m19, ou 0^m15 sur 0^m20 d'ouverture intérieure, soixante-dix francs cinquante-cinq centimes. . . . . . . . . . . . . . . . | 70  55 |
| 76 | 427 | De 0^m13 sur 0^m16 d'ouverture intérieure, soixante-et-un francs quinze centimes. | 61  15 |
| | | NOTA. — Les poteries Pourlier, fabriquées avec des glaises d'autre provenance quelconque que celles indiquées ci-dessus, seront rigoureusement refusées. | |
| | | *Pots* ou globes pour planchers, voûtes et cloisons. | |
| | | Le cent, savoir : | |
| 76 | 428 | De 0^m06 de hauteur, 0^m17 de diamètre, dits à tabatière, sept francs quarante-cinq centimes. . . . . . . . . . . . . . . . . . . . . . | 7  45 |
| 76 | 429 | De 0^m25 de hauteur, 0^m16 à la tête et 0^m15 au bas, huit francs quarante-cinq centimes. . . . . . . . . . . . . . . . . . . . , . . . | 8  45 |
| 76 | 430 | De 0^m22 de hauteur, 0^m15 à la tête et 0^m14 au bas, six francs quatre-vingt-quinze centimes. . . . . . . . . . . . . . . . . . . . . | 6  95 |
| 76 | 431 | De 0^m16 de hauteur, 0^m13 à la tête et 0^m12 au bas, cinq francs quatre-vingt-quinze centimes. . . . . . . . . . . . . . . . . . . . | 5  95 |
| 76 | 432 | De 0^m11 de hauteur, 0^m11 à la tête et 0^m10 au bas, quatre francs quatre-vingt-quinze centimes. . . . . . . . . . . . . . . . . . . . | 4  95 |
| | | *Bardeaux* en chêne de 0^m007 d'épaisseur sur 0^m04 de largeur. | |
| | | Le mille de bardeaux. | |
| 77 | 433 | 1° De 0^m40 de longueur, huit francs. . . . . . . . . . . | 8  00 |
| 77 | 434 | 2° De 0^m32 de longueur, cinq francs. . . . . . . . . . | 5  00 |
| 77 | 435 | 3° De 0^m27 à 0^m30 de longueur, quatre francs cinquante centimes. . . . . | 4  50 |
| 77 | 436 | *Lattes* en cœur de chêne, de 0^m005 d'épaisseur sur 0^m03 de largeur. | |
| | | La botte de 52 lattes de 1^m30, un franc trente centimes . . . . . . | 1  30 |
| | | *Clous* d'épingle. | |
| | | Le kilogramme : | |
| 77 | 437 | 1° De 0^m 054 à 0^m11 de longueur, soixante-dix centimes . . . . . | 0  70 |
| 77 | 438 | 2° Au-dessous de 0^m054  dito.  quatre-vingt-dix centimes. . . . . . | 0  90 |
| 77 | 439 | *Rapointis.* | |
| | | Le kilogramme, trente centimes. . . . . . . . . . . . . | 0  30 |

| NUMÉROS | | DÉSIGNATION DES OUVRAGES. | PRIX |
|---|---|---|---|
| DU DEVIS. | DE LA SÉRIE. | | DE L'UNITÉ. |

ARTICLE 2. — EXÉCUTION DES MAÇONNERIES.

§ Iᵉʳ. — *Ouvrages en Matériaux neufs.*

**Mortiers.**

| | | | |
|---|---|---|---|
| 81, 84 | 441 | *Mortier* de chaux hydraulique et sable de rivière ou de plaine.<br>Le mètre cube, savoir :<br>1° Mortier composé de :<br>1 partie de chaux hydraulique éteinte, en poudre, pour deux parties de sable ;<br>Ou 2 parties de chaux hydraulique éteinte, en pâte, pour 5 parties de sable, dix-sept francs soixante centimes. . . . . . . . . . . . . . . . . | 17 f. 60 |
| 81, 84 | 442 | 2° Mortier composé de :<br>2 parties de chaux hydraulique éteinte, en poudre, pour 3 parties de sable ;<br>Ou 1 partie de chaux hydraulique éteinte, en pâte, pour 2 parties de sable, dix-huit francs, soixante centimes . . . . . . . . . . . . . . . | 18 60 |
| 81, 84 | 443 | 3° Mortier fin de même composition que celui ci-dessus (n° 442), mais avec sable tamisé, dix-neuf francs cinquante centimes. . . . . . . . . . . | 19 50 |
| | | *Mortier* de ciment de Portland et sable de rivière ou de plaine.<br>Le mètre cube, savoir : | |
| 82, 84 | 444 | 1° Mortier composé de 1 partie de ciment (350 k.), pour 4 parties de sable (1ᵐ »»), trente-six francs. . . . . . . . . . . . . . . . . | 36 00 |
| 82, 84 | 445 | 2° Mortier composé de 1 partie de ciment (465 k.), pour 3 parties de sable (1ᵐ »»), quarante-cinq francs. . . . . . . . . . . . . . . . | 45 00 |
| 82, 84 | 446 | 3° Mortier composé de 1 partie de ciment (620 k.), pour 2 parties de sable (0ᵐ 90), cinquante-cinq francs . . . . . . . . . . . . . . . | 55 00 |
| 82, 84 | 447 | 4° Mortier fin composé comme celui ci-dessus (n° 446), mais avec sable tamisé, cinquante-sept francs. . . . . . . . . . . . . . . | 57 00 |
| 82, 84 | 448 | 5° Mortier fin composé de 1 partie de ciment (975 k.), pour 1 partie de sable tamisé (0ᵐ 70), quatre-vingt-trois francs . . . . . . . . . . | 83 00 |
| | | *Mortier* de ciment de Pouilly ou de Vassy et sable de rivière ou de plaine.<br>Le mètre cube, savoir : | |
| 82, 84 | 449 | 1° Mortier composé de 1 partie de ciment (350 k.), pour 3 parties de sable (1ᵐ »»), trente-deux francs cinquante centimes. . . . . . . | 32 50 |
| 82, 84 | 450 | 2° Mortier composé de 1 partie de ciment (465 k.), pour 2 parties de sable (0ᵐ 90), trente-neuf francs cinquante. . . . . . . . . . . | 39 50 |
| 82, 84 | 451 | 3° Mortier fin, composé comme celui ci-dessus (n° 450), mais avec sable tamisé, quarante-un francs cinquante centimes. . . . . . . . . | 41 50 |
| 82, 84 | 452 | 4° Mortier fin, composé de 1 partie de ciment (720 k.), pour une partie de sable tamisé (0ᵐ 70), cinquante-sept francs. . . . . . . . . . | 57 00 |
| » | 453 | Les prix ci-dessus de mortiers seront appliqués sans avoir égard à la nature du sable, qu'il soit de rivière ou de plaine. L'ingénieur prescrira lequel de ces deux sables on devra employer. | |

| NUMÉROS | | DÉSIGNATION DES OUVRAGES. | PRIX |
|---|---|---|---|
| DU DEVIS. | DE LA SÉRIE. | | DE L'UNITÉ |

**Bétons.**

*Béton* composé de 5 parties de mortier hydraulique (0ᵐ 50) et de 8 parties (0ᵐ 80) de cailloux siliceux, passés à l'anneau de 0ᵐ 05 de diamètre.

Le mètre cube, savoir :

| | | | |
|---|---|---|---|
| 83, 84, 97 | 461 | 1° Avec mortier de chaux hydraulique du n°441, dix-sept francs vingt-cinq centimes. . . . . . . . . . . . . . . . . . . . . . . . | 17 f. 25 |
| 83, 84, 97 | 462 | 2° Avec mortier de chaux hydraulique du n° 442, dix-sept francs soixante-quinze centimes. . . . . . . . . . . . . . . . . . . . . . | 17 · 75 |
| 83, 84, 97 | 463 | 3° Avec mortier de ciment de Portland du n° 445, trente-deux francs. . . . | 32 · 00 |
| 83, 84, 97 | 464 | 4° — — 446, trente-sept francs. . . . | 37 · 00 |

*Béton* composé de 5 parties de mortier hydraulique et de 8 parties de meulière cassée, passée à l'anneau de 0ᵐ 05 de diamètre, pour sommiers de voûtes en briques.

Le mètre cube, savoir :

| | | | |
|---|---|---|---|
| 83, 84, 97 | 465 | 1° Avec mortier de ciment de Portland du n° 445, trente-huit francs. . . . | 38 · 00 |
| 83, 84, 97 | 466 | 2° — — 446, quarante-cinq francs. . . . | 45 · 00 |
| 83, 84, 97 | 467 | 3° — de Pouilly ou de Vassy, du n° 449, trente-quatre francs. . . . . . . . . . . . . . . . . . . . . . . . | 34 · 00 |
| 83, 84, 97 | 468 | 4° Avec mortier de ciment de Pouilly ou de Vassy du n° 450, trente sept-francs. | 37 · 00 |
| 83, 84, 97 | 469 | *Béton* maigre, composé de 1 partie de chaux éteinte, en pâte, et de 6 parties de sable, ou de 1 partie de chaux éteinte, en poudre et de 6 parties de sable, pour remplissage des reins de voûte.<br>Le mètre cube, quatorze francs. . . . . . . . . . . . . . . | 14 · 00 |

**Maçonneries de moëllon.**

*Maçonnerie* brute de moëllon de roche ou de meulière.

Le mètre cube, savoir :

| | | | |
|---|---|---|---|
| 85, 94, 97 | 470 | 1° A sec, douze francs. . . . . . . . . . . . . . . . . . | 12 · 00 |
| 85, 94, 97 | 471 | 2° Avec mortier de chaux hydraulique du n° 441, dix-neuf francs. . . . . | 19 · 00 |
| 85, 94, 97 | 472 | 3° — — 442, dix-neuf francs cinquante centimes. . . . . . . . . . . . . . . . . . . . . . . . . . | 19 · 50 |
| 85, 94, 97 | 473 | 4° Avec mortier de ciment de Portland du n° 444, vingt-sept francs. . . . | 27 · 00 |
| 85, 94, 97 | 474 | 5° — — 445, vingt-neuf francs cinquante centimes. . . . . . . . . . . . . . . . . . . . . . . . . | 29 · 50 |
| 85, 94, 97 | 475 | 6° Avec mortier de ciment de Portland du n° 446, trente-trois francs. . . . | 33 · 00 |
| 85, 94, 97 | 476 | 7° — — de Pouilly ou de Vassy du n° 449, vingt-six francs. | 26 · 00 |
| 85, 94, 97 | 477 | 8° — — 450, vingt-huit francs. | 28 · 00 |
| 85, 94, 97 | 478 | 9° Avec plâtre, dix-huit francs. . . . . . . . . . . . . . . | 18 · 00 |

| NUMÉROS | | DESIGNATION DES OUVRAGES. | PRIX |
|---|---|---|---|
| DU DEVIS. | DE LA SÉRIE. | | DE L'UNITÉ. |
| | | *Maçonnerie* brute de moëllon dur franc. | |
| | | Le mètre cube, savoir : | |
| 85, 94, 97 | 479 | 1° A sec, dix francs cinquante centimes. . . . . . . . . . . | 10 f. 50 |
| 85, 94, 97 | 480 | 2° Avec mortier de chaux hydraulique du n° 441, dix-sept francs cinquante | |
| | | centimes. . . . . . . . . . . . . . . . . . . . . . . | 17    50 |
| 85, 94, 97 | 481 | 3° Avec mortier de chaux hydraulique du n° 442, dix-huit francs . . . . | 18    00 |
| 85, 94, 97 | 482 | 4 Avec mortier de ciment de Portland du n° 444, vingt-cinq francs cinquante | |
| | | centimes. . . . . . . . . . . . . . . . . . . . . . . | 25    50 |
| 85, 94, 37 | 483 | 5° Avec mortier de ciment de Portland du n° 445, vingt-huit francs. . . . | 28    00 |
| 85, 94, 97 | 484 | 6°  —             —          446, trente-un francs cinquante | |
| | | centimes. . . . . . . . . . . . . . . . . . . . . . . | 31    50 |
| 85, 94, 97 | 485 | 7° Avec mortier de ciment de Pouilly ou de Vassy du n° 449, vingt-quatre francs | |
| | | cinquante centimes. . . . . . . . . . . . . . . . . . | 24    50 |
| 85, 94, 97 | 486 | 8° Avec mortier de ciment de Pouilly et de Vassy du n° 450, vingt-six francs | |
| | | cinquante centimes. . . . . . . . . . . . . . . . . . | 26    50 |
| 85, 94, 97 | 487 | 9° Avec plâtre, seize francs cinquante centimes. . . . . . . . . | 16    50 |
| | | NOTA. — Les prix relatifs à l'emploi du moëllon franc seront appliqués pour tous | |
| | | les travaux courants. Les prix relatifs à l'emploi du moëllon de roche ou de la meu- | |
| | | lière ne seront appliqués que lorsque l'entrepreneur aura reçu l'ordre par écrit d'em- | |
| | | ployer ces matériaux. | |
| | | *Maçonnerie* brute de moëllon dur provenant de démolition. | |
| | | Le mètre cube, savoir : | |
| 85, 94, 97 | 488 | 1° A sec, neuf francs cinquante centimes. . . . . . . . . . . | 9    50 |
| 85, 94, 97 | 489 | 2° Avec mortier de chaux hydraulique du n° 441, seize francs cinquante cen- | |
| | | times. . . . . . . . . . . . . . . . . . . . . . . . | 16    50 |
| 85, 94, 97 | 490 | 3° Avec mortier de chaux hydraulique du n° 442, dix-sept francs. . . . | 17    00 |
| 85, 94, 97 | 491 | 4° Avec mortier de ciment de Portland du n° 444, vingt-quatre francs cinquante | |
| | | centimes. . . . . . . . . . . . . . . . . . . . . . . | 24    50 |
| 85, 94, 97 | 492 | 5° Avec mortier de ciment de Portland du n° 445, vingt-sept francs. . . . | 27    00 |
| 85, 94, 97 | 493 | 6°Avec mortier de ciment de Portland du n° 446, trente francs cinquante | |
| | | centimes. . . . . . . . . . . . . . . . . . . . . . . | 30    50 |
| 85, 94, 97 | 494 | 7° Avec mortier de ciment de Pouilly ou de Vassy du n° 449, vingt-trois francs | |
| | | cinquante centimes. . . . . . . . . . . . . . . . . . | 23    50 |
| 85, 94, 95 | 495 | 8° Avec mortier de ciment de Pouilly ou de Vassy du n° 450, vingt-cinq francs | |
| | | cinquante centimes. . . . . . . . . . . . . . . . . . | 25    50 |
| 85, 94, 97 | 496 | 9° Avec plâtre, quinze francs cinquante centimes. . . . . . . . . | 15    50 |
| | | *Maçonnerie* brute de plâtras. | |
| | | Le mètre cube, savoir : | |
| 89, 97 | 497 | 1° Avec mortier de chaux hydraulique du n° 441, dix-sept francs. . . . | 17    00 |
| 89, 97 | 498 | 2° Avec plâtre, quinze francs. . . . . . . . . . . . . . . | 15    00 |

| NUMÉROS | | DESIGNATION DES OUVRAGES. | PRIX | |
|---|---|---|---|---|
| DU DEVIS. | DE LA SÉRIE. | | DE L'UNITÉ. | |

**Maçonnerie de pierre de taille.**

*Maçonnerie* en pierre de taille de granit en blocs jusqu'à 1ᵐ 00 cube en œuvre.
Le mètre cube, savoir :

| | | | | |
|---|---|---|---|---|
| 86, 95, 97 | 501 | 1° Avec mortier fin de chaux hydraulique du n° 443, cent trente-cinq francs. | 135f. | 00 |
| 86, 96, 97 | 502 | 2° Avec mortier fin de ciment de Portland du n° 447, cent quarante francs. | 140 | 00 |
| 86, 96, 97 | 503 | 3° Avec mortier fin de ciment de Pouilly ou Vassy du n° 451, cent trente-huit francs cinquante centimes. . . . . . . . . . . . . . . . . | 138 | 50 |

*Maçonnerie* de pierre de taille de granit en blocs de plus de 1ᵐ 00 cube en œuvre.
Le mètre cube, savoir :

| | | | | |
|---|---|---|---|---|
| 86, 96, 97 | 504 | 1° Avec mortier fin de chaux hydraulique du n° 443, cent quarante-six francs. | 146 | 00 |
| 86, 96, 97 | 505 | 2° Avec mortier fin de ciment de Portland du n° 447, cent cinquante-un francs. | 151 | 00 |
| 86, 96, 97 | 506 | 3° Avec mortier fin de ciment de Pouilly ou de Vassy du n° 451, cent quarante-neuf francs cinquante centimes. . . . . . . . . . . . . . . | 149 | 50 |

*Maçonnerie* de pierre de taille de Saint-Ylie, en blocs jusqu'à 1ᵐ 00 cube en œuvre.
Le mètre cube, savoir :

| | | | | |
|---|---|---|---|---|
| 86, 96, 97 | 507 | 1° Avec mortier fin de chaux hydraulique du n° 443, cent vingt-cinq francs. | 125 | 00 |
| 86, 96, 97 | 508 | 2° Avec mortier fin de ciment de Portland du n° 447, cent trente francs. | 130 | 00 |
| 86, 96, 97 | 509 | 3° Avec mortier fin de ciment de Pouilly ou de Vassy, du n° 451, cent vingt-huit francs cinquante centimes . . . . . . . . . . . . . . . | 128 | 50 |

*Maçonnerie* de pierre de taille de Saint-Ylie, en blocs de plus 1ᵐ00 cube en œuvre.
Le mètre cube, savoir :

| | | | | |
|---|---|---|---|---|
| 86, 96, 97 | 510 | 1° Avec mortier fin de chaux hydraulique, du n° 443, cent quarante francs. | 140 | 00 |
| 86, 96, 97 | 511 | 2° Avec mortier fin de ciment de Portland, du n° 447, cent quarante-cinq francs. | 145 | 00 |
| 86, 96, 97 | 512 | 3° Avec mortier fin de ciment de Pouilly ou de Vassy, du n°451, cent quarante-trois francs cinquante centimes. . . . . . . . . . . . . . | 143 | 50 |

*Maçonnerie* de pierre de taille de Château-Landon, en blocs jusqu'à 1ᵐ00 cube en œuvre.
Le mètre cube, savoir :

| | | | | |
|---|---|---|---|---|
| 86, 96, 97 | 513 | 1° Avec mortier fin de chaux hydraulique, du n° 443, cent quinze francs. . . | 115 | 00 |
| 86, 96, 97 | 514 | 2° Avec mortier fin de ciment de Portland, du n° 447, cent vingt francs. . . | 120 | 00 |
| 86, 96, 97 | 515 | 3° Avec mortier fin de ciment de Pouilly ou de Vassy, du n° 451, cent dix-huit francs cinquante centimes. . . . . . . . . . . . . . . . | 118 | 50 |

*Maçonnerie* de pierre de taille de Château-Landon, en blocs de 1ᵐ00 cube en œuvre.
Le mètre cube, savoir :

| | | | | |
|---|---|---|---|---|
| 86, 96, 97 | 516 | 1° Avec mortier fin de chaux hydraulique, du n° 443, cent vingt-cinq francs. . | 125 | 00 |

| NUMÉROS | | DESIGNATION DES OUVRAGES. | PRIX | |
|---|---|---|---|---|
| DU DEVIS. | DE LA SÉRIE. | | DE L'UNITÉ. | |
| 86, 96, 97 | 517 | 2° Avec mortier fin de ciment de Portland, du n° 447, cent trente francs. . . | 130 f. | 00 |
| 86, 96, 97 | 518 | 3° Avec mortier fin de ciment de Pouilly ou de Vassy, du n° 451, cent vingt-huit francs cinquante centimes. . . . . . . . . . . . . . . | 128 | 50 |
| | | *Maçonnerie* de pierre de taille de Venderesse, pour marches, tablettes, etc., en blocs de toutes dimensions. | | |
| | | Le mètre cube, savoir : | | |
| 86, 96, 97 | 519 | 1° Avec mortier fin de chaux hydraulique, du 443, cent quinze francs . . . | 115 | 00 |
| 86, 96, 97 | 520 | 2° Avec mortier fin de ciment de Portland, du ° 447, cent vingt francs . . . | 120 | 00 |
| 86, 96, 97 | 521 | 3° Avec mortier fin de ciment de Pouilly ou de Vassy, du n° 451, cent dix-huit francs cinquante centimes. . . . . . . . . . . . . . . . | 118 | 50 |
| | | *Maçonnerie* de pierre de taille de Tessaucourt, de Saint-Nom ou de Vernon, en blocs de toutes dimensions. | | |
| | | Le mètre cube, savoir : | | |
| 86, 96, 97 | 522 | 1° Avec mortier fin de chaux hydraulique, du n° 443, cent trois francs. . . | 103 | 00 |
| 86, 96, 97 | 523 | 2° Avec mortier fin de ciment de Portland, du n° 447, cent huit francs. . . | 108 | 00 |
| 86, 96, 97 | 524 | 3° Avec mortier fin de ciment de Pouilly ou de Vassy, du n° 451, cent six francs cinquante centimes . . . . . . . . . . . . . . . . . | 106 | 50 |
| | | *Maçonnerie* de libages en roche de Tessaucourt, de Saint-Nom ou de Vernon. | | |
| | | Le mètre cube, savoir : | | |
| 87, 96, 97 | 525 | 1° Avec mortier de chaux hydraulique du n° 442, soixante-cinq francs. . . | 65 | 00 |
| 87, 96, 97 | 526 | 2° Avec mortier de ciment de Portland du n° 445, soixante-neuf francs. . . | 69 | 00 |
| 87, 96, 97 | 527 | 3° Avec mortier de ciment de Pouilly ou de Vassy du n° 450, soixante-huit francs. . . . . . . . . . . . . . . . . . . . . . . | 68 | 00 |
| | | *Maçonnerie* de pierre de taille de banc franc de Goussainville, de Méry ou de Vitry. | | |
| | | Le mètre cube, savoir : | | |
| 86, 96, 97 | 528 | 1° Avec mortier fin de chaux hydraulique du n° 443, ou avec plâtre, quatre-vingts francs . . . . . . . . . . . . . . . . . . . . . | 80 | 00 |
| 86, 96, 97 | 529 | 2° Avec mortier fin de ciment de Portland du n° 447, quatre-vingt-cinq francs. | 85 | 00 |
| 86, 96, 97 | 530 | 3° Avec mortier fin de ciment de Pouilly ou de Vassy du n° 451, quatre-vingt-trois francs cinquante centimes. . . . . . . . . . . . . . | 83 | 50 |
| 86, 96, 97 | 531 | *Maçonnerie* de pierre de taille de Banc royal, de Saint-Maximin, avec mortier fin de chaux hydraulique du n° 443, ou avec plâtre. | | |
| | | Le mètre cube, soixante-dix francs. . . . . . . . . . . . | 70 | 00 |
| 86, 96, 97 | 532 | *Maçonnerie* de pierre de taille tendre dite Vergelé, de Méry, de Saint-Maximin ou de Saint-Leu, avec mortier fin de chaux hydraulique du n° 443, ou avec plâtre. | | |
| | | Le mètre cube, soixante francs . . . . . . . . . . . . . | 60 | 00 |

| NUMÉROS | | DÉSIGNATION DES OUVRAGES. | PRIX |
|---|---|---|---|
| DU DEVIS. | DE LA SÉRIE. | | DE L'UNITÉ. |

**Maçonneries de Brique.**

OBSERVATION GÉNÉRALE SUR LES MAÇONNERIES DE BRIQUE. — Les prix des maçonneries de brique, quelque soit l'épaisseur de ces maçonneries, comprennent la plus-value pour voûte ; ils comprennent aussi le rejointoiement, excepté celui à l'anglaise.

*Maçonnerie* de briques de Bourgogne, pleines, pour murs, etc., au dessus de $0^m22$ d'épaisseur, et pour voûtes quelques soient leurs épaisseurs.

Le mètre cube, savoir :

| | | | | |
|---|---|---|---|---|
| 88, 97 | 541 | 1° Avec mortier fin de chaux hydraulique du n° 443, soixante-huit francs. . | 68 f. | 00 |
| 88, 97 | 542 | 2° Avec mortier fin de ciment de Portland du n° 447, soixante-dix-sept francs. | 77 | 00 |
| 88, 97 | 543 | 3° Avec mortier fin de ciment de Pouilly ou de Vassy du n° 451, soixante-treize francs. . . . . . . . . . . . . . . . . . . . . | 73 | 00 |
| 88, 97 | 544 | 4° Avec plâtre, soixante-cinq francs. . . . . . . . . . . | 65 | 00 |

*Maçonnerie* de briques de Bourgogne, percées, pour murs, etc., au-dessus de $0^m$ 22 d'épaisseur, et pour voûtes quelles que soient leurs épaisseurs.

Le mètre cube, savoir :

| | | | | |
|---|---|---|---|---|
| 88, 97 | 545 | 1° Avec mortier fin de chaux hydraulique du n° 443, soixante-deux francs. . | 62 | 00 |
| 88, 97 | 546 | 2° Avec mortier fin de ciment de Portland du n° 447, soixante-onze francs. . | 71 | 00 |
| 88, 97 | 547 | 3° Avec mortier fin de ciment de Pouilly ou de Vassy du n° 451, soixante-sept francs. . . . . . . . . . . . . . . . . . . . . | 67 | 00 |
| 88, 97 | 548 | 4° Avec plâtre, cinquante-neuf francs. . . . . . . . . . . | 59 | 00 |

*Maçonnerie* de briques de pays, façon Bourgogne, pleines, pour murs, etc., au-dessus de $0^m$ 22 d'épaisseur, et pour voûtes quelles que soient leurs épaisseurs.

Le mètre cube, savoir :

| | | | | |
|---|---|---|---|---|
| 88, 97 | 549 | 1° Avec mortier fin de chaux hydraulique du n° 443, trente-trois francs. . . | 33 | 00 |
| 88, 97 | 550 | 2° Avec mortier fin de ciment de Portland du n° 447, quarante-quatre francs. | 44 | 00 |
| 88, 97 | 551 | 3° Avec mortier fin de ciment de Pouilly ou de Vassy du n° 451, quarante francs. . . . . . . . . . . . . . . . . . . . . | 40 | 00 |
| 88, 97 | 552 | 4° Avec plâtre, trente-deux francs. . . . . . . . . . . | 32 | 00 |

*Maçonnerie* de briques de pays, façon Bourgogne, percées, pour murs, etc., au-dessus de $0^m$ 22 d'épaisseur, et pour voûtes quelles que soient leurs épaisseurs.

Le mètre cube, savoir :

| | | | | |
|---|---|---|---|---|
| 88, 97 | 553 | 1° Avec mortier fin de chaux hydraulique du n° 443, quarante-sept francs. . | 47 | 00 |
| 88, 97 | 554 | 2° Avec mortier fin de ciment de Portland du n° 447, cinquante-sept francs. . | 57 | 00 |
| 88, 97 | 555 | 3° Avec mortier fin de ciment de Pouilly ou de Vassy du n° 451, cinquante-quatre francs. . . . . . . . . . . . . . . . . . . | 54 | 00 |
| 88, 97 | 556 | 4° Avec plâtre, quarante-cinq francs.. . . . . . . . . . | 45 | 00 |

*Maçonnerie* de briques réfractaires pour travaux de toutes sortes.

Le mètre cube, savoir :

| | | | | |
|---|---|---|---|---|
| 88, 97 | 557 | 1° Avec mortier fin de chaux hydraulique du n° 443, quatre-vingts francs. . | 80 | 00 |

| NUMÉROS | | DÉSIGNATION DES OUVRAGES. | PRIX |
|---|---|---|---|
| DU DEVIS. | DE LA SÉRIE | | DE L'UNITÉ. |
| 88, 97 | 558 | 2° Avec mortier fin de ciment de Portland du n° 447, quatre-vingt-neuf francs. | 89f. 00 |
| 88, 97 | 559 | 3° Avec mortier fin de ciment de Pouilly ou de Vassy du n° 451, quatre-vingt-cinq francs. . . . . . . . . . . . . . . . . . . . . . | 85 00 |
| 88, 97 | 560 | 4° Avec plâtre, soixante-dix-sept francs. . . . . . . . . . . | 77 00 |
| | | *Cloisons* de 0m 22 d'épaisseur, en briques de Bourgogne, pleines. | |
| | | Le mètre superficiel, savoir : | |
| 88, 97 | 561 | 1° Avec mortier fin de chaux hydraulique du n° 443, quinze francs trente centimes. . . . . . . . . . . . . . . . . . . . . . . . | 15 30 |
| 88, 97 | 562 | 2° Avec mortier fin de ciment de Portland du n° 447, dix-sept francs trente centimes. . . . . . . . . . . . . . . . . . . . . . . . | 17 30 |
| 88, 97 | 563 | 3° Avec mortier fin de ciment de Pouilly ou de Vassy du n° 451, seize francs quarante centimes. . . . . . . . . . . . . . . . . . . | 16 40 |
| 88, 97 | 564 | 4° Avec plâtre, quatorze francs quatre-vingts centimes. . . . . . . | 14 80 |
| | | *Cloisons* de 0m 22 d'épaisseur, en briques de Bourgogne, percées. | |
| | | Le mètre superficiel, savoir : | |
| 88, 97 | 565 | 1° Avec mortier fin de chaux hydraulique du n° 443, treize francs quatre-vingt-dix centimes. . . . . . . . . . . . . . . . . . . . . | 13 90 |
| 88, 97 | 566 | 2° Avec mortier fin de ciment de Portland du n° 447, quinze francs quatre-vingt-dix centimes. . . . . . . . . . . . . . . . . . . | 15 90 |
| 88, 97 | 567 | 3° Avec mortier fin de ciment de Pouilly ou de Vassy du n° 451, quinze francs. | 15 00 |
| 88, 97 | 568 | 4° Avec plâtre, treize francs quarante centimes. . . . . . . . . | 13 40 |
| | | *Cloisons* de 0m 22 d'épaisseur, en briques de pays, façon Bourgogne, pleines. | |
| | | Le mètre superficiel, savoir : | |
| 88, 97 | 569 | 1° Avec mortier fin de chaux hydraulique du n° 443, sept francs vingt centimes. | 7 20 |
| 88, 97 | 570 | 2° Avec mortier fin de ciment de Portland du n° 447, neuf francs vingt centimes. . . . . . . . . . . . . . . . . . . . . . . | 9 20 |
| 88, 97 | 571 | 3° Avec mortier fin de ciment de Pouilly ou de Vassy du n° 451, huit francs trente centimes. . . . . . . . . . . . . . . . . . . . | 8 30 |
| 88, 97 | 572 | 4° Avec plâtre, sept francs. . . . . . . . . . . . . . . | 7 00 |
| | | *Cloisons* de 0m 22 d'épaisseur, en briques de pays, façon Bourgogne, percées. | |
| | | Le mètre superficiel, savoir : | |
| 88, 97 | 573 | 1° Avec mortier fin de chaux hydraulique du n° 443, dix francs cinquante centimes. . . . . . . . . . . . . . . . . . . . . | 10 50 |
| 88, 97 | 574 | 2° Avec mortier fin de ciment de Portland du n° 447, douze francs cinquante centimes. . . . . . . . . . . . . . . . . . . . . | 12 50 |
| 88, 97 | 575 | 3° Avec mortier fin de ciment de Pouilly ou de Vassy du n° 451, onze francs soixante centimes. . . . . . . . . . . . . . . . . . . | 11 60 |
| 88, 97 | 576 | 4° Avec plâtre, dix francs cinquante centimes. . . . . . . . . | 10 50 |
| | | *Cloisons* de 0m 11 d'épaisseur, en briques de Bourgogne, pleines. | |
| | | Le mètre superficiel, savoir : | |
| 88, 97 | 577 | 1° Avec mortier fin de chaux hydraulique du n° 443, sept francs quatre-vingts centimes. . . . . . . . . . . . . . . . . . . . . | 7 80 |

| NUMÉROS | | DÉSIGNATION DES OUVRAGES. | PRIX |
|---|---|---|---|
| DU DEVIS. | DE LA SÉRIE. | | DE L'UNITÉ. |
| 88, 97 | 578 | 2° Avec mortier fin de ciment de Portland du n° 447, huit francs soixante-dix centimes. . . . . . . . . . . . . . . . . . . . . . . | 8 f. 70 |
| 88, 97 | 579 | 3° Avec mortier fin de ciment de Pouilly ou de Vassy du n° 451, huit francs trente centimes. . . . . . . . . . . . . . . . . . . | 8    30 |
| 88, 97 | 580 | 4° Avec plâtre, sept francs soixante centimes. . . . . . . . . . . | 7    60 |
| | | *Cloisons* de 0ᵐ 11 d'épaisseur, en briques de Bourgogne, percées. Le mètre superficiel, savoir : | |
| 88, 97 | 581 | 1° Avec mortier fin de chaux hydraulique du n° 443, sept francs dix centimes. | 7    10 |
| 88, 97 | 582 | 2° Avec mortier fin de ciment de Portland du n° 447, huit francs. . . . . | 8    00 |
| 88, 97 | 583 | 3° Avec mortier fin de ciment de Pouilly ou de Vassy du n° 451, sept francs soixante centimes. . . . . . . . . . . . . . . . . . . | 7    60 |
| 88, 97 | 584 | 4° Avec plâtre, six francs quatre-vingt-dix centimes. . . . . . . . | 6    90 |
| | | *Cloisons* de 0ᵐ 11 d'épaisseur, en briques de pays, façon Bourgogne, pleines. Le mètre superficiel, savoir : | |
| 88, 97 | 585 | 1° Avec mortier fin de chaux hydraulique du n° 443, quatre francs vingt centimes. . . . . . . . . . . . . . . . . . . . . . . . . | 4    20 |
| 88, 97 | 586 | 2° Avec mortier fin de ciment de Portland du n° 447, cinq francs dix centimes. | 5    10 |
| 88, 97 | 587 | 3° Avec mortier fin de ciment de Pouilly ou de Vassy du n° 451, quatre francs soixante-dix centimes. . . . . . . . . . . . . . . . . | 4    70 |
| 88, 97 | 588 | 4° Avec plâtre, quatre francs vingt centimes. . . . . . . . . . | 4    20 |
| | | *Cloisons* de 0ᵐ 11 d'épaisseur, en briques de pays, façon Bourgogne, percées. Le mètre superficiel, savoir : | |
| 88, 97 | 589 | 1° Avec mortier fin de chaux hydraulique du n° 443, cinq francs quarante centimes. . . . . . . . . . . . . . . . . . . . . . . | 5    40 |
| 88, 97 | 590 | 2° Avec mortier fin de ciment de Portland du n° 447, six francs trente centimes. | 6    30 |
| 88, 97 | 591 | 3° Avec mortier fin de ciment de Pouilly ou de Vassy du n° 451, cinq francs quatre-vingt-dix centimes. . . . . . . . . . . . . . . . | 5    90 |
| 88, 97 | 592 | 4° Avec plâtre, cinq francs quarante centimes. . . . . . . . . . | 5    40 |
| | | *Cloisons* de 0ᵐ 055 d'épaisseur, en briques de Bourgogne, pleines. Le mètre superficiel, savoir : | |
| 88, 97 | 593 | 1° Avec mortier fin de chaux hydraulique du n° 443, quatre francs cinquante centimes. . . . . . . . . . . . . . . . . . . . . . . | 4    50 |
| 88, 97 | 594 | 2° Avec mortier fin de ciment de Portland du n° 447, cinq francs. . . . | 5    00 |
| 88, 97 | 595 | 3° Avec mortier fin de ciment de Pouilly ou de Vassy du n° 451, quatre francs quatre-vingts centimes. . . . . . . . . . . . . . . . . | 4    80 |
| 88, 97 | 596 | 4° Avec plâtre, quatre francs quarante centimes. . . . . . . . . | 4    40 |
| | | *Cloisons* de 0ᵐ 055 d'épaisseur, en briques de Bourgogne, percées. Le mètre superficiel, savoir : | |
| 88, 97 | 597 | 1° Avec mortier fin de chaux hydraulique du n° 443, quatre francs quinze centimes. . . . . . . . . . . . . . . . . . . . . . . . | 4    15 |

| NUMÉROS | | DÉSIGNATION DES OUVRAGES. | PRIX |
|---|---|---|---|
| DU DEVIS. | DE LA SÉRIE. | | DE L'UNITÉ. |
| 88, 97 | 598 | 2° Avec mortier fin de ciment de Portland du n° 447, quatre francs soixante-cinq centimes. . . . . . . . . . . . . . . . . . . . . . . . | 4 f. 65 |
| 88, 97 | 599 | 3° Avec mortier fin de ciment de Pouilly ou de Vassy du n° 451, quatre francs quarante-cinq centimes. . . . . . . . . . . . . . . . . | 4 45 |
| 88, 97 | 600 | 4° Avec plâtre, quatre francs cinq centimes. . . . . . . . . . | 4 05 |
| | | *Cloisons* de 0ᵐ 055 d'épaisseur, en briques de pays, façon Bourgogne, pleines. | |
| | | Le mètre superficiel, savoir : | |
| 88, 97 | 601 | 1° Avec mortier fin de chaux hydraulique du n° 443, deux francs quatre-vingts centimes. . . . . . . . . . . . . . . . . . . . . . . | 2 80 |
| 88, 97 | 602 | 2° Avec mortier fin de ciment de Portland du n° 447, trois francs trente centimes. | 3 30 |
| 88, 97 | 603 | 3° Avec mortier fin de ciment de Pouilly ou de Vassy du n° 451, trois francs dix centimes. . . . . . . . . . . . . . . . . . . . . . . | 3 10 |
| 88, 97 | 604 | 4° Avec plâtre, deux francs quatre-vingts centimes. . . . . . . . | 2 80 |
| | | *Cloisons* de 0ᵐ 055 d'épaisseur, en briques de pays, façon Bourgogne, percées. | |
| | | Le mètre superficiel, savoir | |
| 88, 97 | 605 | 1° Avec mortier fin de chaux hydraulique du n° 443, trois francs cinq centimes. | 3 05 |
| 88, 97 | 606 | 2° Avec mortier fin de ciment de Portland du n° 447, trois francs cinquante-cinq centimes. . . . . . . . . . . . . . . . . . . . . | 3 55 |
| 88, 97 | 607 | 3° Avec mortier fin de ciment de Pouilly ou de Vassy du n° 451, trois francs trente-cinq centimes. . . . . . . . . . . . . . . . . . | 3 35 |
| 88, 97 | 608 | 4° Avec plâtre, trois francs cinq centimes. . . . . . . . . . . | 3 05 |

| NUMÉROS | | DÉSIGNATION DES OUVRAGES. | PRIX |
|---|---|---|---|
| DU DEVIS. | DE LA SÉRIE. | | DE L'UNITÉ. |

### Plus-values sur les prix de maçonneries.

*Plus-values* pour maçonneries exécutées en souterrain, y compris l'embarras des étais, par mètre cube, savoir :

| | | | |
|---|---|---|---|
| 97 | 611 | 1° Pour le béton, deux francs. . . . . . . . . . . . . . . . | 2f. 00 |
| 97 | 612 | 2° Pour la maçonnerie de moëllon, cinq francs. . . . . . . . . | 5   00 |
| 97 | 613 | 3° Pour la maçonnerie de pierre de taille, trente francs. . . . . . . | 30   00 |
| 97 | 614 | 4° Pour la maçonnerie de briques, six francs. . . . . . . . . . | 6   00 |

*Plus-values* pour maçonneries exécutées dans l'embarras des étais ou des étrésillons, par mètre cube, savoir :

| | | | |
|---|---|---|---|
| 97 | 615 | 1° Pour le béton, la maçonnerie de moëllon et la maçonnerie de briques, soixante-dix centimes. . . . . . . . . . . . . . . . . . . . . . . | 0   70 |
| 97 | 616 | 2° Pour la maçonnerie de pierre de taille, trois francs . . . . . . . | 3   00 |

*Plus-values* pour maçonneries circulaires en plan, d'un rayon au-dessus de deux mètres jusqu'à 0ᵐ 60 d'épaisseur, par mètre cube, savoir :

| | | | |
|---|---|---|---|
| 97 | 617 | 1° Pour le béton, la maçonnerie de moëllon et la maçonnerie de briques, soixante centimes. . . . . . . . . . . . . . . . . . . . . . | 0   60 |
| 97 | 618 | 2° Pour la pierre de taille, trois francs. . . . . . . . . . . | 3   00 |

*Plus-values* pour maçonneries circulaires en plan, d'un rayon de 2ᵐ 00 et au-dessous jusqu'à 0ᵐ 60 d'épaisseur, par mètre cube :

| | | | |
|---|---|---|---|
| 97 | 619 | 1° Pour le béton, la maçonnerie de moëllon et la maçonnerie de briques, un franc. . . . . . . . . . . . . . . . . . . . . . . . . | 1   00 |
| 97 | 620 | 2° Pour la pierre de taille, cinq francs. . . . . . . . . . . | 5   00 |

*Plus-values* pour maçonneries circulaires en élévation, voûtes, arcs ou baies cintrées, compris règlement des surfaces des terres pour les voûtes faites sur terrassements, scellements et descellements des cintres, construction et démolition des pâtés, fournitures des garnis et plâtre, jusqu'à 0ᵐ 60 d'épaisseur ; par mètre cube :

| | | | |
|---|---|---|---|
| 97 | 621 | 1° Pour le béton et la maçonnerie de moëllon, deux francs. . . . . . | 2   00 |
| 97 | 622 | 2° Pour la pierre de taille, cinq francs . . . . . . . . . . | 5   00 |

NOTA. — Pour les voûtes plates en briques, reposant sur des poutres en tôle ou fers à T, cette plus-value, qui comprend la fourniture et la pose des cintres ainsi que leur enlèvement, est comprise dans les prix de maçonnerie.

| | | | |
|---|---|---|---|
| 97 | 623 | *Plus-value* pour murs, en moëllon ou meulière, de moins de 0ᵐ 50 d'épaisseur, élevés entre lignes ; par mètre cube, un franc. . . . . . . . . . . | 1   00 |

| NUMÉROS | | DÉSIGNATION DES OUVRAGES. | PRIX |
|---|---|---|---|
| DU DEVIS. | DE LA SÉRIE | | DE L'UNITÉ. |

### Chapes, Crépis, Enduits.

*Chape* en mortier fin de chaux hydraulique du n° 443.

Le mètre superficiel, savoir :

| | | | | |
|---|---|---|---|---|
| 98 | 624 | 1° Chape de 0ᵐ 03 d'épaisseur, un franc vingt-cinq centimes. . . . . . | 1 f. | 25 |
| 98 | 625 | 2° Augmentation pour chaque centimètre d'épaisseur en plus jusqu'à 0ᵐ 08 d'épaisseur, vingt-cinq centimes. . . . . . . . . . . . . . . | 0 | 25 |
| 98 | 626 | 3° Plus-value pour travaux exécutés en souterrain, soixante-dix centimes. . | 0 | 70 |
| 98 | 627 | 4° Plus-value pour addition d'une couche de sable sur la chape ; pour chaque centimètre d'épaisseur, cinq centimes . . . . . . . . . . . | 0 | 05 |

*Chape* en mortier fin de ciment de Portland du n° 448.

Le mètre superficiel, savoir :

| | | | | |
|---|---|---|---|---|
| 98 | 628 | 1° Chape de 0ᵐ 02 d'épaisseur, deux francs cinquante centimes. . . . . | 2 | 50 |
| 98 | 629 | 2° Augmentation pour chaque centimètre d'épaisseur en plus, jusqu'à 0ᵐ 06 d'épaisseur, quatre-vingt-dix centimes. . . . . . . . . . . . . | 0 | 90 |
| 98 | 630 | 3° Plus-value pour travaux exécutés en souterrain, soixante-dix centimes. . | 0 | 70 |

*Chape* en mortier fin de ciment de Pouilly ou de Vassy du n° 452.

Le mètre superficiel, savoir :

| | | | | |
|---|---|---|---|---|
| 98 | 631 | 1° Chape de 0ᵐ 02 d'épaisseur, un franc quatre-vingt-dix centimes. . . . | 1 | 90 |
| 98 | 632 | 2° Augmentation pour chaque centimètre d'épaisseur en plus, jusqu'à 0ᵐ 06 d'épaisseur, soixante-cinq centimes. . . . . . . . . . . . . . | 0 | 65 |
| | 633 | 3° Plus-value pour travaux exécutés en souterrain, soixante-dix centimes. . | 0 | 70 |

*Chape* en Asphalte pur (mastic bitumineux naturel de première catégorie), (voir la série spéciale aux ouvrages en asphalte), reposant sur une chape en mortier de 0ᵐ05 d'épaisseur.

Le mètre superficiel, savoir :

| | | | | |
|---|---|---|---|---|
| 99 | 634 | 1° Pour une chape de 0ᵐ 01 d'épaisseur, cinq francs soixante-quinze centimes. | 5 | 75 |
| | | NOTA. — La chape en mortier entre dans ce prix pour 1 fr. 75. | | |
| 99 | 635 | 2° Augmentation ou diminution pour chaque millimètre d'épaisseur d'asphalte, en plus ou en moins, trente-cinq centimes. . . . . . . . . . . | 0 | 35 |

*Enduit* en mortier fin de chaux hydraulique du n° 443, sur parements de maçonnerie quelconque, verticaux, inclinés, courbes ou horizontaux, y compris dégradage et nettoyage des joints et remplissage, s'il y a lieu, avec des éclats de moëllon ou de meulière.

Le mètre superficiel, savoir :

| | | | | |
|---|---|---|---|---|
| 102 | 636 | 1° Enduit de 0ᵐ 02 d'épaisseur, un franc cinquante centimes. . . . . . | 1 | 50 |
| 102 | 637 | 2° Augmentation ou diminution pour chaque centimètre d'épaisseur en plus ou en moins, trente centimes . . . . . . . . . . . . . . . | 0 | 30 |

| NUMÉROS | | DÉSIGNATION DES OUVRAGES. | PRIX |
| DU DEVIS. | DE LA SÉRIE. | | DE L'UNITÉ. |
| --- | --- | --- | --- |
| » | 638 | 3° Plus-value pour travaux exécutés en souterrain, trente-cinq centimes. . | 0 f. 35 |
| » | 639 | 4° Plus-value pour addition d'un crépi en mortier hydraulique, teinté et fouetté au balai, soixante-quinze-centimes. . . . . . . . . . . . . . | 0   75 |
| | | *Enduit* en mortier fin de ciment de Portland du n° 448, sur parements de briques verticaux, inclinés, courbes ou horizontaux. | |
| | | Le mètre superficiel, savoir : | |
| 103 | 640 | 1° Enduit de 0ᵐ 02 d'épaisseur, deux francs quatre-vingt-dix centimes. . . | 2   90 |
| 103 | 641 | 2° Augmentation pour chaque centimètre d'épaisseur en plus, un franc. . . | 1   00 |
| » | 642 | 3° Plus-value pour travaux exécutés en souterrain, trente-cinq centimes. . | 0   35 |
| | | *Enduit* en mortier fin de ciment de Pouilly ou de Vassy du n° 452, sur parements de briques, verticaux, inclinés, courbes ou horizontaux, y compris dégradage et nettoyage des joints et remplissage, s'il y a lieu, avec des morceaux de briques. . | |
| | | Le mètre superficiel, savoir : | |
| 103 | 643 | 1° Enduit de 0ᵐ 02 d'épaisseur, deux francs trente centimes. . . . . . | 2   30 |
| 103 | 644 | 2° Augmentation pour chaque centimètre d'épaisseur en plus, soixante-quinze centimes. . . . . . . . . . . . . . . . . . . . . . . | 0   75 |
| » | 645 | 3° Plus-value pour travaux exécutés en souterrain, soixante-dix centimes. . | 0   70 |
| | | *Enduits* et rocaillage avec mortier fin de ciment de Portland du n° 448, sur parements de moëllon ou de meulière, verticaux, inclinés, courbes ou horizontaux. | |
| | | Le mètre superficiel, savoir : | |
| 101 | 646 | 1° Rocaillage y compris dégradage, enlèvement des gravois et lavage, un franc cinquante centimes. . . . . . . . . . . . . . . . . . . | 1   50 |
| 101 | 647 | 2° Enduit de 0ᵐ 02 d'épaisseur avec rocaillage et dégradage, quatre francs vingt-cinq centimes. . . . . . . . . . . . . . . . . . . . | 4   25 |
| 101 | 648 | 3° Augmentation pour chaque centimètre d'épaisseur en plus de l'enduit, un franc. . . . . . . . . . . . . . . . . . . . . . . . | 1   00 |
| » | 649 | 4° Plus-value pour travaux exécutés en souterrain, cinquante centimes. . . | 0   50 |
| » | 650 | 5° Plus-value pour travaux exécutés sur vieux murs, cinquante centimes. . | 0   50 |
| | | *Enduits* et rocaillage avec mortier fin de ciment de Pouilly ou de Vassy du n° 452, sur parements de moëllon ou de meulière, verticaux, inclinés, courbes ou horizontaux. | |
| | | Le mètre superficiel, savoir : | |
| 101 | 651 | 1° Rocaillage y compris dégradage, enlèvement des gravois et lavage, un franc quarante centimes. . . . . . . . . . . . . . . . . . . | 1   40 |
| 101 | 652 | 2° Enduit de 0ᵐ 02 d'épaisseur avec rocaillage et dégradage, trois francs cinquante centimes. . . . . . . . . . . . . . . . . . . . . | 3   50 |
| 101 | 653 | 3° Augmentation pour chaque centimètre en plus de l'enduit, soixante-quinze centimes. . . . . . . . . . . . . . . . . . . . . . . . | 0   75 |
| » | 654 | 4° Plus-value pour travaux exécutés en souterrain, cinquante centimes. . . | 0   50 |
| » | 655 | 5° Plus-value pour travaux exécutés sur vieux murs, cinquante centimes. . | 0   50 |

| NUMÉROS | | DESIGNATION DES OUVRAGES. | PRIX |
|---|---|---|---|
| DU DEVIS. | DE LA SÉRIE. | | DE L'UNITÉ. |
| 102 | 656 | *Enduits* en plâtre sur parements de maçonnerie quelconque, verticaux, inclinés, courbes ou horizontaux, y compris dégradage.<br>Le mètre superficiel, savoir :<br>1° Enduit de $0^m$ 02 d'épaisseur, un franc. . . . . . . . . . . | 1 f. 00 |
| 102 | 657 | 2° Augmentation ou diminution pour chaque centimètre d'épaisseur en plus ou en moins, vingt centimes. . . . . . . . . . . . . . . . . | 0 20 |
| » | 658 | 3° Plus-value pour addition d'un crépi en plâtre, teinté et fouetté au balai, y compris le hachement de l'enduit, soixante-cinq centimes. . . . . . . . | 0 65 |
| » | 659 | *Aire* en plâtre pour cintres de voûtes sur terrassements.<br>Le mètre superficiel, savoir :<br>1° Aire de $0^m$ 03 d'épaisseur, un franc. . . . . . . . . . . . | 1 00 |
| » | 660 | 2° Augmentation ou diminution, pour chaque centimètre d'épaisseur en plus ou en moins, vingt centimes. . . . . . . . . . . . . . | 0 20 |
| | | NOTA. — Voir aux terrassements le prix de dressement des cintres en terre sous l'aire en plâtre.<br><br>*Ouvrages* en plâtre. Ils seront tous payés aux prix des légers ouvrages en plâtre, nᵒˢ 741 et suivants. | |

### Parements vus, Évidements, Refouillements, Scellements.

| NUMÉROS | | DESIGNATION DES OUVRAGES. | PRIX |
|---|---|---|---|
| DU DEVIS. | DE LA SÉRIE. | | DE L'UNITÉ. |
| 90 | 661 | *Parements* vus, droits ou courbes, de moëllon ou de meulière brute, y compris la plus-value pour choix et triage des matériaux et main-d'œuvre supplémentaire.<br>Le mètre superficiel, quatre-vingts centimes. . . . . . . . . | 0 80 |
| 91, 93 | 662 | *Parements* vus, droits ou courbes, de moëllon ou de meulière, smillés ou têtués avec bossages, y compris la plus-value pour choix, triage et déchet des matériaux, ainsi que la main-d'œuvre pour taille grossière des parements, lits et joints.<br>Le mètre superficiel, trois francs . . . . . . . . . . . | 3 00 |
| 92, 93 | 663 | *Parements* vus, droits ou courbes, de moëllon ou de meulière d'appareil, piqués avec soin entre ciselures, y compris plus-value pour choix, triage et déchet des matériaux, ainsi que la main-d'œuvre pour taille des parements, lits et joints.<br>Le mètre superficiel, savoir :<br>1° En meulière, dix francs. . . . . . . . . . . . . . | 10 00 |
| 92, 93 | 664 | 2° En moëllon de roche, huit francs. . . . . . . . . . | 8 00 |
| 92, 93 | 665 | 3° En moëllon franc, cinq francs. . . . . . . . . . . | 5 00 |
| 92, 93 | 666 | 4° En moëllon tendre, trois francs cinquante centimes . . . . . . . | 3 50 |

| NUMÉROS | | DESIGNATION DES OUVRAGES. | PRIX |
|---|---|---|---|
| DU DEVIS. | DE LA SÉRIE. | | DE L'UNITÉ. |

|  |  | *Parement* vu de pierre de taille à surface plane, verticale ou inclinée, taillée à la laye ou la fine bercharde entre larges ciselures, y compris la taille des lits et joints, le ragrément avec recoupement des balèvres et le passage au grès. | |
|  |  | Le mètre superficiel, savoir : | |
| 95 | 667 | 1° En granit, dix-huit francs. . . . . . . . . . . . . . . . | 18 f. 00 |
| 95 | 668 | 2° Roche de Saint-Ylie, quinze francs. . . . . . . . . . . . | 15 00 |
| 95 | 669 | 3° Roche de Château-Landon, treize francs. . . . . . . . . . | 13 00 |
| 95 | 670 | 4° Roche de Venderesse, douze francs . . . . . . . . . . . | 12 00 |
| 95 | 671 | 5° Roche de Tessancourt, de Saint-Nom ou de Vernon, sept francs. . . . | 7 00 |
| 95 | 672 | 6° Banc franc de Goussainville, de Méry ou de Vitry, quatre francs cinquante centimes. . . . . . . . . . . . . . . . . . . . . . . . | 4 50 |
| 95 | 673 | 7° Banc royal de Saint-Maximin, trois francs cinquante centimes. . . . | 3 50 |
| 95 | 674 | 8° Pierre tendre dite Vergelé, de Méry, de Saint-Maximin ou de Saint-Leu, deux francs cinquante centimes. . . . . . . . . . . . . . . | 2 50 |
|  |  | Nota. — Le ragrément avec recoupement, etc., entre dans les prix ci-dessus pour 1/10°. | |
| 95 | 675 | *Parement* vu de pierre de taille à surface plane, verticale ou inclinée, rustiquée entre larges ciselures, y compris la taille des lits et joints, le ragrément avec recoupement des balèvres et passage au grès et le jointoiement en mortier ou en ciment. | |
|  |  | Le mètre superficiel | |
|  |  | Cette taille sera payée les trois quarts des prix portés à l'article précédent, n°s 667 à 674 inclusivement. . . . . . . . . . . . . . . . | 3/4 |
|  |  | *Parement* vu de pierre de taille à surface courbe, verticale ou inclinée. | |
|  |  | Le mètre superficiel, savoir : | |
| 95 | 676 | 1° A simple courbure, une fois et un tiers, les prix de taille plane des n°s 667 à 674 inclusivement. . . . . . . . . . . . . . . . . | 1 1/3 |
| 95 | 677 | 2° A double courbure, deux fois les prix de taille plane, des n°s 667 à 674 inclusivement. . . . . . . . . . . . . . . . . . . | 2 |
|  |  | *Taille* de moulures en pierre de taille, le profil développé, en comptant dans le développement les frises et les tables ne dépassant pas 0m 20, et y compris le ragrément, le jointoiement en mortier couleur de pierre, le passage à la ripe et au papier de verre. | |
| 95 | 678 | 1° Moulures droites : Deux fois les prix de taille plane des n°s 667 à 674 inclusivement. . . . . . . . . . . . . . . . . . . | 2 |
| 95 | 679 | 2° Moulures pour archivoltes ou parties cintrées : Une fois et un tiers la taille des moulures droites, ou deux fois et deux tiers les prix de la taille plane des n°s 667 à 674 inclusivement. | |
|  |  | Nota. — On ne comptera pas de plus-value pour les angles rentrants ni pour les angles saillants, ni pour les amortissements. Par compensation, le développement des moulures sera pris dans leur plus grande longueur. Au-dessus de 0m 20, les | |

| NUMÉROS | | DÉSIGNATION DES OUVRAGES. | PRIX |
| DU DEVIS. | DE LA SÉRIE. | | DE L'UNITÉ. |
|---|---|---|---|
| | | faces planes seront payées d'après les prix de taille ordinaire des n°⁸ 667 à 674 inclusivement. Les prix de moulures comprennent les épannelages, évidements et refouillements. | |
| 95, 96 | 680 | *Feuillures*, refends à section triangulaire ou quadrangulaires. Entailles. | |
| | | 1° Chaque face, jusqu'à 0ᵐ 08 de largeur, sera comptée pour 0ᵐ 05 courants de taille, y compris l'évidement ou le refouillement. La pierre évidée ou refouillée est comptée dans la pierre en œuvre ; la main-d'œuvre d'évidement ou de refouillement est comprise dans l'allocation de 0ᵐ 05 de taille par chaque face ; | |
| | | 2° Chaque face, au-dessus de 0ᵐ 08 de largeur, sera comptée comme taille de parement ordinaire, et alors on comptera en plus l'évidement ou le refouillement. | |
| | | 3° Quand les faces ne seront taillées que grossièrement, on ne comptera que 0ᵐ 04 au lieu de 0ᵐ 05 courants de taille. | |
| | | *Evidements* entre deux faces conservées, pour main-d'œuvre seulement, la pierre évidée étant payée aux prix des n°⁸ 501 à 530, soit au chantier, soit sur le tas. | |
| | | Le mètre cube, savoir : | |
| 96 | 681 | 1° Dans le granit, trois cents francs. . . . . . . . . . . . . | 300 f. 00 |
| 96 | 682 | 2° Dans la roche de Saint-Ylie ou de Château-Landon, quatre-vingt-dix francs. | 90 00 |
| 96 | 683 | 3° Dans la roche de Venderesse, soixante-quinze francs. . . . . . | 75 00 |
| 96 | 684 | 4° Dans la roche de Bagneux, de Châtillon, de Saint-Nom, de Môloy ou d'Enville, quarante cinq francs. . . . . . . . . . . . . . . | 45 00 |
| 96 | 685 | 5° Dans la pierre de taille franche, trente francs. . . . . . . . | 30 00 |
| 96 | 686 | 6° Dans la pierre de taille de Banc-Royal, vingt francs. . . . . . | 20 00 |
| 96 | 687 | 7° Dans la pierre de taille tendre, douze francs. . . . . . . . . | 12 00 |
| | | *Refouillements* entre trois ou quatre faces conservées pour main-d'œuvre seulement, la pierre refouillée étant payée aux prix des n°⁸ 501 à 530, soit au chantier, soit sur le tas. | |
| | | Le mètre cube, savoir : | |
| 96 | 688 | 1° Dans le granit, six cents francs. . . . . . . . . . . . . | 600 00 |
| 96 | 689 | 2° Dans la roche de Saint-Ylie ou de Château-Landon, cent vingt francs. . | 120 00 |
| 96 | 690 | 3° Dans la roche de Venderesse, cent francs. . . . . . . . . . | 100 00 |
| 96 | 691 | 4°Dans la roche de Bagneux, de Châtillon, de Saint-Nom, de Môloy ou d'Enville, soixante francs . . . . . . . . . . . . . . . . | 60 00 |
| 96 | 692 | 5° Dans la pierre de taille franche, trente-six francs. . . . . . . | 36 00 |
| 96 | 693 | 6° Dans la pierre de taille de Banc-Royal, vingt-huit francs. . . . . | 28 00 |
| 96 | 694 | 7° Dans la pierre de taille tendre, dix-huit francs. . . . . . . . | 18 00 |
| 96 | 695 | 8° Dans la maçonnerie de briques, vingt-quatre francs . . . . . . | 24 00 |
| 96 | 696 | 9° Dans la maçonnerie de moellon dur, meulière ou béton, trente francs. . | 30 00 |
| 96 | 697 | 10° Dans la maçonnerie de moëllon tendre, seize francs. . . . . . | 16 00 |
| 104 | 698 | *Trous* et entailles dans la pierre de taille pour pattes, goujons, scellements divers, encastrements de pièces, etc. | |
| | | 1° Au-dessus de 0ᵐ 30 de côté, les trous et entailles seront comptés comme les | |

| NUMÉROS | | DESIGNATION DES OUVRAGES. | PRIX |
|---|---|---|---|
| DU DEVIS. | DE LA SÉRIE. | | DE L'UNITÉ. |
| 104 | 699 | refouillements entre trois ou quatre faces conservées, détaillés ci-dessus, nos 688 à 694 inclusivement. <br> 2° A 0m 30 de côté et au-dessous, les trous et entailles seront payés, par centimètre de profondeur, comme 0m 01 de surface de la taille unie des différentes pierres dans lesquelles ils seront pratiqués, aux prix des nos 667 à 674. Cette évaluation sera applicable aussi aux trous pour ancres ou autres, faits à la barre. | |
| 104, 105 | 700 | *Trous* et scellements en plâtre ou en mortier hydraulique, dans le moëllon tendre jusqu'à 0m 30 de côté. <br> Ils seront comptés, pour chaque centimètre de profondeur et y compris le scellement, trois centimes. . . . . . . . . . . . . . . . . . . . . | 0 f. 03 |
| 104, 105 | 701 | *Trous* et scellements en plâtre ou en mortier hydraulique dans la brique, le moëllon dur, la meulière ou le béton, jusqu'à 0m 30 de côté. <br> Ils seront comptés, pour chaque centimètre de profondeur et y compris le scellement, cinq centimes . . . . . . . . . . . . . . . . . . . | 0 05 |
| 104, 105 | 702 | *Trous* et scellements de plus de 0m 30 de côté. <br> Les trous de plus de 0m 30 de côté dans le moëllon, la meulière, la brique ou le béton, seront comptés comme refouillements aux prix des nos 695, 696 et 697 de la série. <br> Les scellements qui les remplissent, aux prix de ces maçonneries, augmentés de un franc dix centimes . . . . . . . . . . . . . . . . . . . <br> et sans déduction de l'emplacement occupé par les pièces scellées. | 1 10 |
| 105 | 703 | *Scellements* dans la pierre de taille, les trous étant comptés ainsi qu'il est expliqué aux nos 698 et 699. <br> 1° Pour les trous jusqu'à 0m 30 de côté, pour chaque centimètre de profondeur, quinze millimes. . . . . . . . . . . . . . . . . . . . . . . | 0 015 |
| 105 | 704 | 2° Pour les trous au-dessus de 0m 30 de côté, au prix du mètre cube de la maçonnerie employée au scellement, augmenté de un franc dix centimes. . . . . . <br> et sans déduction de l'emplacement occupé par les pièces scellées. | 1 10 |
| 106 | 705 | *Descellements* et rebouchements de trous. <br> Chaque descellement sera compté comme un demi-trou refouillé, des mêmes dimensions, aux prix des nos 688 à 697 inclusivement. | |
| 106 | 706 | Chaque bouchement de trou sera payé les 3/4 des scellements des mêmes dimensions, aux prix des nos 703 et 704. | |

| NUMÉROS | | DÉSIGNATION DES OUVRAGES. | PRIX |
|---|---|---|---|
| DU DEVIS. | DE LA SÉRIE. | | DE L'UNITÉ. |

### Rejointoiements.

*Rejointoiements* en creux, sur maçonnerie de moëllon ou de meulière de toute nature, à joints réguliers ou irréguliers, y compris dégradage des joints et passage au fer.

Le mètre superficiel, savoir :

| 107, 108, 109 | 711 | 1° En mortier hydraulique fin du n° 443, soixante-dix centimes. . . . . | 0 f. 70 |
| 107, 108, 109 | 712 | 2° En mortier de ciment de Portland du n° 447, un franc dix centimes. . . | 1  10 |
| 107, 108, 109 | 713 | 3° En mortier de ciment de Pouilly ou de Vassy du n° 451, quatre-vingt-cinq centimes. . . . . . . . . . . . . . . . . . . . | 0  85 |
| 107, 108, 109 | 714 | 4° En plâtre fin, cinquante centimes. . . . . . . . . . . . . | 0  50 |
|  | 715 | Plus-value pour travaux exécutés en souterrain, vingt-cinq centimes. . . | 0  25 |

Nota. — Lorsque les rejointoiements ci-dessus, 1°, 2°, 3° et 4°, au lieu d'être en creux seront saillants, leurs prix seront augmentés de 0 fr. 50.

*Rejointoiements* en creux sur maçonnerie de briques, y compris nettoyage de la brique, dégradage des joints et passage au fer.

Le mètre superficiel, savoir :

| 107, 108, 109 | 716 | 1° En mortier hydraulique fin du n° 443, un franc vingt centimes. . . . | 1  20 |
| 107, 108, 109 | 717 | 2° En mortier de ciment de Portland du n° 447, un franc soixante centimes. . | 1  60 |
| 107, 108, 109 | 718 | 3° En mortier de ciment de Pouilly ou de Vassy du n° 451, un franc cinquante centimes. . . . . . . . . . . . . . . . . . . . | 1  50 |
| 107, 108, 109 | 719 | 4° En plâtre fin, soixante centimes. . . . . . . . . . . . . | 0  60 |
| 107, 108, 109 | 720 | 5° Plus-value pour travaux exécutés en souterrain, trente centimes. . . . | 0  30 |

Nota. — Il a été spécifié plus haut que le rejointoiement sur brique se trouve compris dans le prix de la maçonnerie. En conséquence, l'application des prix ci-dessus 1°, 2°, 3°, 4°, n'aura lieu que par exception prévue au marché.

| 107, 108, 109 | 721 | *Rejointoiements* saillants dits à l'anglaise, sur parements vus de briques. Le mètre superficiel, trois francs. . . . . . . . . . . . . | 3  00 |

*Rejointoiements* sur pierre de taille de toute nature, y compris nettoyage préalable et dégradage des joints.

| 107, 109 | 722 | 1° Avec mortier hydraulique fin du n° 443. Le mètre linéaire, dix centimes. . . . . . . . . . . . . | 0  10 |
| 107, 109 | 723 | 2° Avec mortier de ciment de Portland du n° 447 ou de Pouilly ou de Vassy du n° 451. Le mètre linéaire, quinze centimes. . . . . . . . . . . . | 0  15 |
|  | 724 | Plus-value pour travaux exécutés en souterrain, dix centimes . . . . | 0  10 |

| 108, 109 | 725 | *Rejointoiements* sur vieilles maçonneries de toute nature. Ces travaux seront payés une fois et demie les prix indiqués ci-dessus, n°s 711 à 724. | |

| NUMÉROS | | DÉSIGNATION DES OUVRAGES. | PRIX |
| DU DEVIS. | DE LA SÉRIE. | | DE L'UNITÉ. |
|---|---|---|---|
| | | *Carrelage* en carreaux de terre cuite, hexagones, de Bourgogne, des dimensions indiquées au n° 404.<br>Le mètre superficiel : | |
| 110 | 726 | 1° Sur aire de 0ᵐ 03 d'épaisseur, en mortier hydraulique du n° 442, trois francs soixante-dix centimes . . . . . . . . . . . . . . . . . . . . | 3f. 70 |
| 110 | 727 | 2° Sur aire de 0ᵐ 02 d'épaisseur, en plâtre, trois francs trente centimes. . . . | 3 30 |
| | | *Carrelage* en carreaux de terre cuite, hexagones, de Paris, des dimensions indiquées au n° 405.<br>Le mètre superficiel : | |
| 110 | 728 | 1° Sur aire de 0ᵐ 03 d'épaisseur, en mortier hydraulique du n° 442, trois francs cinq centimes. . . . . . . . . . . . . . . . . . . . . | 3 05 |
| 110 | 729 | 2° Sur aire de 0ᵐ 02 d'épaisseur, en plâtre, deux francs soixante-cinq centimes. | 2 65 |
| 10 | 730 | *Carrelage* en carreaux carrés de terre cuite, de Paris, des dimensions indiquées au n° 406, posés sur une aire en plâtre de 0ᵐ 02 d'épaisseur.<br>Le mètre superficiel, deux francs cinquante centimes. . . . . . . | 2 50 |
| | | *Mitres* en terre cuite ou en grès.<br>Chaque mitre, savoir : | |
| » | 731 | 1° Pour fourniture et pose, compris solins, deux francs trente centimes. . . | 2 30 |
| » | 732 | 2° Pour pose seule, compris solins, un franc. . . . . . . . . . | 1 00 |
| | | *Mitron* en terre cuite ou en grès.<br>Chaque mitron, savoir : | |
| » | 733 | 1° Pour fourniture et pose, compris solins, un franc quatre-vingts centimes. | 1 80 |
| » | 734 | 2° Pour pose seule, compris solins, quatre-vingt-dix centimes. . . . . | 0 90 |

| NUMÉROS | | DÉSIGNATION DES OUVRAGES. | PRIX |
|---|---|---|---|
| DU DEVIS. | DE LA SÉRIE. | | DE L'UNITÉ. |

### Rejointoiements.

*Rejointoiements* en creux, sur maçonnerie de moëllon ou de meulière de toute nature, à joints réguliers ou irréguliers, y compris dégradage des joints et passage au fer.

| | | Le mètre superficiel, savoir : | |
|---|---|---|---|
| 107, 108, 109 | 711 | 1° En mortier hydraulique fin du n° 443, soixante-dix centimes. . . . | 0 f. 70 |
| 107, 108, 109 | 712 | 2° En mortier de ciment de Portland du n° 447, un franc dix centimes. . . | 1 10 |
| 107, 108, 109 | 713 | 3° En mortier de ciment de Pouilly ou de Vassy du n° 451, quatre-vingt-cinq centimes. . . . . . . . . . . . . . . . . . | 0 85 |
| 107, 108, 109 | 714 | 4° En plâtre fin, cinquante centimes. . . . . . . . . . . . | 0 50 |
| | 715 | Plus-value pour travaux exécutés en souterrain, vingt-cinq centimes. . . | 0 25 |

NOTA. — Lorsque les rejointoiements ci-dessus, 1°, 2°, 3° et 4°, au lieu d'être en creux seront saillants, leurs prix seront augmentés de 0 fr. 50.

*Rejointoiements* en creux sur maçonnerie de briques, y compris nettoyage de la brique, dégradage des joints et passage au fer.

| | | Le mètre superficiel, savoir : | |
|---|---|---|---|
| 107, 108, 109 | 716 | 1° En mortier hydraulique fin du n° 443, un franc vingt centimes. . . . | 1 20 |
| 107, 108, 109 | 717 | 2° En mortier de ciment de Portland du n° 447, un franc soixante centimes. . | 1 60 |
| 107, 108, 109 | 718 | 3° En mortier de ciment de Pouilly ou de Vassy du n° 451, un franc cinquante centimes. . . . . . . . . . . . . . . . . . | 1 50 |
| 107, 108, 109 | 719 | 4° En plâtre fin, soixante centimes. . . . . . . . . . . . . | 0 60 |
| 107, 108, 109 | 720 | 5° Plus-value pour travaux exécutés en souterrain, trente centimes. . . . | 0 30 |

NOTA. — Il a été spécifié plus haut que le rejointoiement sur brique se trouve compris dans le prix de la maçonnerie. En conséquence, l'application des prix ci-dessus 1°, 2°, 3°, 4°, n'aura lieu que par exception prévue au marché.

| | | | |
|---|---|---|---|
| 107, 108, 109 | 721 | *Rejointoiements* saillants dits à l'anglaise, sur parements vus de briques. | |
| | | Le mètre superficiel, trois francs. . . . . . . . . . . | 3 00 |

*Rejointoiements* sur pierre de taille de toute nature, y compris nettoyage préalable et dégradage des joints.

| | | | |
|---|---|---|---|
| 107, 109 | 722 | 1° Avec mortier hydraulique fin du n° 443. | |
| | | Le mètre linéaire, dix centimes. . . . . . . . . . . . | 0 10 |
| 107, 109 | 723 | 2° Avec mortier de ciment de Portland du n° 447 ou de Pouilly ou de Vassy du n° 451. | |
| | | Le mètre linéaire, quinze centimes. . . . . . . . . . . | 0 15 |
| | 724 | Plus-value pour travaux exécutés en souterrain, dix centimes . . . . . | 0 10 |

| | | | |
|---|---|---|---|
| 108, 109 | 725 | *Rejointoiements* sur vieilles maçonneries de toute nature. | |

Ces travaux seront payés une fois et demie les prix indiqués ci-dessus, n°⁵ 711 à 724.

| NUMÉROS | | DESIGNATION. DES OUVRAGES. | PRIX | |
|---|---|---|---|---|
| DU DEVIS. | DE LA SÉRIE. | | DE L'UNITÉ | |
| | | *Carrelage* en carreaux de terre cuite, hexagones, de Bourgogne, des dimensions indiquées au n° 404. | | |
| | | Le mètre superficiel : | | |
| 110 | 726 | 1° Sur aire de 0ᵐ 03 d'épaisseur, en mortier hydraulique du n° 442, trois francs soixante-dix centimes . . . . . . . . . . . . . . . . | 3 f. | 70 |
| 110 | 727 | 2° Sur aire de 0ᵐ 02 d'épaisseur, en plâtre, trois francs trente centimes. . . . | 3 | 30 |
| | | *Carrelage* en carreaux de terre cuite, hexagones, de Paris, des dimensions indiquées au n° 405. | | |
| | | Le mètre superficiel : | | |
| 110 | 728 | 1° Sur aire de 0ᵐ 03 d'épaisseur, en mortier hydraulique du n° 442, trois francs cinq centimes. . . . . . . . . . . . . . . . . . | 3 | 05 |
| 110 | 729 | 2° Sur aire de 0ᵐ 02 d'épaisseur, en plâtre, deux francs soixante-cinq centimes. | 2 | 65 |
| 10 | 730 | *Carrelage* en carreaux carrés de terre cuite, de Paris, des dimensions indiquées au n° 406, posés sur une aire en plâtre de 0ᵐ 02 d'épaisseur. | | |
| | | Le mètre superficiel, deux francs cinquante centimes. . . . . . . | 2 | 50 |
| | | *Mitres* en terre cuite ou en grès. | | |
| | | Chaque mitre, savoir : | | |
| » | 731 | 1° Pour fourniture et pose, compris solins, deux francs trente centimes. . . | 2 | 30 |
| » | 732 | 2° Pour pose seule, compris solins, un franc. . . . . . . . . | 1 | 00 |
| | | *Mitron* en terre cuite ou en grès. | | |
| | | Chaque mitron, savoir : | | |
| » | 733 | 1° Pour fourniture et pose, compris solins, un franc quatre-vingts centimes. . | 1 | 80 |
| » | 734 | 2° Pour pose seule, compris solins, quatre-vingt-dix centimes. . . . | 0 | 90 |

| NUMÉROS | | DÉSIGNATION DES OUVRAGES. | PRIX |
|---|---|---|---|
| DU DEVIS. | DE LA SÉRIE. | | DE L'UNITÉ. |

### Légers ouvrages en plâtre.

|  | 741 | Prix de l'unité de légers ouvrages en plâtre.<br>Le mètre superficiel, trois francs . . . . . . . . . . . . | 3 f. 00 |

### Légers ouvrages en plâtre au mètre superficiel.

Evaluations proportionnelles au prix ci-dessus de l'unité.
NOTA : Pour avoir le prix de chaque ouvrage, il faut multiplier son évaluation en légers par le prix des légers qui est de 3 fr. (n° 741).

*Evaluation en surface de légers.*

| 117 | 742 | Aire en plâtre de 0m03 d'épaisseur, vingt-cinq centimètres. . . . . . . | 0 m. 25 |
| » | 743 | Chaque centimètre en plus ou en moins, cinq centimètres. . . . . . | 0 05 |
| | | *Augets.* | |
| 119 | 744 | 1° Auget ordinaire ayant au moins 0m02 d'épaisseur, quarante centimètres. . | 0 40 |
| 119 | 745 | 2° Auget cintré en gorge, ayant au moins 0m03 d'épaisseur au fond, cinquante centimètres. . . . . . . . . . . . . . . | 0 50 |
| 119 | 746 | 3° Auget en sous-œuvre, plus-value sur les évaluations ci-dessus, cinq centimètres. . . . . . . . . . . . . . . . . | 0 05 |
| » | 747 | *Cendrier*, cinquante centimètres. . . . . . . . . . . . . . | 0 50 |
| | | *Cloisons* en carreaux de plâtre de 0m08 d'épaisseur. | |
| » | 748 | 1° Cloison avec enduit sur 2 faces, un mètre. . . . . . . . . | 1 00 |
| » | 749 | 2° Cloison avec jointoiement seulement sur les 2 faces, soixante-dix centimètres. | 0 70 |
| » | 750 | 3° Cloison pour pose des carreaux seulement, avec jointoiement sur les 2 faces, vingt centimètres. . . . . . . . . . . . . . . | 0 20 |
| » | 751 | *Crépi* plein, compris gobetage sur brique, moellon, meulière.<br>1° Sur mur neuf, dix-sept centimètres. . . . . . . . . . | 0 17 |
| » | 752 | 2° Sur mur vieux, compris hachement de l'ancien crépi et enduit, vingt-cinq centimètres. . . . . . . . . . . . . . . | 0 25 |
| » | 753 | *Echafauds* horizontaux ou verticaux, huit centimètres. . . . . . . | 0 08 |
| » | 754 | NOTA. — Les échafauds horizontaux pour plafonds, voûtes, voussures, seront mesurés et comptés d'après leur surface horizontale. Les échafauds verticaux seront comptés suivant leur surface verticale, sans rien ajouter pour les planchers horizontaux élevés de deux mètres en deux mètres, ayant jusqu'à un mètre trente centimètres de largeur. | |
| » | 755 | Toutes les évaluations de légers comprennent la valeur des échafauds nécessaires. Néanmoins, lorsque les jointoiements, crépis, enduits, etc., seront faits en ravalement extérieur sur vieux murs, avec échafauds de plus de 4m00 de hauteur, ou dans des cas tout-à-fait exceptionnels, il sera fait application de l'évaluation ci-dessus, en tout ou en partie. | |

| NUMÉROS | | DESIGNATION DES OUVRAGES. | ÉVALUATION EN SURFACE DE LÉGERS. | |
|---|---|---|---|---|
| DU DEVIS. | DE LA SÉRIE. | | | |
| » | 756 | Pour les plafonds de plus de 4m00 de hauteur, les échafauds seront dus à l'entrepreneur. | | |
| | | *Enduit*, compris crépi et gobetage, de 0m01 à 0m02 d'épaisseur sur moellon, meulière, brique, cloison, pan de bois, etc. | | |
| 102 | 757 | 1° Sur partie neuve, vingt-cinq centimètres. . . . . . . . . | 0m. | 25 |
| 102 | 758 | 2° Sur partie vieille, compris hachement de l'ancien crépi ou enduit, trente-trois centimètres. . . . . . . . . . . . . . . . . . | 0 | 33 |
| 102 | 759 | 3° Sur plafond ou sur lambris en bois ou en fer, cinquante centimètres . . . | 0 | 50 |
| » | 760 | 4° Pour briquetage, avec joints tirés au crochet, remplis en blanc, plus-value sur les évaluations ci dessus, cinquante centimètres . . . . . . . . . | 0 | 50 |
| | | *Circulaire* à simple courbure, plus-value sur les prix ci-dessus. | | |
| » | 761 | 5° Sur mur, cloison, etc., cinq centimètres. . . . . . . . . . | 0 | 05 |
| » | 762 | 6° Sur plafond, soixante-quinze millimètres. . . . . . . . . | 0 | 075 |
| | | *Circulaire* à double courbure, plus value sur les prix ci-dessus. | | |
| » | 763 | 7° Sur mur, cloison, etc., quinze centimètres. . . . . . . . . | 0 | 15 |
| » | 764 | 8° Sur plafond, vingt-cinq centimètres. . . . . . . . . . . | 0 | 25 |
| » | 765 | 9° En plâtre, passé au tamis de soie, plus-value sur tous les prix d'enduits, dix centimètres . . . . . . . . . . . . . . . . . | 0 | 10 |
| | | Nota. — Pour enduit en raccord, voir naissance ou raccord d'enduit, n° 795; pour enduits renformis, voir renformis, n° 809. | | |
| | | *Entrevous* entre solives en bois ou en fer, y compris les nœuds, le mesurage fait sans déduction des bois ou des fers. | | |
| 116 | 766 | 1° Entre solives en bois, trente centimètres. . . . . . . . . | 0 | 30 |
| 116 | 767 | 2° Entre solives en fer, soixante centimètres. . . . . . . . . | 0 | 60 |
| | | *Hourdis* pour cloisons et pan de bois, en plâtre et plâtras fournis. | | |
| 118 | 768 | 1° Pour cloisons de 0m06 à 0m08 d'épaisseur, trente-trois centimètres. . . | 0 | 33 |
| 118 | 769 | 2° Pour chaque centimètre d'épaisseur en plus, quinze millimètres. . . . | 0 | 015 |
| 118 | 770 | 3° Pour pans de bois de 0m14 à 0m16 d'épaisseur, trente-trois centimètres . . | 0 | 33 |
| 118 | 771 | 4° Pour chaque centimètre d'épaisseur en plus, quinze millimètres . . . | 0 | 015 |
| | | *Hourdis* pour cloisons et pans de bois en plâtre fourni et plâtras non fournis. | | |
| 118 | 772 | 1° Pour cloisons de 0m06 à 0m08 d'épaisseur, vingt-sept centimètres . . | 0 | 27 |
| 118 | 773 | 2° Pour chaque centimètre d'épaisseur en plus, cinq millimètres. . . . | 0 | 005 |
| 118 | 774 | 3° Pour pans de bois de 0m14 à 0m16 d'épaisseur, vingt-sept centimètres. . | 0 | 27 |
| 118 | 775 | 4° Pour chaque centimètre d'épaisseur en plus, cinq millimètres. . . . | 0 | 05 |
| 118 | 776 | *Hourdis* en plâtras posés à sec, la moitié des évaluations ci-dessus moitié. . | 1/2 | |
| | | *Hourdis* pour planchers et voûtes en bois ou en fer, compris façon en augets cintrés sur le dessus et cintrages en planches dessous, le mesurage fait sans déduction des bois ni des fers. | | |

| NUMÉROS | | DESIGNATION DES OUVRAGES. | ÉVALUATION EN SURFACE DE LÉGERS. |
|---|---|---|---|
| DU DEVIS. | DE LA SÉRIE. | | |
| » | 777 | *Hourdis* pleins, en plâtre et plâtras fournis.<br>1° De 0ᵐ18 d'épaisseur réduite, pour planchers et voûtes en bois, soixante centimètres. . . . . . . . . . . . . . . . . . . . . . | 0m.60 |
| » | 778 | 2° Pour chaque centimètre d'épaisseur en plus, deux centimètres. . . . . | 0  02 |
| » | 779 | 3° De 0ᵐ12 d'épaisseur réduite, pour planchers et voûtes en fer, soixante centimètres . . . . . . . . . . . . . . . . . . . . . . . | 0  60 |
| » | 780 | 4° Pour chaque centimètre d'épaisseur en plus, deux centimètres. . . . . | 0  02 |
| » | 781 | *Hourdis* pleins en plâtre fourni et plâtras non fournis.<br>1° De 0ᵐ 18 d'épaisseur réduite, pour planchers et voûtes en bois, cinquante centimètres. . . . . . . . . . . . . . . . . . . . . . | 0  50 |
| » | 782 | 2° Pour chaque centimètre d'épaisseur en plus, un centimètre . . . . . | 0  01 |
| » | 783 | 3° De 0ᵐ12 d'épaisseur réduite, pour planchers et voûtes en fer, cinquante centimètres . . . . . . . . . . . . . . . . . . . . . . | 0  50 |
| » | 784 | 4° Pour chaque centimètre d'épaisseur en plus, cinq centimètres. . . . .<br>Plus-value de cintrage. | 0  05 |
| » | 785 | 1° Pour voûtes à simple courbure, cinq centimètres. . . . . . . . . | 0  05 |
| » | 786 | 2° Pour voûtes à double courbure, quinze centimètres . . . . . . . | 0  15 |
| » | 787 | *Planchers* en pots de terre cuite, hourdés en plâtre, compris façon en augets cintrés sur le dessus, et cintrage en planches dessous.<br>Avec pots de 0ᵐ06 de hauteur, 0ᵐ17 de diamètre, dits tabatières, un mètre quatre-vingt-dix centimètres. . . . . . . . . . . . , . . . . | 1  90 |
| » | 788 | Avec pots de 0ᵐ25 de hauteur, 0ᵐ16 à la tête et 0ᵐ15 au bas, deux mètres soixante-quinze centimètres. . . . . . . . . . . . . . . . . | 2  75 |
| » | 789 | Avec pots de 0ᵐ22 de hauteur, 0ᵐ15 à la tête, et 0ᵐ14 au bas, deux mètres cinquante-cinq centimètres. . . . . . . . . . . . . . . . . | 2  55 |
| » | 790 | Avec pots de 0ᵐ16 de hauteur, 0ᵐ13 à la tête, et 0ᵐ12 au bas, deux mètres vingt centimètres. . . . . . . . . . . . . . . . . . . . . | 2  20 |
| | 791 | Avec pots de 0ᵐ11 de hauteur, 0ᵐ11 à la tête, et 0ᵐ10 au bas, deux mètres. . | 2  00 |
| » | 792 | *Jointoiement* et crépi apparent.<br>1° Sur mur neuf, compris dégradage des joints, treize centimètres. . . . | 0  13 |
| » | 793 | 2° Sur murs vieux compris dégradage des joints, dix-sept centimètres. . . | 0  17 |
| » | 794 | 3° Sur briques neuves ou sur briques vieilles, y compris dégradage des joints, dix-sept centimètres. . . . . . . . . . . . . . . . . . | 0  17 |
| 121 | 795 | *Naissances* ou raccords d'enduit<br>1° Sur mur, au-dessus de 0ᵐ24 de largeur, trente-trois centimètres. . . . | 0  33 |
| 121 | 696 | NOTA — A 0ᵐ24 et au-dessous, les raccords d'enduit seront comptés en linéaire. | |
| 121 | 797 | 2° Sur plafond, au-dessus de 0ᵐ24 de large, cinquante centimètres. . . . | 0  50 |
| 121 | 798 | NOTA. — A 0ᵐ24 et au-dessous, les raccords d'enduit seront comptés au linéaire. | |
| 112 | 799 | *Languette* pigeonnée et ravalée, de 0ᵐ08 d'épaisseur.<br>1° Ravalée des deux côtés, un mètre. . . . . . . . . . . . . | 1  00 |

| NUMÉROS | | DÉSIGNATION DES OUVRAGES. | ÉVALUATION EN SURFACE DE LÉGERS. |
|---|---|---|---|
| DU DEVIS. | DE LA SÉRIE. | | |
| 112 | 800 | 2° Ravalée d'un seul côté, soixante-quinze centimes. . . . . . . . | 0ᵐ.75 |
| 112 | 801 | 3° Pour chaque centimètre d'épaisseur en moins, il sera diminué, six centimètres. | 0 06 |
| 114, 118, 119 | 802 | *Lattis* espacé de 0ᵐ10 d'axe en axe et cloué. Pour cloison, pan de bois et plafond, huit centimètres. . . . . . . . | 0 08 |
| 114, 117, 119 | 803 | *Lattis* joints pour cloison, pan de bois, plafond. 1° Non cloué, pour aire, vingt-cinq centimètres. . . . . . . . . | 0 25 |
| 114, 117, 119 | 804 | 2° Cloué avec lattes en travers, pour aire, trente-trois centimètres. . . . | 0 33 |
| 114, 118, 119 | 805 | 3° Cloué pour cloison, pan de bois, plafond, cinquante centimètres. . . . | 0 50 |
| » | 806 | *Paillasse* de fourneau de cuisine, soixante-six centimes . . . . . . | 0 66 |
| » | 807 | *Plaque* de contre-cœur pour pose, coulis, solins et scellement de pattes. 1° Au-dessous de 0ᵐ80 de surface, cinquante centimètres . . . . . . | 0 50 |
| » | 808 | 2° Au-dessus de 0ᵐ80 de surface, trente-trois centimètres. . . . . . . | 0 33 |
| 99 | 809 | *Renformis.* Pour les enduits au-dessus de 0ᵐ02 d'épaisseur sur murs neufs ou sur murs vieux, il sera alloué pour chaque centimètre de surépaisseur ou de renformis en plâtre pur et par mètre superficiel, soixante-cinq millimètres. . . . . . . | 0 065 |
| » | 810 | NOTA. — Les renformis ne seront dus à l'entrepreneur que lorsqu'ils auront été faits d'après un ordre écrit. | |
| 118, 119 | 811 | *Revêtement* ou enduit de cloison, pan de bois, et lambris. 1° Avec lattis espacé, trente-trois centimètres. . . . . . . . . | 0 33 |
| 118, 119 | 812 | 2° Avec lattis jointif, soixante-quinze centimètres. . . . . . . . . | 0 75 |
| 119 | 813 | *Revêtement* ou enduit de plafond. 1° Avec lattis espacé et augets ordinaires, un mètre. . . . . . . . | 1 00 |
| 119 | 814 | 2° Avec lattis jointif, un mètre . . . . . . . . . . . . | 1 00 |
| 116 | 815 | *Scellement* de lambourdes. 1° Lambourdes scellés avec tranchées dans l'aire ou scellées sur petits murs, dix-sept centimètres. . . . . . . . . . . . . . . . . | 0 17 |
| 116 | 816 | 2° Lambourdes scellés sur l'aire avec solins droits ou cintrés de chaque côté, trente-trois centimètres. . . . . . . . . . . . . : . . | 0 33 |
| 116 | 817 | 3° Lambourdes scellées sur l'aire avec solins droits ou cintrés de chaque côté et chaînes en travers, quarante-deux centimètres. . . . . . . . . | 0 42 |
| 116 | 818 | 4° Pour les scellements de plus de 0ᵐ15 de hauteur il sera alloué, pour chaque centimètre, un centimètre. . . . . . . . . . . . . . | 0 01 |

| NUMÉROS | | DÉSIGNATION DES OUVRAGES. | ÉVALUATION EN SURFACE DE LÉGERS. | |
|---|---|---|---|---|
| DU DEVIS. | DE LA SÉRIE | | | |

**Légers ouvrages en plâtre, au mètre linéaire.**

*Evaluations proportionnelles au prix ci-dessus de l'unité.*

| | | | | |
|---|---|---|---|---|
| » | 819 | *Arête* droite ou arrondie, cinq centimètres . . . . . . . . . . | 0m. 05 | |
| » | 820 | NOTA. — Les arêtes des Languettes pigeonnées sont comprises dans l'évaluation des languettes. | | |
| » | 821 | *Bandeau.* 1° Crépi moucheté, quinze centimètres. . . . . . . . . . . | 0 | 15 |
| » | 822 | 2° Enduit, vingt centimètres . . . . . . . . . . . . . | 0 | 20 |
| » | 823 | *Capucine,* vingt-cinq centimètres . . . . . . . . . . . | 0 | 25 |
| 121 | 824 | *Crevasse* hachée et bouchée. 1° En mur, pan de bois ou cloison, cinq centimètres. . . . . . . | 0 | 05 |
| 121 | 825 | 2° En plafond ou en ravalement, huit centimètres. . . . . . . . | 0 | 08 |
| 121 | 826 | 3° A la corde nouée, treize centimètres . . . . . . . . . . | 0 | 13 |
| » | 827 | *Descellement* au pourtour des bâtis, huisseries, dormants de croisées, etc., quinze millimètres . . . . . . . . . . . . . . . . . | 0 | 015 |
| » | 828 | *Feuillures,* dix centimètres. . . . . . . . . . . . . . | 0 | 10 |
| » | 829 | *Joint* tiré au crochet sur enduit, trois centimètres. . . . . . . . | 0 | 03 |
| 120 | 830 | *Moulures.* 1° Chaque face plane, jusqu'à 0m05 de large, cinq centimètres . . . . . | 0 | 05 |
| 120 | 831 | 2° Chaque moulure courbe ou mixtiligne, jusqu'à 0m10 de large, dix centimètres. | 0 | 10 |
| 120 | 832 | 3° Au-dessus de ces dimensions, chaque face plane ou chaque moulure courbe sera comptée à l'entier de légers, pour son développement réel. Toutefois, lorsque dans des frises, tables renfoncées ou saillantes, champs, bandeaux unis, réservés entre deux profils, ou poussés au calibre avec d'autres moulures, la largeur de la partie unie dépassera 0m20, elle ne sera plus comptée que pour son développement réel, qui sera réduit au quart de léger. | | |
| » | 833 | 4° Plus-value de moulures courant circulairement, soit sur plan droit, soit sur surface circulaire, le tiers des évaluations ci-dessus. | | |
| » | 834 | 5° Plus-value de moulures, sur surface à double courbure, une fois les évaluations ci-dessus. | | |
| » | 835 | 6° Plus-value pour emploi de plâtre passé au tamis de soie. Le produit en légers des moulures sera multiplié par 1, 15. | | |

| NUMÉROS | | DÉSIGNATION DES OUVRAGES. | ÉVALUATION EN SURFACE DE LÉGERS. |
|---|---|---|---|
| DU DEVIS. | DE LA SÉRIE. | | |
| » | 836 | 7ª On ne comptera pas les saillies masses, la valeur de ces saillies étant comprise dans l'évaluation des moulures. | |
| » | 837 | 8° *Emplacement* des moulures. On déduira un quart de légers de la surface occupée par les moulures ; en d'autres termes, les enduits sur les murs ne seront pas comptés au droit de l'emplacement des moulures, et l'emplacement que les moulures occuperont sur les plafonds sera compté avec déduction d'un quart de légers sur l'évaluation des plafonds. | |
| | | *Naissances* ou raccords d'enduit sur murs. | |
| 121 | 838 | 1° Jusqu'à $0^m24$ de largeur, huit centimètres. . . . . . . . . . | 0m. 08 |
| » | 839 | 2° Au-dessus de $0^m24$ en surface (voir les légers au mètre superficiel). | |
| | | Sur plafond : | |
| 121 | 840 | 1° Jusqu'à $0^m24$ de largeur, douze centimètres . . . . . . . . | 0 12 |
| » | 841 | 2° Au-dessus de $0^m24$ en surface (voir les légers au mètre superficiel). | |
| 108 | 842 | *Rejointoiement* sur vieille construction en pierre, compris dégradage des joints, cinq centimètres. . . . . . . . . . . . . . . . . . . . | 0 05 |
| | | *Solin* ou calfeutrement. | |
| 121 | 843 | 1° Au pourtour des dormants de croisées, des planchers en menuiserie, collets de marche, etc., cinq centimètres. . . . . . . . . . . . . . | 0 05 |
| 121 | 844 | 2° De mangeoires, de tuyaux de descente, dix centimètres. . . . . . . | 0 10 |
| 121 | 845 | 3° D'auvent et autres semblables, vingt centimètres. . . . . . . . | 0 20 |
| » | 846 | Tranchée et scellement en moellon, jusqu'à $0^m05$, inclusivement de largeur et de profondeur, ou l'équivalent, huit centimètres. . . . . . . . . . | 0 08 |
| | | *Tuyaux* en grès, isolés ou réunis, fournis et posés. Le mètre linéaire, savoir : De $0^m08$ de diamètre intérieur. | |
| 122 | 847 | 1° Nus, un mètre vingt-cinq centimètres. . . . . . . . . . | 1 25 |
| 122 | 848 | 2° Avec chemise en plâtre, compris arêtes, un mètre quatre-vingt-cinq centimètres. . . . . . . . . . . . . . . . . . . . . | 1 85 |
| 122 | 849 | 3° Avec chemise en plâtre et collets en mastic, deux mètres quinze centimètres. De $0^m16$ de diamètre intérieur. | 2 15 |
| 122 | 850 | 1° Nus, un mètre soixante-quinze centimètres. . . . . . . . . | 1 75 |
| 122 | 851 | 2° Avec chemise en plâtre, compris arêtes, deux mètre quatre-vingts centimètres. | 2 80 |
| 122 | 852 | 3° Avec chemises en plâtre et collets en mastic, trois mètres vingt-cinq centimètres. . . . . . . . . . . . . . . . . . . . De $0^m19$ de diamètre intérieur. | 3 25 |
| 122 | 853 | 1° Nus, deux mètres dix centimètres. . . . . . . . . . . | 2 10 |
| 122 | 854 | 2° Avec chemise en plâtre, compris arêtes, trois mètres quinze centimètres. . | 3 15 |
| 122 | 855 | 3° Avec chemise en plâtre et collets en mastic, trois mètres soixante centimètres. De $0^m22$ de diamètre intérieur. | 3 60 |
| 122 | 856 | 1° Nus, deux mètres cinquante-cinq centimètres. . . . . . . . . | 2 55 |

| NUMÉROS | | DÉSIGNATION DES OUVRAGES. | ÉVALUATION EN SURFACE DE LÉGERS. |
|---|---|---|---|
| DU DEVIS. | DE LA SÉRIE. | | |
| 122 | 857 | 2° Avec chemise en plâtre, compris arêtes, trois mètres quatre-vingt-dix centi-mètres. . . . . . . . . . . . . . . . . . . . . . | 3 m. 90 |
| 122 | 858 | 3° Avec chemise en plâtre et collets en mastic, quatre mètres cinquante centi-mètres . . . . . . . . . . . . . . . . . . . | 4    50 |
| | | De 0m25 de diamètre intérieur. | |
| 122 | 859 | 1° Nus, deux mètres soixante-quinze centimètres. . . . . . . . | 2    75 |
| 122 | 860 | 2° Avec chemise en plâtre, compris arêtes, quatre mètres dix centimètres. . | 4    10 |
| 122 | 861 | 3° Avec chemise en plâtre et collets en mastic, quatre mètres quatre-vingt-cinq centimètres. . . . . . . . . . . . . . . . . . | 4    85 |
| | | | |
| | | Tuyaux dits anglais en terre cuite, isolés ou réunis, fournis et posés. | |
| | | De 0m054 de diamètre intérieur. | |
| 122 | 862 | 1° Nus, trente-cinq centimètres. . . . . . . . . . . | 0    35 |
| 122 | 863 | 2° Avec chemise en plâtre, compris arêtes, cinquante centimètres. . . . . | 0    50 |
| 122 | 864 | 3° Avec chemise en plâtre, compris arêtes et collets en mastic, soixante centi-mètres . . . . . . . . . . . . . . . . . | 0    60 |
| | | De 0m08 de diamètre intérieur. | |
| 122 | 865 | 1° Nus, quarante centimètres. . . . . . . . . . . . | 0    40 |
| 122 | 866 | 2° Avec chemise en plâtre, compris arêtes, soixante centimètres. . . . . | 0    60 |
| 122 | 867 | 3° Avec chemises et collets, comme ci-dessus, soixante-dix centimètres . . . | 0    70 |
| | | De 0m11 de diamètre intérieur. | |
| 122 | 868 | 1° Nus, quarante-cinq centimètres. . . . . . . . . . . | 0 ·  45 |
| 122 | 869 | 2° Avec chemise en plâtre, compris arêtes, soixante-dix centimètres. . . . | 0    70 |
| 122 | 870 | 3° Avec chemise et collet, comme ci-dessus, quatre-vingts centimètres. . . | 0    80 |
| | | De 0m135 de diamètre intérieur. | |
| 122 | 871 | 1° Nus, cinquante centimètres. . . . . . . . . . . . | 0    50 |
| 122 | 872 | 2° Avec chemise en plâtre, compris arêtes, quatre-vingts centimètres. . . | 0    80 |
| 122 | 873 | 3° Avec chemise et collets, comme ci-dessus, quatre-vingt-dix centimètres . . | 0 ·  90 |
| | | De 0m16 de diamètre intérieur. | |
| 122 | 874 | 1° Nus, cinquante-cinq centimètres . . . . . . . . . . | 0    55 |
| 122 | 875 | 2° Avec chemise en plâtre, compris arêtes, quatre-vingt-dix centimètres. . | 0    90 |
| 122 | 876 | 3° Avec chemise et collets, comme ci-dessus, un mètre cinq centimètres. . | 1    05 |
| | | De 0m19 de diamètre intérieur. | |
| 122 | 877 | 1° Nus, soixante-cinq centimètres. . . . . . . . . . | 0    65 |
| 122 | 878 | 2° Avec chemise en plâtre, compris arêtes, un mètre. . . . . . . | 1    00 |
| 122 | 879 | 3° Avec chemise et collets, comme ci-dessus, un mètre quinze centimètres . | 1    15 |
| | | De 0m22 de diamètre intérieur. | |
| 122 | 880 | 1° Nus, soixante-quinze centimètres. . . . . . . . . . | 0    75 |
| 122 | 881 | 2° Avec chemise en plâtre, compris arêtes, un mètre vingt centimètres. . . | 1    20 |
| 122 | 882 | 3° Avec chemise et collets, comme ci-dessus, un mètre quarante centimètres. , | 1    40 |
| | | De 0m25 de diamètre intérieur. | |
| 122 | 883 | 1° Nus, quatre-vingt-cinq centimètres . . . . . . . . . | 0    85 |
| 122 | 884 | 2° Avec chemise en plâtre, compris arêtes, un mètre trente centimètres. . . | 1    30 |
| 122 | 885 | 3° Avec chemise et collets, comme ci-dessus, un mètre cinquante-cinq centimètres. | 1    55 |

| NUMÉROS | | DESIGNATION DES OUVRAGES. | ÉVALUATION EN SURFACE DE LÉGERS. | |
|---|---|---|---|---|
| DU DEVIS. | DE LA SÉRIE. | | | |
| | | *Boisseaux Gourlier* rectangulaires, à angles arrondis, de 0ᵐ33 de hauteur, faits avec les glaises bleues des plaines de Vaugirard, Gentilly, Vanves et Issy, fournis et posés, y compris les joints en plâtre. | | |
| | | Le mètre linéaire, savoir : | | |
| » | 886 | 1° De 0ᵐ25 sur 0ᵐ30 d'ouverture intérieure, quatre mètres trente centimètres. | 4 m. | 30 |
| » | 887 | 2° De 0ᵐ20 à 0ᵐ22 sur 0ᵐ25 d'ouverture intérieure, trois mètres soixante-dix centimètres. . . . . . . . . . . . . . . . . . . . . . . . | 3 | 70 |
| » | 888 | 3° De 0ᵐ22 sur 0ᵐ22, ou de 0ᵐ16 sur 0ᵐ25, ou de 0ᵐ19 sur 0ᵐ22 d'ouverture intérieure, trois mètres quarante-cinq centimètres. . . . . . . . . . | 3 | 45 |
| » | 889 | 4° De 0ᵐ19 sur 0ᵐ19 d'ouverture intérieure, trois mètres trente centimètres. . . | 3 | 30 |
| » | 890 | 5° De 0ᵐ17 sur 0ᵐ19, ou 0ᵐ15 sur 0ᵐ20 d'ouverture intérieure, trois mètres dix centimètres. . . . . . . . . . . . . . . . . . . . . . . . | 3 | 10 |
| » | 891 | 6° De 0ᵐ13 sur 0ᵐ16 d'ouverture intérieure, deux mètres soixante-quinze centimètres . . . . . . . . . . . . . . . . . . . . . . . . | 2 | 75 |
| | | *Tuyaux* en fonte pour pose. | | |
| | | 1° Pour chausses d'aisances, compris trous et scellement de brides et crochets, en moellons, briques et pierre tendre. | | |
| 122 | 892 | Nus, trente centimètres. . . . . . . . . . . . . . . . . . . . . | 0 | 30 |
| 122 | 893 | Avec chemise en plâtre, y compris arêtes, quatre-vingts centimètres. . . . | 0 | 80 |
| | | 2° Pour ventouses ou tuyaux de descente, compris trous et scellements de brides et crochets, en moellons, brique et pierre tendre. | | |
| 122 | 894 | Nus, vingt centimètres. . . . . . . . . . . . . . . . . . . . . | 0 | 20 |
| 122 | 895 | Avec chemise en plâtre, soixante centimètres. . . . . . . . . . . . | 0 | 60 |
| » | 896 | *Tuyaux* de cheminée au moule, dans l'épaisseur des murs en moellon. Plus-value de façon et d'enduit, vide non déduit, trente centimètres . . . . | 0 | 30 |
| | | *Tuyaux* de cheminée au moule, en saillie sur les murs, et construits en plâtras et plâtre. | | |
| » | 897 | 1° Pour souche à un seul conduit, compris enduit et arêtes, un mètre . . . | 1 | 00 |
| » | 898 | 2° Pour chacun des autres conduits dans une même souche, quatre-vingts centimes. . . . . . . . . . . . . . . . . . . . . . . . . . | 0 | 80 |

### Légers ouvrages en plâtre, à la pièce.

*Evaluations proportionnelles au prix ci-dessus de l'unité.*

| | | | | |
|---|---|---|---|---|
| | | *Pose* de chambranle de cheminée, compris trous et scellements des pattes. | | |
| » | 899 | 1° Sans foyer, soixante centimètres. . . . . . . . . . . . . . . | 0 | 60 |
| » | 900 | 2° Avec foyer, soixante-quinze centimètres. . . . . . . . . . . . | 0 | 75 |

| NUMÉROS | | DESIGNATION DES OUVRAGES. | ÉVALUATION EN SURFACE DE LÉGERS. |
|---|---|---|---|
| DU DEVIS. | DE LA SÉRIE. | | |
| » | 901 | *Depose* de chambranle de cheminée avec rangement | |
| | | 1° Sans foyer, vingt centimètres | 0m.20 |
| » | 902 | 2° Avec foyer, vingt-cinq centimètres. | 0   25 |
| | | *Denticule.* | |
| » | 903 | 1° Jusqu'à 0m06, deux centimètres. | 0   02 |
| » | 904 | 2° Jusqu'à 0m06, avec développement carré, trois centimètres | 0   03 |
| » | 905 | 3° Jusqu'à 0m06, avec langue de chat, quatre centimètres. | 0   04 |
| » | 906 | 4° Plus-value sur les évaluations ci-dessus pour les denticules de 0m07 à 0m11, un centimètre | 0   01 |
| » | 907 | Pose et scellement de fourneau économique, cinquante centimètres. | 0   50 |
| » | 908 | Pose et scellement de réchaud ou de poissonnière, quinze centimètres. | 0   15 |
| | | *Siége* d'aisances. | |
| 123 | 909 | Pour pose, compris solins, soixante-quinze centimètres. | 0   74 |
| 123 | 910 | Mécanique pour pose et scellement trente centimètres | 0   30 |

| NUMÉROS | | DÉSIGNATION DES OUVRAGES. | ÉVALUATION EN SURFACE DE LÉGERS. |
|---|---|---|---|
| DU DEVIS. | DE LA SÉRIE. | | |

### § 2° *Ouvrages en matériaux vieux.*

### Démolitions.

| » | 921 | *Démolition* de légers ouvrages en plâtre avec triage, descente et montage, transport des matériaux en dépôt à 30ᵐ00 en moyenne et mise à part des gravois.<br>Le mètre cube, trois francs. . . . . . . . . . . . . . . | 3 f. 00 |

*Évaluations* au mètre cube des démolitions de légers ouvrages proportionnelles au prix ci-dessus du mètre cube.

|  |  |  | Évaluation en cube de démolition de légers. |
|---|---|---|---|
|  |  | Toutes les évaluations ci-après sont applicables à 1ᵐ00 superficiel de démolition. NOTA. — Pour avoir le prix de chaque ouvrage, il faut multiplier son évaluation en cube de démolition de légers par le prix du mètre cube de démolitions de légers, qui est de 3 fr. | |
| » | 922 | *Aire*, compris foisonnement, cinq centimètres . . . . . . . . . . | 0 m. 05 |
|  |  | *Auget.* | |
| » | 923 | 1° De plafond et de lambris, sans déduction des bois, cinq centimètres . . . | 0   05 |
| » | 924 | 2° De lambourdes, avec ou sans chaînes, sans déduction des bois, six centimètres. | 0   06 |
| » | 925 | *Cloison* à claire-voie, compris hourdis et deux enduits, et descellement des bois sept centimètres. . . . . . . . . . . . . . . | 0   07 |
|  |  | *Corniche.* | |
| » | 926 | 1° Sur plancher ou plafond démoli, dix centimètres. . . . . . . . . | 0   10 |
| » | 927 | 2° Seule, sans démolition de plancher ou de plafond, quinze centimètres. . . | 0   15 |
| » | 928 | *Enduit* de plafond de lambris, de bois de charpente, de cloison sourde, cinq centimètres . . . . . . . . . . . . . . . | 0   05 |
|  |  | *Hourdis* plein. | |
| » | 929 | 1° De plancher en bois, sans déduction du bois, dix centimètres. . . . | 0   10 |
| » | 930 | 2° De plancher en fer et bande de trémie, quinze centimètres. . . . . | 0   15 |
|  |  | *Languette.* | |
| » | 931 | 1° En plâtre, sept centimètres. . . . . . . . . . . . . | 0   07 |
| » | 932 | 2° En brique, son épaisseur réelle, augmentée de 0ᵐ01 pour chaque enduit. . | Observation. |

| NUMÉROS | | DÉSIGNATION DES OUVRAGES. | PRIX |
| DU DEVIS. | DE LA SÉRIE. | | DE L'UNITÉ. |
|---|---|---|---|
| » | 933 | *Pan de bois.*<br>Le cube déduction faite des vides, réduit aux deux tiers pour déduction des bois | Observation. |
| | | *Démolition* en grandes parties de maçonneries de toute nature en fondation ou en élévation, avec triage, descente ou montage, transport des matériaux en dépôt à 30m00 en moyenne, et mise à part des gravois.<br>Le mètre cube, savoir : | |
| » | 934 | 1° Maçonnerie à pierre sèche en moellon ou en meulière, un franc. | 1 f. 00 |
| » | 935 | 2° Mur de clôture en béton, moellon, meulière ou brique, deux francs cinquante centimes. | 2 50 |
| » | 936 | 3° Massifs, culés, murs, voûtes, etc., en béton, moellon, meulière ou brique, trois francs. | 3 00 |
| » | 937 | 4° Massifs, culées, murs, voûtes, etc., en pierre de taille, déposée et jetée sans les précautions nécessaires à sa conservation, trois francs cinquante centimes. | 3 50 |
| » | 938 | 5° Massifs culées, murs, voûtes, etc., en pierre de taille déposée avec soin et nettoyée pour être réemployée, six francs cinquante centimes. | 6 50 |
| | | *Démolition* en petites parties de maçonneries de toute nature en fondation ou en élévation avec triage, descente ou montage, transport des matériaux en dépôt à 30m00 en moyenne et sortis des gravois.<br>Le mètre cube, savoir : | |
| » | 939 | 1° Murs ou voûtes en béton, moellon, meulière ou brique, trois francs quatre-vingts centimes. | 3 80 |
| » | 940 | 2° Murs ou voûtes en pierre de taille, déposée et jetée sans les précautions nécessaires à sa conservation, quatre francs. | 4 00 |
| » | 941 | 3° Murs ou voûtes en pierre de taille, déposée avec soin et nettoyée pour être réemployée, sept francs quatre-vingts centimes. | 7 80 |
| | | *Démolition* en reprise ou en percement à la pioche ou à la masse et au poinçon de maçonneries en fondation ou en élévation avec triage, descente ou montagne et transport des matériaux en dépôt à 30m en moyenne et sortie des gravois.<br>Le mètre cube savoir : | |
| » | 942 | 1° En moellon tendre, quatre francs cinquante centimes. | 4 50 |
| » | 943 | 2° En béton, moellon dur, meulière en brique, six francs soixante centimes. | 6 60 |
| » | 944 | 3° En pierre de taille tendre ou franche ou partie piochée en partie déposée, dix francs soixante-dix centimes. | 10 70 |
| » | 945 | 4° En pierre de taille dure, en partie piochée, en partie déposée, quinze francs. | 15 00 |
| » | 946 | 5° En granit quelconque, en partie pioché en partie déposé, trente francs. | 30 00 |
| » | 947 | *Démolition* en reprise ou en percement, à la pioche ou à la masse et au poinçon dans l'embarras des étais, de maçonneries en fondations ou en élévation, avec triage, descente ou montage et transport des matériaux à 30m00 en moyenne et sortie des gravois. | |

| NUMÉROS | | DÉSIGNATION DES OUVRAGES. | PRIX |
|---|---|---|---|
| DU DEVIS. | DE LA SÉRIE. | | DE L'UNITÉ. |
| | | Plus-value sur les prix du n° 942 à 946 pour l'embarras des étais. Par mètre cube, cinquante centimes. . . . . . . . . . . . | 0 f. 50 |
| » | 948 | *Décarrelage*, quel que soit le modèle, des carreaux et rangement, de manière à permettre le remaniement des carreaux ou leur enlèvement. Le mètre superficiel, dix centimes . . . . . . . . . . . | 0 10 |
| | | *Décrottage* et empilage régulier des carreaux payés d'après le nombre de carreaux pouvant servir. Le mille, savoir : | |
| » | 949 | 1° En carreaux des n° 404 et 405, cinq francs. . . . . . . . . | 5 00 |
| » | 950 | 2° En carreaux du n° 406, cinq francs . . . . . . . . . | 5 00 |
| | | *Décrottage* et empilage régulier de briques payés d'après le nombre de briques pouvant servir.. Le mille, savoir : | |
| » | 951 | 1° En briques de 0m22 sur 0m11 et 0m055, trois francs . . . . . . | 3 00 |
| » | 952 | 2° En briques de 0m22 sur 0m11 et 0m11, quatre francs. . . . . . | 4 00 |
| » | 953 | 3° En briques percées de 0m22 sur 0m11 et 0m055, quatre francs . . . . | 4 00 |
| » | 954 | 4° En briques percées de 0m22 sur 0m11 et 0m11, cinq francs. . . . . | 5 00 |
| » | 955 | *Nettoyage*, rangement et emmétrage de moellon, de meulière ou de pierre de taille de petit échantillon. Le mètre cube, mesuré après le nettoyage, un franc soixante centimes. . . . . | 1 60 |
| 97 | 956 | *Bardage* de matériaux au-delà du rayon de 30m00 fixé pour le bardage, compris dans les prix de matériaux. 1° Pour chaux, plâtre, ciment, sable, caillou, moellon, meulière ou brique. Le mètre cube savoir : | |
| 97 | | Chargement sur brouette, vingt-cinq centimes . . . . . . . . . | 0 25 |
| 97 | 957 | Transport pour chaque distance de 10m00 en palier ou en rampe, cinq centimes . | 0 05 |
| | 958 | 2° Pour pierre de taille de nature quelconque autre que celle de granit. Le mètre cube, savoir : | |
| 97 | | Chargement sur binard et déchargement, deux francs cinquante centimes. | 2 50 |
| 97 | 959 | Transport pour chaque distance de 10m00 en palier ou en rampe, cinq centimes . | 0 05 |
| | 960 | 3° Pour pierre de taille de granit. Le mètre cube, savoir : | |
| 97 | | Chargement sur binard et déchargement, deux francs quatre-vingts centimes. . | 2 80 |
| | 961 | Transport pour chaque distance de 10m00 en palier ou en rampe, sept centimes . | 0 07 |
| | | Transport de matériaux en voiture. 1° Pour chaux, plâtre, ciment, sable, moellon, meulière ou brique. Le mètre cube, savoir : | |
| 97 | 962 | Chargement sur voiture et déchargement, cinquante centimes. . . . . | 0 50 |
| 97 | 963 | Transport à une première distance de 100m00, quarante centimes. . . . | 0 40 |

| NUMÉROS | | DESIGNATION DES OUVRAGES. | PRIX |
|---|---|---|---|
| DU DEVIS. | DE LA SÉRIE. | | DE L'UNITÉ. |
| 97 | 964 | Pour chaque distance de 100ᵐ00 en sus, douze centimes | 0 f. 12 |
| 97 | 965 | A cinq kilomètres et au-delà, ce dernier prix sera réduit de moitié, six centimes. | 0 06 |
| | | 2° Pour pierre de taille de nature quelconque autre que celle de granit. | |
| | | Le mètre cube, savoir : | |
| 97 | 966 | Chargement sur voiture et déchargement, deux francs quatre-vingts centimes. | 2 80 |
| 97 | 967 | Transport à une première distance de 100ᵐ00, soixante centimes | 0 60 |
| 97 | 968 | Pour chaque distance de 100ᵐ00 en sus, seize centimes. | 0 16 |
| 97 | 969 | A cinq kilomètres et au-delà, ce dernier prix sera réduit de moitié, huit centimes. | 0 08 |
| | | 3° Pour pierre de taille de granit. | |
| | | Le mètre cube, savoir : | |
| 97 | 970 | Chargement sur voiture et déchargement, trois francs. | 3 00 |
| 97 | 971 | Transport à une première distance de 100ᵐ00 quatre-vingts centimes. | 0 80 |
| 97 | 972 | Pour chaque distance de 100ᵐ00 en sus, vingt centimes. | 0 20 |
| 97 | 973 | A cinq kilomètres et au-delà, ce dernier prix sera réduit de moitié, dix centimes. | 0 10 |

## Reconstruction en matériaux provenant des démolitions.

| | 974 | *Maçonneries* de béton, moellon, meulière, brique et pierre de taille.<br>Ces maçonneries seront payées aux prix des maçonneries en matériaux neufs, diminués des prix des matériaux non fournis. | |
| | 975 | *Maçonneries* de béton, moellon, meulière, brique, pierre de taille, en reprise.<br>Les maçonneries en reprise seront payées aux prix résultant du n° précédent, augmentés du quart du prix de main-d'œuvre et tous faux frais, un quart. | 1/4 |
| | 976 | *Maçonneries* de béton, moellon, meulière, brique et pierre de taille, en reprises par petites parties, dans l'embarras des étais.<br>Pour ces maçonneries, l'augmentation sera de moitié du prix de main-d'œuvre et tous faux frais, moitié. | 1/2 |
| | 977 | *Maçonneries* de béton, moellon, meulière, brique et pierre de taille, en reprise par incrustement, dans l'embarras des étais.<br>Pour ces maçonneries, l'augmentation sera des trois quarts du prix de main-d'œuvre et tous faux frais, trois quarts. | 3/4 |
| 95 | 978 | *Retaille* des lits et joints de pierre de taille.<br>Lorsque la retaille, totale ou partielle, des lits et joints sera demandée à l'entrepreneur, elle sera payée le quart du prix du parement de la pierre, un quart | 1/4 |

| NUMÉROS | | DÉSIGNATION DES OUVRAGES. | PRIX |
|---|---|---|---|
| DU DEVIS. | DE LA SÉRIE | | DE L'UNITÉ. |
| 95 | 979 | *Ragrément* ou recoupement des belèvres de pierre de taille et jointoiement. Le mètre superficiel est estimé le dixième du prix de la taille du parement vu de la pierre, un dixième. . . . . . . . . . . . . . . . . . . | 1/10 |
| 95 | 980 | *Ripage* passage au grès et jointoiement. Le mètre superficiel est estimé le cinquième du prix de la taille du parement de la pierre, un cinquième. . . . . . . . . . . . . . . . . . . | 1/5 |
| 95 | 981 | *Ravalement* de la pierre de taille, avec recoupement, passage au grès et jointoiement en mortier hydraulique fin. Le mètre superficiel est estimé la moitié du prix de la taille de parement vu, moitié. . . . . . . . . . . . . . . . . . . . . . | 1/2 |
| » | 982 | *Plus-value* sur les trois prix précédents pour les parements courbes. Cette plus-value sera du tiers des prix ci-dessus un tiers. . . . . . . | 1/3 |
| 96 | 983 | Nota. — Les évidements, refouillements, trous et entailles, tailles diverses de parements vus et tailles diverses de moulures, seront comptés aux prix des mêmes travaux, en matériaux neufs. | |
| 110, 111 | 984 | *Carrelages* semblables à ceux des nos 726 à 730 inclusivement. Ces carrelages seront payés aux prix des carrelages en matériaux neufs, diminués du prix des matériaux non fournis. Les parties de carrelage en recherche, c'est-à-dire ayant moins de 2m00 de surface, seront payées aussi aux prix précités mais avec une plus-value pour main-d'œuvre, de cinquante centimes . . . . . . . . . . . . . . . . | 0 50 |

| NUMÉROS | | DESIGNATION DES OUVRAGES. | PRIX |
|---|---|---|---|
| DU DEVIS. | DE LA SÉRIE. | | DE L'UNITÉ. |

# CHAPITRE V.

## Charpente.

### ART. 1er — PRIX ÉLÉMENTAIRES.

#### § 1er Heures de travail effectif.

| | | | |
|---|---|---|---|
| » | 1,001 | *Charpentier*, compagnon, cinquante centimes. . . . . . . . . . . | 0 f. 50 |
| » | 1,002 | *Chef* d'atelier, cinquante-cinq centimes. . . . . . . . . . . | 0  55 |
| » | 1,003 | Deux scieurs de long avec scie et tréteaux, un franc. . . . . . . . | 1  00 |
| » | 1,004 | *Travaux* de nuit. Chaque heure de nuit sera payée le double de l'heure de jour. Les frais d'éclairage seront à la charge de la Compagnie. | |

| NUMÉROS | | DÉSIGNATION DES OUVRAGES. | PRIX |
|---|---|---|---|
| DU DEVIS. | DE LA SÉRIE. | | DE L'UNITÉ. |

§ 2° *Matériaux rendus à pied-d'œuvre.*

| | | | | |
|---|---|---|---|---|
| 131, 132, 133 | 1,011 | *Chêne* en grume jusqu'à 0ᵐ50 de diamètre moyen et 10ᵐ00 de longueur.<br>Le mètre cube, cent francs. . . . . . . . . . . . . . | 100 f. | 00 |
| | | *Chêne* en pièces équarries.<br>Le mètre cube : | | |
| 131, 132, 133 | 1,012 | 1° Jusqu'à 0ᵐ30 d'équarrissage et 8ᵐ00 de longueur, quatre-vingts francs . . | 80 | 00 |
| 131, 132, 133 | 1,013 | 2° De 0ᵐ31 à 0ᵐ40 d'équarrissage et jusqu'à 10ᵐ00 de longueur, cent dix francs | 110 | 00 |
| 131, 132, 133 | 1,014 | 3° De 0ᵐ41 à 0ᵐ50 d'équarrissage et jusqu'à 10ᵐ00 de longueur, cent vingt<br>francs. . . . . . . . . . . . . . . . . . . . . . | 120 | 00 |
| 131, 132, 133 | 1,015 | 4° Au-dessus de 0ᵐ50 d'équarrissage et 10ᵐ00 de longueur, cent-quarante francs. | 140 | 00 |
| | | *Sapin* rouge du nord, 1ʳᵉ qualité, en pièces équarries.<br>Le mètre cube : | | |
| 131, 132, 123 | 1,016 | 1° Jusqu'à 0ᵐ30 d'équarrissage et de toutes longueurs, soixante-dix francs. . | 70 | 00 |
| 131, 132, 133 | 1,017 | 2° De 0ᵐ31 à 0ᵐ45 d'équarrissage et de toutes longueurs, cent francs . . | 100 | 00 |
| 131, 132, 133 | 1,018 | 3° Au-dessus de 0ᵐ45 d'équarrissage et de toutes longueurs, cent-dix francs | 110 | 00 |
| | | *Sapin* des Vosges équarri.<br>Le mètre cube : | | |
| 131, 132, 133 | 1,019 | 1° Jusqu'à 0ᵐ30 d'équarrissage et de toutes longueurs, soixante-dix francs. . | 70 | 00 |
| 131, 132, 133 | 1,020 | 2° De 0ᵐ31 à 0ᵐ45 d'équarrissages et de toutes longueurs, soixante-quinze<br>francs. . . . . . . . . . . . . . . . . . . . . . | 75 | 00 |
| 131, 132, 133 | 1,021 | 3° Au-dessus de 0ᵐ45 d'équarrissage et de toutes longueurs quatre-vingts francs. | 80 | 00 |
| 131, 132, 133 | 1,022 | *Hêtre* en grume de toutes dimensions.<br>Le mètre cube, quatre-vingts francs. . . . . . . . . . | 80 | 00 |
| 131, 132, 133 | 1,023 | *Hêtre* en pièces équarries de toutes dimensions.<br>Le mètre cube, quatre-vingt-dix francs. . . . . . . . . | 90 | 00 |
| 131, 132, 133 | 1,024 | *Orme* en grume de toutes dimensions.<br>Le mètre cube, quatre-vingts francs. . . . . . . . . . | 80 | 00 |
| 131, 132, 133 | 1,025 | *Orme* en pièces équarries de toutes dimensions.<br>Le mètre cube, quatre-vingt-dix francs. . . . . . . . . | 90 | 00 |
| 131, 132, 133 | 1,026 | *Madriers* en sapin rouge du nord, 1ʳᵉ qualité, dimensions marchandes $\frac{0^m 08}{0^m 22}$<br>Le mètre carré, six francs . . . . . . . . . . . . . | 6 | 00 |

| NUMÉROS | | DÉSIGNATION DES OUVRAGES. | PRIX |
|---|---|---|---|
| DU DEVIS. | DE LA SÉRIE. | | DE L'UNITÉ. |

| | | | | |
|---|---|---|---|---|
| | | *Planches* en sapin du nord, de 1ᵐᵉ qualité, de dimensions marchandes. | | |
| | | Le mètre carré : | | |
| 131, 132, 133 | 1,027 | 1° Planches de 0ᵐ05 d'épaisseur, quatre francs quatre-vingts centimes. . . | 4 f. | 80 |
| 131, 132, 133 | 1,028 | 2° Planches de 0ᵐ035 d'épaisseur, quatre francs dix centimes . . . . . | 4 | 10 |
| 131, 132, 133 | 1,029 | 3° Planches de 0ᵐ25 d'épaisseur, trois francs vingt centimes. . . . . . | 3 | 20 |
| 131, 132, 133 | 1,030 | 4° Planches de 0ᵐ015 d'épaisseur, deux francs cinquante centimes. . .. | 2 | 50 |

§ 3 *Façons et déchets qui, ajoutés aux prix des bois, ont servi à composer les prix des ouvrages en charpente.*

### Charpente en chêne.

*Charpente* en chêne simplement équarri.
Le mètre cube, savoir :

| | | | | |
|---|---|---|---|---|
| 133 | 1,031 | 1° Façon et pose des bois coupés, non assemblés, cinq francs. . . . . . | 5 | 00 |
| 133 | 1,032 | 2° Façon et pose des bois assemblés, trente francs. . . . . . . . . | 30 | 00 |

*Charpente* en chêne scié sur une, deux ou trois faces,
Le mètre cube savoir :

| | | | | |
|---|---|---|---|---|
| 133 | 1,033 | 1° Façon, pose et déchets des bois sciés sur une, deux ou trois faces, non assemblés, vingt-cinq francs. . . . . . . . . . . . . . . . . . | 25 | 00 |

DÉTAIL :

Façon et pose (n° 1031). . . . . . . . . . 5 fr. »
Sciage sur 1. 2 ou 3 faces et déchets. . . . . . . 20 »

Total. . . . . 25 »

| | | | | |
|---|---|---|---|---|
| 133 | 1,034 | 2° Façon, pose et déchets des bois sciés sur 1, 2 ou 3 faces et assemblés, cinquante francs. . . . . . . . . . . . . . . . . . . . . . | 50 | 00 |

DÉTAIL :

Façon et pose (n° 1032). . . . . . . . . . 30 fr. »
Sciage sur 1, 2 ou 3 faces et déchets. . . . . . . 20 »

Total. . . . . 50 »

*Charpente* en chêne scié sur 4 faces et à vives arêtes.
Le mètre cube savoir :

| | | | | |
|---|---|---|---|---|
| 133 | 1,035 | 1° Façon, pose et déchets des bois sciés sur quatre faces à vives arêtes, non assemblées, soixante-dix francs. . . . . . . . . . . . . . . . | 70 | 00 |

| NUMÉROS | | DESIGNATION DES OUVRAGES. | PRIX |
|---|---|---|---|
| DU DEVIS. | DE LA SÉRIE. | | DE L'UNITÉ |

DÉTAIL :

Façon et pose (n° 1031) . . . . . . . . . . . 5 fr. »

Sciage sur 4 faces à vives arètes et déchets. . . . . . 65 »

Total. . . . . 70 fr. »

| 133 | 1,036 | 2° Façon, pose et déchets des bois sciés sur 4 faces à vives arètes et assemblés, quatre-vingt-quinze francs. . . . . . . . . . . . . . . . . . . | 95 | 00 |

DÉTAIL :

Façon et pose (n° 1032) . . . . . . . . . . . 30 fr. »

Sciage sur 4 faces à vives arètes et déchets. . . . . . 65 »

Total. . . . . 95 fr. »

### Charpente en sapin.

*Charpente* en sapin simplement équarri.

Le mètre cube, savoir :

| 133 | 1,037 | 1° Façon et pose des bois coupés, non assemblés, quatre francs. . . . . | 4 | 00 |
| 133 | 1,038 | 2° Façon et pose des bois assemblés, vingt-sept francs. . . . . . . . | 27 | 00 |

*Charpente* en sapin scié sur 1, 2 ou 3 faces.

Le mètre cube, savoir :

| 133 | 1,039 | 1° Façon, pose et déchets des bois sciés sur 1, 2 ou 3 faces, non assemblés, vingt francs.  . . . . . . . . . . . . . . . . . . . . . . | 20 | 00 |

DÉTAIL :

Façon et pose (n° 1037). . . . . . . . . . . 4 fr. »

Sciage sur 1, 2 ou 3 faces et déchets. . . . . . . . 16 »

Total. . . . . 20 fr. »

| 133 | 1,040 | 2° Façon, pose et déchets des bois sciés sur 1, 2 ou 3 faces et assemblés, quarante-trois francs . . . . . . . . . . . . . . . . . . . . | 43 | 00 |

DÉTAIL :

Façon et pose (n° 1,038). . . . . . . . . . . 27 fr. »

Sciage sur 1, 2 ou 3 faces et déchets. . . . . . . . 16 »

Total. . . . . 43 fr. »

*Charpente* en sapin scié sur 4 faces et à vives arètes.

Le mètre cube, savoir :

| 133 | 1,040 A | 1° Façon, pose et déchets des bois sciés sur 4 faces à vives arètes, non assemblés, quarante-quatre francs. . . . . . . . . . . . . . . . . . . . | 44 | 00 |

| NUMÉROS | | DÉSIGNATION DES OUVRAGES. | PRIX |
|---|---|---|---|
| DU DEVIS. | DE LA SÉRIE. | | DE L'UNITÉ. |

DÉTAIL :

Façon et pose (n° 1,037) . . . . . . . . . . . 4 fr. »
Sciage sur quatre faces à vives arètes et déchets . . . . . 40 »

Total . . . . . 44 fr. »

**133**    **1,040 B**    2° Façon, pose et déchets des bois sciés sur 4 faces à vives arètes et assemblés, soixante-sept francs. . . . . . . . . . . . . . . . . . .    **67 f. 00**

DÉTAIL :

Façon et pose (n° 1,038) . . . . . . . . . . . 27 fr. »
Sciage sur 4 faces à vives arètes et déchets . . . . . . 40 »

Total . . . . . 67 fr. »

---

ARTICLE 2°. — OUVRAGES EXÉCUTÉS.

§ 1er *Ouvrages en bois neuf*.

---

**Charpente au mètre cube.**

---

141, 142, 145, 147    **1,041**    *Charpente* en chêne en grume pour pieux, y compris déchet, écorçage, affutage, préparation, pose de frettes et du sabot, mais non compris la mise en place ni le battage.
Le mètre cube, cent cinq francs. . . . . . . . . . . .    **105 00**

*Charpente* en chêne simplement équarri, sans assemblages, levé et posé.
Le mètre cube :

141, 142, 145, 147    **1,042**    1° Jusqu'à 0m30 d'équarrissage et jusqu'à 0m08 de longueur, quatre-vingt-cinq francs. . . . . . . . . . . . . . . . . . . . .    **85 00**

141, 142, 145, 147    **1,043**    2° De 0m31 à 0m40 d'équarrissage et jusqu'à 10m00 de longueur, cent quinze francs. . . . . . . . . . . . . . . . . . . . .    **115 00**

141, 142, 145, 147    **1,044**    3° De 0m41 à 0m50 d'équarrissage et jusqu'à 10m00 de longueur, cent vingt-cinq francs. . . . . . . . . . . . . . . . . . . .    **125 00**

141, 142, 145, 147    **1,045**    4° Au-dessus de 0m50 d'équarrissage et jusqu'à 10m de longueur, cent quarante-cinq francs. . . . . . . . . . . . . . . . . . .    **145 00**

*Charpente* en chêne simplement équarri avec assemblages, levé et posé.
Le mètre cube :

141, 142, 145, 147, 148    **1,046**    1° Jusqu'à 0m30 d'équarrissage et jusqu'à 8m de longueur, cent dix francs.    **110 00**

| NUMÉROS | | DESIGNATION DES OUVRAGES. | PRIX |
| DU DEVIS. | DE LA SÉRIE. | | DE L'UNITÉ |
|---|---|---|---|
| 141, 145, 147 147, 148 | 1,047 | 2° De 0ᵐ31 à 0ᵐ40 d'équarrissage et jusqu'à 10ᵐ de longueur, cent quarante francs . . . . . . . . . . . . . . . . . . . . . | 140 f. 00 |
| 141, 142, 145 147, 148 | 1,048 | 3° De 0ᵐ41 à 0ᵐ50 d'équarrissage et jusqu'à dix mètres de longueur, cent cinquante francs . . . . . . . . . . . . . . . . . | 150 00 |
| 141, 142, 145 147, 148 | 1,049 | 4° Au-dessus de 0ᵐ50 d'équarrissage et jusqu'à 10ᵐ de longueur, cent soixante-dix francs. . . . . . . . . . . . . . . . . . | 170 00 |
| | | *Charpente* en chêne scié sur une, deux ou trois faces, sans assemblages, levé et posé. | |
| | | Le mètre cube : | |
| 141, 142, 145 147 | 1,050 | 1° Jusqu'à 0ᵐ30 d'équarrissage et jusqu'à 8ᵐ de longueur, cent cinq francs. | 105 00 |
| 141, 142, 145 147 | 1,051 | 2° De 0ᵐ31 à 0ᵐ40 d'équarrissage et jusqu'à 10ᵐ de longueur, cent trente-cinq francs. . . . . . . . . . . . . . . . . . . | 135 00 |
| 141, 142, 145 147 | 1,052 | 3° De 0ᵐ41 à 0ᵐ50 d'équarrissage et jusqu'à 10ᵐ de longueur, cent quarante-cinq francs . . . . . . . . . . . . . . . . . . | 145 00 |
| 141, 142, 145 147 | 1,053 | 4° Au-dessus de 0ᵐ50 d'équarrissage et jusqu'à 10ᵐ de longueur, cent-soixante-cinq francs. . . . . . . . . . . . . . . . | 165 00 |
| | | *Charpente* en chêne scié sur une, deux ou trois faces avec assemblages, levé ou posé. | |
| | | Le mètre cube : | |
| 141, 142, 145 147, 148 | 1,054 | 1° Jusqu'à 0ᵐ30 d'équarrissage et jusqu'à 8ᵐ de longueur, cent trente francs. | 130 00 |
| 141, 142, 145 147, 148 | 1,055 | 2° De 0ᵐ31 à 0ᵐ40 d'équarrissage et jusqu'à 10ᵐ de longueur, cent soixante francs . . . . . . . . . . . . . . . . . . . | 160 00 |
| 141, 142, 145 147, 147 | 1,056 | 3° De 0ᵐ41 à 0ᵐ50 d'équarrissage et jusqu'à 10ᵐ de longueur, cent soixante-dix francs. . . . . . . . . . . . . . . . . . | 170 00 |
| 141, 142, 145 147, 148 | 1,057 | 4° Au-dessus de 0ᵐ50 d'équarrissage et jusqu'à 10ᵐ de longueur, cent quatre-vingt-dix francs. . . . . . . . . . . . . . . | 190 00 |
| | | *Charpente* en chêne scié sur quatre faces à vives arètes, sans assemblages, levé et posé, y compris feuillures et chanfreins. | |
| | | Le mètre cube : | |
| 142, 147, 148 | 1,058 | 1° Jusqu'à 0ᵐ30 d'équarrissage et jusqu'à 8ᵐ de longueur, cent trente-cinq francs. . . . . . . . . . . . . . . . . . . | 135 00 |
| 142, 147, 148 | 1,059 | 2° De 0ᵐ31 à 0ᵐ40 d'équarrissage et jusqu'à 10ᵐ de longueur, cent-soixante-cinq francs . . . . . . . . . . . . . . . . . | 165 00 |
| 142, 147, 148 | 1,060 | 3° De 0ᵐ41 à 0ᵐ50 d'équarrissage et jusqu'à 10ᵐ de longueur, cent soixante-quinze francs. . . . . . . . . . . . . . . . | 175 00 |
| 142, 147, 148 | 1,061 | 4° Au-dessus de 0ᵐ50 d'équarrissage et jusqu'à 10ᵐ de longueur, cent quatre-vingt-quinze francs. . . . . . . . . . . . . . | 195 00 |
| 142, 147, 148 | 1,062 | 5° Lorsque les bois ci-dessus auront des flâches leurs prix seront diminués de dix francs. . . . . . . . . . . . . . . . . | 10 00 |
| | | *Charpente* en chêne scié sur quatre faces à vives arètes avec assemblages, levé et | |

| NUMÉROS | | DÉSIGNATION DES OUVRAGES. | PRIX | |
|---|---|---|---|---|
| DU DEVIS. | DE LA SÉRIE. | | DE L'UNITÉ. | |
| | | posé, y compris fouillures et chanfreins. | | |
| | | Le mètre cube : | | |
| 142, 147, 148 | 1,063 | 1° Jusqu'à 0ᵐ30 d'équarrissage et jusqu'à 8ᵐ de longueur, cent soixante francs. | 160 f. | 00 |
| 142, 147, 148 | 1,064 | 2° De 0ᵐ31 à 0ᵐ40 d'équarrissage et jusqu'à 10ᵐ de longueur, cent quatre-vingt-dix francs. . . . . . . . . . . . . . . . . . . . . . . . | 190 | 00 |
| 142, 147, 148 | 1,065 | 3° De 0ᵐ41 à 0ᵐ50 d'équarrissage et jusqu'à 10ᵐ de longueur, deux cents francs. | 200 | 00 |
| 142, 147, 148 | 1,066 | 4° Au-dessus de 0ᵐ50 d'équarrissage et jusqu'à 10ᵐ de longueur, deux cent vingt francs. . . . . . . . . . . . . . . . . . . . . | 220 | 00 |
| » | 1,067 | 5° Lorsque les bois ci-dessus auront des flâches leurs prix seront diminués de dix francs. . . . . . . . . . . . . . . . . . . . . , | 10 | 00 |
| | | *Charpente* en sapin rouge du nord de 1ʳᵉ qualité, équarri, sans assemblages, levé et posé. | | |
| | | Le mètre cube : | | |
| 141, 142, 145, 147 | 1,068 | 1° Jusqu'à 0ᵐ30 d'équarrissage et de toutes longueurs, soixante-quatorze francs. | 74 | 00 |
| 141, 142, 145, 147 | 1,069 | 2° De 0ᵐ31 à 0ᵐ45 d'équarrissage et de toutes longueurs, cent quatre francs. | 104 | 00 |
| 141, 142, 145, 147 | 1,070 | 3° Au-dessus de 0ᵐ45 d'équarrissage et de toutes longueurs, cent quatorze francs. | 114 | 00 |
| | | *Charpente* en sapin rouge du Nord de 1ʳᵉ qualité, équarri, avec assemblages, levé et posé. | | |
| | | Le mètre cube, : | | |
| 141, 142, 145, 147, 148 | 1,071 | 1° Jusqu'à 0ᵐ30 d'équarrissage et de toutes longueurs, quatre-vingt-dix-sept francs. | 97 | 00 |
| 141, 142, 145, 147, 148 | 1,072 | 2° De 0ᵐ31 à 0ᵐ45 d'équarrissage et de toutes longueurs, cent ving-sept francs, | 127 | 00 |
| 141, 142, 145, 147, 148 | 1,073 | 3° Au-dessus de 0ᵐ45 d'équarrissage et de toutes longueurs, cent trente-sept francs | 137 | 00 |
| | | *Charpente* en sapin rouge du Nord, de 1ʳᵉ qualité, scié sur une, deux ou trois faces, sans assemblage, levé et posé. | | |
| | | Le mètre cube : | | |
| 141, 142, 145, 147 | 1,074 | 1° Jusqu'à 0ᵐ30 d'équarrissage et de toutes longueurs, quatre-vingt-dix francs. | 90 | 00 |
| 141, 142, 145, 147 | 1,075 | 2° De 0ᵐ31 à 0ᵐ45 d'équarrissage et de toutes longueurs, cent vingt francs. | 120 | 00 |
| 141, 142, 145, 147 | 1,076 | 3° Au-dessus de 0ᵐ45 d'équarrissage et de toutes longueurs, cent trente francs. | 130 | 00 |
| | | *Charpente* en sapin rouge du Nord, de première qualité, scié sur une, deux ou trois faces, avec assemblage levé et posé. | | |
| | | Le mètre cube : | | |
| 141, 142, 145, 147 | 1,077 | 1° Jusqu'à 0ᵐ30 d'équarrissage et de toutes longueurs, cent treize francs . . | 113 | 00 |
| 141, 142, 145, 147, 148 | 1,078 | 2° De 0ᵐ31 à 0ᵐ45 d'équarrissage et de toutes longueurs, cent quarante-trois francs. . . . . . . . . . . . . . . . . . . . . | 143 | 00 |
| 141, 142, 145, 147, 148 | 1,079 | 3° Au-dessus de 0ᵐ45 d'équarrissage et de toutes longueurs, cent cinquante-trois francs. . . . . . . . . . . . . . . . . . | 153 | 00 |
| | | *Charpente* en sapin rouge du Nord, de première qualité, scié sur quatre faces, à vives arêtes, sans assemblages, levé et posé. y compris feuillures et chanfreins. | | |
| | | Le mètre cube : | | |
| 142, 147, 148 | 1,080 | 1° Jusqu'à 0ᵐ30 d'équarrissage et de toutes longueurs, cent quatorze francs. | 114 | 00 |

| NUMÉROS | | DÉSIGNATION DES OUVRAGES. | PRIX |
|---|---|---|---|
| DU DEVIS. | DE LA SÉRIE. | | DE L'UNITÉ |
| 142, 147, 148 | 1,081 | 2° De 0ᵐ31 à 0ᵐ45 d'équarrissage et de toutes longueurs, cent quarante-quatre francs. . . . . . . . . . . . . . . . . . . . . . . . . . . . | 144 f. 00 |
| 142, 147, 148 | 1,082 | 3° Au-dessus de 0ᵐ45 d'équarrissage et de toutes longueurs, cent cinquante-quatre francs. . . . . . . . . . . . . . . . . . . . . . . . | 154 00 |
| » | 1,083 | 4° Lorsque les bois ci-dessus auront des flâches, leurs prix seront diminués de dix francs . . . . . . . . . . . . . . . . . . . . . | 10 00 |
| | | *Charpente* en sapin rouge du Nord, de première qualité, scié sur quatre faces à vives arètes, avec assemblages, levé et posé, y compris feuillures et chanfreins. Le mètre cube : | |
| 142, 147, 148 | 1,084 | 1° Jusqu'à 0ᵐ30 d'équarrissage et de toutes longueurs, cent trente-sept francs. | 137 00 |
| 142, 147, 148 | 1,085 | 2° De 0ᵐ31 à 0ᵐ45 d'équarrissage et de toutes longueurs, cent soixante-sept francs. | 167 00 |
| 142, 147, 148 | 1,086 | 3° Au-dessus de 0ᵐ45 d'équarrissage et de toutes longueurs, cent soixante-dix-sept francs. . . . . . . . . . . . . . . . . . . . . . . | 177 00 |
| » | 1,087 | 4° Lorsque les bois ci-dessus auront des flâches, leurs prix seront diminués de dix francs . . . . . . . . . . . . . . . . . . . . . | 10 00 |
| | | *Charpente* en sapin des Vosges, équarri, sans assemblages, levé et posé. Le mètre cube : | |
| 141, 142, 145, 147 | 1,088 | 1° Jusqu'à 0ᵐ30 d'équarrissage et de toutes longueurs, soixante-quatorze francs cinquante centimes. . . . . . . . . . . . . . . . . . . . . . | 74 50 |
| 141, 142, 145 147 | 1,089 | 2° De 0ᵐ31 à 0ᵐ40 d'équarrissage et de toutes longueurs, soixante-dix-neuf francs cinquante centimes. . . . . . . . . . . . . . . . . . . . | 79 50 |
| 141, 142, 145 147 | 1,090 | 3° Au-dessus de 0ᵐ40 d'équarrissage et de toutes longueurs, quatre-vingt-quatre francs cinquante centimes. . . . . . . . . . . . . . . . . | 84 50 |
| | | *Charpente* en sapin des Vosges, équarri, avec assemblages, levé et posé. Le mètre cube : | |
| 141, 142, 145, 147, 148 | 1,091 | 1° Jusqu'à 0ᵐ30 d'équarrissage et de toutes longueurs, quatre-vingt-dix-sept francs. . . . . . . . . . . . . . . . . . . . . . . . . | 97 00 |
| 141, 142, 145, 147, 148 | 1,092 | 2° De 0ᵐ31 à 0ᵐ40 d'équarrissage et de toutes longueurs, cent deux francs. . | 102 00 |
| 141, 142, 145 147. 148 | 1,093 | 3° Au-dessus de 0ᵐ40 d'équarrissage et de toutes longueurs, cent sept francs. . | 107 00 |
| | | *Charpente* en sapin des Vosges, scié sur une, deux ou trois faces, sans assemblage, levé et posé. Le mètre cube : | |
| 141, 142, 145, 147 | 1,094 | 1° Jusqu'à 0ᵐ30 d'équarrissage et de toutes longueurs, quatre-vingt-dix francs cinquante centimes. . . . . . . . . . . . . . . . . . . . . . | 90 50 |
| 141, 142, 145, 147 | 1,095 | 2° De 0ᵐ31 à 0ᵐ40 d'équarrissage et de toutes longueurs, quatre-vingt-quinze francs cinquante centimes. . . . . . . . . . . . . . . . . . . . | 95 50 |
| 141, 142, 145, 147 | 1,096 | 3° Au-dessus de 0ᵐ40 d'équarrissage et de toutes longueurs, cent francs cinquante centimes. . . . . . . . . . . . . . . . . . . . . . . | 100 50 |
| | | *Charpente* en sapin des Vosges scié sur une, deux ou trois faces, avec assemblages, levé et posé. | |

| NUMÉROS | | DÉSIGNATION DES OUVRAGES. | PRIX | |
|---|---|---|---|---|
| DU DEVIS. | DE LA SÉRIE. | | DE L'UNITÉ. | |
| 141, 142, 145, 147, 148 | 1,097 | Le mètre cube : 1° Jusqu'à 0ᵐ30 d'équarrissage et de toutes longueurs, cent treize francs . . | 113 f. | 00 |
| 141, 142, 145, 147, 148 | 1,098 | 2° De 0ᵐ31 à 0ᵐ40 d'équarrissage et de toutes longueurs, cent dix-huit francs. | 118 | 00 |
| 141, 142, 145, 147, 148 | 1,099 | 3° Au-dessus de 0ᵐ40 d'équarrissage et de toutes longueurs, cent vingt-trois francs. . . . . . . . . . . . . . . . . . . . . . . . . . . . | 123 | 00 |
| | | *Charpente* en sapin des Vosges, scié sur quatre faces, à vives arêtes, sans assemblages, levé et posé, y compris feuillures et chanfreins. Le mètre cube : | | |
| 142, 147, 148 | 1,100 | 1° Jusqu'à 0ᵐ30 d'équarrissage et de toutes longueurs, cent quatorze francs cinquante centimes. . . . . . . . . . . . . . . . . . . . . . | 114 | 50 |
| 142, 147, 148 | 1,101. | 2° De 0ᵐ31 à 0ᵐ40 d'équarrissage et de toutes longueurs, cent dix-neuf francs cinquante centimes . . . . . . . . . . . . . . . . . . . | 119 | 50 |
| 142, 147, 148 | 1,102 | 3° Au-dessus de 0ᵐ40 d'équarrissage et de toutes longueurs, cent vingt-quatre francs cinquante centimes . . . . . . . . . . . . . . . . | 124 | 50 |
| » | 1,103 | 4° Lorsque les bois ci-dessus auront des flàches leurs prix seront diminués de dix francs . . . . . . . . . . . . . . . . . . . . . . | 10 | 00 |
| | | *Charpente* en sapin des Vosges, scié sur quatre faces, à vives arêtes, avec assemblages, levé et posé. Le mètre cube : | | |
| 142, 147, 148 | 1,104 | 1° Jusqu'à 0ᵐ30 d'équarrissage et de toutes longueurs, cent trente-sept francs. | 137 | 00 |
| 142, 147, 148 | 1,105 | 2° De 0ᵐ31 à 0ᵐ40 d'équarrissage et de toutes longueurs, cent quarante-deux francs . . . . . . . . . . . . . . . . . . . . . . . . | 142 | 00 |
| 142. 147, 148 | 1,106 | 3° Au-dessus de 0ᵐ40 d'équarrissage et de toutes longueurs, cent quarante-sept francs. . . . . . . . . . . . . . . . . . . . . . . | 147 | 00 |
| » | 1,107 | 4° Lorsque les bois ci-dessus auront des flàches leurs prix seront diminués de dix francs. . . . . . . . . . . . . . . . . . . . . . | 10 | 00 |
| 141, 142, 145, 147 | 1,108 | *Charpente* en hêtre ou orme en grume, pour pieux, y compris déchet, écorçage, préparation, pose de frettes et de sabots, mais non compris la mise en place et le battage. Le mètre cube, cent cinq francs. . . . . . . . . . . . | 105 | 00 |
| | | *Charpente* en hêtre ou orme écuarri pour grosse charpente, Le mètre cube : | | |
| 141, 142, 145, 147 | 1,109 | 1° Sans assemblages, quatre-vingt-quatorze francs. . . . . . . . | 94 | 00 |
| 141, 142, 145, 147, 148 | 1,110 | 2° Avec assemblage, cent vingt francs. . . . . . . . . . . | 120 | 00 |

| NUMÉROS | | DÉSIGNATION DES OUVRAGES. | PRIX |
|---|---|---|---|
| DU DEVIS. | DE LA SÉRIE. | | DE L'UNITÉ. |

**Madriers et ouvrages au mètre superficiel.**

| | | | | |
|---|---|---|---|---|
| | | *Madriers* en chêne à vives arètes , mis en place pour quais, planchers de ponts, plates formes, etc., y compris fournitures de clous.<br>Le mètre carré : | | |
| 142, 143, 145, 147, 148 | 1,111 | 1° De 0ᵐ10 d'épaisseur, quatorze francs. . . . . . . . . . . . | 14 f. | 00 |
| » | 1,112 | 2° Diminution pour chaque centimètre d'épaisseur en moins, un franc dix centimes. . . . . . . . . . . . . . . . . . . . . | 1 | 10 |
| » | 1,113 | 3° Plus-value pour madriers de largeur déterminée et uniforme, un franc. . | 1 | 00 |
| | | *Madriers* ou planche en sapin rouge du Nord, des dimensions du commerce, mis en place pour plates-formes, quais, planchers de ponts, etc, y compris fourniture de clous.<br>Le mètre carré : | | |
| 142, 143, 145, 147, 148 | 1,114 | 1° En madriers de 0ᵐ08 d'épaisseur, neuf francs. . . . . . . . | 9 | 00 |
| 142, 143, 145, 147, 148 | 1,115 | 2° En planches de 0ᵐ05 d'épaisseur, sept francs. . . . . . . . | 7 | 00 |
| 142, 143, 145, 147, 148 | 1,116 | 3° En planches de 0ᵐ035 d'épaisseur, six francs. . . . . . . . | 6 | 00 |
| 142, 143, 145, 147, 148 | 1,117 | 4° En planches de 0ᵐ025 d'épaisseur, quatre francs cinquante centimes, . . | 4 | 50 |
| 142, 143, 145, 147, 148 | 1,118 | 5° En planches de 0ᵐ015 d'épaisseur, trois francs cinquante centimes . . | 3 | 50 |
| | | *Madriers*, en hètre, orme ou frène mis en place pour quais, planchers de pont, plates-formes, etc., y compris fourniture de clous.<br>Le mètre carré : | | |
| 142, 143, 145, 147, 148 | 1,119 | 1° De 0ᵐ10 d'épaisseur, dix francs. . . . . . . . . . . . . | 10 | 00 |
| » | 1,120 | 2° Diminution pour chaque centimètre d'épaisseur en moins, soixante centimes. | 0 | 60 |
| » | 1,121 | 3° Plus-value pour madriers de largeur déterminée et uniforme, un franc. . | 1 | 00 |
| » | 1,122 | *Pavage* en chêne flotté par cubes de 0ᵐ10 en tous sens sur couche de sable de 0ᵐ10 d'épaisseur et couche de mortier hydraulique de 0ᵐ02 d'épaisseur.<br>Le mètre superficiel, onze francs . . . . . . . . . . . . | 11 | 00 |
| » | 1,123 | *Couverture* de regard en chêne flotté, de 0ᵐ05 à 0ᵐ07 d'épaisseur, raboté sur la face vue, avec barres en dessous et ouverture pour le passage de la main, les bâtis comptés au même prix que la couverture.<br>Le mètre superficiel, quinze francs. . . . . . . . . . . . | 15 | 00 |

| NUMÉROS | | DÉSIGNATION DES OUVRAGES. | PRIX |
|---|---|---|---|
| DU DEVIS. | DE LA SÉRIE. | | DE L'UNITÉ. |

### Escaliers.

*Echelle* de meunier ou escalier droit. en chêne flotté, composé de marches de 0<sup>m</sup>054 d'épaisseur et de 0<sup>m</sup>25 de largeur, arrondies sur le devant, assemblées dans les limons et mesurés entre ceux-ci : les marches de 1<sup>m</sup> et au dessous avec deux limons de 0<sup>m</sup>05 d'épaisseur ; les marches au-dessus de 1<sup>m</sup> en un seul morceau, avec deux limons de 0<sup>m</sup>08 d'épaisseur et une crémaillère au milieu de 0<sup>m</sup>06 d'épaisseur, les limons et la crémaillère reliés par un patin de 0<sup>m</sup>06 d'épaisseur au bas de l'escalier.

Chaque marche posée, savoir :

| 131, 132, 150 | 1,124 | 1° De 0<sup>m</sup>80 de longueur et au-dessous, dix francs. . . . . . . . | 10 f. 00 |
| 131, 132, 150 | 1,125 | 2° De 0<sup>m</sup>81 à 1<sup>m</sup> de longueur, onze francs. . . . . . . . . | 11 00 |
| 131, 132, 150 | 1,126 | 3° De 1<sup>m</sup>01 à 1<sup>m</sup>20 de longueur, douze francs. . . . . . . . | 12 00 |
| 131, 132, 150 | 1,127 | 4° De 1<sup>m</sup>21 à 1<sup>m</sup>40 de longueur, treize francs. . . . . . . . | 13 00 |
| 131, 132, 150 | 1,128 | 5° De 1<sup>m</sup>41 à 1<sup>m</sup>60 de longueur, quinze francs. . . . . . . . | 15 00 |

*Echelle* de meunier ou escalier droit en sapin du Nord, semblable à celui ci-dessus.

Chaque marche posée, savoir.

| 132, 150 | 1,129 | 1° De 0<sup>m</sup>80 de longueur et au-dessous, huit francs cinquante centimes . . . | 8 50 |
| 131, 132, 150 | 1,130 | 2° De 0<sup>m</sup>81 à 1 mètre de longueur, neuf francs cinquante centimes. . . . | 9 50 |
| 131, 132, 150 | 1,131 | 3° De 1<sup>m</sup>01 à 1<sup>m</sup>20 de longueur, dix francs cinquante centimes . . . . . | 10 50 |
| 131, 132, 150 | 1,132 | 4° De 1<sup>m</sup>21 à 1<sup>m</sup>40 de longueur, onze francs cinquante centimes. . . . . | 11 50 |
| 131, 132, 150 | 1,133 | 5° De 1<sup>m</sup>41 à 1<sup>m</sup>60 de longueur, treize francs. . . . . . . . . | 13 00 |

*Escalier* droit, en chêne flotté, avec marches de 0<sup>m</sup>054 d'épaisseur, portant quart de rond et filet, assemblées à rainures et languette avec les contre-marches de 0<sup>m</sup>027 d'épaisseur ; les marches de plus de 0<sup>m</sup>35 de largeur, pouvant avoir des écoinçons, les marches palières comptées pour deux marches ; ledit escalier soit à limon ou à crémaillère.

L'escalier à limon ayant ses marches profilées de face, scellées d'un bout, assemblées de l'autre dans le limon, et mesurées dans œuvre du mur et du limon.

L'escalier à crémaillère ayant ses marches profilées de face et d'un bout, scellées d'un bout, clouées de l'autre sur la crémaillère, et mesurées dans œuvre du mur et hors œuvre de la crémaillère.

Chaque marche posée, savoir :

1° De 0<sup>m</sup>80 de longueur et au-dessous.

| 131, 132, 150 | 1,134 | A limon, douze francs. . . . . . . . . . . . . . . | 12 00 |
| 131, 132, 150 | 1,135 | A crémaillère, dix franc. . . . . . . . . . . . . . | 10 00 |
| | | 2° De 0<sup>m</sup>81 à 1 mètre de longueur. | |
| 131, 132, 150 | 1,136 | A limon, treize francs. . . . . . . . . . . . . . | 13 00 |
| 131, 132, 150 | 1,137 | A crémaillère, onze francs. . . . . . . . . . . . . | 11 00 |

| NUMÉROS | | DÉSIGNATION DES OUVRAGES. | PRIX DE L'UNITÉ |
|---|---|---|---|
| DU DEVIS. | DE LA SÉRIE. | | |
| | | 3° De 1ᵐ01 à 1ᵐ20 de longueur. | |
| 131, 132, 150 | 1,138 | A limon, quatorze francs. . . . . . . . . . . . . . | 14 f. 00 |
| 131, 132, 150 | 1,139 | A crémaillère, douze francs. . . . . . . . . . . . . . | 12 00 |
| | | 4° De 1ᵐ21 à 1ᵐ40 de longueur. | |
| 131, 132, 150 | 1,140 | A limon, seize francs. . . . . . . . . . . . . | 16 00 |
| 131, 132, 150 | 1,141 | A crémaillère, quatorze francs. . . . . . . . . . . | 14 00 |
| | | 5° De 1ᵐ41 à 1ᵐ60 de longueur. | |
| 131, 132, 150 | 1,142 | A limon, dix-neuf francs. . . . . . . . . . . . . | 19 00 |
| 131, 132, 150 | 1,143 | A crémaillère, dix-sept francs. . . . . . . . . . . | 17 00 |
| » | 1,144 | 6° De plus de 1ᵐ60 de longueur, les prix ci-dessus de 19 fr. ou de 17 fr., plus 0 fr. 80 par chaque 0ᵐ05 de longueur, en plus de 1ᵐ60. | |
| | | *Escalier* comme celui ci-dessus , mais à limon double ou à crémaillère double. | |
| | | Lorsque l'escalier sera à limon double ou à crémaillère double, soit dans tout son développement, soit seulement au droit d'une baie, les prix ci-dessus de chaque marche, portant limon double ou crémaillère double, seront augmentées, savoir : | |
| 131, 132, 150 | 1,145 | Pour limon double, de quatre francs . . . . . . . . . . | 4 00 |
| 131, 132, 150 | 1,146 | Pour crémaillère double, de trois francs. . . . . . . . . | 3 00 |
| | | *Escalier* à quartiers tournants, en chêne flotté, avec marches de 0ᵐ054 d'épaisseur, portant quart de rond et filet, assemblées à rainure et languette, avec les contremarches de 0ᵐ027 d'épaisseur, les marches de plus de 0ᵐ35 de largeur pouvant avoir des écoincons, les marches palières comptées pour deux marches, ledit escalier soit à limon soit à crémaillère. | |
| | | L'escalier à limon ayant ses marches profilées de face, scellées d'un bout, assemblées de l'autre dans le limon et mesurées dans œuvre du mur et du limon. | |
| | | L'escalier à crémaillère ayant ses marches profilées de face et d'un bout, scellées d'un bout, clouées de l'autre sur la crémaillère et mesurées dans œuvre du mur et hors œuvre de la crémaillère. | |
| | | Chaque marche posée, savoir : | |
| | | 1° De 0ᵐ80 de longueur et au-dessous. | |
| 131, 132, 150 | 1,147 | A limon, quinze francs . . . . . . . . . . . . . | 15 00 |
| 131, 132, 150 | 1,148 | A crémaillère, treize francs. . . . . . . . . . . . | 13 00 |
| | | 2° De 0ᵐ80 à 1 mètre de longueur. | |
| 131, 132, 150 | 1,149 | A limon, seize francs. . . . . . . . . . . . . | 16 00 |
| 131, 132, 150 | 1,150 | A crémaillère, quatorze francs. . . . . . . . . . . | 14 00 |
| | | 3° De 1ᵐ01 à 1ᵐ20 de longueur. | |
| 131, 132, 150 | 1,151 | A limon, dix-huit francs. . . . . . . . . . . . . | 18 00 |
| 131, 132, 150 | 1,152 | A crémaillère, seize francs. . . . . . . . . . . . | 16 00 |
| | | 4° De 1ᵐ21 à 1ᵐ40 de longueur. | |
| 131, 132, 150 | 1,153 | A limon, vingt francs. . . . . . . . . . . . . | 20 00 |
| 131, 132, 150 | 1,154 | A crémaillère, dix-huit francs . . . . . . . . . . . | 18 00 |
| | | 5° De 1ᵐ41 à 1ᵐ60 de longueur. | |
| 131, 132, 150 | 1,155 | A limon, vingt-trois francs. . . . . . . . . . . . | 23 00 |
| 131, 132, 15r | 1,156 | A crémaillère, vingt-et-un francs. . . . . . . . . . . [ | 21 00 |

| NUMÉROS | | DÉSIGNATION DES OUVRAGES. | PRIX |
|---|---|---|---|
| DU DEVIS. | DE LA SÉRIE. | | DE L'UNITÉ. |
| 131, 132, 150 | 1,157 | 6° De plus de 1ᵐ60 de longueur, les prix ci-dessus de 23 fr. ou de 21 fr., plus 1 fr. par chaque 0ᵐ05 de longueur en plus de 1ᵐ60. | |
| | | *Escalier* comme celui ci-dessus , mais à limon double ou à crémaillère double. Lorsque l'escalier sera à limon double ou à crémaillère double, soit dans tout son développement, soit seulement au droit d'une baie, les prix ci-dessus de chaque marche, portant limon double ou crémaillère double seront augmentés, savoir : | |
| 131, 132, 150 | 1,158 | Pour limon double, de six francs. . . . . . . . . . . . . . | 6 f. 00 |
| 131, 132, 150 | 1,159 | Pour crémaillère double, de quatre francs cinquante centimes. . . . . . | 4 50 |

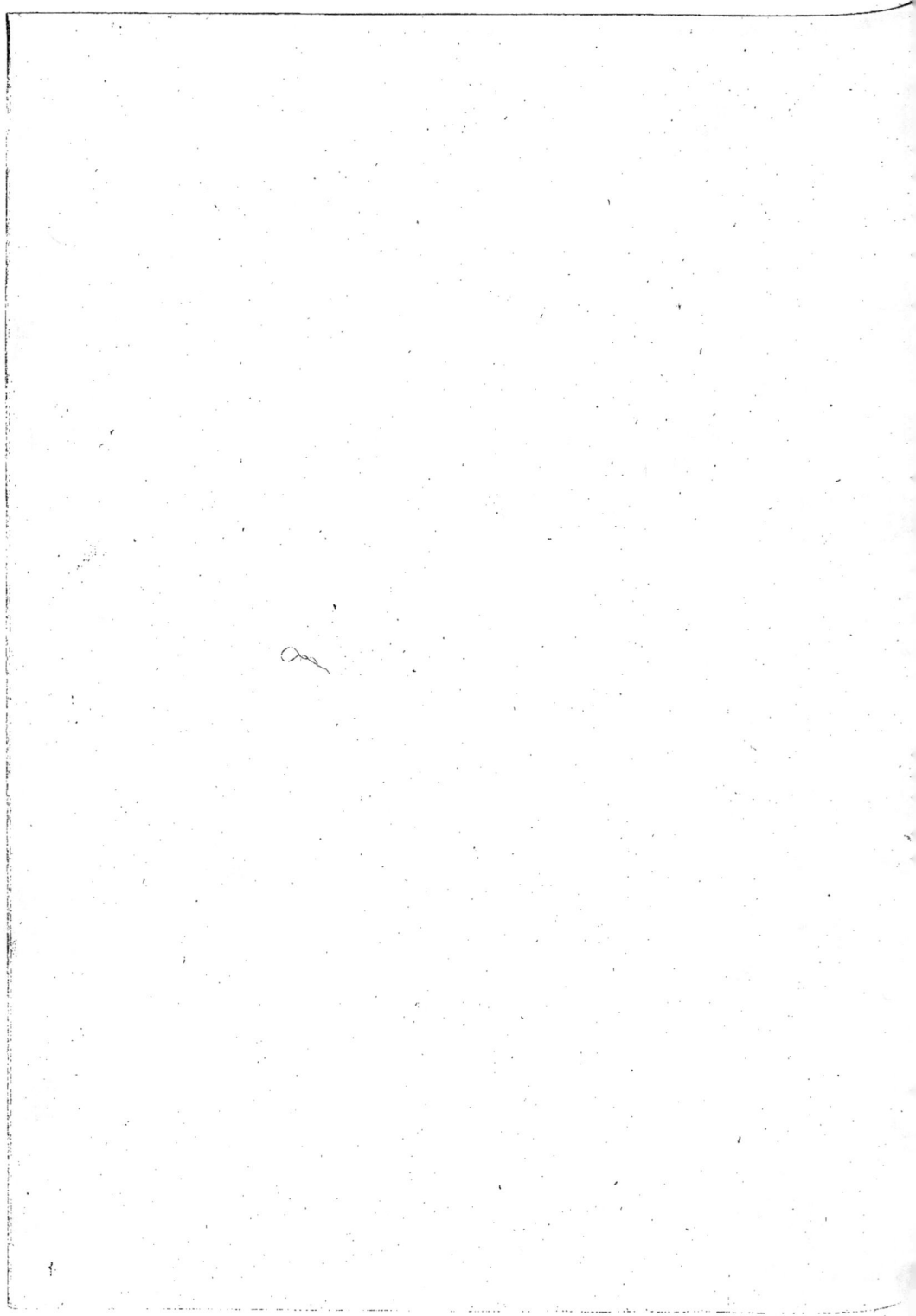

| NUMÉROS | | DÉSIGNATION DES OUVRAGES. | PRIX |
|---|---|---|---|
| DU DEVIS. | DE LA SÉRIE. | | DE L'UNITÉ. |

§ 2. — *Ouvrages en bois vieux et bois en location.*

| | | | | |
|---|---|---|---|---|
| 145, 146 | 1,170 | *Dépose* de bois de chêne ou de sapin, non assemblé, comprenant la descente au cordage ou à la chèvre, le coltinage à 100 mètres de distance et le rangement.<br>Le mètre cube, trois francs cinquante centimes. . . . . . . . . | 3 f. | 50 |
| 145, 146 | 1,171 | *Dépose* de bois de chêne ou de sapin, assemblé, pour planchers, combles, etc., comprenant le désassemblage, la descente au cordage ou à la chèvre, le coltinage à 100 mètres de distance et le rangement.<br>Le mètre cube, cinq francs cinquante centimes. . . . . . . . . | 5 | 50 |
| 145, 146 | 1,172 | *Dépose* avec jet au lieu de descente.<br>Lorsque, au lieu d'être descendus, les bois sont jetés, leurs prix ci-dessus seront diminués de un franc cinquante centimes. . . . . . . . . . . . | 1 | 50 |
| | | *Réemploi* de charpente en bois de chêne ou de sapin, provenant de démolitions pour planchers, combles, cintres, étais et étrésillons, etc., y compris la taille, le bouchement des anciennes mortaises et entailles, le coltinage à 100 mètres de distance, le levage, l'assemblage et la pose, ainsi que la fourniture des clous d'épingle et des cales brutes.<br>Le mètre cube : | | |
| 142, 145 | 1,173 | Sans assemblage, dix francs. . . . . . . . . . . . . . | 10 | 00 |
| 142, 145 | 1,174 | Avec assemblage, trente francs. . . . . . . . . . . . . | 30 | 00 |
| | | *Étais*, étrésillons et bois sans assemblages, pour ouvrages provisoires en bois de chêne, de sapin ou d orme, en location, y compris la taille, le levage, la pose et la fourniture et pose des boulons et des clous s'il est nécessaire.<br>Le mètre cube : | | |
| 145 | 1,175 | 1° En premier emploi, trente francs . . . . . . . . . . . | 30 | 00 |
| 145 | 1,176 | 2° Pour chaque nouvel emploi en sus du premier, sans retaille, dix francs. . | 10 | 00 |
| | | *Cintres* au-dessus de 3 mètres d'ouverture et ouvrages provisoires, en bois de chêne, de sapin ou d orme, en location pour six mois, compris taille, levage, assemblage et pose, fourniture et pose de boulons et de clous s'il est nécessaire.<br>Le mètre cube : | | |
| 144, 145 | 1,177 | 1° En premier emploi, quarante-cinq francs. . . . . . . . . . | 45 | 00 |
| 144, 145 | 1,178 | 2° Pour chaque nouvel emploi en sus du premier, sans retaille, quinze francs. | 15 | 00 |
| | | *Cintres* avec leur couchis en chêne, en sapin ou en hêtre, pour petits ouvrages d'art, tels que égouts, aqueducs, ponceaux, etc., de 0$^m$60 à 1$^m$50 d'ouverture, y compris le levage, l'assemblage et la pose, les bois étant repris par l'entrepreneur. | | |

| NUMÉROS | | DÉSIGNATION DES OUVRAGES. | PRIX |
|---|---|---|---|
| DU DEVIS. | DE LA SÉRIE. | | DE L'UNITÉ. |
| | | Le mètre linéaire de cintre : | |
| | | 1° En premier emploi. | |
| 144 | 1,179 | Cintres d'ouvrages de 0$^m$ 80 d'ouverture et au-dessous, deux francs soixante-dix centimes. . . . . . . . . . . . . . . . . . . . . . . . . | 2 f. 70 |
| 144 | 1,180 | Cintres d'ouvrages de 0$^m$ 81 à 1 mètre d'ouverture, trois francs trente centimes. | 3 30 |
| 144 | 1,181 | Cintres d'ouvrages de 1$^m$ 01 à 1$^m$ 50 d'ouverture, quatre francs vingt centimes. | 4 20 |
| 144 | 1,182 | Cintres d'ouvrages de 1$^m$ 51 à 2 mètres d'ouverture, cinq francs vingt centimes. . . . . . . . . . . . . . . . . . . . . . . . | 5 20 |
| 144 | 1,183 | Cintres d'ouvrages de 2$^m$ 01 à 2$^m$ 50 d'ouverture, six francs soixante centimes. | 6 60 |
| 144 | 1,184 | Cintres d'ouvrages de 2$^m$ 51 à 3 mètres d'ouverture, sept francs quatre-vingts centimes. . . . . . . . . . . . . . . . . . . . . . . | 7 80 |
| | | 2° Emploi en sus du premier. | |
| » | 1,185 | Pour chaque nouvel emploi en sus du premier emploi, sans retaille, le tiers des prix ci-dessus. . . . . . . . . . . . . . . . . . . . | 1/3 |
| | | § III. — *Ouvrages divers.* | |
| 148 | 1,186 | OBSERVATION. — Les ouvrages divers ne seront payés à l'entrepreneur que dans les travaux en réparation ou en raccord ; dans les travaux neufs, ils ne seront payés que par exception motivée. | |
| 148 | 1,187 | *Assemblage* à trait de Jupiter, jusqu'à 0$^m$ 80 de long. Chaque assemblage (y compris les deux coins), trois francs quatre-vingts centimes. . . . . . . . . . . . . . . . . . . . . . . | 3 80 |
| 148 | 1,188 | *Assemblage* à enfourchement complet fait sur le tas. Chaque assemblage, un franc trente centimes. . . . . . . . . . | 1 30 |
| | | *Assemblage* à tenon et mortaises fait sur place dans des bois non fournis, non façonnés et non déposés. | |
| 148 | 1,189 | 1° Chaque mortaise, soixante centimes. . . . . . . . . . . | 0 60 |
| 148 | 1,190 | 2° Chaque tenon, cinquante centimes. . . . . . . . . . . | 0 50 |
| » | 1,191 | *Brûlement* de poteau de barrière ou autres. Chaque poteau, pour brûlement, cinquante centimes. . . . . . . | 0 50 |
| | | *Bûchement* de chêne sur le tas et dressage de la surface. Le mètre superficiel, savoir : | |
| 148 | 1,192 | 1° Jusqu'à 0$^m$ 03 d'épaisseur de bûchement, trois francs. . . . . . | 3 00 |
| » | 1,193 | 2° Pour chaque centimètre d'épaisseur de bûchement en plus, trente centimes. | 0 30 |

| NUMÉROS | | DÉSIGNATION DES OUVRAGES. | PRIX |
|---|---|---|---|
| DU DEVIS. | DE LA SÉRIE. | | DE L'UNITÉ. |
| 148 | 1,194 | *Bûchement* de sapin sur le tas et dressage de la surface.<br>Les mêmes prix que ci-dessus diminués de un cinquième. . . . . . . | 1/5 |
| 148 | 1,195 | *Cale forte*, en chêne neuf, refait, pour poitrail ou travaux analogues.<br>Chaque cale posée, un franc. . . . . . . . . . . . . . . . | 1 f. 00 |
| 148 | 1,196 | Même cale en sapin, quatre-vingts centimes. . . . . . . . . . | 0  80 |
| 148 | 1,197 | *Cale petite*, en chêne neuf, brut, pour mettre de niveau des bois de planchers.<br>Chaque cale posée, trente centimes. . . . . . . . . . . . . | 0  30 |
| 148 | 1,198 | Même cale en sapin, vingt-cinq centimes. . . . . . . . . . . . | 0  25 |
| 148 | 1,199 | NOTA. — Les cales pour la mise de niveau des planchers, ou, en général, des charpentes fournies ou seulement façonnées, étant comprises dans les prix de ces ouvrages, ne seront pas comptées. | |
| | | *Feuillures* sur chêne pour portes, etc., encastrements pour cloisons en briques, jusqu'à 0ᵐ 23 de largeur et 0ᵐ 04 de profondeur.<br>Le mètre linéaire : | |
| 148 | 1,200 | 1° Feuillure droites ou encastrements droits sur le tas, cinquante-cinq centimes. . . . . . . . . . . . . . . . . . . . . . . . . | 0  55 |
| 148 | 1,201 | Au chantier, trente-cinq centimes. . . . . . . . . . . . . . | 0  35 |
| 148 | 1,202 | 2° Feuillures courbes ou encastrements courbes (courant, circulairement, soit en plan, soit en élévation.) ,<br>Le double des prix ci-dessus. . . . . . . . . . . . . . | 2  00 |
| 148 | 1,203 | *Feuillures* sur sapin pour portes, etc., encastrements.<br>Les prix ci-dessus diminués de un cinquième. . . . . . . . . | 1/5 |
| 148 | 1,204 | *Chanfreins*, y compris les raccordements en quart de rond aux extrémités.<br>Le mètre linéaire sera payé les quatre cinquièmes du prix de feuillures. . . | 4/5 |
| | | *Moulures* sur chêne.<br>Le mètre linéaire, pour chaque centimètre de largeur développée au cordeau et y compris le rabotage :<br>1° Moulures droites. | |
| 148 | 1,205 | Sur le tas, quinze centimes. . . . . . . . . . . . . . | 0  15 |
| 148 | 1,206 | Au chantier, dix centimes. . . . . . . . . . . . . . . | 0  10 |
| 148 | 1,207 | 2° Moulures courbes (courant circulairement, soit en plan, soit en élévation.)<br>Sur le tas, trente centimes. . . . . . . . . . . . . . . | 0  30 |
| 148 | 1,208 | Au chantier, vingt centimes . . . . . . . . . . . . . . . | 0  20 |
| 148 | 1,209 | *Moulures* sur sapin.<br>Les prix ci-dessus diminués de un cinquième. . . . . . . . . | 1/5 |
| | | *Elégissement* d'about de pièce de bois, en chêne ou en sapin, à pointe de diamant avec listel, ou à doucine, ou à quart de rond. | |

| NUMÉROS | | DESIGNATION DES OUVRAGES. | PRIX |
|---|---|---|---|
| DU DEVIS. | DE LA SÉRIE. | | DE L'UNITÉ |
| » | 1,210 | Chaque élégissement : 1° Pour bois d'un équarrissage moyen de 0m 14 et au-dessous, soixante-dix centimes. | 0 f. 70 |
| » | 1,211 | 2° Pour bois d'un équarrissage moyen au-dessus de 0m 14 jusqu'à 0m 25, un franc. | 1 00 |
| » | 1,212 | 3° Pour les bois d'un équarrissage moyen de 0m 25 et au-dessus, un franc trente centimes. | 1 30 |
| » | 1,213 | *Elégissement* du dessus d'échantignolles, en chêne ou en sapin. Chaque élégissement, soixante-dix centimes. | 0 70 |
| » | 1,214 | *Elégissement* ou découpure de console, lien, support, etc, en chêne ou en sapin, sur toutes les faces de la pièce de bois, suivant le profil donné. Le mètre linéaire de console, etc., mesuré dans l'axe de la pièce de bois et en ligne droite, un franc trente centimes. | 1 30 |
| | | *Coupement* de chêne, sur le tas, à la scie. Chaque coupement : | |
| 148 | 1,215 | De chevron, dix centimes. | 0 10 |
| 148 | 1,216 | De solive ou de sablière, vingt centimes. | 0 20 |
| 148 | 1,217 | D'enchevêtrure ou chevêtre, quarante centimes. | 0 40 |
| 148 | 1,218 | De poutre, quatre-vingts centimes. | 0 80 |
| 148 | 1,219 | *Coupement* de chêne, sur le tas, à l'ébauchoir, Chaque coupement est estimé le double des prix ci-dessus. | 2 fois. |
| | | *Entaille* de chêne sur le tas. Chaque entaille : | |
| 148 | 1,220 | 1° Pour corbeau, pour étrier, pour deux moises ou à paume, vingt centimes. | 0 20 |
| 148 | 1,221 | 2° Entaille circulaire de 0m 90, développée, sur 0m 19 × 0m 08, un franc cinquante centimes. | 1 50 |
| 148 | 1,222 | *Coupements* et entailles dans le bois de sapin. Ces ouvrages seront payés comme ceux en chêne ci-dessus, diminués de un cinquième | 1/5 |
| 148 | 1,223 | *Trou* de boulon de 0m 10 de longueur et pose du boulon. Chaque trou, dix centimes | 0 10 |
| 148 | 1,224 | *Même* trou de boulon et même pose de boulon, plus encastrement de la tête et de l'écrou du boulon. Chaque trou, trente centimes. | 0 30 |
| 148 | 1,225 | Chaque 0m 05 de longueur de trou de boulon en sus pour les deux sortes de trous de boulons ci-dessus, dix centimes. | 0 10 |

| NUMÉROS | | DESIGNATION DES OUVRAGES. | PRIX |
|---|---|---|---|
| DU DEVIS. | DE LA SÉRIE. | | DE L'UNITÉ. |
| » | 1,226 | *Trou* de chevillette et pose de ladite.<br>Pour chaque trou et pose de la chevillette, quinze centimes. . . . . . | 0 f. 15 |
| | | *Echantignolles.*<br>Chaque échantignolle posée, y compris clous. | |
| 148 | 1,227 | En chêne, quatre-vingts centimes. . . . . . . . . . . . . | 0 80 |
| 148 | 1,228 | En sapin, soixante centimes. . . . . . . . . . . . . . | 0 60 |
| | | *Fourrure* en bois brut de 0m 05 sur 0m 07.<br>Chaque fourrure posée, y compris clous : | |
| 148 | 1,229 | En chêne, quarante centimes. . . . . . . . . . . . . | 0 40 |
| 148 | 1,230 | En sapin, trente centimes. . . . . . . . . . . . . . | 0 30 |
| | | *Réfection* des bois.<br>Face sciée ou demi-sciage.<br>Face refaite à la besaiguë.<br>Face rabotée ou varlopée.<br>Le mètre superficiel de ces diverses réfections : | |
| 149 | 1,231 | En chêne, soixante centimes. . . . . . . . . . | 0 60 |
| 149 | 1,232 | En sapin, cinquante centimes. . . . . . . . . . . . | 0 50 |
| | | NOTA. — Quand on paiera le rabotage, cela comprendra les réfections préalables qui auraient pu être faites à la scie ou à la besaiguë. | |

§ IV. — *Chargement, déchargement et transport.*

| | | | | |
|---|---|---|---|---|
| 148 | 1,233 | *Chargement* de bois de charpente de toute espèce.<br>Le mètre cube, un franc cinquante centimes. . . . . . . . | 1 | 50 |
| 148 | 1,234 | *Déchargement* de bois de charpente de toute espèce.<br>Le mètre cube, un franc. . . . . . . . . . . . . | 1 | 00 |
| | | *Transports* de bois de charpente de toute espèce<br>Le mètre cube, savoir : | | |
| 148 | 1,235 | 1° Pour la première distance de 100 mètres, y compris le temps perdu au chargement et au déchargement, un franc cinquante centimes . . . . . . . | 1 | 50 |
| 148 | 1,236 | 2° Pour chaque distance de 100 mètres en plus, seize centimes. . . . . | 0 | 16 |
| 148 | 1,237 | 3° A 5 kilomètres et au-delà, ce dernier prix sera réduit de moitié, huit centimes. | 0 | 08 |

| NUMÉROS | | DÉSIGNATION DES OUVRAGES. | PRIX |
|---|---|---|---|
| DU DEVIS. | DE LA SÉRIE. | | DE L'UNITÉ. |

### § V. — Location de machines, outils, etc.

| | | | | |
|---|---|---|---|---|
| 152 | 1,241 | NOTA. — Passé un mois de location, le prix de location par journée sera diminué d'un cinquième (1/5) pour tous les objets ci-dessous. La location ne partira que du jour où l'on se servira de l'objet loué ; elle cessera le jour où l'on ne s'en servira plus. | | |
| | | *Grues* de toutes dimensions, garnies de leurs cordages et équipées complètement. | | |
| 152 | 1,242 | Location par jour, cinq francs. . . . . . . . . . . . | 5 f. | 00 |
| 152 | 1,243 | Transport, montage et gréement, trente francs. . . . . . . . | 30 | 00 |
| 152 | 1,244 | Démontage et retour au chantier, vingt francs. . . . . . . . | 20 | 00 |
| | | *Chèvres* de toutes grandeurs, garnies de leurs cordages et équipées complètement. | | |
| 152 | 1,245 | Location par jour, deux francs. . . . . . . . . . . . | 2 | 00 |
| 152 | 1,246 | Transport, montage et gréement (1 journée de location), deux francs. . . | 2 | 00 |
| 152 | 1,247 | Démontage et retour au chantier (1 journée de location), deux francs. . . | 2 | 00 |
| | | *Sonnettes* de toutes grandeurs, à déclic, avec mouton en fonte pesant de 600 kilogrammes à 1,000 kilogrammes, garnies de leurs cordages et établis et équipées complètement. | | |
| 152 | 1,248 | Location par jour, six francs. . . . . . . . . . . . | 6 | 00 |
| 152 | 1,249 | Transport, montage et gréement, quinze francs. . . . . . . . | 15 | 00 |
| 152 | 1,250 | Démontage et retour au chantier, dix francs. . . . . . . . | 10 | 00 |
| | | *Cabestan* garni de ses cordages et équipé complètement. | | |
| 125 | 1,251 | Location par jour, cinq francs. . . . . . . . . . | 5 | 00 |
| 152 | 1,252 | Transport, montage et gréement (1 journée de location), cinq francs. . . . | 5 | 00 |
| 152 | 1,253 | Démontage et retour au chantier (1 journée de location), cinq francs. . . . | 5 | 00 |
| | | *Treuil* à déclic, garni de ses cordages et équipé complètement. | | |
| 152 | 1,254 | Location par jour, trois francs. . . . . . . . . . . | 3 | 00 |
| 152 | 1,255 | Transport, montage et gréement (1 journée de location), trois francs . . . | 3 | 00 |
| 152 | 1,256 | Démontage et retour au chantier (1 journée de location), trois francs . . . | 3 | 00 |
| | | *Deux tréteaux.* | | |
| 152 | 1,257 | Location par jour, cinquante centimes. . . . . . . . . . | 0 | 50 |
| 132 | 1,258 | Transport au lieu d'emploi (1 journée de location), cinquante centimes. . . | 0 | 50 |
| 152 | 1,259 | Retour au chantier (1 journée de location), cinquante centimes. . . . . | 0 | 50 |

| NUMÉROS | | DÉSIGNATION DES OUVRAGES. | PRIX |
|---|---|---|---|
| DU DEVIS. | DE LA SÉRIE. | | DE L'UNITÉ. |

|  |  |  |  |
|---|---|---|---|
|  |  | *Vérin.* |  |
| 152 | 1,260 | Location par jour, un franc. . . . . . . . . . . . . . . | 1 f. 00 |
| 152 | 1,261 | Transport au lieu d'emploi (1 journée de location), un franc. . . . . . | 1 00 |
| 152 | 1,262 | Retour au chantier (1 journée de location), un franc. . . . . . . . | 1 00 |
|  |  | *Cric* à double noix. |  |
| 152 | 1,263 | Location par jour, un franc . . . . . . . . . . . . . . | 1 00 |
| 152 | 1,264 | Transport au lieu d'emploi (1 journée de location), un franc. . . . . . | 1 00 |
| 152 | 1,265 | Retour au chantier (1 journée de location), un franc. . . . . . . . | 1 00 |
|  |  | *Cric* à simple noix, soit ordinaire, soit levrette, |  |
| 152 | 1,266 | Location par jour, cinquante centimes. . . . . . . . . . . | 0 50 |
| 152 | 1,267 | Transport au lieu d'emploi (1 journée de location), cinquante centimes. . . | 0 50 |
| 152 | 1,268 | Retour au chantier (1 journée de location), cinquante centimes. . . . . | 0 50 |
|  |  | *Cordages* en chanvre. |  |
|  |  | Location de cent kilogrammes. |  |
|  |  | Location par jour, y compris le transport, aller et retour, de 100 kilogrammes de cordages. |  |
| 152 | 1,269 | . 1° Au-dessus de 0ᵐ 015 de diamètre, un franc vingt centimes . . . . . | 1 20 |
| 152 | 1,270 | 2° De 0ᵐ 015 de diamètre et au-dessous, un franc soixante-dix centimes. . . | 1 70 |
| 152 | 1,271 | *Radeau* avec établi pour sonnette quelconque, quelle que soit sa grandeur. |  |
|  |  | Location par jour, cinq francs. . . . . . . . . . . . . . | 5 00 |
| 152 | 1.272 | *Batelet* ordinaire, garni de tous ses agrès. |  |
|  |  | Location par jour, deux francs. . . . . . . . . . . . . | 2 00 |
| 152 | 1,273 | *Même* batelet, servi par un marinier. |  |
|  |  | Location par jour, six francs. . . . . . . . . . . . . | 6 00 |
| 152 | 1,274 | *Fort* batelet dit margotat, pour le transport des matériaux, garni de tous ses agrès. |  |
|  |  | Location par jour, trois francs. . . . . . . . . . . . . | 3 00 |
| 152 | 1,275 | *Même* margotat, servi par un marinier. |  |
|  |  | Location par jour, sept francs. . . . . . . . . . . . . | 7 00 |

| NUMÉROS | | DÉSIGNATION DES OUVRAGES. | PRIX |
|---|---|---|---|
| DU DEVIS. | DE LA SÉRIE. | | DE L'UNITÉ. |

## CHAPITRE VI.

### Couverture en ardoises et en tuiles. Zinguerie. Plomberie.

ARTICLE 1er. — PRIX ÉLÉMENTAIRES.

§ Ier. — Heures de travail effectif.

| | | | | |
|---|---|---|---|---|
| » | 1,291 | *Couvreur*, compagnon, cinquante centimes. . . . . . . . . . . | 0 | 50 |
| » | 1,292 | *Couvreur*, aide, trente-cinq centimes . . . . . . . . . . . . | 0 | 35 |
| » | 1,293 | *Zingueur* plombier, compagnon, cinquante centimes. . . . . . . . | 0 | 50 |
| » | 1,294 | —    —    aide, trente-cinq centimes. . . . . . . . . | 0 | 35 |
| » | 1,295 | *Travaux* de nuit. Dans les travaux de nuit, l'heure d'ouvrier sera payée moitié en plus de l'heure de jour. Les frais d'éclairage seront à la charge de la Compagnie. | | |

| NUMÉROS | | DÉSIGNATION DES OUVRAGES. | PRIX |
| DU DEVIS. | DE LA SÉRIE. | | DE L'UNITÉ. |
|---|---|---|---|
| | | § II. — *Matériaux rendus à pied-d'œuvre.* | |
| 161 | 1,301 | *Ardoises* d'Angers, grandes carrées.<br>Le mille, cinquante francs. . . . . . . . . . . . | 50 f. 00 |
| 162 | 1,302 | *Tuiles* plates de Bourgogne, dites grand moule.<br>Le mille, quatre-vingt-dix-huit francs. . . . . . . . . . | 98   00 |
| | | *Tuiles* à double emboîtement, de diverses provenances.<br>Le mille : | |
| 163 | 1,303 | 1° Tuiles Muller, de Paris, cent quatre-vingt-huit francs dix centimes. . . | 188   10 |
| 163 | 1,304 | 2° Tuiles Mongel, de Bayon (Meurthe), cent quatre-vingt huit francs dix centimes. . . . . . . . . . . . . . . . . . . . . | 188   10 |
| 163 | 1,305 | 3° Tuiles Couturier, de Forbach (Moselle), cent quatre-vingt-treize francs soixante centimes. . . . . . . . . . . . . . . . . . . | 193   60 |
| 163 | 1,306 | 4° Tuiles Georges, de Montchanin (Saône-et-Loire), deux cent vingt-huit francs . . . . . . . . . . . . . . . . . . . . | 228   00 |
| 164 | 1,307 | *Tuiles* faîtières, de Bourgogne, avec ou sans bourrelet, de 0$^m$33 de longueur.<br>Le cent, soixante francs . . . . . . . . . . . . . . | 60   00 |
| 164 | 1,308 | *Tuiles* de rives ou pour lambrequins, s'ajustant avec les tuiles à double emboîtement.<br>Le mètre linéaire, un franc quatre-vingts centimes. . . . . . . | 1   80 |
| 165 | 1,309 | *Tuiles* en verre, à double emboîtement, s'ajustant avec les tuiles en terre de différentes formes.<br>Chaque tuile, deux francs soixante centimes . . . . . . . . | 2   60 |
| 166 | 1,310 | *Zinc* en feuilles, de tous numéros.<br>Le kilogramme, soixante-six centimes. . . . . . . . . . . | 0   66 |
| 167 | 1,311 | *Plomb* neuf, en table ou en tuyaux.<br>Le kilogramme, soixante-quinze centimes. . . . . . . . . | 0   75 |
| 168 | 1,312 | *Étain* pour soudures.<br>Le kilogramme, trois francs . . . . . . . . . . . . . | 3   00 |
| 169 | 1,313 | *Fonte* pour tuyaux de descente de toutes dimensions.<br>Le kilogramme, vingt centimes. . . . . . . . . . . . | 0   20 |
| 170 | 1,314 | *Cuivre* rouge, en planches.<br>Le kilogramme, trois francs quatre-vingts centimes. . . . . . . | 3   80 |

| NUMÉROS | | DÉSIGNATION DES OUVRAGES. | PRIX |
|---|---|---|---|
| DU DEVIS. | DE LA SÉRIE. | | DE L'UNITÉ. |
| 171 | 1,315 | *Cuivre* jaune dit Poin.<br>Le kilogramme, deux francs soixante-dix centimes. . . . . . . . | 2 f. 70 |
| 172 | 1,316 | *Bronze* de premier choix, trois francs cinquante centimes. . . . . . . | 3 50 |
| 173 | 1,317 | *Soudure* ordinaire, composée de 70 0/0 de plomb et de 34 0/0 d'étain fin.<br>Le kilogramme, un franc soixante centimes. . . . . . . . . | 1 60 |
| 173 | 1,318 | *Soudure* fine, composée de parties égales de plomb et d'étain fin.<br>Le kilogramme, deux francs. . . . . . . . . . . | 2 00 |
| 174 | 1,319 | *Mastic* de fontainier<br>Le kilogramme, trente centimes. . . . . . . . . | 0 30 |
| 175 | 1,320 | *Volige* brute, en sapin ou en bois blanc, de 0^m 11 à 0^m 14 de largeur, et de 0^m 012 à 0^m 015 d'épaisseur.<br>Le mètre linéaire, douze centimes. . . . . . . . . . | 0 12 |
| 177 | 1,321 | *Tringles* en sapin de 0^m 027 sur 0^m 041, pour pose des tuiles à emboîtement.<br>Le mètre linéaire, dix centimes. . . . . . . . . . | 0 10 |
| 177 | 1,322 | *Lattes* en cœur de chêne, de 0^m 005 d'épaisseur sur 0^m 03 de largeur.<br>Le mètre linéaire, trois centimes. . . . . . . . . . | 0 03 |
| 176 | 1,323 | *Clous* d'épingle, de 0^m 054 à 0^m 11.<br>Le kilogramme, soixante-dix centimes. . . . . . . . . | 0 70 |
| 176 | 1,324 | *Clous* d'épingle au-dessous de 0^m 054.<br>Le kilogramme, quatre-vingt-dix centimes. . . . . . . . . | 0 90 |
| 176 | 1,325 | *Clous* à ardoise.<br>Le kilogramme, un franc soixante centimes. . . . . . . . . | 1 60 |

| NUMÉROS | | DÉSIGNATION DES OUVRAGES. | PRIX |
| DU DEVIS. | DE LA SÉRIE. | | DE L'UNITÉ. |
| --- | --- | --- | --- |
| | | **ARTICLE 2ᵉ. — PRIX DES OUVRAGES.** | |
| | | § 1ᵉʳ. — *Ouvrages en matériaux neufs.* | |
| | | **1° Couverture en ardoises et Couverture en tuiles.** | |
| 186, 197 | 1,341 | *Couverture* en ardoises d'Angers, dites grandes carrées, posée avec pureau du tiers de la longueur, sur volige neuve jointive de 0ᵐ 015 d'épaisseur, y compris volige et clous, comptée sans usage et y compris toute main-d'œuvre et fournitures accessoires, le zinc et le plomb seuls exceptés.<br>Le mètre superficiel, quatre francs cinquante centimes. . . . . . . | 4 f. 50 |
| 186, 197 | 1,342 | *Couverture* à voliges non jointives.<br>Lorsque les voliges, au lieu d'être jointives seront espacées de 0ᵐ 04. le prix ci-dessus subira une réduction de 0 fr. 30 et ne sera plus que de quatre francs vingt centimes. . . . . . . . . . . . . . . | 4 20 |
| 186, 197 | 1,343 | *Couverture* en tuiles plates de Bourgogne, grand moule, posée avec pureau du tiers de la longueur, sur lattes en chène de 0ᵐ 005 d'épaisseur sur 0ᵐ 03 de largeur, y compris fournitures de lattes et de clous.<br>Le mètre superficiel, quatre francs vingt-cinq centimes. . . . . . . | 4 25 |
| | | *Couverture* en tuiles creuses à double emboîtement, posées sur tringles en sapin de 0ᵐ 027 sur 0ᵐ 041, clouées sur les chevrons ou sur les voliges, y compris fourniture de tringle et de clous.<br>Le mètre superficiel : | |
| 188, 197 | 1,344 | 1° En tuiles Muller, de Paris, trois francs cinquante-cinq centimes. . . . | 3 55 |
| 188, 197 | 1,345 | 2° En tuiles Mongel, de Bayon (Meurthe), trois francs cinquante-cinq centimes. | 3 55 |
| 188, 197 | 1,346 | 3° En tuiles Couturier, de Forbach (Moselle), trois francs soixante-cinq centimes. | 3 65 |
| 188, 197 | 1,347 | 4° En tuiles Georges, de Montchanin (Saône-et-Loire), trois francs soixante-quinze centimes. . . . . . . . . . . . . . . . | 3 75 |
| 188, 197 | 1,348 | *Couverture* en tuiles en verre de premier choix, de mèmes dimensions et de mèmes formes que les tuiles en terre, en grandes ou en petites parties, pour prises de jour dans les combles, posées sur tringles en sapin de 0ᵐ 027 sur 0ᵐ 41 clouées sur les chevrons.<br>Le mètre superficiel, quarante francs. . . . . . . . . . . . | 40 00 |

| NUMÉROS | | DÉSIGNATION DES OUVRAGES. | PRIX |
|---|---|---|---|
| DU DEVIS. | DE LA SERIE. | | DE L'UNITÉ. |
| 188, 197 | 1,349 | *Faîtage* en tuiles creuses, y compris le garnissage en plâtre à l'intérieur.<br>Le mètre linéaire, deux francs vingt-cinq centimes. . . . . . . . . .<br>Nota. — Les arêtiers en tuiles creuses seront payés comme les faîtages. | 2 f. 25 |
| » | 1,350 | *Tuiles* de rives avec garniture en plâtre, fixées au moyen de vis avec rondelles en plomb.<br>Le mètre linéaire, deux francs cinquante centimes . . . . . . . . . | 2 50 |
| | | *Egouts* en ardoises ou tuiles.<br>Le mètre linéaire :<br>1° Egout d'une pièce | |
| 190, 197 | 1,351 | En ardoises, cinquante centimes. . . . . . . . . . . . . . . | 0 50 |
| 190, 197 | 1,352 | En tuiles, soixante-cinq centimes. . . . . . . . . . . . . | 0 65 |
| | | 2° Pour chaque pièce en plus. | |
| 190, 197 | 1,353 | En ardoises, quarante centimes . . . . . . . . . . . . . | 0 40 |
| 190, 197 | 1,354 | En tuiles, cinquante-cinq centimes. . . . . . . . . . . . | 0 55 |
| | | *Doublis*, batellements en ardoises ou tuiles ordinaires.<br>Le mètre linéaire : | |
| 190, 197 | 1,355 | En ardoises, quarante centimes . . . . . . . . . . . . . | 0 40 |
| 190, 197 | 1,356 | En tuiles, cinquante-cinq centimes. . . . . . . . . . . . | 0 55 |
| | | *Tranchis* biais, doubles, apparents, pour noues, arêtiers, etc., plâtre de dessous compris, ainsi que le déchet de l'ardoise ou de la tuile.<br>Le mètre linéaire : | |
| 191, 197 | 1,357 | En ardoises, soixante centimes. . . . . . . . . . . . . . | 0 60 |
| 191, 197 | 1,358 | En tuiles plates, un franc. . . . . . . . . . . . . . . | 1 00 |
| 191, 197 | 1,359 | En tuiles creuses à double emboîtement, un franc quarante centimes. . . . | 1 40 |
| 191, 197 | 1,360 | *Tranchis* biais simples.<br>Ils seront payés moitié des prix ci-dessus, demi. . . . . . . . .<br>Nota. — Les tranchis droits ne donneront lieu à aucune plus-value. | 1/2 |
| 192, 197 | 1,361 | *Filets*, solins, ruellées, arêtiers ou devirures en plâtre.<br>Le mètre linéaire, cinquante centimes. . . . . . . . . . . | 0 50 |
| 193, 197 | 1,362 | *Pente* en plâtre pour chéneaux, composée d'un enduit de 0ᵐ 03 d'épaisseur, appliqué sur le voligeage, y compris les cueillies et ressauts.<br>Le mètre superficiel, un franc trente centimes. . . . . . . . . | 1 30 |
| 193, 197 | 1,363 | *Pente* en plâtre pour chéneaux, formé d'un massif en plâtras et plâtre, recouvert d'un enduit de 0ᵐ 02 d'épaisseur, ledit massif de 0ᵐ 05 à 0ᵐ 15 d'épaisseur, y compris les cueillies et ressauts.<br>Le mètre superficiel, trois francs. . . . . . . . . . ♦. . . . | 3 00 |

| NUMÉROS | | DESIGNATION DES OUVRAGES. | PRIX |
|---|---|---|---|
| DU DEVIS. | DE LA SÉRIE. | | DE L'UNITÉ. |
| 193, 197 | 1,364 | *Crochets* en fer pour fixer sur la charpente les faîtages en zinc ou en plomb.<br>Chaque crochet, compris clous et pose, trente centimes. . . . . . . | 0 f. 30 |
| » | 1,365 | *Grands* crochets en fer, à talon, dits de service, pour les réparations, fixés sur les chevrons, pesant chacun de 0 kilog. 70 à 1 kilog., posés sur noquets en zinc n° 14, de 0ᵐ 40 sur 0ᵐ 20.<br>Chaque crochet, compris clous et pose, deux francs cinquante centimes. . . <br>Nota. — Le noquet entre pour 0 fr. 50 dans le prix de 2 fr. 50. | 2 50 |
| 186, 197 | 1,366 | *Voligeage* non jointif, en voliges de peuplier de 0ᵐ 013 d'épaisseur et de 0ᵐ 12 à 0ᵐ 15 de largeur, non dressées sur les rives et clouées.<br>Le mètre superficiel, quatre-vingt-dix centimes. . . . . . . . .<br>Nota. — Le prix de 0 fr. 90 est compris dans le prix de 4 fr. 20 (n° 1342), alloué pour la couverture en ardoises. | 0 90 |
| 186, 197 | 1,367 | *Voligeage* jointif, en voliges de peuplier de 0ᵐ 013 d'épaisseur et de 0ᵐ 12 à 0ᵐ 15 de largeur, non dressées sur les rives et clouées.<br>Le mètre superficiel, un franc vingt centimes. . . . . . . . .<br>Nota. — Le prix de 1 fr. 20 pour voligeage est compris dans le prix de 4 fr. 50 (n° 1341), alloué pour la couverture en ardoises. | 1 20 |
| 186, 197 | 1,368 | *Même* voligeage, mais les voliges dressées sur les rives.<br>Le mètre superficiel, un franc quarante centimes. . . . . . . . | 1 40 |
| | | *Voligeage* jointif, en planches de sapin du Nord, de 0ᵐ 22 de largeur (madriers sciés), dressés sur les rives et cloués.<br>Le mètre superficiel : | |
| 186, 197 | 1,369 | Epaisseur de 0ᵐ 15, un franc soixante centimes . . . . . . | 1 60 |
| 186, 197 | 1,370 | — 0ᵐ 18, un franc quatre-vingt-dix centimes. . . . . . | 1 90 |
| 186, 197 | 1,371 | — 0ᵐ 20, deux francs dix centimes. . . . . . . | 2 10 |
| 186, 197 | 1,372 | — 0ᵐ 25, deux francs trente centimes. . . . . . . . | 2 30 |
| 186, 197 | 1,373 | *Voligeage* en planches de sapin du Nord, de 0ᵐ 22 de large sur 0ᵐ 027 d'épaisseur (madriers sciés), à un parement, les joints à rainure et à languette, avec baguette sur rive et clouées.<br>Le mètre superficiel, trois francs vingt-cinq centimes. . . . . . . | 3 25 |
| 186, 197 | 1,374 | *Même* voligeage, posé à point de Hongrie.<br>Le mètre superficiel, trois francs cinquante-cinq centimes . . . . . . | 3 55 |
| 186, 197 | 1,375 | *Voligeage* en planches de sapin du Nord, de 0ᵐ 22 de large sur 0ᵐ 034 d'épaisseur (madriers sciés), à un parement, les joints à rainure et languette avec baguette sur rive et clouées.<br>Le mètre superficiel, quatre francs. . . . . . . . . | 4 00 |
| 186, 197 | 1,376 | *Même* voligeage posé à point de Hongrie.<br>Le mètre superficiel, quatre francs cinquante centimes. . . . . . . | 4 50 |

| NUMÉROS | | DÉSIGNATION DES OUVRAGES. | PRIX |
|---|---|---|---|
| DU DEVIS. | DE LA SÉRIE. | | DE L'UNITÉ. |

**2° Zinguerie, tuyaux de descente en fonte et bois pour chéneaux, tasseaux et membrons.**

| | | | | |
|---|---|---|---|---|
| » | 1,381 | NOTA. — Les prix d'ouvrages en zinc sont établis suivant le cours de 60 francs, ce qui, avec un dixième de bénéfice, fait 66 francs. | | |

Poids du mètre carré de zinc. . .
- N° 14. . . . . . . 5 kil. 95
- N° 16. . . . . . 7 50
- N° 18. . . . . . 9 35

*Couverture* en zinc n° 14, en feuilles de 0<sup>m</sup> 50, de 0<sup>m</sup> 65 et de 0<sup>m</sup> 80 de large, posées suivant le système dit à libre dilatation, pour couverture entière ou pour parties de couverture, telles que faîtages, bandes d'égout et autres, y compris tasseaux de couvre-joints, soudures et façons quelconques pour couvre-joints, bandes et embouti, ladite couverture comptée sans usages.
   Le mètre superficiel :

| | | | | |
|---|---|---|---|---|
| 206 | 1,382 | 1° En feuilles de 0<sup>m</sup> 50 de largeur, sept francs vingt centimes. . . . . | 7 f. | 20 |
| 206 | 1,383 | 2° En feuilles de 0<sup>m</sup> 65 de largeur, six francs soixante centimes. . . . . | 6 | 60 |
| 206 | 1,384 | 3° En feuilles de 0<sup>m</sup> 80 de largeur, six francs vingt centimes. . . . . . | 6 | 20 |

*Même* couverture en zinc n° 16.
   Le mètre superficiel :

| | | | | |
|---|---|---|---|---|
| 206 | 1,385 | 1° En feuilles de 0<sup>m</sup> 50 de largeur, huit francs soixante centimes. . . . . | 8 | 60 |
| 206 | 1,386 | 2° En feuilles de 0<sup>m</sup> 65 de largeur, sept francs quatre-vingt-quinze centimes . | 7 | 95 |
| 206 | 1,387 | 3° En feuilles de 0<sup>m</sup> 80 de largeur, sept francs cinquante centimes. . . . | 7 | 50 |

*Même* couverture en zinc n° 18.
   Le mètre superficiel :

| | | | | |
|---|---|---|---|---|
| 206 | 1,388 | 1° En feuilles de 0<sup>m</sup> 50 de largeur, dix francs trente centimes. . . . . | 10 | 30 |
| 206 | 1,389 | 2° En feuilles de 0<sup>m</sup> 65 de largeur, neuf francs cinquante centimes. . . . | 9 | 50 |
| 206 | 1,390 | 3° En feuilles de 0<sup>m</sup> 80 de largeur, neuf francs. . . . . . . . . | 9 | 00 |
| » | 1,391 | NOTA — Les prix de couverture en zinc ne comprennent pas le voligeage, qui sera payé à part aux prix des n<sup>os</sup> 1366 à 1376 inclusivement. | | |

Lorsque le prix de voligeage n'aura pas été indiqué d'une manière spéciale, on appliquera celui du n° 1366.

*Tasseaux* en sapin du Nord pour recevoir les couvre-joints de la couverture en zinc, y compris clous et pose.
   Le mètre linéaire :

| | | | | |
|---|---|---|---|---|
| 206 | 1,392 | De 0<sup>m</sup> 027 de grosseur, vingt centimes. . . . . . . . . . . | 0 | 20 |
| 206 | 1,393 | De 0<sup>m</sup> 040 de grosseur, vingt-cinq centimes . . . . . . . . . | 0 | 25 |
| 206 | 1,394 | De 0<sup>m</sup> 055 de grosseur, trente centimes . . . . . . . . . . | 0 | 30 |
| » | 1,395 | NOTA. — La fourniture des clous et la pose entrent ensemble pour 0 fr. 05 dans les prix ci-dessus. | | |

| NUMÉROS | | DÉSIGNATION DES OUVRAGES. | PRIX |
| DU DEVIS. | DE LA SÉRIE. | | DE L'UNITÉ. |
|---|---|---|---|
| | | Les prix de tasseaux étant compris dans la couverture en zinc n° 14, on n'appliquera les prix ci-dessus que par exception. | * |
| | | *Revêtements* en zinc de chéneaux, acrotères, saillies de corniches et autres, bandes de diverses longueurs, lambrequins, garnitures de pièces de bois, pieds de poteaux ou potelets, appuis de croisées, sablières, cuvettes d'urinoirs, tables à lampes, etc., y compris façon avec ressauts, agrafures, ourlets, pattes, soudures, vis, clous, calotins, coupes biaises et sujétions quelconques, comptés non pas au mètre carré de chéneaux, etc., mais au mètre superficiel de zinc développé. | |
| | | Le mètre superficiel : | |
| 207 | 1,396 | 1° En zinc n° 14, cinq francs cinquante centimes. . . . . . . . . | 5 f, 50 |
| 207 | 1,397 | 2° En zinc n° 16, six francs soixante centimes. . . . . . . . . . | 6  60 |
| 207 | 1,398 | 3° En zinc n° 18, sept francs quatre-vingts centimes. . . . . . . | 7  80 |
| » | 1,399 | *Noquets* en zinc d'une surface d'un dixième de mètre superficiel, la surface en plus étant comptée aux prix indiqués ci-dessus n°s 1396, 1397 et 1398, pour les revêtements. | |
| | | Chaque noquet : | |
| » | 1,400 | 1° En zinc n° 14, soixante-cinq centimes. . . . . . . . . . | 0  65 |
| » | 1,401 | 2° En zinc n° 16, soixante-quinze centimes. . . . . . . . . | 0  75 |
| » | 1,402 | 3° En zinc n° 18, quatre-vingt-cinq centimes. . . . . . . . . | 0  85 |
| 206 | 1,403 | *Calottins* en zinc, y compris les clous et soudures. | |
| | | Chaque calottin posé, quinze centimes. . . . . . . . . . . | 0  15 |
| 206 | 1,404 | *Talons* en zinc n°s 14 ou 16, aux extrémités des couvre-joints, y compris pose et soudure. | |
| | | Chaque talon, vingt centimes. . . . . . . . . . | 0  20 |
| | | NOTA. — Les calottins et les talons ne seront payés à part que lorsqu'ils seront faits comme ouvrages isolés, parce que leurs prix sont compris dans ceux de la couverture entière. | |
| | | *Gouttières* en zinc n° 14, posées, y compris les plus-values pour fonds, coudes, etc., ainsi que les crochets en fer, espacés à 1 mètre l'un de l'autre. | |
| | | Le mètre linéaire, savoir : | |
| 208 | 1,405 | 1° Gouttière de 0m 25 de développement, deux francs dix centimes. . . | 2  10 |
| 208 | 1,406 | 2° Gouttière de 0m 325 de développement, deux francs cinquante centimes. . | 2  50 |
| | | *Crapaudines* en zinc n° 14, compris pose, raccords, soudure et charbon. | |
| | | Chaque crapaudine : | |
| » | 1,407 | 1° Pour tuyaux de 0m 08 ou de 0m 11 de diamètre, un franc cinquante centimes. . . . . . . . . . . . . . . . . . . . . . | 1  50 |
| * | 1,408 | 2° Pour tuyaux de 0m 14 ou de 0m 16 de diamètre, trois francs. . . . . | 3  00 |

| NUMÉROS | | DESIGNATION DES OUVRAGES. | PRIX |
|---|---|---|---|
| DU DEVIS. | DE LA SÉRIE. | | DE L'UNITÉ. |

| | | | | |
|---|---|---|---|---|
| | | *Tuyaux* de descente en zinc n° 14 posés, y compris les plus-values pour coudes, dauphins, etc., ainsi que les colliers en fer, espacés à 1 mèt. l'un de l'autre. | | |
| 208 | 1,409 | 1° Tuyau de 0<sup>m</sup>08 de diamètre : | | |
| | | A collier fixé avec quatre vis : | | |
| | | Le mètre linéaire, deux francs soixante centimes. . . . . . . . | 2f. | 60 |
| | | A collier scellé, trou et scellement de 0<sup>m</sup>10 de profondeur. | | |
| | | Le mètre linéaire : | | |
| 208 | 1,410 | Dans un mur en moellon, trois francs. . . . . . . . . . | 3 | 00 |
| 208 | 1,411 | Dans un mur en meulière ou en brique, trois francs vingt centimes. . . . | 3 | 20 |
| | | 2° Tuyau de 0<sup>m</sup>11 de diamètre : | | |
| | | A collier fixé avec quatre vis : | | |
| 208 | 1,412 | Le mètre linéaire, trois francs. . . . . . . . . . . . | 3 | 00 |
| | | A collier scellé, trou et scellement de 0<sup>m</sup>10 de profondeur. | | |
| | | Le mètre linéaire : | | |
| 208 | 1,413 | Dans un mur en moellon, trois francs quarante centimes. . . . . . | 3 | 40 |
| 208 | 1,414 | Dans un mur en meulière ou en brique, trois francs soixante centimes. . . . | 3 | 60 |
| | | 3° Tuyaux de 0<sup>m</sup>14 de diamètre : | | |
| | | A collier fixé avec quatre vis : | | |
| 208 | 1,415 | Le mètre linéaire, trois francs soixante-dix centimes . . . . . . . | 3 | 70 |
| | | A collier scellé, trou et scellement de 0<sup>m</sup>15 de profondeur. | | |
| | | Le mètre linéaire : | | |
| 208 | 1,416 | Dans un mur en moellon, quatre francs trente centimes.. . . . . . . | 4 | 30 |
| 208 | 1,417 | Dans un mur en meulière ou en briques, quatre francs soixante centimes. . | 4 | 60 |
| | | 4° Tuyaux de 0<sup>m</sup>16 de diamètre. | | |
| | | A collier fixé avec quatre vis. | | |
| 208 | 1,418 | Le mètre linéaire, quatre francs. . . . . . . . . . . | 4 | 00 |
| | | A collier scellé, trou et scellement de 0<sup>m</sup>15 de profondeur. | | |
| | | Le mètre linéaire : | | |
| 208 | 1,419 | Dans un mur en moellon, quatre francs soixante centimes. . . . . . | 4 | 60 |
| 208 | 1,420 | Dans un mur en meulière ou en brique, quatre francs quatre-vingt-dix centimes. | 4 | 90 |
| | | *Tuyaux* de descente en fonte, posés, y compris les plus-values pour coudes, dauphins, etc., ainsi que les colliers en fer espacés à un mètre l'un de l'autre. | | |
| | | 1° Tuyau de 0<sup>m</sup>081 de diamètre intérieur. | | |
| | | A collier fixé avec quatre vis. | | |
| 208 | 1,421 | Le mètre linéaire, trois francs vingt centimes. . . . . . . . | 3 | 20 |
| | | A collier scellé, trou et scellement de 0<sup>m</sup>10 de profondeur. | | |
| | | Le mètre linéaire : | | |
| 208 | 1,422 | Dans un mur en moellon, trois francs soixante centimes. . . . . . | 3 | 60 |
| 208 | 1,423 | Dans un mur en meulière ou en brique, trois francs quatre-vingts centimes. . | 3 | 80 |
| | | 2° Tuyau de 0<sup>m</sup>108 de diamètre intérieur. | | |
| | | A collier fixé avec quatre vis. | | |
| 208 | 1,424 | Le mètre linéaire, quatre francs. . . . . . . . . . . | 4 | 00 |

| NUMÉROS | | DESIGNATION DES OUVRAGES. | PRIX |
|---|---|---|---|
| DU DEVIS. | DE LA SÉRIE. | | DE L'UNITÉ. |
| | | A collier scellé, trou et scellement de 0<sup>m</sup>10 de profondeur. | |
| | | Le mètre linéaire : | |
| 308 | 1,425 | Dans un mur en moellon, quatre francs quarante centimes. . . . . . | 4 40 |
| 208 | 1,426 | Dans un mur en meulière ou en brique, quatre francs soixante centimes. . . | 4 60 |
| | | 3° Tuyau de 0<sup>m</sup>135 de diamètre intérieur. | |
| | | A collier fixé avec quatre vis. | |
| 208 | 1,427 | Le mètre linéaire, quatre francs soixante centimes. . . . . . . . | 4 60 |
| | | A collier scellé, trou et scellement de 0<sup>m</sup>15 de profondeur. | |
| | | Le mètre linéaire : | |
| 208 | 1,428 | Dans un mur en moellon, cinq francs vingt centimes. . . . . . . . | 5 20 |
| 208 | 1,429 | Dans un mur en meulière ou en brique, cinq francs cinquante centimes. . . . | 5 50 |
| | | 4° Tuyau de 0<sup>m</sup>162 de diamètre intérieur. | |
| | | A collier fixé avec quatre vis. | |
| 208 | 1,430 | Le mètre linéaire, cinq francs soixante-dix centimes. . . . . . . | 5 70 |
| | | A collier scellé, trou et scellement de 0<sup>m</sup>15 de profondeur. | |
| | | Le mètre linéaire : | |
| 208 | 1,431 | Dans un mur en moellon, six francs trente centimes. . . . . . . . | 6 30 |
| 208 | 1,432 | Dans un mur en meulière ou en brique, six francs soixante centimes. . . . | 6 60 |
| | | NOTA. — On ne compte qu'un trou et qu'un scellement pour chaque collier, quel que soit le diamètre du tuyau. | |
| | | *Fonds de chéneaux revêtements* de face de chéneaux à un parement, les joints longitudinaux à rainure et languette avec clefs rapportées et les assemblages aux extrémités faits à queues. | |
| | | Le mètre superficiel : | |
| | | NOTA. — Eviter de mettre le chêne en contact avec le zinc ou le plomb. Voir ce qui est dit au devis à ce sujet. | |
| | | 1° En chêne, | |
| » | 1,433 | De 0<sup>m</sup>054 d'épaisseur, treize francs trente centimes. . . . . . . . | 13 30 |
| » | 1,434 | De 0<sup>m</sup>047 d'épaisseur, onze francs cinquante centimes. . . . . . . | 11 50 |
| » | 1,435 | De 0<sup>m</sup>041 d'épaisseur, dix francs quarante centimes. . . . . . . . | 10 40 |
| » | 1,436 | De 0<sup>m</sup>034 d'épaisseur, neuf francs vingt-cinq centimes. . . . . . . . | 9 25 |
| » | 1,437 | De 0<sup>m</sup>027 d'épaisseur, six francs quatre-vingt-quinze centimes. . . . . . | 6 95 |
| | | 2° En sapin du Nord : | |
| » | 1,438 | De 0<sup>m</sup>054 d'épaisseur, huit francs. . . . . . . . . . . | 8 00 |
| » | 1,439 | De 0<sup>m</sup>047 d'épaisseur, six francs quatre-vingts centimes. . . . . . . | 6 80 |
| » | 1,440 | De 0<sup>m</sup>041 d'épaisseur, cinq francs quatre-vingts centimes. . . . . . | 5 80 |
| » | 1,441 | De 0<sup>m</sup>034 d'épaisseur, cinq francs. . . . . . . . . . . | 5 00 |
| » | 1,442 | De 0<sup>m</sup>027 d'épaisseur, quatre francs vingt centimes. . . . . . . | 4 20 |
| » | 1,443 | Pour un parement en plus ou en moins, l'on ajoutera ou l'on diminuera 0 fr. 55 pour le chêne et 0 fr. 45 pour le sapin à chacun des prix ci-dessus. | |
| » | 1,444 | Lorsque les joints longitudinaux seront seulement dressés, mais non rainés, les prix ci-dessus seront diminués de 1 fr. 40 pour le chêne et de 1 fr. 10 pour le sapin. | |

| NUMÉROS | | DESIGNATION DES OUVRAGES. | PRIX |
| DU DEVIS. | DE LA SÉRIE. | | DE L'UNITÉ. |
|---|---|---|---|
| » | 1,445 | *Tasseaux* en chêne, de toutes dimensions, à un parement, posés de pente et cloués, pour soutenir les fonds de chéneaux.<br>Le mètre linéaire, un franc soixante-dix centimes. . . . . . . . | 1 f. 70 |
| | | *Membrons* de faîtage taillés en dessous suivant l'inclinaison du comble et cloués sur le voligeage.<br>Le mètre linéaire: | |
| » | 1,446 | 1° De 0ᵐ05 sur 0ᵐ07.<br>En sapin, un franc . . . . . . . . . . . . . . . . . . . | 1  00 |
| » | 1,447 | En chêne, un franc cinquante centimes. . . . . . . . . . . | 1  50 |
| | | 2° Depuis 0ᵐ051 sur 0ᵐ071 jusqu'à 0ᵐ08 sur 0ᵐ12. | |
| » | 1,448 | En sapin, un franc trente centimes . . . . . . . . . . . . | 1  30 |
| » | 1,449 | En chêne, deux francs. . . . . . . . . . . . . . . . . . | 2  00 |

| NUMÉROS | | DÉSIGNATION DES OUVRAGES. | PRIX |
|---|---|---|---|
| DU DEVIS. | DE LA SÉRIE. | | DE L'UNITÉ |

### 3° Plomberie.

| | | | | |
|---|---|---|---|---|
| 209 | 1,461 | *Plomb* pour faîtages, arêtiers, chéneaux, noquets, etc., attaché, posé, soudé, y compris clous, calottins, soudures, etc., toutes fournitures et façons accessoires. Le kilogramme, quatre-vingts centimes. . . . . . . . . . | 0 f. | 80 |
| 209 | 1,462 | *Plomb* pour tuyaux y compris la fourniture de deux crochets par mètre, la pose, les nœuds de soudure, etc., les trous tamponnés et les scellements, mais non compris les tranchées dans le sol. Le kilogramme, quatre-vingt-cinq centimes. . . . . . . . . | 0 | 85 |
| 209 | 1,463 | *Plomb* pour moignons, y compris façon spéciale, ajustement et soudure. Le kilogramme, quatre-vingt-dix centimes. . . . . . . . . | 0 | 90 |
| 209 | 1,464 | Calottins en plomb, y compris clous et soudures. Chaque calottin, vingt centimes. . . . . . . . . . | 0 | 20 |

NOTA. — Les calottins sont compris dans les prix des ouvrages ; ce ne sera donc que par exception qu'on appliquera le prix ci-dessus.

| | | | | |
|---|---|---|---|---|
| 209 | 1,465 | *Emboutis* dans le faîtage en plomb, à la rencontre des tasseaux de couvre-joints de la couverture en zinc. La plus-value de façon pour chaque embouti, vingt centimes. . . . . . | 0 | 20 |
| | | *Crapaudines* en plomb compris pose, raccords, soudure et charbon. Chaque crapaudine : | | |
| » | 1,466 | 1° Pour tuyau de $0^m08$ ou de $0^m11$ de diamètre, un franc quatre-vingts centimes. | 1 | 80 |
| » | 1,467 | 2° Pour tuyau de $0^m14$ ou de $0^m16$ de diamètre, trois francs soixante centimes. | 3 | 60 |
| | | *Crapaudines* en fer galvanisé, à charnière, compris pose, raccords, soudure et charbon. Chaque crapaudine : | | |
| » | 1,468 | 1° Pour tuyaux de $0^m08$ ou de $0^m11$ de diamètre, deux francs soixante-dix centimes. . . . . . . . . . . . . . . . | 2 | 70 |
| » | 1,469 | 2° Pour tuyaux de $0^m14$ à $0^m16$ de diamètre, quatre francs cinquante centimes. | 4 | 50 |
| | | *Crapaudines* en zinc. (Voir les n°s 1407 et 1408.) | | |
| » | 1,470 | *Garniture* du trou d'une pierre d'évier, composée d'une bande de $0^m04$ à $0^m06$ de diamètre et d'un tampon en cuivre, avec chaînette, fixée au tampon et scellée dans le mur, y compris pose, avec collet en mastic de fontainier. | | |

| NUMÉROS | | DÉSIGNATION DES OUVRAGES. | PRIX | |
|---|---|---|---|---|
| DU DEVIS. | DE LA SÉRIE. | | DE L'UNITÉ. | |
| | | Chaque garniture, cinq francs quarante centimes. . . . . . . . | 5 | 40 |
| | | *Robinets* en cuivre, y compris la pose. | | |
| | | 1° Ceux pesant moins de 3 kilos. | | |
| | | Chaque robinet | | |
| » | 1,471 | De 0<sup>m</sup>015 de diamètre intérieur, cinq francs. . . . . . . . . | 5 | 00 |
| » | 1,472 | De 0<sup>m</sup>020     d°     sept francs. . . . . . . . . . | 7 | 00 |
| » | 1,473 | De 0<sup>m</sup>025     d°     dix francs. . . . . . . . . | 10 | 00 |
| » | 1,474 | De 0<sup>m</sup>030     d°     douze francs. . . . . . . . . | 12 | 00 |
| » | 1,475 | De 0<sup>m</sup>035     d°     quatorze francs. . . . . . . . . | 14 | 00 |
| » | 1,476 | 2° Ceux pesant de 3 à 4 kilogrammes exclusivement. | | |
| | | Le kilogramme, quatre francs soixante centimes. . . . . . . . | 4 | 60 |
| | | 3° Ceux pesant 4 kilogrammes et au-dessus. | | |
| | | Le kilogramme : | | |
| » | 1,477 | Robinet pesant 4 kilogrammes, quatre francs cinquante centimes. . . . . | 4 | 50 |
| » | 1,478 | Robinet pesant 5 kilogrammes, quatre francs quarante centimes. . . . . | 4 | 40 |
| » | 1,479 | Robinet pesant 6 kilogrammes, quatre francs trente centimes . . . . . | 4 | 30 |
| » | 1,480 | Robinet pesant 7 kilogrammes et au-dessus, quatre francs vingt centimes . | 4 | 20 |
| | | *Robinets* en bronze, y compris la pose. | | |
| | | 1° Ceux pesant moins de 3 kilogrammes. | | |
| | | Chaque robinet : | | |
| » | 1,481 | De 0<sup>m</sup>015 de diamètre intérieur, sept francs. . . . . . . . . | 7 | 00 |
| » | 1,482 | De 0<sup>m</sup>020     d°     neuf francs . . . . . . . . . | 9 | 00 |
| » | 1,483 | De 0<sup>m</sup>025     d°     douze francs. . . . . . . . . | 12 | 00 |
| » | 1,484 | De 0<sup>m</sup>030     d°     quatorze francs . . . . . . . . | 14 | 00 |
| » | 1,485 | De 0<sup>m</sup>035     d°     seize francs. . . . . . . . . | 16 | 00 |
| » | 1,486 | 2° Ceux pesant de 3 à 4 kilogrammes exclusivement. | | |
| | | Le kilogramme, cinq francs quarante centimes. . . . . . . . | 5 | 40 |
| | | 3° Ceux pesant 4 kilogrammes et au-dessus. | | |
| | | Le kilogramme | | |
| » | 1,487 | Robinet pesant 4 kilogrammes, cinq francs trente centimes. . . . . . | 5 | 30 |
| » | 1,488 | Robinet pesant 5 kilogrammes, cinq francs vingt centimes. . . . . . | 5 | 20 |
| » | 1,489 | Robinet pesant 6 kilogrammes, cinq francs dix centimes. . . . . . | 5 | 10 |
| » | 1,490 | Robinet pesant 7 kilogrammes et au-dessus, cinq francs. . . . . . | 5 | 00 |
| » | 1,491 | Quelques variations que puissent subir les prix des métaux, indiqués aux détails ci-dessus des ouvrages de zinguerie, tuyaux en fonte et plomberie, ceux d'application qu'on vient d'énumérer resteront invariables. | | |

| NUMÉROS | | DÉSIGNATION DES OUVRAGES. | PRIX |
|---|---|---|---|
| DU DEVIS. | DE LA SÉRIE. | | DE L'UNITÉ |
| | | *Tuiles* faîtières posées en recherche, y compris garnissage de plâtre.<br>La pièce : | |
| 196 | 1,538 | 1° Tuiles neuves , quatre-vingt-dix centimes. . . . . . . . . | 0    90 |
| 196 | 1,539 | 2° Tuiles appartenant à la Compagnie, quarante centimes. . . . . | 0    40 |
| 190 | 1,540 | *Égouts* , doublis ou batellements en tuiles ou ardoises, appartenant à la Compagnie, y compris scellement en plâtre.<br>Le mètre linéaire, trente centimes. . . . . . . . . . . . | 0    30 |
| | | *Tranchis* biais double, apparent, pour nones arêtiers, etc., en ardoises ou en tuiles appartenant à la Compagnie, y compris fourniture du plâtre de dessous.<br>Le mètre linéaire, savoir : | |
| 191 | 1,541 | 1° En ardoises, quarante centimes. . . . . . . . . . . . . | 0    40 |
| 191 | 1,542 | 2° En tuiles plates, soixante centimes. . . . . . . . . . . | 0    60 |
| 191 | 1,543 | 3° En tuiles creuses , à double emboîtement, un franc. . . . . . . | 1    00 |
| 191 | 1,544 | *Tranchis* biais, simples.<br>Elles seront payées moitié des prix ci-dessus . . . . . . . . . | 1/2 |
| 191 | 1,545 | NOTA. — Les tranchis droits ne donneront lieu à aucune plus-value. | |

| NUMÉROS | | DÉSIGNATION DES OUVRAGES. | PRIX |
| DU DEVIS. | DE LA SÉRIE. | | LE L'UNITÉ. |
|---|---|---|---|

### 2° Zinguerie.

| » | 1,551 | *Découverture* en zinc, faite avec soin, le zinc devant être réemployé, y compris le dévoligeage fait avec le même soin, afin de pouvoir réemployer la volige, descente de tous les matériaux, transport à 100 mètres de distance et rangement desdits matériaux. | |
| | | Le mètre superficiel, vingt centimes . . . . . . . . . . . . | 0  20 |
| » | 1,552 | NOTA. — Le dévoligeage entre dans ce prix pour 0 fr. 10, y compris descente, transport et rangement. | |
| | | *Couverture* en zinc vieux, posée suivant le système dit à libre dilatation, pour couverture entière ou pour partie de couverture, telles que faîtages, bandes d'égout et autres, posée sur voligeage vieux ou sur voligeage neuf, non fournis ni posés, y compris le clouage des vieux tasseaux (ceux manquants payés aux prix des n°° 1,392 à 1395), les soudures et façons pour couvre-joints, bandes et emboutis, ladite couverture comptée sans usage. | |
| 206 | 1,553 | 1° En feuilles de 0ᵐ50 de largeur, un franc cinquante centimes. . . . | 1  50 |
| 206 | 1,554 | 2° En feuilles de 0ᵐ65 de largeur , un franc trente centimes. . . . . . | 1´ 30 |
| 206 | 1,555 | 3° En feuilles de 0ᵐ80 de largeur, un franc vingt centimes. . . . . . | 1  20 |
| 207 | 1,556 | *Revêtement* en zinc vieux de chéneaux, acrotères, saillies de corniches et autres, bandes de diverses largeurs, lambrequins, etc., y compris façon, avec ressauts, agrafures, ourlets, pattes, soudures, vis, clous, calottins, coupes biaises et sujétions quelconques, comptés, non pas au mètre carré de chéneaux, etc., mais au mètre superficiel de zinc développé. | |
| | | Le mètre superficiel développé, pour tous les n°° de zinc indistinctement, deux francs . . . . . . . . . . . . . . . . . . . . . . . | 2  00 |
| | | *Dépose*, avec les soins nécessaires à leur conservation, de gouttières et de tuyaux de diamètre quelconque, y compris les descellements de crochets et de colliers, le transport à 100 mètres de distance et le rangement. | |
| | | Le mètre linéaire : | |
| 208 | 1,557 | Tuyaux et gouttières en zinc, vingt centimes. . . . . . . . . . . . | 0  20 |
| 208 | 1,558 | Tuyaux en fonte, trente centimes. . . . . . . . . . . . . . . | 0  30 |
| 208 | 1,559 | *Repose* de gouttières, y compris la pose des crochets. | |
| | | Le mètre linéaire, soixante centimes. . . . . . . . . . . . | 0  60 |
| | | *Repose* de tuyaux de descente en zinc ou en fonte, y compris la pose ou le scellement des colliers. | |

| NUMÉROS | | DÉSIGNATION DES OUVRAGES. | PRIX | |
|---|---|---|---|---|
| DU DEVIS. | DE LA SÉRIE. | | DE L'UNITÉ. | |
| | | Le mètre linéaire : | | |
| 208 | 1,560 | 1° Avec colliers fixés avec vis, y compris la fourniture des vis, quarante centimes . | 0 | 40 |
| 208 | 1,561 | 2° Avec colliers à scellement de 0m10 de profondeur, dans le moellon, quatre-vingts centimes. | 0 | 80 |
| 208 | 1,562 | 3° Avec colliers à scellement de 0m10 de profondeur dans la meulière ou la brique, un franc. | 1 | 00 |
| 208 | 1,563 | 4° Avec colliers à scellement de 0m15 de profondeur dans le moellon, un franc. | 1 | 00 |
| 208 | 1,564 | 5° Avec colliers à scellement de 0m15 de profondeur dans la brique ou la meulière, un franc vingt centimes . | 1 | 20 |
| | | *Soudures* comprenant la fourniture du charbon et de la soudure, ainsi que l'emploi de ces matières, les surfaces à souder étant préalablement nettoyées et préparées. | | |
| | | Le mètre linéaire : | | |
| 209, 211 | 1,565 | 1° Sur zinc ou plomb neuf, soixante centimes. | 0 | 60 |
| 209, 211 | 1,566 | 2° Sur zinc ou plomb vieux, soixante-quinze centimes. | 0 | 75 |
| | | *Nœuds* de soudures compris fourniture de charbon, nettoyage et préparation des surfaces. | | |
| | | Le kilogramme de soudure employée : | | |
| 209, 211 | 1,567 | 1° Soudure ordinaire du n° 1317, deux francs quatre-vingts centimes . | 2 | 80 |
| 209, 211 | 1,568 | 2° Soudure fine du n° 1318, trois francs trente centimes. | 3 | 30 |
| » | 1,569 | NOTA. — Les prix des divers ouvrages comprennent les soudures ; ce ne sera donc qu'exceptionnellement qu'on fera l'application des prix de soudure ci-dessus. | | |
| 208 | 1,570 | *Location* de vieilles gouttières ou de vieux tuyaux de descente en zinc avec les supports, colliers et autres accessoires nécessaires, y compris pose, changement de place, suivant les besoins du service et enlèvement. | | |
| | | Le mètre linéaire, trente centimes. | 0 | 30 |

| NUMÉROS | | DÉSIGNATION DES OUVRAGES. | PRIX |
|---|---|---|---|
| AU DEVIS. | DE LA SÉRIE. | | DE L'UNITÉ. |

**2° Zinguerie.**

| | 1,551 | *Découverture* en zinc, faite avec soin, le zinc devant être réemployé, y compris le dévoligeage fait avec le même soin, afin de pouvoir réemployer la volige, descente de tous les matériaux, transport à 100 mètres de distance et rangement desdits matériaux. | | |
| | | Le mètre superficiel, vingt centimes . . . . . . . . . . . . | 0 | 20 |
| | 1,552 | NOTA. — Le dévoligeage entre dans ce prix pour 0 fr. 10, y compris descente, transport et rangement. | | |

*Couverture* en zinc vieux, posée suivant le système dit à libre dilatation, pour couverture entière ou pour partie de couverture, telles que faîtages, bandes d'égoût et autres, posée sur voligeage vieux ou sur voligeage neuf, non fournis ni posés, y compris le clouage des vieux tasseaux (ceux manquants payés aux prix des n°ˢ 1,392 à 1395), les soudures et façons pour couvre-joints, bandes et emboutis, ladite couverture comptée sans usage.

| 206 | 1,553 | 1° En feuilles de 0ᵐ50 de largeur, un franc cinquante centimes. . . . | 1 | 50 |
| 206 | 1,554 | 2° En feuilles de 0ᵐ65 de largeur, un franc trente centimes. . . . . | 1 | 30 |
| 206 | 1,555 | 3° En feuilles de 0ᵐ80 de largeur, un franc vingt centimes. . . . . | 1 | 20 |
| 207 | 1,556 | *Revêtement* en zinc vieux de chéneaux, acrotères, saillies de corniches et autres, bandes de diverses largeurs, lambrequins, etc., y compris façon, avec ressauts, agrafures, ourlets, pattes, soudures, vis, clous, calottins, coupes biaises et sujétions quelconques, comptés, non pas au mètre carré de chéneaux, etc., mais au mètre superficiel de zinc développé. | | |
| | | Le mètre superficiel développé, pour tous les n°ˢ de zinc indistinctement, deux francs . . . . . . . . . . . . . . . . . . . . . . . . . . | 2 | 00 |

*Dépose*, avec les soins nécessaires à leur conservation, de gouttières et de tuyaux de diamètre quelconque, y compris les descellements de crochets et de colliers, le transport à 100 mètres de distance et le rangement.

Le mètre linéaire :

| 208 | 1,557 | Tuyaux et gouttières en zinc, vingt centimes. . . . . . . . . . . | 0 | 20 |
| 208 | 1,558 | Tuyaux en fonte, trente centimes. . . . . . . . . . . . . . . | 0 | 30 |
| 208 | 1,559 | *Repose* de gouttières, y compris la pose des crochets. | | |
| | | Le mètre linéaire, soixante centimes. . . . . . . . . . . . | 0 | 60 |

*Repose* de tuyaux de descente en zinc ou en fonte, y compris la pose ou le scellement des colliers.

| NUMÉROS | | DÉSIGNATION DES OUVRAGES. | PRIX |
| DU DEVIS. | DE LA SÉRIE. | | DE L'UNITÉ. |
|---|---|---|---|
| | | Le mètre linéaire : | |
| 208 | 1,560 | 1° Avec colliers fixés avec vis, y compris la fourniture des vis, quarante centimes . . . . . . . . . . . . . . . . . . . . . . | 0   40 |
| 208 | 1,561 | 2° Avec colliers à scellement de 0ᵐ10 de profondeur, dans le moellon, quatre-vingts centimes. . . . . . . . . . . . . . . . . . . . . | 0   80 |
| 208 | 1,562 | 3° Avec colliers à scellement de 0ᵐ10 de profondeur dans la meulière ou la brique, un franc. . . . . . . . . . . . . . . . . . . . | 1   00 |
| 208 | 1,563 | 4° Avec colliers à scellement de 0ᵐ15 de profondeur dans le moellon, un franc. | 1   00 |
| 208 | 1,564 | 5° Avec colliers à scellement de 0ᵐ15 de profondeur dans la brique ou la meulière, un franc vingt centimes . . . . . . . . . . . . . . . . | 1   20 |
| | | *Soudures* comprenant la fourniture du charbon et de la soudure, ainsi que l'emploi de ces matières, les surfaces à souder étant préalablement nettoyées et préparées. Le mètre linéaire : | |
| 209, 211 | 1,565 | 1° Sur zinc ou plomb neuf, soixante centimes. . . . . . . . . . | 0   60 |
| 209, 211 | 1,566 | 2° Sur zinc ou plomb vieux, soixante-quinze centimes. . . . . . . . | 0   75 |
| | | *Nœuds* de soudures compris fourniture de charbon, nettoyage et préparation des surfaces. Le kilogramme de soudure employée : | |
| 209, 211 | 1,567 | 1° Soudure ordinaire du n° 1317, deux francs quatre-vingts centimes . . . | 2   80 |
| 209, 211 | 1,568 | 2° Soudure fine du n° 1318, trois francs trente centimes. . . . . . . . | 3   30 |
| » | 1,569 | Nota. — Les prix des divers ouvrages comprennent les soudures ; ce ne sera donc qu'exceptionnellement qu'on fera l'application des prix de soudure ci-dessus. | |
| 2  8 | 1,570 | *Location* de vieilles gouttières ou de vieux tuyaux de descente en zinc avec les supports, colliers et autres accessoires nécessaires, y compris pose, changement de place, suivant les besoins du service et enlèvement. Le mètre linéaire, trente centimes. . . . . . . . . . . . | 0   30 |

### 3ᵉ Plomberie.

| NUMÉROS | | DÉSIGNATION DES OUVRAGES. | PRIX |
| DU DEVIS. | DE LA SÉRIE. | | DE L'UNITÉ. |
|---|---|---|---|
| | | **3° Plomberie.** | |
| 210 | 1,581 | *Dépose* de plomb vieux provenant de faîtages, arêtiers, chêneaux, noquets, etc., y compris descente, transport à 100 mètres et rangement. Le kilogramme, deux centimes. . . . . . . . . . . . . | 0  02 |
| 209. 210. 211. | 1,582 | *Repose* de plomb vieux pour faîtages, arêtiers, chêneaux, noquets, etc., pour façon et pose, y compris les soudures. Le kilogramme, quatre centimes. . . . . . . . . . . . . | 0  04 |
| 209. 210. 211. | 1,583 | *Repose* de vieux tuyaux en plomb. y compris les soudures. Le kilogramme, six centimes. . . . . . . . . . . . . | 0  .06 |

| NUMÉROS | | DÉSIGNATION DES OUVRAGES. | PRIX |
|---|---|---|---|
| DU DEVIS. | DE LA SÉRIE. | | DE L'UNITÉ. |

§ 3ª *Chargement, déchargement et transport.*

———————

| » | 1,591 | *Chargement* en voiture ou en wagon de tuiles, ardoises, de toute espèce et de toute grandeur, ainsi que de fonte, plomb, zinc et autres matières analogues.<br>Les mille kilogrammes, soixante centimes. . . . . . . . . . | 0 f. 60 |
| » | 1,592 | *Déchargement* des mêmes matériaux.<br>Les mille kilogrammes, quarante centimes. . . . . . . . . . | 0 40 |
| » | 1,593 | *Transport* des mêmes matériaux à une première distance de 100 mètres compris le temps perdu au chargement et au déchargement.<br>Les mille kilogrammes, un franc vingt centimes . . . . . . . . | 1 20 |
| » | 1,594 | Pour chaque distance de 100 mètres parcourue en plus.<br>Les mille kilogrammes, six centimes . . . . . . . . . . . | 0 06 |
| » | 1,595 | A cinq kilomètres et au-delà, ce dernier prix sera réduit de moitié.<br>Les mille kilogrammes ne seront payés que trois centimes. . . . . . | 0 03 |

| NUMÉROS | | DÉSIGNATION DES OUVRAGES. | PRIX |
|---|---|---|---|
| DU DEVIS. | DE LA SÉRIE. | | DE L'UNITÉ. |

### CHAPITRE VII.

## Menuiserie.

ARTICLE 1ᵉʳ. — PRIX ÉLÉMENTAIRES.

§ 1ᵉʳ — *Heures de travail effectif.*

| | | | |
|---|---|---|---|
| » | 1,621 | *Menuisier*, quarante-cinq centimes . . . . . . . . . . . . » | 0 f. 45 |
| » | 1,622 | *Parqueteur*, cinquante centimes. . . . . . . . . . . . » | 0 50 |

NOTA. — Dans les travaux de nuit, l'heure d'ouvrier sera payée moitié en plus de l'heure de jour. Les frais d'éclairage seront à la charge de l'entrepreneur.

| NUMÉROS | | DÉSIGNATION DES OUVRAGES. | PRIX |
|---|---|---|---|
| DU DEVIS. | DE LA SÉRIE. | | DE L'UNITÉ. |

§ 2e. — *Matériaux et fournitures rendus à pied-d'œuvre.*

| | 1,631 | NOTA. — Les prix des matériaux comprennent la valeur du transport des bois du chantier du marchand à celui de l'entrepreneur. | |
|---|---|---|---|
| | | *Chêne* de bateau. | |
| | | Le mètre superficiel, savoir : | |
| 222 | 1,632 | 1° De rebut pour remplissage, de 0ᵐ027 d'épaisseur, un franc soixante-dix centimes | 1 70 |
| 222 | 1,633 | 2° Pour cloison de cave, de 0ᵐ027 à 0ᵐ034 d'épaisseur, coupé aux longueurs voulues, deux francs quinze centimes . . . . . . . . . . . . . . | 2 15 |
| 222 | 1,634 | 3° Pour cloison de cave, de 0ᵐ034 à 0ᵐ041 d'épaisseur, coupé aux longueurs voulues, deux francs cinquante centimes . . . . . . . . . . . . | 2 50 |

| | | | Épais-seur. | Lar-geur. | Lon-gueur. | |
|---|---|---|---|---|---|---|
| | | *Chêne* de Champagne. | | | | |
| | | Le mètre linéaire, savoir : | | | | |
| 221 | 1,635 | Feuillet . . . . . . . . . . . . . . | 0ᵐ013 | 0ᵐ23 | 2ᵐ00 | 0 64 |
| 221 | 1,636 | Panneau . . . . . . . . . . . . . | 0 020 | 0 23 | 2 00 | 0 90 |
| 221 | 1,637 | Entrevous . . . . . . . . . . . . . | 0 027 | 0 23 | 2 00 | 1 10 |
| 221 | 1,638 | Entrevous de rebut . . . . . . . . . | 0 027 | 0 23 | 2 00 | 0 70 |
| 221 | 1,639 | Planche . . . . . . . . . . . . . | 0 034 | 0 23 | 2 00 | 1 45 |
| 221 | 1,640 | Planche . . . . . . . . . . . . . | 0 041 | 0 22 | 2 00 | 1 50 |
| 221 | 1,641 | Planche . . . . . . . . . . . . . | 0 047 | 0 20 | 2 00 | 1 50 |
| 221 | 1,642 | Planche de rebut . . . . . . . . . | 0 047 | 0 20 | 2 00 | 1 00 |
| 221 | 1,643 | Doublette . . . . . . . . . . . . | 0 054 | 0 032 | 2 00 | 2 85 |
| 221 | 1,644 | Petit battant . . . . . . . . . . . | 0 075 | 0 234 | 2 00 | 2 85 |
| 221 | 1,645 | Membrure . . . . . . . . . . . . | 0 08 | 0 16 | 2 00 | 1 50 |
| 221 | 1,646 | Battant de porte cochère . . . . . . . | 0 11 | 0 32 | 2 00 | 5 95 |
| 221 | 1,647 | Chevron . . . . . . . . . . . . . | 0 08 | 0 08 | 2 00 | 0 95 |
| | | *Sapin* de bateau. | | | | |
| | | Le mètre superficiel, savoir : | | | | |
| 222 | 1,648 | De rebut pour remplissage . . . . . . | 0 027 | » | » | 0 95 |
| 222 | 1,649 | Étroit, équarri . . . . . . . . . . | 0 027 | 0 15 à 0 18 | » | 1 25 |
| 222 | 1,650 | Marchand . . . . . . . . . . . . | 0 027 | 0 22 | 1 95 à 3 90 | 1 50 |
| 222 | 1,651 | Marchand . . . . . . . . . . . . | 0 027 | 0 22 | 4 25 à 5 85 | 1 75 |
| 222 | 1,652 | Pour échafaud . . . . . . . . . . | 0 34 à 0 41 | » | » | 2 00 |
| | | La paire, savoir : | | | | |
| 222 | 1,653 | Plats-bords . . . . . . . . . . . . | 0 054 | 0 36 | 17 00 | 34 65 |
| 222 | 1,654 | Plats-bords . . . . . . . . . . . . | 0 065 | 0 33 | 17 50 | 42 10 |
| 222 | 1,655 | Plats-bords . . . . . . . . . . . . | 0 05 à 0 08 | 0 30 à 0 60 | 22 75 | 69 30 |
| 222 | 1,656 | Roannais . . . . . . . . . . . . | 0 08 | 0 32 | 16 00 | 49 50 |

| NUMÉROS | | DESIGNATION DES OUVRAGES. | Épais- seur. | Lar- geur. | Lon- gueur. | PRIX DE L'UNITÉ. |
|---|---|---|---|---|---|---|
| DU DEVIS. | DE LA SÉRIE | | | | | |
| | | *Sapin* du Nord. | | | | |
| | | Le mètre linéaire, savoir : | | | | |
| 221 | 1,657 | Feuillet . . . . . . . . . . . . . . | 0ᵐ013 | 0ᵐ22 | 2 00 | 0 f. 35 |
| 221 | 1,658 | Panneau . . . . . . . . . . . . | 0 020 | 0 22 | 2 00 | 0   43 |
| 221 | 1,659 | Planche . . . . . . . . . . . . | 0 027 | 0 22 | 2 00 | 0   55 |
| 221 | 1,660 | Planche . . . . . . . . . . . . | 0 034 | 0 22 | 2 00 | 0   70 |
| 221 | 1,661 | Madrier en sapin blanc. . . . . . . . . | 0 08 | 0 22 | 2 00 | 1   50 |
| 221 | 1,662 | Madrier en sapin rouge . . . . . . . . | 0 08 | 0 22 | 2 00 | 1   70 |
| 221 | 1,663 | Chevron . . . . . . . . . . . | 0 08 | 0 08 | 2 00 | 0   55 |
| 221 | 1,664 | Basting . . . . . . . . . . | 0 04 à 0 005 | 0 17 | 2 00 | 0   90 |
| | | | | | | |
| | | *Sapin* des Vosges. | | | | |
| | | Le mètre linéaire, savoir : | | | | |
| 221 | 1,665 | Feuillet . . . . . . . . . . . . | 0 013 | 0 32 | 3 57 | 0   65 |
| 221 | 1,666 | Planche . . . . . . . . . . . . | 0 027 | 0 32 | 3 57 | 0   73 |
| 221 | 1,667 | Planche . . . . . . . . . . . | 0 034 | 0 32 | 3 90 | 0   90 |
| 221 | 1,668 | Planche . . . . . . . . . . . | 0 041 | 0 25 | 3 90 | 0   90 |
| 221 | 1,669 | Madrier . . . . . . . . . . . | 0,054 à 0,055 | 0 22 | 3 90 | 1   30 |
| | | | | | | |
| 221 | 1,670 | *Charme*, membrure. | | | | |
| | | Le mètre linéaire . . . . . . . . | 0 08 | 0 16 | 2 00 | 1   25 |
| | | | | | | |
| | | *Hêtre.* | | | | |
| | | Le mètre linéaire savoir : | | | | |
| 221 | 1,671 | En planches : les prix du chêne, diminués de 1/10ᵉ. | | | | |
| 221 | 1,672 | En table : même prix que ceux du chêne. | | | | |
| | | | | | | |
| | | *Colle* forte. | | | | |
| | | Le kilogramme, savoir : | | | | |
| 221 | 1,673 | De Givet, 1ʳᵉ qualité, deux francs vingt centimes . . . . . . . . | | | | 2   20 |
| 221 | 1,674 | Ordinaire, un franc quatre-vingts centimes . . . . . . . . | | | | 1   80 |
| | | | | | | |
| | | *Clous* d'épingle. | | | | |
| | | Le kilogramme, savoir : | | | | |
| 222 | 1,675 | De 0ᵐ054 à 0ᵐ11, soixante-douze centimes . . . . . . . . | | | | 0   72 |
| 222 | 1,676 | Fins, au-dessous de 0ᵐ054, quatre-vingt-dix centimes . . . . . . . . | | | | 0   90 |

| NUMÉROS | | DÉSIGNATION DES OUVRAGES. | PRIX |
| DU DEVIS. | DE LA SÉRIE. | | DE L'UNITÉ. |
|---|---|---|---|
| | | ARTICLE 2ᵉ. — PRIX DES OUVRAGES. | |
| 250 | 1,691 | NOTA. — Les prix des ouvrages comprennent, savoir : | |
| | | 1° Toutes les fournitures accessoires, telles que cales, pointes, broches, colle, etc., à moins d'indication contraire formelle ; | |
| | | 2° Toute la main-d'œuvre accessoire, telle qu'assemblages quelconques, collages, etc., à moins d'indication contraire formelle. | |
| | | § Iᵉʳ. — Ouvrages en matériaux neufs. | |
| | | 1° Ouvrages en bois neuf au mètre superficiel. | |
| 232 | 1,692 | *Ouvrages* en bois de bateaux, chêne ou sapin, pour remplissage à claire-voie, quatre-vingt-dix centimes . . . . . . . . . . . . . . . | 0 f. 90 |
| | | *Cloisons*, tablettes, portes, planchers et ouvrages analogues en chêne, en planches entières : | |
| | | 1° De 0ᵐ013 d'épaisseur. | |
| 233, 234, 235, 236, 250. | 1,693 | Brut aux deux parements, dressé, trois francs quatre-vingts centimes . . . | 3 80 |
| dᵒ | 1,694 | Un parement dressé, quatre francs vingts centimes . . . . . . . | 4 20 |
| dᵒ | 1,695 | — rainé, quatre francs soixante centimes . . . . . . | 4 60 |
| dᵒ | 1,696 | — rainé et collé, quatre francs quatre-vingts centimes . . . . | 4 80 |
| dᵒ | 1,697 | — assemblé à tenons, cinq francs cinquante-cinq centimes . . . | 5 55 |
| dᵒ | 1,698 | — emboîté ou assemblé à queues, six francs dix centimes . . . . | 6 10 |
| dᵒ | 1,699 | Deuxième parement en plus, trente-cinq centimes . . . . . . . | 0 35 |
| | | 2° De 0ᵐ020 d'épaisseur. | |
| dᵒ | 1,700 | Brut aux deux parements, dressé, quatre francs quatre-vingt-cinq centimes | 4 85 |
| dᵒ | 1,701 | Un parement dressé, cinq francs quarante centimes . . . . . . | 5 40 |
| dᵒ | 1,702 | — rainé, cinq francs soixante-dix centimes . . . . . . | 5 70 |
| dᵒ | 1,703 | — rainé et collé, six francs dix centimes . . . . . . . | 6 10 |
| dᵒ | 1,704 | — assemblé à tenons, six francs quatre-vingt-quinze centimes . | 6 95 |
| dᵒ | 1,705 | — emboîté ou assemblé à queues, sept francs cinquante centimes. | 7 50 |
| dᵒ | 1,706 | Deuxième parement en plus, quarante centimes . . . . . . . | 0 40 |
| | | 3° De 0ᵐ027 d'épaisseur. | |
| dᵒ | 1,707 | Brut aux deux parements, dressé, cinq francs cinquante-cinq centimes . . | 5 55 |

| NUMÉROS | | DÉSIGNATION DES OUVRAGES. | PRIX |
|---|---|---|---|
| DU DEVIS. | DE LA SÉRIE. | | DE L'UNITÉ. |
| 233, 234, 235, 236, 250. | 1,708 | Un parement dressé, six francs vingt-cinq centimes . . . . . . . | 6 f. 25 |
| do | 1,709 | — rainé, six francs quatre-vingt-cinq centimes . . . . . | 6　85 |
| do | 1,710 | — rainé et collé, sept francs quinze centimes . . . . . . | 7　15 |
| do | 1,711 | — assemblé à tenons, huit francs . . . . . . . . | 8　00 |
| do | 1,712 | — emboîté ou assemblé à queues, huit francs quatre-vingts centimes. | 8　80 |
| do | 1,713 | Deuxième parement en plus, quarante-cinq centimes . . . . . . | 0　45 |
| do | 1,714 | Plus-value des clefs rapportées, quarante-cinq centimes . . . . . | 0　45 |
| | | 4° De 0m034 d'épaisseur. | |
| do | 1,715 | Brut aux deux parements, dressé, sept francs quarante centimes. . . | 7　40 |
| do | 1,716 | Un parement dressé, huit francs dix centimes. . . . . . . . . | 8　10 |
| do | 1,717 | — rainé, huit francs soixante-dix centimes . . . . . | 8　70 |
| do | 1,718 | — rainé et collé, neuf francs cinq centimes . . . . . . | 9　05 |
| do | 1,719 | — assemblé à tenons, neuf francs quatre-vingt-dix centimes . . | 9　90 |
| do | 1,720 | — emboîté ou assemblé à queues, dix francs vingt centimes . . | 10　20 |
| do | 1,721 | Deuxième parement en plus, cinquante centimes . . . . . . . | 0　50 |
| do | 1,722 | Plus-value des clefs rapportées, cinquante centimes . . . . . . | 0　50 |
| | | 5° De 0m041 d'épaisseur. | |
| do | 1,723 | Brut aux deux parements, dressé, huit francs. . . . . . . . | 8　00 |
| do | 1,724 | Un parement dressé, huit francs quatre-vingts centimes . . . . . | 8　80 |
| do | 1,725 | — rainé, neuf francs cinquante centimes . . . . . . . | 9　50 |
| do | 1,726 | — rainé et collé, neuf francs quatre-vingt-dix centimes . . | 9　90 |
| do | 1,727 | — assemblé à tenons, dix francs quatre-vingt-dix centimes . . | 10　90 |
| do | 1,728 | — emboîté ou assemblé à queues, onze francs vingt-cinq centimes . . | 11　25 |
| do | 1,729 | Deuxième parement en plus, cinquante centimes . . . . . . . | 0　50 |
| do | 1,730 | Plus-value des clefs rapportées, cinquante-cinq centimes . . . . . | 0　55 |
| | | 6° De 0m48 d'épaisseur. | |
| do | 1,731 | Brut aux deux parements, dressé, neuf francs dix centimes . . . . | 9　10 |
| do | 1,732 | Un parement dressé, dix francs. . . . . . . . . . . . | 10　00 |
| do | 1,733 | — rainé, dix francs quatre-vingts centimes . . . . . . | 10　80 |
| do | 1,734 | — rainé et collé, onze francs vingt-cinq centimes . . . . | 11　25 |
| do | 1,735 | — assemblé à tenons, douze francs vingt-cinq centimes. . . | 12　25 |
| do | 1,736 | — emboîté ou assemblé à queues, douze francs soixante-quinze centimes | 12　75 |
| do | 1,737 | Deuxième parement en plus, soixante-cinq centimes . . . . . . | 0　65 |
| do | 1,738 | Plus-value des clefs rapportées, soixante-cinq centimes . . . . . | 0　65 |
| | | 7° De 0m54 d'épaisseur. | |
| do | 1,739 | Brut aux deux parements, dressé, dix francs soixante-dix centimes . . . | 10　70 |
| do | 1,740 | Un parement dressé, onze francs soixante-quinze centimes . . . . | 11　75 |
| do | 1,741 | — rainé, douze francs soixante centimes . . . . . . | 12　60 |
| do | 1,742 | — rainé et collé, treize francs quinze centimes. . . . . | 13　15 |
| do | 1,743 | — assemblé à tenons, quatorze francs vingt centimes . . . | 14　20 |
| do | 1,744 | — emboîté ou assemblé à queues, quatorze francs soixante-dix cent . | 14　70 |
| do | 1,745 | Deuxième parement en plus, soixante-quinze centimes . . . . . . | 0　75 |
| do | 1,746 | Plus-value des clefs rapportés, soixante-quinze centimes . . . . . | 0　75 |

| NUMÉROS | | DÉSIGNATION DES OUVRAGES. | PRIX |
|---|---|---|---|
| DU DEVIS. | DE LA SÉRIE. | | DE L'UNITÉ. |

|  |  |  |  |
|---|---|---|---|
|  |  | 8° De 0ᵐ08 d'épaisseur. | |
| 233, 234, 235, 236, 250 | 1,747 | Brut aux deux parements, dressé, treize francs quarante centimes . . . . | 13 f. 40 |
| dº | 1,748 | Un parement dressé, quatorze francs cinquante-cinq centimes. . . . . . | 14   55 |
| dº | 1,749 | — rainé, quinze francs cinquante centimes. . . . . . . . | 15   50 |
| dº | 1,750 | — rainé et collé, seize francs dix centimes . . . . . . . | 16   10 |
| dº | 1,751 | — assemblé à tenons, dix-sept francs vingt-cinq centimes. . . . | 17   25 |
| dº | 1,752 | — emboîté ou assemblé à queues, dix-sept francs quatre-vingts cent. | 17   80 |
| dº | 1,753 | Deuxième parement en plus, quatre-vingt-cinq centimes . . . . . . . | 0   85 |
| dº | 1,754 | Plus-value des clefs rapportées, quatre-vingt-cinq centimes . . . . . . | 0   85 |
|  |  | *Cloisons*, tablettes, portes, planchers et ouvrages analogues en sapin, en planches entières. | |
|  |  | 1° De 0ᵐ013 d'épaisseur. | |
| dº | 1,755 | Brut aux deux parements, dressé, deux francs cinquante-cinq centimes. . . | 2   55 |
| dº | 1,756 | Un parement dressé, deux francs quatre-vingt-quinze centimes . . . . . | 2   95 |
| dº | 1,757 | — rainé, trois francs dix centimes . . . . . . . . . | 3   10 |
| dº | 1,758 | — rainé et collé, trois francs trente-cinq centimes. . . . . . | 3   35 |
| dº | 1,759 | — assemblé à tenons, trois francs quatre-vingt-cinq centimes. . . | 3   85 |
| dº | 1,760 | — emboîté en chêne ou assemblé à queues, quatre francs cinq cent. . | 4   05 |
| dº | 1,761 | Deuxième parement en plus, vingt-cinq centimes. . . . . . . . | 0   25 |
|  |  | 2° De 0ᵐ020 d'épaisseur. | |
| dº | 1,762 | Brut aux deux parements, dressé, deux francs quatre-vingt-cinq centimes . . | 2   85 |
| dº | 1,763 | Un parement dressé, trois francs vingt-cinq centimes . . . . . . . | 3   25 |
| dº | 1,764 | — rainé, trois francs cinquante centimes . . . . . . . | 3   50 |
| dº | 1,765 | — rainé et collé, trois francs soixante-quinze centimes . . . . | 3   75 |
| dº | 1,766 | — assemblé à tenons, quatre francs trente centimes . . . . | 4   30. |
| dº | 1,767 | — emboîté en chêne ou assemblé à queues, quatre francs soixante centimes . . . . . . . . . . . . . . . . | 4   60 |
| dº | 1,768 | Deuxième parement en plus, trente centimes . . . . . . . . . | 0   30 |
|  |  | 3° De 0ᵐ27 d'épaisseur. | |
| dº | 1,769 | Brut aux deux parements, dressé, trois francs dix centimes . . . . . | 3   10 |
| dº | 1,770 | Un parement dressé, trois francs cinquante-cinq centimes. . . . . . . | 3   55 |
| dº | 1,771 | — rainé, trois francs quatre-vingt-cinq centimes . . . . . . | 3   85 |
| dº | 1,772 | — rainé et collé, quatre francs vingt centimes . . . . . . | 4   20 |
| dº | 1,773 | — assemblé à tenons, quatre francs quatre-vingts centimes . . . | 4   80 |
| dº | 1,774 | — emboîté en chêne ou assemblé à queues, cinq francs vingt centimes. | 5   20 |
| dº | 1,775 | Deuxième parement en plus, trente-cinq centimes . . . . . . : . | 0   35 |
| dº | 1,776 | Plus-value des clefs rapportées, trente-cinq centimes . . . . . . . | 0   35 |
|  |  | 4° De 0ᵐ034 d'épaisseur. | |
| dº | 1,777 | Brut aux deux parements, dressé, trois francs quatre-vingt-cinq centimes . . | 3   85 |
| dº | 1,778 | Un parement dressé, quatre francs trente-cinq centimes . . . . . . . | 4   35 |
| dº | 1,779 | — rainé, quatre francs quatre-vingt-cinq centimes. . . . . . | 4   85 |
| dº | 1,780 | — rainé et collé, cinq francs vingt centimes . . . . . . | 5   20 |
| dº | 1,781 | — assemblé à tenons, cinq francs quatre-vingt-cinq centimes. . . | 5   85 |

| NUMÉROS | | DÉSIGNATION DES OUVRAGES. | PRIX | |
|---|---|---|---|---|
| DU DEVIS. | DE LA SÉRIE. | | DE L'UNITÉ. | |
| 233, 234, 235, 236, 250. | 1,782 | Un parement emboîté en chêne ou assemblé à queues, six francs trente centimes. | 6 f. | 30 |
| d° | 1,783 | Deuxième parement en plus, quarante centimes . . . . . . . | 0 | 40 |
| d° | 1,784 | Plus-value des clefs rapportées, quarante-cinq centimes . . . . . . | 0 | 45 |
| | | 5° De 0ᵐ041 d'épaisseur. | | |
| d° | 1,785 | Brut aux deux parements, dressé, quatre francs cinquante-cinq centimes . | 4 | 55 |
| d° | 1,786 | Un parement dressé, cinq francs vingt centimes . . . . . . . . | 5 | 20 |
| d° | 1,787 | — rainé, cinq francs soixante centimes . . . . . | 5 | 60 |
| d° | 1,788 | — rainé et collé, cinq francs quatre-vingt-quinze centimes . . . | 5 | 95 |
| d° | 1,789 | — assemblé à tenons, six francs soixante-dix centimes . . . . | 6 | 70 |
| d° | 1,790 | — emboîté en chêne ou assemblé à queues, sept francs trente centimes | 7 | 30 |
| d° | 1,791 | Deuxième parement en plus, quarante-cinq centimes . . . . . . . | 0 | 45 |
| d° | 1,792 | Plus-value des clefs rapportées, cinquante centimes. . . . . . . | 0 | 50 |
| | | 6° De 0ᵐ054 d'épaisseur. | | |
| d° | 1,793 | Brut aux deux parements, dressé, six francs cinq centimes . . . . . | 6 | 05 |
| d° | 1,794 | Un parement dressé, six francs quatre-vingt-cinq centimes . . . . . | 6 | 85 |
| d° | 1,795 | — rainé, sept francs quatre-vingt-cinq centimes . . . . . | 7 | 85 |
| d° | 1,796 | — rainé et collé, huit francs trente-cinq centimes . . . . . | 8 | 35 |
| d° | 1,797 | — assemblé à tenons, neuf francs trente centimes . . . . . | 9 | 30 |
| d° | 1,798 | — emboîté en chêne ou assemblé à queues, dix francs dix centimes . | 10 | 10 |
| d° | 1,799 | Deuxième parement en plus, cinquante centimes. . . . . . . . | 0 | 50 |
| d° | 1,800 | Plus-value des clefs rapportées, cinquante-cinq centimes. . . . . . | 0 | 55 |
| d° | 1,801 | *Revêtements* en planches entières de sapin de 0ᵐ027 d'épaisseur, dressées sur les joints, rabotées sur les deux faces, avec couvre-joints en sapin de 0ᵐ05 de largeur et 0ᵐ013 d'épaisseur, corroyés et chanfreinés. | | |
| | | Le mètre superficiel, quatre francs cinquante centimes. . . . . . | 4 | 50 |
| d° | 1,802 | NOTA. — Chaque face rabotée est comprise dans le prix de 4 fr. 50 pour 0 fr. 35. | | |
| | | *Parquets* en chêne, à rainures et languettes, compris la pose des lambourdes et le replanissage après le travail des peintres. | | |
| | | Le mètre superficiel : | | |
| | | A l'anglaise et de 0ᵐ27 d'épaisseur. | | |
| 237, 250 | 1,803 | Par frises de 0ᵐ11 à 0ᵐ16 de largeur, sept francs cinquante centimes. . . | 7 | 50 |
| 237, 250 | 1,804 | Par frises de 0ᵐ08 à 0ᵐ11 de largeur, huit francs dix centimes. . . . . | 8 | 10 |
| | | A l'anglaise, de 0ᵐ034 d'épaisseur. | | |
| 227, 250 | 1,805 | Par frises de 0ᵐ11 à 0ᵐ16 de largeur, neuf francs cinquante-cinq centimes. . . | 9 | 55 |
| 237, 250 | 1,806 | Par frises de 0ᵐ08 à 0ᵐ11 de largeur, dix francs vingt centimes. . . . . | 10 | 20 |
| | | A point de Hongrie et de 0ᵐ027 d'épaisseur. | | |
| 237, 238, 250 | 1,807 | Par frises de 0ᵐ08 de largeur et de 0ᵐ50 à 0ᵐ65 de longueur, neuf francs cinq centimes. . . . . . . . . . . . . . . . . . . | 9 | 05 |
| | | A point de Hongrie et de 0ᵐ034 d'épaisseur. | | |
| 237, 238, 250 | 1,808 | Par frises de 0ᵐ08 de largeur et de 0ᵐ50 à 0ᵐ65 de longueur, douze francs soixante-dix centimes. . . . . . . . . . . . . . . . . | 12 | 70 |

| NUMÉROS | | DESIGNATION DES OUVRAGES. | PRIX |
|---|---|---|---|
| DU DEVIS. | DE LA SÉRIE. | | DE L'UNITÉ |
| | | *Parquets* en sapin à rainures et languettes, compris la pose des lambourdes et le replanissage après le travail des peintres.<br>Le mètre superficiel :<br>A l'anglaise et de 0ᵐ027 d'épaisseur. | |
| 237, 250 | 1,809 | Par frises de 0ᵐ11 à 0ᵐ16 de largeur , quatre francs vingt-cinq centimes. . . | 4 f. 25 |
| 237, 250 | 1,810 | Par frises de 0ᵐ08 à 0ᵐ11 de largeur, quatre francs soixante centimes. . . . | 4 60 |
| | | A l'anglaise et de 0ᵐ34 d'épaisseur. | |
| 237, 250 | 1,811 | Par frises de 0ᵐ11 à 0ᵐ16 de largeur, cinq francs vingt-cinq centimes. . . . | 5 25 |
| 237, 250 | 1,812 | Par frises de 0ᵐ08 à 0ᵐ11 de largeur, cinq francs soixante centimes . . . . | 5 60 |
| » | 1,813 | Nota. — Lorsque le replanissage des parquets en chêne ou en sapin n'aura pas été fait, les prix ci-dessus seront diminués de trente-cinq centimes. . . . . . . | 0 35 |
| » | 1,814 | *Plus-value* pour parquets à point de Hongrie, de 0ᵐ027 d'épaisseur, posés en losanges.<br>Pour chaque losange, deux francs vingt centimes . . . . . . . . . | 2 20 |
| » | 1,815 | *Encadrements* aux parquets, soit en chêne, soit en sapin posés en losanges, qui auront des frises d'encadrement, il sera ajouté, par mètre superficiel, quarante-cinq centimes. . . . . . . . . . . . . | 0 45 |
| | | *Lambourdes* en chêne pour valeur du bois seulement , la pose étant comprise dans les prix des parquets ci-dessus.<br>Le mètre linéaire : | |
| 237, 257 | 1,816 | De 0ᵐ034 sur 0ᵐ08, trente-cinq centimes. . . . . . . . . . . | 0 35 |
| 237, 257 | 1,817 | De 0ᵐ041 sur 0ᵐ08, quarante-cinq centimes. . . . . . . . . | 0 45 |
| 237, 257 | 1,818 | De 0ᵐ054 sur 0ᵐ08, cinquante centimes. . . . . . . . . . . | 0 50 |
| 237, 257 | 1,819 | De 0ᵐ08 sur 0ᵐ08, soixante centimes. . . . . . . . . . | 0 60 |
| 237, 257 | 1,820 | Nota. — Lorsque la pose des lambourdes sera due à l'entrepreneur, elle sera payée, le mètre linéaire, quinze centimes . . . . . . . . . . | 0 15 |
| | | *Châssis* ordinaire en chêne, ravalés de moulures à l'un des parements sans dormants.<br>Le mètre superficiel : | |
| 240, 250 | 1,821 | De 0ᵐ027 d'épaisseur, à grands carreaux, cinq francs trente centimes. . . | 5 30 |
| 240, 250 | 1,822 | De 0ᵐ027 d'épaisseur, à petits carreaux, cinq francs quatre-vingt-cinq centimes. | 5 85 |
| 240, 250 | 1,823 | De 0ᵐ034 d'épaisseur, à grands carreaux, six francs quatre-vingts centimes. . | 6 80 |
| 240, 250 | 1,824 | De 0ᵐ034 d'épaisseur, à petits carreaux, sept francs trente centimes. . . . | 7 30 |
| 240, 250 | 1,825 | De 0ᵐ041 d'épaisseur, à grands carreaux, sept francs quarante centimes . . | 7 40 |
| 240, 250 | 1,826 | De 0ᵐ041 d'épaisseur, à petits carreaux, huit francs vingt-cinq centimes . . | 8 25 |
| 240, 250 | 1,827 | De 0ᵐ054 d'épaisseur, à grands carreaux, neuf francs cinquante centimes. . | 9 50 |
| 240, 250 | 1,828 | De 0ᵐ054 d'épaisseur, à petits carreaux, dix francs quatre-vingt-quinze centimes. . . . . . . . . . . . | 10 95 |

| NUMÉROS | | DÉSIGNATION DES OUVRAGES. | PRIX |
|---|---|---|---|
| TVIE. | DE LA SÉRIE. | | DE L'UNITÉ. |

*Différences et observations relatives aux prix ci-dessus des châssis.*

| 240, 250 | 1,829 | 1° Châssis tout sapin. Ils seront payés aux prix ci dessus, diminués de un tiers. | 1/3 |
| 240, 250 | 1,830 | 2° Châssis sans moulures. Ils seront payés au x prix ci-dessus, diminués de 1/20. | 1/20 |
| 240, 250 | 1,831 | 3° Châssis à moulures aux deux parements. Ils seront payés aux prix ci-dessus augmentés de 1/10. . . . . . . . . . . . . . . . . . | 1/10 |
| 240, 250 | 1,832 | 4° Châssis garnis de bâtis dormants. Ces bâtis dormants seront développés et comptés au mètre linéaire, comme bâtis à quatre parements. | |
| 240, 250 | 1,833 | 5° Châssis garnis de jets d'eau en chêne. En plus du prix ci-dessus de châssis, le mètre linéaire de jet d'eau en chêne sera payé suivant les n°s 2,390 à 2,400, diminués de un cinquième. . . . . . . . . . . . . . . . . . | 1/5 |
| 240, 250 | 1,834 | 6° Châssis sans petits bois. Les châssis sans petits bois qui produiront un mètre superficiel, ou plus, seront comptés au mètre linéaire et payés aux prix des chambranles. | |
| 240, 250 | 1,835 | 7° Distinction entre les châssis à grands carreaux et les châssis à petits carreaux. Les châssis à grands carreaux sont ceux qui ont moins de six carreaux dans un mètre carré de menuiserie. Les châssis à petits carreaux sont ceux qui ont six carreaux ou plus de six carreaux dans un mètre carré de menuiserie, lequel comprend, outre les vides des cerreaux, les petits bois et les champs qui les entourent. | |
| 240, 250 | 1,836 | 8° Châssis à la grecque assemblés de biais (ceux assemblés d'équerre ne donnant lieu à aucune plus-value). Les châssis à la grecque biais seront payés aux prix ci-dessus des châssis augmentés de un tiers. . . . . . . . . . . . . . | 1/3 |
| 240, 250 | 1,837 | 9° Châssis cintrés en plan. Pour plus-value de cintrage, on comptera la surface réelle une fois en plus (ou en tout deux fois). . . . . . . . . . . | 1 |
| 240, 250 | 1,838 | 10° Châssis cintrés en élévation. Pour plus-value de cintrage, on comptera la surface réelle une fois en plus (ou en tout deux fois) . . . . . . . . | 1 |
| 240, 250 | 1,839 | 11° Châssis cintrés à double courbure. Pour plus-value de cintrage, on comptera la surface réelle trois fois en plus (ou en tout quatre fois). . . . . . . | 3 |
| 240, 250 | 1,840 | 12° Les plus-values de circulaires ci-dessus comprennent toutes les coupes et assemblages extraordinaires, déchets et difficultés quelconques. | |
| 240, 241, 250 | 1,841 | 13° *Portes et cloisons* vitrées. Les parties vitrées seront mesurées en hauteur, jusqu'au milieu de la traverse d'appui, et comptées comme châssis aux prix ci-dessus. Les parties à panneaux seront mesurées en hauteur jusqu'au milieu de ladite traverse d'appui et seront comptées comme l'espèce de lambris à laquelle elles appartiendront. | |

*Croisées* en chêne, ouvrant à noix et à gueule de loup avec dormant, jet d'eau et pièce d'appui.

| NUMÉROS | | DÉSIGNATION DES OUVRAGES. | PRIX |
|---|---|---|---|
| DU DEVIS. | DE LA SÉRIE. | | DE L'UNITÉ. |
| | | *Le mètre superficiel :* | |
| 240, 250 | 1,842 | Châssis de $0^m034$, dormants de $0^m041$, grands carreaux, huit francs quatre-vingts centimes. . . . . . . . . . . . . . . . . . . . . . | 8 f. 80 |
| 240, 250 | 1,843 | Châssis de $0^m034$. dormants de $0^m041$, petits carreaux, neuf francs quinze centimes. . . . . . . . . . . . . . . . . . . . . . . | 9 15 |
| 240, 250 | 1,844 | Châssis de $0^m034$, dormants de $0^m054$, grands carreaux, huit francs quatre-vingt-quinze centimes . . . . . . . . . . . . . . . . . | 8 95 |
| 240, 250 | 1,845 | Châssis de $0^m034$, dormants de $0^m054$, petits carreaux, neuf francs quatre-vingt-dix centimes.. . . . . . . . . . . . . . . . . | 9 90 |
| 240, 250 | 1,846 | Châssis de $0^m041$, dormants de $0^m054$, grands carreaux, neuf francs soixante-quinze centimes. . . . . . . . . . . . . . . . . . | 9 75 |
| 240. 250 | 1,847 | Châssis de $0^m041$, dormants de $0^m54$, petits carreaux, dix francs quarante-cinq centimes. . . . . . . . . . . . . . . . . . . | 10 45 |
| 240, 250 | 1,848 | Châssis de $0^m054$ , dormants de $0^m08$, grands carreaux, quatorze francs quatre-vingts centimes. . . . . . . . . . . . . . . . . | 14 80 |
| 240, 250 | 1,849 | Châssis de $0^m054$, dormants de $0^m08$, petits carreaux, seize francs cinquante-cinq centimes. . . . . . . . . . . . . . . . . . | 16 55 |
| | | *Différences et observations relatives aux prix ci-dessus des croisées,* | |
| 240, 250 | 1,850 | 1° Croisées tout en sapin. Elles seront payées aux prix ci-dessus des croisées diminués de un tiers. . . . . . . . . . . . . . . . | 1/3 |
| 240, 250 | 1,851 | 2° Croisées moulurées aux deux parements. Elles seront payées aux prix ci-dessus des croisées, augmentés de un vingtième. . . . . . . . . . . | 1/20 |
| 240. 250 | 1,852 | 3° Croisées sans petits bois. Elles seront payées aux prix ci-dessus des croisées, diminués de un vingtième . . . . . . . . . . . | 1/20 |
| 240, 250 | 1,853 | 4° Angle arrondi de croisée. Chaque angle arrondi de croisée donnera lieu à une plus-value de un franc dix centimes. . . . . . . . . . . | 1 10 |
| 240, 250 | 1,854 | 5° Distinction entre les croisées à grands carreaux et les croisées à petits carreaux, comme aux châssis, voir le n° 1835. | |
| 240, 250 | 1,855 | 6° Croisées cintrées en plan ou en élévation, ou à double courbure. Comme aux châssis, voir les n°ˢ 1,837 à 1,840. | |
| 240, 250 | 1,856 | 7° Châssis d'imposte dormant. On ajoutera $0^m15$ à la hauteur réelle d'une croisée, d'une persienne, d'une porte-croisée où d'une porte-persienne, pour la traverse d'imposte qui la divise en deux parties sur la hauteur ; cette plus-value comprend la valeur des doubles traverses et de celles d'impostes ornées ou non de moulures, quinze centimètres | $0^m$ 15 |
| 240, 250 | 1,857 | 8° Châssis d'imposte ouvrant. On ajoutera $0^m25$ à la hauteur réelle d'une croisée, d'une persienne, d'une porte-croisée ou d'une porte-persienne, pour la traverse d'imposte qui la divise en deux parties sur la hauteur ; cette plus-value comprend la valeur des doubles jets d'eau et pièces d'appui ornées ou non de moulures, ainsi que celle de tous flottages et assemblages, vingt-cinq centimètres . . . . . . . | 0 25 |

| NUMÉROS | | DÉSIGNATION DES OUVRAGES. | PRIX |
|---|---|---|---|
| DU DEVIS. | DE LA SÉRIE. | | DE L'UNITÉ. |
| 240, 241, 250 | 1,858 | **9° Portes-croisées.** Dans les portes-croisées, on distinguera la partie vitrée de la partie d'appui. <br> La partie vitrée sera payée comme croisée, la hauteur prise jusqu'au milieu de la traverse d'appui et la largeur prise hors œuvre des bâtis dormants (comme dans le mesurage des croisées). <br> La partie d'appui sera décomposée en deux natures d'ouvrages : <br> 1° On paiera comme lambris et suivant son espèce, le bas de la porte, compris, pour la hauteur, entre le milieu de la traverse d'appui et le dessous de la traverse du bas ou jet d'eau, et pour la largeur, entre les bâtis dormants. <br> 2° On paiera à part ces bâtis dormants, aux prix des bâtis à quatre parements. <br> Le jet d'eau du bas de la porte ne donnera lieu à aucune plus-value, en compensation de son absence dans la partie vitrée, comptée comme croisée ; s'il n'y avait pas de jet d'eau, on déduirait sa valeur aux prix des n⁰ˢ 2,390 à 2,400, diminués de un cinquième. . . . . . . . . . . . . . . . . . . . | 1/5 |
| | | Si les battants mouton et gueule de loup étaient plus épais que les bâtis des lambris, la différence d'épaisseur serait payée aux prix des bois moulurés. | |
| | | *Persiennes* à moulures ou sans moulures, non compris les dormants. <br> Le mètre superficiel : | |
| | | *A lames de sapin.* | |
| 242, 250 | 1,859 | Bâtis en sapin de 0ᵐ027 d'épaisseur, sept francs quinze centimes . . . . | 7 f. 15 |
| 242, 250 | 1,860 | Bâtis en sapin de 0ᵐ034 d'épaisseur, huit francs dix centimes . . . . . . | 8 10 |
| 242, 250 | 1,861 | Bâtis en sapin de 0ᵐ041 d'épaisseur, neuf francs quarante centimes . . . . | 9 40 |
| 242, 250 | 1,862 | Bâtis en chêne de 0ᵐ027 d'épaisseur, huit francs. . . . . . . . . | 8 00 |
| 242, 250 | 1,863 | Bâtis en chêne de 0ᵐ034 d'épaisseur, neuf francs quarante centimes. . . . | 9 40 |
| 242, 250 | 1,864 | Bâtis en chêne de 0ᵐ041 d'épaisseur, dix francs quatre-vingt-dix centimes. . . | 10 90 |
| | | *A lames en chêne.* | |
| 242, 250 | 1,865 | Bâtis en chêne de 0ᵐ027 d'épaisseur, huit francs quatre-vingt-quinze centimes. . | 8 95 |
| 242, 250 | 1,866 | Bâtis en chêne de 0ᵐ034 d'épaisseur, dix francs quarante-cinq centimes . . . | 10 45 |
| 242, 250 | 1,867 | Bâtis en chêne de 0ᵐ041 d'épaisseur, douze francs soixante centimes . . . . | 12 60 |
| | | *Persiennes* brisées pour se reployer dans les tableaux : | |
| 242, 250 | 1,868 | 1° Par parties jusqu'à 0ᵐ30 de largeur. Elles seront payées aux prix ci-dessus, augmentés de un cinquième. . . . . . . . . . . . . . . | 1/5 |
| 242, 250 | 1,869 | 2° Par parties au-dessous de 0ᵐ30 de largeur. <br> Elles seront payées aux prix-ci-dessus augmentés de deux cinquièmes. . . . | 2/5 |
| 242, 250 | 1,870 | *Persiennes* à impostes. Comme pour les croisées, n⁰ˢ 1,856 et 1,857. | |
| 245, 250 | 1,871 | *Persiennes* circulaires. Comme pour les châssis, n⁰ˢ 1,837 à 1,840. | |

| NUMÉROS | | DÉSIGNATION DES OUVRAGES. | PRIX DE L'UNITÉ. | |
|---|---|---|---|---|
| DU DEVIS. | DE LA SÉRIE. | | | |
| 242, 250 | 1,872 | *Portes-persiennes.* La partie pleine sera payée comme porte ou lambris, suivant le cas, en comprenant dans sa hauteur la traverse séparative de la partie en persienne. | | |
| | | *Jalousies* garnies de cordes et rubans, avec lames, tête et pavillon chantourné. | | |
| | | Le mètre superficiel · | | |
| 243, 250 | 1,873 | 1° En sapin, huit francs dix centimes . . . . . . . . . . | 8f. | 10 |
| 243, 250 | 1,874 | 2° En chêne, neuf francs cinquante-cinq centimes. . . . . . . . | 9 | 55 |
| | | *Lambris* d'assemblage simple ou sans cadres et à panneaux sans plates-bandes, ledit lambris ayant jusqu'à deux panneaux par mètre superficiel et ses bâtis ayant 0m10 de largeur. | | |
| | | Le mètre superficiel : | | |
| | | 1° BATIS de 0m027, panneaux de 0m013. | | |
| | | L'un des parements à glace ou arasé, l'autre parement brut : | | |
| 345, 246, 247, 250 | 1,875 | Bâtis et panneaux en sapin, cinq francs cinquante centimes . . . . . | 5 | 50 |
| d° | 1,876 | Bâtis en chêne, panneaux en sapin, six francs cinquante centimes . . . | 6 | 50 |
| d° | 1,877 | Tout chêne, sept francs cinquante-cinq centimes . . . . . . . . | 7 | 55 |
| | | Les deux parements à glace ou arasés : | | |
| d° | 1,878 | Bâtis et panneaux en sapin, cinq francs quatre-vingt-quinze centimes . . . | 5 | 95 |
| d° | 1,879 | Bâtis en chêne, panneaux en sapin, sept francs . . . . . . . . | 7 | 00 |
| d° | 1,880 | Tout chêne, huit francs vingt-cinq centimes . . . . . . . . | 8 | 25 |
| | | 2° BATIS de 0m034, panneaux de 0m020. | | |
| | | L'un des parements à glace ou arasé, l'autre parement brut : | | |
| d° | 1,881 | Bâtis et panneaux en sapin, cinq francs quatre-vingt-quinze centimes . . . | 5 | 95 |
| d° | 1,882 | Bâtis en chêne, panneaux en sapin, sept francs quarante-cinq centimes . . . | 7 | 45 |
| d° | 1,883 | Tout chêne, huit francs quatre-vingt-cinq centimes . . . . . . . | 8 | 85 |
| | | Les deux parements à glace ou arasés : | | |
| d° | 1,884 | Bâtis et panneaux en sapin, six francs cinquante-cinq centimes . . . . | 6 | 55 |
| d° | 1,885 | Bâtis en chêne, panneaux en sapin, huit francs trente centimes . . . . | 8 | 30 |
| d° | 1,886 | Tout chêne, neuf francs soixante centimes. . . . . . . . . | 9 | 60 |
| | | 3° BATIS de 0m041, panneaux de 0m027. | | |
| | | L'un des parements à glace ou arasé, l'autre parement brut : | | |
| d° | 1,887 | Bâtis et panneaux en sapin, six francs cinquante-cinq centimes . . . . | 6 | 55 |
| d° | 1,888 | Bâtis en chêne, panneaux en sapin, huit francs cinquante centimes . . . | 8 | 50 |
| d° | 1,889 | Tout chêne, dix francs trente-cinq centimes . . . . . . . . | 10 | 35 |
| | | Les deux parements à glace ou arasés : | | |
| d° | 1,890 | Bâtis et panneaux en sapin, sept francs vingt-cinq centimes . . . . | 7 | 25 |
| d° | 1,891 | Bâtis en chêne, panneaux en sapin, neuf francs vingt centimes . . . . | 9 | 20 |
| d° | 1,892 | Tout chêne, onze francs vingt-cinq centimes . . . . . . . . | 11 | 25 |
| | | *Lambris* d'assemblage à petits cadres et à panneaux sans plates-bandes, ledit | | |

| NUMÉROS | | DÉSIGNATION DES OUVRAGES. | PRIX |  |
|---|---|---|---|---|
| DU DEVIS. | DE LA SÉRIE. | | DE L'UNITÉ. | |

lambris ayant jusqu'à deux panneaux par mètre superficiel et ses bâtis ayant 0<sup>m</sup>10 de largeur, compris le profil.

Le mètre superficiel :

1° BATIS de 0<sup>m</sup>027, panneaux de 0<sup>m</sup>013.

| | | L'un des parements à petits cadres, l'autre parement brut : | | |
|---|---|---|---|---|
| 245, 246, 247, 250. | 1,893 | Bâtis et panneaux en sapin, six francs dix centimes . . . . . . . | 6 f. | 10 |
| d° | 1,894 | Bâtis en chêne, panneaux en sapin, sept francs cinquante-cinq centimes. . . | 7 | 55 |
| d° | 1,895 | Tout chêne, huit francs quarante-cinq centimes . . . . . . . . | 8 | 45 |
| | | L'un des parements à petits cadres, l'autre parement à glace ou arasé : | | |
| d° | 1,896 | Bâtis et panneaux en sapin, six francs cinquante centimes . . . . . . | 6 | 50 |
| d° | 1,897 | Bâtis en chêne, panneaux en sapin, huit francs dix centimes. . . . . . | 8 | 10 |
| d° | 1,898 | Tout chêne, neuf francs vingt centimes. . . . . . . . . . . | 9 | 20 |
| | | Les deux parements à petits cadres : | | |
| d° | 1,899 | Bâtis et panneaux en sapin, six francs quatre-vingts centimes . . . . . | 6 | 80 |
| d° | 1,900 | Bâtis en chêne, panneaux en sapin, huit francs soixante-dix centimes . . . | 8 | 70 |
| d° | 1,901 | Tout chêne, neuf francs soixante-quinze centimes. . . . . . . . | 9 | 75 |

2° BATIS de 0<sup>m</sup>034, panneaux de 0<sup>m</sup>02.

| | | L'un des parements à petits cadres, l'autre parement brut : | | |
|---|---|---|---|---|
| d° | 1,902 | Bâtis et panneaux en sapin, six francs quatre-vingt-quinze centimes. . . . | 6 | 95 |
| d° | 1,903 | Bâtis en chêne, panneaux en sapin, neuf francs quinze centimes. . . . . | 9 | 15 |
| d° | 1,904 | Tout chêne, dix francs trente-cinq centimes . . . . . . . . . | 10 | 35 |
| | | L'un des parements à petits cadres, l'autre parement à glace ou arasé : | | |
| d° | 1,905 | Bâtis et panneaux en sapin, sept francs soixante-dix centimes . . . . . | 7 | 70 |
| d° | 1,906 | Bâtis en chêne, panneaux en sapin, neuf francs quatre-vingt-quinze centimes . | 9 | 95 |
| d° | 1,907 | Tout chêne, onze francs quarante-cinq centimes . . . . . . . . | 11 | 45 |
| | | Les deux parements à petits cadres : | | |
| d° | 1,908 | Bâtis et panneaux en sapin, huit francs trente-cinq centimes . . . . . | 8 | 35 |
| d° | 1,909 | Bâtis en chêne, panneaux en sapin, dix francs quarante-cinq centimes. . . | 10 | 45 |
| d° | 1,910 | Tout chêne, douze francs . . . . . . . . . . . . . . | 12 | 00 |

3° BATIS de 0<sup>m</sup>041, panneaux de 0<sup>m</sup>027.

| | | L'un des parements à petits cadres, l'autre parement brut : | | |
|---|---|---|---|---|
| d° | 1,911 | Bâtis et panneaux en sapin, huit francs cinquante-cinq centimes, . . . | 8 | 55 |
| d° | 1,912 | Bâtis en chêne, panneaux en sapin, dix francs vingt-cinq centimes . . . | 10 | 25 |
| d° | 1,913 | Tout chêne, douze francs vingt centimes . . . . . . . . . | 12 | 20 |
| | | L'un des parements à petits cadres, l'autre parement à glace ou arasé : | | |
| d° | 1,914 | Bâtis et panneaux en sapin, neuf francs trente centimes. . . . . . | 9 | 30 |
| d° | 1,915 | Bâtis en chêne, panneaux en sapin, dix francs quatre-vingt-dix centimes . | 10 | 90 |
| d° | 1,916 | Tout chêne, treize francs vingt centimes . . . . . . . . . | 13 | 20 |
| | | Les deux parements à petits cadres : | | |
| d° | 1,917 | Bâtis et panneaux en sapin, dix francs, . . . . . . . . . . | 10 | 00 |
| d° | 1,918 | Bâtis en chêne, panneaux en sapin, onze francs quatre-vingt-cinq centimes. . | 11 | 85 |
| d° | 1,919 | Tout chêne, quatorze francs trente-cinq centimes . . . . . . . . | 14 | 35 |

| NUMÉROS | | DESIGNATION DES OUVRAGES. | PRIX |
| DU DEVIS. | DE LA SÉRIE. | | DE L'UNITÉ. |
| --- | --- | --- | --- |
| | | 4° BATIS de 0ᵐ054, panneaux de 0ᵐ027. | |
| | | L'un des parements à petits cadres, l'autre parement brut : | |
| 245, 246, 247 250. | 1,920 | Bâtis et panneaux en sapin, dix francs cinq centimes. . . . . . . | 10 f. 05 |
| d° | 1,921 | Bâtis en chêne, panneaux en sapin, onze francs trente-cinq centimes . . . | 11 35 |
| d° | 1,922 | Tout chêne, treize francs trente centimes . . . . . . . . . . . | 13 30 |
| | | L'un des parements à petits cadres, l'autre parement à glace ou arasé : | |
| d° | 1,923 | Bâtis et panneaux en sapin, dix francs quatre-vingt-cinq centimes . . . | 10 85 |
| d° | 1,924 | Bâtis en chêne, panneaux en sapin, douze francs cinquante-cinq centimes . | 12 55 |
| d° | 1,925 | Tout chêne, quatorze francs cinquante centimes . . . . . . . . | 14 50 |
| | | Les deux parements à petits cadres : | |
| d° | 1,926 | Bâtis et panneaux en sapin, onze francs quatre-vingt-quinze centimes . . . | 11 95 |
| d° | 1,927 | Bâtie en chêne, panneaux en sapin, quatorze francs cinquante-cinq centimes . | 14 55 |
| d° | 1,928 | Tout chêne, seize francs trente-cinq centimes. . . . . . . . . | 16 35 |
| | | *Lambris* d'assemblage, à grands cadres, embrevés et à panneaux sans plates-bandes, ledit lambris ayant jusqu'à deux panneaux par mètre superficiel et ses bâtis ayant 0ᵐ08 de largeur apparente. Le mètre superficiel : | |
| | | 1° BATIS de 0ᵐ027, cadres de 0ᵐ041 × 0ᵐ041, panneaux de 0ᵐ013. | |
| | | L'un des parements à grands cadres, l'autre parement brut : | |
| d° | 1,929 | Bâtis, cadres et panneaux en sapin, sept francs trente centimes. . . . | 7 30 |
| d° | 1,930 | Bâtis et cadres en chêne, panneaux en sapin, huit francs quatre-vingt-quinze centimes . . . . . . . . . . . . . . . . . . | 8 95 |
| d° | 1,931 | Tout chêne, dix francs quarante-cinq centimes . . . . . . . . | 10 45 |
| | | L'un des parements à grands cadres, l'autre parement à glace ou arasé : | |
| d° | 1,932 | Bâtis, cadres et panneaux en sapin, huit francs cinq centimes . . . . | 8 05 |
| d° | 1,933 | Bâtis et cadres en chêne, panneaux en sapin, neuf francs quatre-vingt-cinq centimes . . . . . . . . . . . . . . . . . . . | 9 85 |
| d° | 1,934 | Tout chêne, onze francs cinquante-cinq centimes . . . . . . . . | 11 55 |
| | | Les deux parements à grands cadres : | |
| d° | 1,935 | Bâtis, cadres et panneaux en sapin, huit francs soixante-dix centimes . . | 8 70 |
| d° | 1,936 | Bâtis et cadres en chêne, panneaux en sapin, dix francs soixante-dix centimes. | 10 70 |
| d° | 1,937 | Tout chêne, douze francs vingt centimes . . . . . . . . . . | 12 20 |
| | | 2° BATIS de 0ᵐ034, cadres de 0ᵐ054 × 0ᵐ054, panneaux de 0ᵐ02. | |
| | | L'un des parements à grands cadres, l'autre parement brut : | |
| d° | 1,938 | Bâtis, cadres et panneaux en sapin, huit francs cinquante centimes . . . | 8 50 |
| d° | 1,939 | Bâtis et cadres en chêne, panneaux en sapin, onze francs trente-cinq centimes. | 11 35 |
| d° | 1,940 | Tout chêne, douze francs quatre-vingt-quinze centimes . . . . . . | 12 95 |
| | | L'un des parements à grands cadres, l'autre parement à glace ou arasé : | |
| d° | 1,941 | Bâtis, cadres et panneaux en sapin, neuf francs trente-cinq centimes . . . | 9 35 |
| d° | 1,942 | Bâtis et cadres en chêne, panneaux en sapin, douze francs cinq centimes. . . | 12 05 |
| d° | 1,943 | Tout chêne, quatorze francs . . . . . . . . . . . . . . | 14 00 |

| NUMÉROS | | DESIGNATION DES OUVRAGES. | PRIX | |
|---|---|---|---|---|
| DU DEVIS. | DE LA SÉRIE. | | DE L'UNITÉ. | |
| 245, 246, 247, 250. | 1,944 | Les deux parements à grands cadres :<br>Bâtis, cadres et panneaux en sapin, neuf francs quatre-vingt-quinze centimes . | 9 f. | 95 |
| d° | 1,945 | Bâtis et cadres en chêne, panneaux en sapin, douze francs quatre-vingt-cinq centimes . . . . . . . . . . . . . . . . . . | 12 | 85 |
| | 1,946 | Tout chêne, quinze francs quinze centimes. . . . . . . . . . | 15 | 15 |
| | | 3° BATIS de 0ᵐ041, cadres de 0ᵐ067 × 0ᵐ067, panneaux de 0ᵐ027. | | |
| d° | | L'un des parements à grands cadres, l'autre parement brut : | | |
| d° | 1,947 | Bâtis, cadres et panneaux en sapin, neuf francs cinquante-cinq centimes . . | 9 | 55 |
| d° | 1,948 | Bâtis et cadres en chêne, panneaux en sapin, treize francs. . . . . . | 13 | 00 |
| | 1,949 | Tout chêne, quatorze francs cinquante-cinq centimes . . . . . . . . | 14 | 55 |
| d° | | L'un des parements à grands cadres, l'autre parement à glace ou arasé : | | |
| d° | 1,950 | Bâtis, cadres et panneaux en sapin, dix francs soixante-quinze centimes. . | 10 | 75 |
| d° | 1,951 | Bâtis et cadres en chêne, panneaux en sapin, quatorze francs dix centimes . | 14 | 10 |
| | 1,952 | Tout chêne, seize francs vingt-cinq centimes . . . . . . . . . | 16 | 25 |
| d° | | Les deux parements à grands cadres : | | |
| d° | 1,953 | Bâtis, cadres et panneaux en sapin, onze francs soixante-dix centimes . . | 11 | 70 |
| d° | 1,954 | Bâtis et cadres en chêne, panneaux en sapin, quinze francs soixante centimes . | 15 | 60 |
| | 1,955 | Tout chêne, dix-sept francs cinquante-cinq centimes . . . . . . . | 17 | 55 |
| | | 4° BATIS de 0ᵐ054, cadres de 0ᵐ08 × 0ᵐ08, panneaux de 0ᵐ027. | | |
| d° | | L'un des panneaux à grands cadres, l'autre parement brut : | | |
| d° | 1,956 | Bâtis, cadres et panneaux en sapin, dix francs vingt-cinq centimes. . . . | 10 | 25 |
| d° | 1,957 | Bâtis et cadres en chêne, panneaux en sapin, seize francs cinquante-cinq centimes . . . . . . . . . . . . . . . . . . | 16 | 55 |
| | 1,958 | Tout chêne, dix-huit francs vingt-cinq centimes . . . . . . . . | 18 | 25 |
| d° | | L'un des parements à grands cadres, l'autre parement à glace ou arasé : | | |
| d° | 1,959 | Bâtis, cadres et panneaux en sapin, onze francs cinquante centimes. . . . | 11 | 50 |
| | 1,960 | Bâtis et cadres en chêne, panneaux en sapin, dix-sept francs quatre vingt-quinze centimes . . . . . . . . . . . . . . . | 17 | 95 |
| | 1,961 | Tout chêne, dix-neuf francs quatre-vingt-quinze centimes . . . . . | 19 | 95 |
| d° | | Les deux parements à grands cadres : | | |
| d° | 1,962 | Bâtis, cadres et panneaux en sapin, douze francs quatre-vingt-quinze centimes. | 12 | 95 |
| d° | 1,963 | Bâtis et cadres en chêne, panneaux en sapin, dix-huit francs quatre-vingt-dix centimes . . . . . . . . . . . . . . . | 18 | 90 |
| | 1,964 | Tout chêne, vingt-et-un francs trente centimes . . . . . . . . | 21 | 30 |
| d° | 1,965 | *Cadres* en sapin, au lieu de cadres en chêne, aux lambris à grands cadres.<br>Les prix ci-dessus seront augmentés de un dixième. . . . . . . . | 1/10 | |
| d° | 1,966 | *Largeur* de cadre. Pour chaque 0ᵐ01 de largeur de profil en plus ou en moins, les prix ci-dessus seront augmentés ou diminués de un vingtième. . . . . | 1/20 | |
| d° | 1,967 | *Lambris* à grands cadres au premier parement et à petits cadres au deuxième parement.<br>Ils seront payés aux mêmes prix que les lambris arasés. | | |

| NUMÉROS | | DESIGNATION DES OUVRAGES. | PRIX |
|---|---|---|---|
| DU DEVIS. | DE LA SÉRIE. | | DE L'UNITÉ. |

*Différentes observations relatives aux prix ci-dessus des lambris.*

|  |  |  |  |
|---|---|---|---|
| 245, 246, 247, 250 | 1,968 | 1° Epaisseur des panneaux. Pour chaque 0ᵐ007 d'épaisseur en plus ou en moins, les prix ci-dessus seront augmentés ou diminués, savoir : Pour panneaux en sapin, quarante centimes. | 0 f. 40 |
| d° | 1,969 | Pour panneaux en chêne, soixante centimes. | 0 60 |
| | | 2° Largeur des bâtis. Pour chaque 0ᵐ01 de largeur en plus ou moins, les prix ci-dessus seront augmentés ou diminués, savoir : | |
| d° | 1,970 | Lambris simple (excepté le cas où bâtis et panneaux sont de même épaisseur et de même bois), un vingtième. | 1/20 |
| d° | 1,971 | Lambris à petits cadres, un trentième. | 1/30 |
| d° | 1,972 | Lambris à grands cadres, un quarantième. | 1/40 |
| | | 3° Plates-bandes simples, poussées au pourtour des panneaux. Sur lambris ayant jusqu'à deux panneaux par mètre superficiel. Pour chaque face ayant des plates-bandes, les prix ci-dessus de lambris seront augmentés, savoir : | |
| d° | 1,973 | Pour plates-bandes sur sapin, trente-cinq centimes. | 0 35 |
| d° | 1,974 | Pour plates-bandes sur chêne, quarante-cinq centimes. | 0 45 |
| | | Sur lambris ayant plus de deux panneaux par mètre superficiel. La plus-value sera celle ci-dessus augmentée pour chaque panneau en plus de deux, savoir : | |
| d° | 1,975 | Pour plates-bandes sur sapin, quinze centimes. | 0 15 |
| d° | 1,976 | Pour plates-bandes sur chêne, vingt centimes. | 0 20 |
| | | 4° Plates-bandes à moulures, poussées au pourtour des panneaux. Sur lambris ayant jusqu'à deux parements par mètre superficiel. Pour chaque face ayant des plates-bandes, les prix de lambris seront augmentés, savoir : | |
| d° | 1,977 | Pour plates-bandes sur sapin, quarante-cinq centimes | 0 45 |
| d° | 1,978 | Pour plates-bandes sur chêne, cinquante-cinq centimes. | 0 55 |
| | | Sur lambris ayant plus de deux panneaux, par mètre superficiel. La plus-value sera celle ci-dessus augmentée, pour chaque panneau en plus de deux, savoir : | |
| d° | 1,979 | Pour plates-bandes sur sapin, vingt centimes. | 0 20 |
| d° | 1,980 | Pour plates-bandes sur chêne, trente centimes. | 0 30 |
| d° | 1,981 | 5° Chêne de choix ou de Hollande, assemblé d'onglet et collé. Les prix ci-dessus seront augmentés de un quart. | 1/4 |
| | | Nota. — Le chêne de choix ou de Hollande ne sera admis que sur un ordre écrit de l'ingénieur. | |
| d° | 1,982 | 6° Polissage et cirage de lambris quelconque. Le mètre superficiel, pour chaque face de lambris, sera payé soixante-dix centimes | 0 70 |

*Portes* cochères sans guichet, compris battements ou faisceaux en chêne, le 1ᵉʳ bâti de 0ᵐ08 sur 0ᵐ19, le 2ᵉ bâti de 0ᵐ054 sur 0ᵐ16.

| NUMÉROS | | DÉSIGNATION DES OUVRAGES. | PRIX |
|---|---|---|---|
| DU DEVIS. | DE LA SÉRIE. | | DE L'UNITÉ. |

Le mètre superficiel :

1° PANNEAUX de 0ᵐ027 d'épaisseur, compris clefs.

| NUMÉROS DU DEVIS | DE LA SÉRIE | DÉSIGNATION | PRIX | |
|---|---|---|---|---|
| | | Simples ou sans cadres : | | |
| 249, 250 | 1,983 | L'un des parements brut, l'autre à glace ou arasé, seize francs quarante-cinq centimes . . . . . . . . . . . . . . . . . . . . . . . . . | 16 f. | 45 |
| 249, 250 | 1,984 | L'un des parements à glace, l'autre arasé, dix-sept francs trente-cinq centimes. | 17 | 35 |
| | | A petits cadres, jusqu'à 0ᵐ041 de profil : | | |
| 249, 250 | 1,985 | L'un des parements brut, l'autre à petits cadres, dix-huit francs trente-cinq centimes . . . . . . . . . . . . . . . . . . . . . . . : . . . . . | 18 | 35 |
| 249, 250 | 1,986 | L'un des parements à glace, l'autre à petits cadres, dix-neuf francs vingt centimes . . . . . . . . . . . . . . . . . . . . . . . . . . . . . | 19 | 20 |
| 249, 250 | 1,987 | L'un des parements arasé, l'autre à petits cadres, vingt francs dix centimes. . | 20 | 10 |
| 249, 250 | 1,988 | Les deux parements à petits cadres, vingt-et-un francs cinquante centimes . . | 21 | 50 |
| | | A grands cadres, jusqu'à 0ᵐ054 de profil : | | |
| 249, 250 | 1,989 | L'un des parements brut, l'autre à grands cadres, vingt francs quatre-vingts centimes . . . . . . . . . . . . . . . . . . . . . . . . . . . . . | 20 | 80 |
| 249, 250 | 1,990 | L'un des parements à glace, l'autre à grands cadres, vingt-deux francs quatre-vingt-cinq centimes . . . . . . . . . . . . . . . . . . . . . . . | 22 | 85 |
| 249, 250 | 1,991 | L'un des parements arasé, l'autre à grands cadres, vingt-trois francs soixante-quinze centimes . . . . . . . . . . . . . . . . . . . . . . . . | 23 | 75 |
| 240, 250 | 1,992 | Les deux parements à grands cadres, vingt-cinq francs quarante-cinq centimes. | 25 | 45 |
| | | 2° PANNEAUX de 0ᵐ034 d'épaisseur, compris clefs. | | |
| | | Simples ou sans cadres : | | |
| 249, 250 | 1,993 | L'un des parements brut, l'autre à glace ou arasé, dix-sept francs cinquante centimes . . . . . . . . . . . . . . . . . . . . . . . . . . . . | 17 | 50 |
| 249, 250 | 1,994 | L'un des parements à glace, l'autre arasé, dix-huit francs trente-cinq centimes. | 18 | 35 |
| | | A petits cadres, jusqu'à 0ᵐ045 de profil : | | |
| 249, 250 | 1,995 | L'un des parements brut, l'autre à petits cadres, dix-neuf francs vingt centimes. | 19 | 20 |
| 249, 250 | 1,996 | L'un des parements à glace, l'autre à petits cadres, vingt francs dix centimes . | 20 | 10 |
| 249, 250 | 1,997 | L'un des parements arasé, l'autre à petits cadres, vingt francs quatre-vingt-dix centimes . . . . . . . . . . . . . . . . . . . . . . . . . . . | 20 | 90 |
| 249, 250 | 1,998 | Les deux parements à petits cadres, vingt-deux francs trente-cinq centimes. . | 22 | 35 |
| | | A grands cadres, jusqu'à 0ᵐ08 de profil : | | |
| 249, 250 | 1,999 | L'un des parements brut, l'autre à grands cadres, vingt-trois francs cinquante centimes . . . . . . . . . . . . . . . . . . . . . . . . . . . . | 23 | 50 |
| 249, 250 | 2,000 | L'un des parements à glace, l'autre à grands cadres, vingt-quatre francs vingt centimes . . . . . . . . . . . . . . . . . . . . . . . . . . . . | 24 | 20 |
| 249, 250 | 2,001 | L'un des parements arasé, l'autre à grands cadres, vingt-cinq francs . . . | 25 | 00 |
| 249, 250 | 2,002 | Les deux parements à grands cadres, vingt-six francs vingt-cinq centimes . . | 26 | 25 |

*Portes* cochères sans guichet, compris battements ou faisceaux en chêne, le 1ᵉʳ bâti de 0ᵐ11 sur 0ᵐ32, le 2ᵉ bâti de 0ᵐ08 sur 0ᵐ20.

| NUMÉROS | | DÉSIGNATION DES OUVRAGES. | PRIX |
|---|---|---|---|
| DU DEVIS. | DE LA SÉRIE. | | DE L'UNITÉ. |

Le mètre superficiel :

1° PANNEAUX de 0<sup>m</sup>041 d'épaisseur, compris clefs.

| | | | |
|---|---|---|---|
| | | Simples ou sans cadres : | |
| 249, 250 | 2,003 | L'un des parements brut, l'autre à glace ou arasé, vingt-cinq francs soixante-quinze centimes . . . . . . . . . . . . . . . . . . . . | 25 f. 75 |
| 249, 250 | 2,004 | L'un des parements à glace, l'autre arasé, vingt-sept francs quinze centimes . . | 27 15 |
| | | A petits cadres, jusqu'à 0<sup>m</sup>08 de profil : | |
| 249, 250 | 2,005 | L'un des parements brut, l'autre à petits cadres, vingt-sept francs cinquante centimes . . . . . . . . . . . . . . . . . . . . . . | 27 50 |
| 249, 250 | 2,006 | L'un des parements à glace, l'autre à petits cadres, vingt-huit francs quatre-vingt-quinze centimes . . . . . . . . . . . . . . . . . | 28 95 |
| 249, 250 | 2,007 | L'un des parements arasé, l'autre à petits cadres, vingt-neuf francs soixante-cinq centimes . . . . . . . . . . . . . . . . . . | 29 65 |
| 249, 250 | 2,008 | Les deux parements à petits cadres, trente francs quatre-vingts centimes. . | 30 80 |
| | | A grands cadres, jusqu'à 0<sup>m</sup>09 de profil : | |
| 249, 250 | 2,009 | Les deux parements bruts, l'autre à grands cadres, trente-trois francs quinze centimes . . . . . . . . . . . . . . . . . . . | 33 15 |
| 249, 250 | 2,010 | L'un des parements à glace, l'autre à grands cadres, trente-quatre francs quinze centimes. . . . . . . . . . . . . . . . | 34 15 |
| 249, 260 | 2,011 | L'un des parements arasé, l'autre à grands cadres, trente-quatre francs quatre-vingt-quinze centimes . . . . . . . . . . . . . | 34 95 |
| 249, 250 | 2,012 | Les deux parements à grands cadres, trente-six francs cinquante-cinq centimes. | 36 55 |

2° PANNEAUX de 0<sup>m</sup>054 d'épaisseur, compris clefs.

| | | | |
|---|---|---|---|
| | | Simples ou sans cadres : | |
| 249, 250 | 2,013 | L'un des parements brut, l'autre à glace ou arasé, vingt-sept francs quarante centimes . . . . . . . . . . . . . . . . . . . . | 27 40 |
| 249, 250 | 2,014 | L'un des parements à glace, l'autre arasé, vingt-neuf francs. . . . . | 29 00 |
| | | A petits cadres, jusqu'à 0<sup>m</sup>08 de profil : | |
| 249, 250 | 2,015 | L'un des parements brut, l'autre à petits cadres, trente francs cinquante centimes . . . . . . . . . . . . . . . . . . . | 30 50 |
| 249, 250 | 2,016 | L'un des parements à glace, l'autre à petits cadres, trente-deux francs vingt centimes . . . . . . . . . . . . . . . . . . . | 32 20 |
| 249, 250 | 2,017 | L'un des parements arasé, l'autre à petits cadres, trente-trois francs. . . | 33 00 |
| 249, 250 | 2,018 | Les deux parements à petits cadres, trente-quatre francs quinze centimes . | 34 15 |
| | | A grands cadres, jusqu'à 0<sup>m</sup>11 de profil : | |
| 249, 250 | 2,019 | L'un des parements brut, l'autre à grands cadres, trente-six francs cinquante-cinq centimes . . . . . . . . . . . . . . . . | 36 55 |
| 249, 250 | 2,020 | L'un des parements à glace, l'autre à grands cadres, trente-huit francs vingt-cinq centimes . . . . . . . . . . . . . . . . | 38 25 |
| 249, 250 | 2,021 | L'un des parements arasé, l'autre à grands cadres, trente-neuf francs trente centimes. . . . . . . . . . . . . . . . . . | 39 30 |
| 249, 250 | 2,022 | Les deux parements à grands cadres, quarante-et-un francs dix centimes. . | 41 10 |

| NUMÉROS | | DÉSIGNATION DES OUVRAGES. | PRIX |
|---|---|---|---|
| DU DEVIS. | DE LA SÉRIE. | | DE L'UNITÉ. |
| 249, 250 | 2,023 | *Portes* avec guichets.<br>Elles seront payées aux prix ci-dessus, augmentés de un quinzième. . . . | 1/15 |
| | | *Portes* charretières sans guichets, composées de bâtis reliés par des croix de saint André, et de panneaux en planches entières embrevées et moulurées sur les joints, à l'un des parements.<br>Le mètre superficiel, savoir | |
| | | 1° Portes ayant des bâtis de 0<sup>m</sup>054 d'épaisseur et jusqu'à 0<sup>m</sup>20 de largeur. | |
| | | A panneaux de 0<sup>m</sup>027 d'épaisseur, compris clefs et croix de saint André, de 0<sup>m</sup>034 d'épaisseur : | |
| 249, 250 | 2,024 | Bâtis, croix de saint André et panneaux en sapin, neuf francs quarante centimes. | 9 f. 40 |
| 249, 250 | 2,025 | Bâtis et croix de saint André en chêne, panneaux en sapin, douze francs vingt centimes. . . . . . . . . . . . . . . . . . . . | 12 20 |
| 249, 250 | 2,026 | Bâtis, croix de saint André et panneaux en chêne, treize francs quatre-vingts centimes. . . . . . . . . . . . . . . . . . . | 13 80 |
| | | A panneaux de 0<sup>m</sup>034 d'épaisseur, compris clefs et croix de saint André, de 0<sup>m</sup>034 d'épaisseur : | |
| 230, 250 | 2,027 | Bâtis, croix de saint André et panneaux en sapin, dix francs cinquante centimes. | 10 50 |
| 249, 250 | 2,028 | Bâtis et croix de saint André en chêne, panneaux en sapin, douze francs quatre-vingt-dix centimes. . . . . . . . . . . . . . . . . . . | 12 90 |
| 249, 250 | 2,029 | Bâtis, croix de saint André et panneaux en chêne, quinze francs trente centimes. | 15 30 |
| | | 2° Portes ayant des bâtis de 0<sup>m</sup>08 d'épaisseur et jusqu'à 0<sup>m</sup>25 de largeur. | |
| | | A panneaux de 0<sup>m</sup>027 d'épaisseur compris clefs et croix de saint André, de 0<sup>m</sup>041 d'épaisseur : | |
| 249, 250 | 2,030 | Bâtis, croix de saint André et panneaux en sapin, dix francs cinquante centimes. | 10 50 |
| 249, 250 | 2,031 | Bâtis et croix de saint André en chêne, panneaux en sapin, treize francs soixante-dix centimes . . . . . . . . . . . . . . . . . . | 13 70 |
| 249, 250 | 2,032 | Bâtis, croix de saint André et panneaux en chêne, seize francs vingt centimes . | 16 20 |
| | | A panneaux de 0<sup>m</sup>034 d'épaisseur, compris clefs et croix de saint André, de 0<sup>m</sup>041 d'épaisseur : | |
| 249, 250 | 2,033 | Bâtis, croix de saint André et panneaux en sapin, treize francs quarante cent<sup>s</sup>. | 13 40 |
| 249, 250 | 2,034 | Bâtis et croix de saint André en chêne, panneaux en sapin, quatorze francs soixante-dix centimes. . . . . . . . . . . . . . . . . . . | 14 70 |
| 249, 250 | 2,035 | Bâtis, croix de saint André et panneaux en chêne, dix-sept francs quatre-vingts centimes . . . . . . . . . . . . . . . . . . | 17 80 |
| | | A panneaux de 0<sup>m</sup>041 d'épaisseur, compris clefs et croix de saint André, de 0<sup>m</sup>041 d'épaisseur : | |
| 249, 250 | 2,036 | Bâtis, croix de saint André et panneaux en sapin, douze francs vingt centimes. | 12 20 |
| 249, 250 | 2,037 | Bâtis et croix de saint André en chêne, panneaux en sapin, quinze francs quarante centimes . . . . . . . . . . . . . . . . . . | 15 40 |
| 249, 250 | 2,038 | Bâtis, croix de saint André et panneaux en chêne, dix-huit francs quatre-vingt-dix centimes . . . . . . . . . . . . . . . . . . | 18 90 |

| NUMÉROS | | DÉSIGNATION DES OUVRAGES. | PRIX |
|---|---|---|---|
| DU DEVIS. | DE LA SÉRIE. | | DE L'UNITÉ. |
| | | *Plus-values* applicables aux portes charretières ci-dessus : | |
| | | 1° Pour panneaux en frises, lesdites portant moulures sur les joints, à l'un des parements. | |
| | | *Panneaux* en sapin. | |
| » | 2,039 | De 0m027 d'épaisseur, quatre-vingt-dix centimes. . . . . . . . . . | 0 f. 90 |
| » | 2,040 | De 0m034 d'épaisseur, un franc cinq centimes. . . . . . . . . . | 1  05 |
| » | 2,041 | De 0m041 d'épaisseur, un franc trente centimes. . . . . . . . . | 1  30 |
| | | *Panneaux* en chêne. | |
| » | 2,042 | De 0m027 d'épaisseur, un franc quinze centimes. . . . . . . . . | 1  15 |
| » | 2,043 | De 0m034 d'épaisseur, un franc trente centimes. . . . . . . . . | 1  30 |
| » | 2,044 | De 0m041 d'épaisseur, un franc soixante-quinze centimes. . . . . . . | 1  75 |
| » | 2,045 | 2° Pour guichets. | |
| | | Les portes charretières avec guichets, seront payées aux prix ci-dessus, augmentés de un quinzième. . . . . . . . . . . . . . . . | 1/15 |

| NUMÉROS | | DESIGNATION DES OUVRAGES. | PRIX |
|---|---|---|---|
| DU DEVIS. | DE LA SÉRIE. | | DE L'UNITÉ. |

### 2° Ouvrages en bois neuf, au mètre linéaire.

*Observation* applicable à tous les bois au mètre linéaire, comptés sur 0ᵐ10 de largeur :

Dans les prix pour 0ᵐ01 de largeur en plus ou en moins, le sapin est payé les 6/10 du prix du chêne ; mais il faut observer que le prix est le produit de la multiplication par 6/10, en négligeant les millimes au-dessous de 5, et en comptant 0 fr. 01 pour 5 millimes et au-dessus.

### Bois bruts sans assemblages.

*Barres*, chevrons, lambourdes, fourrures, soliveaux, tringles coupés de longueur, ajustés et posés, en bois des épaisseurs suivantes :

| | | | |
|---|---|---|---|
| | | En bois de 0ᵐ027 d'épaisseur sur 0ᵐ10 de largeur. | |
| 256, 257 | 2,054 | Sapin, trente centimes . . . . . . . . . . . . . . | 0 f. 30 |
| 256, 257 | 2,055 | Chêne, cinquante centimes . . . . . . . . . . . . | 0  50 |
| | | Pour 0ᵐ01 de largeur en plus ou en moins. | |
| 256, 257 | 2,056 | Sapin, deux centimes. . . . . . . . . . . . . . | 0  02 |
| 256, 257 | 2,057 | Chêne, quatre centimes . . . . . . . . . . . . . | 0  04 |
| | | En bois de 0ᵐ034 d'épaisseur sur 0ᵐ10 de largeur. | |
| 256, 257 | 2,058 | Sapin, trente-sept centimes . . . . . . . . . . . | 0  37 |
| 256, 257 | 2,059 | Chêne, soixante-dix centimes. . . . . . . . . . . | 0  70 |
| | | Pour 0ᵐ01 de largeur en plus ou en moins. | |
| 256, 257 | 2,060 | Sapin, trois centimes. . . . . . . . . . . . . . | 0  03 |
| 256, 257 | 2,061 | Chêne, cinq centimes. . . . . . . . . . . . . . | 0  05 |
| | | En bois de 0ᵐ041 d'épaisseur sur 0ᵐ10 de largeur. | |
| 256, 257 | 2,062 | Sapin, quarante-huit centimes . . . . . . . . . . | 0  48 |
| 256, 257 | 2,063 | Chêne, quatre-vingt-sept centimes . . . . . . . . | 0  87 |
| | | Pour 0ᵐ01 de largeur en plus ou en moins. | |
| 256, 257 | 2,064 | Sapin, quatre centimes . . . . . . . . . . . . . | 0  04 |
| 256, 257 | 2,065 | Chêne, six centimes . . . . . . . . . . . . . . | 0  06 |
| | | En bois de 0ᵐ054 d'épaisseur sur 0ᵐ10 de largeur. | |
| 256, 257 | 2,066 | Sapin, soixante-et-un centimes . . . . . . . . . | 0  61 |
| 256, 257 | 2,067 | Chêne, un franc dix centimes. . . . . . . . . . . | 1  10 |
| | | Pour 0ᵐ01 de largeur en plus ou en moins. | |
| 256, 257 | 2,068 | Sapin, cinq centimes . . . . . . . . . . . . . . | 0  05 |
| 256, 257 | 2,069 | Chêne, huit centimes . . . . . . . . . . . . . . | 0  08 |
| | | En bois de 0ᵐ08 d'épaisseur sur 0ᵐ10 de largeur. | |
| 256, 257 | 2,070 | Sapin, soixante-dix-sept centimes. . . . . . . . . | 0  77 |
| 256, 257 | 2,071 | Chêne, un franc trente centimes . . . . . . . . . | 1  30 |

| NUMÉROS | | DÉSIGNATION DES OUVRAGES. | PRIX |
|---|---|---|---|
| DU DÉVIS. | DE LA SÉRIE. | | DE L'UNITÉ |
| | | Pour 0ᵐ01 de largeur en plus ou en moins. | |
| 256, 257 | 2,072 | Sapin, cinq centimes. . . . . . . . . . | 0 f. 05 |
| 256, 257 | 2,073 | Chêne, neuf centimes. . . . . . . . . . | 0 09 |
| | | En bois de 0ᵐ11 d'épaisseur sur 0ᵐ10 de largeur. | |
| 257, 257 | 2,074 | Sapin, un franc vingt centimes . . . . . | 1 20 |
| 256, 257 | 2,075 | Chêne, un franc quatre-vingt-sept centimes. . . . | 1 87 |
| | | Pour 0ᵐ01 de largeur en plus ou en moins. | |
| 256, 257 | 2,076 | Sapin, huit centimes . . . . . . . . | 0 08 |
| 256, 257 | 2,077 | Chêne, treize centimes. . . . . . . . | 0 13 |

## Bois bruts avec assemblages.

---

| | | *Barres*, bâtis, chevrons, soliveaux, tringles, poteaux et autres ouvrages semblables, assemblés et mis en place, des épaisseurs suivantes : | |
|---|---|---|---|
| | | En bois de 0ᵐ027 d'épaisseur sur 0ᵐ10 de largeur. | |
| 256, 258 | 2,078 | Sapin, quarante-deux centimes . . . . . . | 0 42 |
| 256, 258 | 2,079 | Chêne, soixante-huit centimes. . . . . . | 0 68 |
| | | Pour 0ᵐ01 de largeur en plus ou en moins. | |
| 256, 258 | 2,080 | Sapin, trois centimes . . . . . . . | 0 03 |
| 256, 258 | 2,081 | Chêne, cinq centimes . . . . . . . | 0 05 |
| | | En bois de 0ᵐ034 d'épaisseur sur 0ᵐ10 de largeur. | |
| 256, 258 | 2,082 | Sapin, cinquante-deux centimes . . . . . | 0 52 |
| 255, 258 | 2,083 | Chêne, quatre-vingt-cinq centimes . . . . | 0 85 |
| | | Pour 0ᵐ01 de largeur en plus ou en moins. | |
| 256, 258 | 2,084 | Sapin, quatre centimes. . . . . . . | 0 04 |
| 256, 258 | 2,085 | Chêne, six centimes . . . . . . . | 0 06 |
| | | En bois de 0ᵐ041 d'épaisseur sur 0ᵐ10 de largeur. | |
| 256, 258 | 2,086 | Sapin, cinquante-neuf centimes . . . . . | 0 59 |
| 256, 258 | 2,087 | Chêne, quatre-vingt-quatorze centimes . . . | 0 94 |
| | | Pour 0ᵐ01 de largeur en plus ou en moins. | |
| 256, 258 | 2,088 | Sapin, quatre centimes. . . . . . . | 0 04 |
| 256, 258 | 3,089 | Chêne, sept centimes . . . . . . | 0 07 |
| | | En bois de 0ᵐ054 d'épaisseur sur 0ᵐ10 de largeur. | |
| 256, 258 | 2,090 | Sapin, soixante-quatorze centimes . . . . | 0 74 |
| 256, 258 | 2,091 | Chêne, un franc vingt-six centimes . . . . | 1 26 |
| | | Pour 0ᵐ01 de largeur en plus ou en moins. | |
| 256, 258 | 2,092 | Sapin, cinq centimes . . . . . . | 0 05 |
| 256, 258 | 2,093 | Chêne, neuf centimes . . . . . . | 0 09 |
| | | En bois de 0ᵐ08 d'épaisseur sur 0ᵐ10 de largeur. | |
| 256, 258 | 2,094 | Sapin, quatre-vingt-quatorze centimes . . . | 0 94 |
| 256, 258 | 2,095 | Chêne, un franc quarante-cinq centimes. . . . | 1 45 |

| NUMÉROS | | DÉSIGNATION DES OUVRAGES. | PRIX |
|---|---|---|---|
| DU DEVIS. | DE LA SÉRIE. | | DE L'UNITÉ. |
| | | Pour 0<sup>m</sup>01 de largeur, en plus ou en moins. | |
| 256, 258 | 2,096 | Sapin, six centimes . . . . . . . . . . . . . . . . . . . . . . . . | 0 f. 06 |
| 256, 258 | 2,097 | Chêne, dix centimes . . . . . . . . . . . . . . . . . . . . . . . | 0 10 |
| | | En bois de 0<sup>m</sup>11 d'épaisseur sur 0<sup>m</sup>10 de largeur. | |
| 256, 258 | 2,098 | Sapin, un franc trente-neuf centimes . . . . . . . . . . . . . . | 1 39 |
| 256, 258 | 2,099 | Chêne, deux francs onze centimes . . . . . . . . . . . . . . | 2 11 |
| | | Pour 0<sup>m</sup>01 de largeur en plus ou en moins. | |
| 256, 258 | 2,100 | Sapin, neuf centimes . . . . . . . . . . . . . . . . . . . . . | 0 09 |
| 256, 258 | 2,101 | Chêne, quinze centimes . . . . . . . . . . . . . . . . . . . . | 0 15 |

**Bois blanchis sans assemblages.**

---

*Bandeaux*, champs, plinthes, tringles, ébrasements unis, coulisses simples et autres ouvrages semblables, posés, sans assemblages ou assemblés d'onglet, cloués ou collés, à 3 ou 4 parements.

| | | En bois de 0<sup>m</sup>013 à 0<sup>m</sup>020 d'épaisseur, sur 0<sup>m</sup>10 de largeur. | |
|---|---|---|---|
| 256, 259 | 2,102 | Sapin, quarante-trois centimes . . . . . . . . . . . . . . . . | 0 43 |
| 256, 259 | 2,103 | Chêne, soixante-huit centimes . . . . . . . . . . . . . . . . | 0 68 |
| | | Pour 0<sup>m</sup>01 de largeur en plus ou en moins. | |
| 256, 259 | 2,104 | Sapin, trois centimes . . . . . . . . . . . . . . . . . . . . . | 0 03 |
| 256, 259 | 2,105 | Chêne, cinq centimes . . . . . . . . . . . . . . . . . . . . . | 0 05 |
| | | En bois de 0<sup>m</sup>027 d'épaisseur sur 0<sup>m</sup>10 de largeur. | |
| 256, 259 | 2,106 | Sapin, quarante-cinq centimes . . . . . . . . . . . . . . . . | 0 45 |
| 256, 259 | 2,107 | Chêne, soixante-dix-neuf centimes . . . . . . . . . . . . . . | 0 79 |
| | | Pour 0<sup>m</sup>01 de largeur en plus ou en moins. | |
| 256, 259 | 2,108 | Sapin, quatre centimes . . . . . . . . . . . . . . . . . . . . | 0 04 |
| 256, 259 | 2,109 | Chêne, six centimes . . . . . . . . . . . . . . . . . . . . . | 0 06 |
| | | En bois de 0<sup>m</sup>034 d'épaisseur sur 0<sup>m</sup>10 de largeur. | |
| 256, 259 | 2,110 | Sapin, cinquante-deux centimes . . . . . . . . . . . . . . . . | 0 52 |
| 256, 259 | 2,111 | Chêne, un franc quatre centimes . . . . . . . . . . . . . . | 1 04 |
| | | Pour 0<sup>m</sup>01 de largeur en plus ou en moins. | |
| 256, 259 | 2,112 | Sapin, quatre centimes . . . . . . . . . . . . . . . . . . . . | 0 04 |
| 256, 259 | 2,113 | Chêne, sept centimes . . . . . . . . . . . . . . . . . . . . . | 0 07 |
| | | En bois de 0<sup>m</sup>041 d'épaisseur sur 0<sup>m</sup>10 de largeur. | |
| 256, 259 | 2,114 | Sapin, soixante-dix centimes . . . . . . . . . . . . . . . . . | 0 70 |
| 256, 259 | 2,115 | Chêne, un franc treize centimes . . . . . . . . . . . . . . . | 1 13 |
| | | Pour 0<sup>m</sup>01 de largeur en plus ou en moins. | |
| 256, 259 | 2,116 | Sapin, cinq centimes . . . . . . . . . . . . . . . . . . . . . | 0 05 |
| 256, 259 | 2,117 | Chêne, huit centimes . . . . . . . . . . . . . . . . . . . . . | 0 08 |
| | | En bois de 0<sup>m</sup>054 d'épaisseur sur 0<sup>m</sup>10 de largeur. | |
| 256, 259 | 2,118 | Sapin, un franc un centime . . . . . . . . . . . . . . . . . . | 1 01 |
| 256, 259 | 2,119 | Chêne, un franc cinquante-neuf centimes . . . . . . . . . . . | 1 59 |

| NUMÉROS | | DÉSIGNATION DES OUVRAGES. | PRIX |
|---|---|---|---|
| DU DEVIS. | DE LA SÉRIE. | | DE L'UNITÉ. |
| | | Pour 0<sup>m</sup>01 de largeur en plus ou en moins. | |
| 256, 259 | 2,120 | Sapin, sept centimes . . . . . . . . . . . . . . . | 0 f. 07 |
| 256, 259 | 2,121 | Chêne, onze centimes . . . . . . . . . . . . . | 0 11 |
| | | En bois de 0<sup>m</sup>08 d'épaisseur sur 0<sup>m</sup>10 de largeur. | |
| 256, 259 | 2,122 | Sapin, un franc seize centimes . . . . . . . . . . | 1 16 |
| 256, 259 | 2,123 | Chêne, un franc quatre-vingt-deux centimes. . . . . . | 1 82 |
| | | Pour 0<sup>m</sup>01 de largeur en plus ou en moins. | |
| 256, 259 | 2,124 | Sapin, huit centimes . . . . . . . . . . . . . | 0 08 |
| 256, 259 | 2,125 | Chêne, treize centimes . . . . . . . . . . . . | 0 13 |
| | | En bois de 0<sup>m</sup>11 d'épaisseur sur 0<sup>m</sup>10 de largeur. | |
| 256, 259 | 2,126 | Sapin, un franc soixante-et-onze centimes . . . . . | 1 71 |
| 256, 259 | 2,127 | Chêne, deux francs quarante-quatre centimes . . . . | 2 44 |
| | | Pour 0<sup>m</sup>01 de largeur en plus ou en moins. | |
| 256, 259 | 2,128 | Sapin, dix centimes . . . . . . . . . . . . . | 0 10 |
| 256, 259 | 2,129 | Chêne, dix-sept centimes . . . . . . . . . . . | 0 17 |

**Bois blanchis avec assemblages.**

———

*Bâtis* et huisseries, poteaux apparents portant nervures pour la latte, chambranles ordinaires et à la capucine, barres embrevées, emboîtures, traverses de châssis et lambris dormants corroyés, assemblés avec ou sans feuillures, rainures, socles, congés, arrondissements à trois ou quatre parements, en bois des épaisseurs suivantes :

| | | En bois de 0<sup>m</sup>013 à 0<sup>m</sup>20 d'épaisseur sur 0<sup>m</sup>10 de largeur. | |
|---|---|---|---|
| 256. 260 | 2,130 | Sapin, cinquante-six centimes. . . . . . . . . . | 0 56 |
| 256, 260 | 2,131 | Chêne, quatre-vingt-trois centimes . . . . . . . . | 0 83 |
| | | Pour 0<sup>m</sup>01 de largeur en plus ou en moins, | |
| 256, 260 | 2,132 | Sapin, quatre centimes . . . . . . . . . . . . | 0 04 |
| 256, 260 | 2,133 | Chêne six centimes . . . . . . . . . . . . . | 0 06 |
| | | En bois de 0<sup>m</sup>027 d'épaisseur sur 0<sup>m</sup>10 de largeur. | |
| 256, 260 | 2,134 | Sapin, cinquante-quatre centimes. . . . . . . . . | 0 54 |
| 256, 260 | 2,135 | Chêne, quatre-vingt-cinq centimes . . . . . . . . | 0 85 |
| | | Pour 0<sup>m</sup>01 de largeur en plus ou en moins. | |
| 256, 260 | 2,136 | Sapin, quatre centimes. . . . . . . . . . . . | 0 04 |
| 256, 260 | 2,137 | Chêne, six centimes . . . . . . . . . . . . . | 0 06 |
| | | En bois de 0<sup>m</sup>034 d'épaisseur sur 0<sup>m</sup>10 de largeur. | |
| 256, 260 | 2,138 | Sapin, soixante-cinq centimes. . . . . . . . . . | 0 65 |
| 256, 260 | 2,139 | Chêne, un franc dix centimes. . . . . . . . . . | 1 10 |
| | | Pour 0<sup>m</sup>01 de largeur en plus ou en moins. | |
| 256, 260 | 2,140 | Sapin, quatre centimes . . . . . . . . . . . . | 0 04 |
| 256, 260 | 2,141 | Chêne, sept centimes . . . . . . . . . . . . . | 0 07 |

| NUMÉROS | | DÉSIGNATION DES OUVRAGES. | PRIX |
| DU DEVIS. | DE LA SÉRIE. | | DE L'UNITÉ |
|---|---|---|---|
| 256, 260 | | En bois de 0ᵐ041 d'épaisseur sur 0ᵐ10 de largeur. | |
| | 2,142 | Sapin, soixante-treize centimes | 0 f. 73 |
| d° | 2,143 | Chêne, un franc vingt-deux centimes. | 1 22 |
| | | Pour 0ᵐ01 de largeur en plus ou en moins. | |
| d° | 2,144 | Sapin, cinq centimes | 0 05 |
| d° | 2,145 | Chêne, huit centimes | 0 08 |
| | | En bois de 0ᵐ054 d'épaisseur sur 0ᵐ10 de largeur. | |
| d° | 2,146 | Sapin, un franc quatre centimes | 1 04 |
| d° | 2,147 | Chêne, un franc soixante-six centimes | 1 66 |
| | | Pour 0ᵐ01 de largeur en plus ou en moins. | |
| d° | 2,148 | Sapin, sept centimes | 0 07 |
| d° | 2,149 | Chêne, douze centimes. | 0 12 |
| | | En bois de 0ᵐ08 d'épaisseur sur 0ᵐ10 de largeur. | |
| d° | 2,150 | Sapin, un franc seize centimes. | 1 16 |
| d° | 2,151 | Chêne, un franc quatre-vingt-seize centimes. | 1 96 |
| | | Pour 0ᵐ01 de largeur en plus ou en moins. | |
| d° | 2,152 | Sapin, huit centimes | 0 08 |
| d° | 2,153 | Chêne, quatorze centimes. | 0 14 |
| | | En bois de 0ᵐ11 d'épaisseur sur 0ᵐ10 de largeur. | |
| d° | 2,154 | Sapin, un franc quatre-vingt-quatre centimes | 1 84 |
| d° | 2,155 | Chêne, deux francs soixante-et-un centimes | 2 61 |
| | | Pour 0ᵐ01 de largeur en plus ou en moins. | |
| d° | 2,156 | Sapin, onze centimes. | 0 11 |
| d° | 2,157 | Chêne, dix-huit centimes | 0 18 |

**Bois blanchis, moulurés, avec ou sans assemblages.**

| | | | |
|---|---|---|---|
| | | *Bordures*, plinthes moulurées, cymaises, corniches, moulures figurant chambranles, compris toutes coupes d'onglet. | |
| 256, 261 | | En bois de 0ᵐ013 à 0ᵐ020 d'épaisseur sur 0ᵐ10 de largeur, | |
| | 2,158 | Sapin, cinquante-sept centimes | 0 57 |
| d° | 2,159 | Chêne, quatre-vingt-sept centimes | 0 87 |
| | | Pour 0ᵐ01 de largeur en plus ou en moins. | |
| d° | 2,160 | Sapin, quatre centimes. | 0 04 |
| d° | 2,161 | Chêne, six centimes | 0 06 |
| | | En bois de 0ᵐ027 d'épaisseur sur 0ᵐ10 de largeur. | |
| d° | 2,162 | Sapin, soixante-et-un centimes | 0 61 |
| d° | 2,163 | Chêne, quatre-vingt-seize centimes | 0 96 |
| | | Pour 0ᵐ01 de largeur en plus ou en moins. | |
| d° | 2,164 | Sapin, quatre centimes. | 0 04 |
| d° | 2,165 | Chêne, sept centimes | 0 07 |

| NUMÉROS | | DÉSIGNATION DES OUVRAGES. | PRIX |
| DU DEVIS. | DE LA SÉRIE. | | DE L'UNITÉ. |
| --- | --- | --- | --- |
| | | En bois de 0<sup>m</sup>034 d'épaisseur sur 0<sup>m</sup>10 de largeur. | |
| 256, 261 | 2,166 | Sapin, soixante-treize centimes . . . . . . . . . | 0 f. 73 |
| d° | 2,167 | Chêne, un franc vingt-quatre centimes . . . . . . . . . . . | 1 24 |
| | | Pour 0<sup>m</sup>01 de largeur, en plus ou en moins. | |
| d° | 2,168 | Sapin, cinq centimes . . . . . . . . . . . | 0 05 |
| d° | 2,169 | Chêne, neuf centimes . . . . . . . . . . | 0 09 |
| | | En bois de 0<sup>m</sup>041 d'épaisseur sur 0<sup>m</sup>10 de largeur. | |
| d° | 2,170 | Sapin, quatre-vingt-sept centimes. . . . . . . . . . . | 0 87 |
| d° | 2,171 | Chêne, un franc trente-cinq centimes. . . . . . . . . . . | 1 35 |
| | | Pour 0<sup>m</sup>01 de largeur en plus ou en moins. | |
| d° | 2,172 | Sapin, six centimes . . . . . . . . . | 0 06 |
| d° | 2,173 | Chêne, dix centimes . . . . . . . . . | 0 10 |
| | | En bois de 0<sup>m</sup>054 d'épaisseur sur 0<sup>m</sup>10 de largeur. | |
| d° | 2,174 | Sapin, un franc dix-sept centimes. . . . . . . . . | 1 17 |
| d° | 2,175 | Chêne, un franc quatre-vingts centimes . . . . . . . . . | 1 80 |
| | | Pour 0<sup>m</sup>01 de largeur en plus ou en moins. | |
| d° | 2,176 | Sapin, huit centimes . . . . . . . . . | 0 08 |
| d° | 2,177 | Chêne, treize centimes. . . . . . . . . . . | 0 13 |
| | | En bois de 0<sup>m</sup>08 d'épaisseur sur 0<sup>m</sup>10 de largeur. | |
| d° | 2,178 | Sapin, un franc trente-neuf centimes. . . . . . . . . . | 1 39 |
| d° | 2,179 | Chêne, deux francs vingt-et-un centimes. . . . . . . . . | 2 21 |
| | | Pour 0<sup>m</sup>01 de largeur en plus ou en moins. | |
| d° | 2,180 | Sapin, neuf centimes . . . . . . . . . . | 0 09 |
| d° | 2,181 | Chêne, quinze centimes . . . . . . . . . | 0 15 |
| | | En bois de 0<sup>m</sup>11 d'épaisseur sur 0<sup>m</sup>10 de largeur. | |
| d° | 2,182 | Sapin, un franc quatre-vingt-seize centimes. . . . . . . . | 1 96 |
| d° | 2,183 | Chêne, trois francs soixante-et-un centimes . . . . . . . . . | 3 61 |
| | | Pour 0<sup>m</sup>01 de largeur en plus ou en moins. | |
| d° | 2,184 | Sapin, seize centimes . . . . . . . . . | 0 16 |
| d° | 2,185 | Chêne, vingt-six centimes. . . . . . . . . . . | 0 26 |
| | | *Cadres* figurant panneaux, compris toutes coupes d'onglet : | |
| | | En bois de 0<sup>m</sup>013 à 0<sup>m</sup>020 d'épaisseur sur 0<sup>m</sup>10 de largeur. | |
| d° | 2,186 | Sapin, soixante-dix-huit centimes. . . . . . . . . | 0 78 |
| d° | 2,187 | Chêne, un franc sept centimes. . . . . . . . . . | 1 07 |
| | | Pour 0<sup>m</sup>01 de largeur en plus ou en moins. | |
| d° | 2,188 | Sapin, cinq centimes . . . . . . . . . | 0 05 |
| d° | 2,189 | Chêne, huit centimes . . . . . . . . . | 0 08 |
| | | En bois de 0<sup>m</sup>027 d'épaisseur sur 0<sup>m</sup>10 de largeur. | |
| d° | 2,190 | Sapin, quatre-vingt-trois centimes . . . . . . . . . | 0 83 |
| d° | 2,191 | Chêne, un franc treize centimes . . . . . . . . . | 1 13 |
| | | Pour 0<sup>m</sup>01 de largeur en plus ou en moins. | |
| d° | 2,192 | Sapin, cinq centimes . . . . . . . . . | 0 05 |
| d° | 2,193 | Chêne, huit centimes . . . . . . . . . | 0 08 |

| NUMÉROS | | DÉSIGNATION DES OUVRAGES. | PRIX | |
|---|---|---|---|---|
| DU DEVIS. | DE LA SÉRIE. | | DE L'UNITÉ. | |
| | | En bois de 0ᵐ034 d'épaisseur sur 0ᵐ10 de largeur. | | |
| 256, 261 | 2,194 | Sapin, quatre-vingt-dix-sept centimes . . . . . . . . . . . . . . . | 0 f. | 97 |
| dᵒ | 2,195 | Chêne, un franc cinquante-et-un centimes . . . . . . . . . . . | 1 | 51 |
| | | Pour 0ᵐ01 de largeur en plus ou en moins. | | |
| dᵒ | 2,196 | Sapin, sept centimes . . . . . . . . . . . . . . . . . . | 0 | 07 |
| dᵒ | 2,197 | Chêne, onze centimes . . . . . . . . . . . . . . . . . | 0 | 11 |
| dᵒ | 2,198 | *Cadres* figurant panneaux de plafond. | | |
| | | Ils seront payés aux prix ci-dessus, augmentés de un dixième. . . . . . . | 1/10 | |
| | | *Corniches* volantes de plusieurs pièces, développées compris, rainures et languettes d'embrèvement, coupes d'onglet, clous et pose. | | |
| | | En bois de 0ᵐ013 à 0ᵐ020 d'épaisseur sur 0ᵐ10 de largeur. | | |
| dᵒ | 2,199 | Sapin, soixante-sept centimes. . . . . . . . . . . . . . . . | 0 | 67 |
| dᵒ | 2,200 | Chêne, quatre-vingt-seize centimes . . . . . . . . . . . . | 0 | 96 |
| | | Pour 0ᵐ01 de largeur en plus ou en moins. | | |
| dᵒ | 2,201 | Sapin, quatre centimes. . . . . . . . . . . . . . . . . | 0 | 04 |
| dᵒ | 2,202 | Chêne, sept centimes . . . . . . . . . . . . . . . . . | 0 | 07 |
| | | En bois de 0ᵐ027 d'épaisseur, sur 0ᵐ10 de largeur. | | |
| dᵒ | 2,203 | Sapin, soixante-quatorze centimes. . . . . . . . . . . . . | 0 | 74 |
| dᵒ | 2,204 | Chêne, un franc . . . . . . . . . . . . . . . . . . . | 1 | 00 |
| | | Pour 0ᵐ01 de largeur en plus ou en moins. | | |
| dᵒ | 2,205 | Sapin, quatre centimes. . . . . . . . . . . . . . . . . | 0 | 04 |
| dᵒ | 2,206 | Chêne, sept centimes . . . . . . . . . . . . . . . . . | 0 | 07 |
| | | En bois de 0ᵐ034 d'épaisseur sur 0ᵐ10 de largeur. | | |
| dᵒ | 2.207 | Sapin, quatre-vingt-trois centimes . . . . . . . . . . . . | 0 | 83 |
| dᵒ | 2,208 | Chêne, un franc trente-deux centimes. . . . . . . . . . . . | 1 | 32 |
| | | Pour 0ᵐ01 de largeur en plus ou en moins. | | |
| dᵒ | 2,209 | Sapin, cinq centimes . . . . . . . . . . . . . . . . . | 0 | 05 |
| dᵒ | 2,210 | Chêne, neuf centimes . . . . . . . . . . . . . . . . . | 0 | 09 |
| | | En bois de 0ᵐ041 d'épaisseur sur 0ᵐ10 de largeur. | | |
| dᵒ | 2,211 | Sapin, quatre-vingt-treize centimes . . . . . . . . . . . | 0 | 93 |
| dᵒ | 2,212 | Chêne, un franc quarante-huit centimes . . . . . . . . . . . | 0 | 48 |
| | | Pour 0ᵐ01 de largeur en plus ou en moins. | | |
| dᵒ | 2,213 | Sapin, sept centimes . . . . . . . . . . . . . . . . | 0 | 07 |
| dᵒ | 2,214 | Chêne, onze centimes . . . . . . . . . . . . . . . . | 0 | 11 |
| | | En bois de 0ᵐ054 d'épaisseur sur 0ᵐ10 de largeur. | | |
| dᵒ | 2,215 | Sapin, un franc vingt-sept centimes . . . . . . . . . . . . | 1 | 27 |
| dᵒ | 2,216 | Chêne, un franc quatre-vingt-seize centimes. . . . . . . . . | 1 | 96 |
| | | Pour 0ᵐ01 de largeur en plus ou en moins. | | |
| dᵒ | 2,217 | Sapin, huit centimes . . . . . . . . . . . . . . . . . | 0 | 08 |
| dᵒ | 2,218 | Chêne, quatorze centimes . . . . . . . . . . . . . . . . | 0 | 14 |
| | | En bois de 0ᵐ08 d'épaisseur sur 0ᵐ10 de largeur. | | |
| dᵒ | 2,219 | Sapin, un franc cinquante-cinq centimes. . . . . . . . . . . | 1 | 55 |
| dᵒ | 2,220 | Chêne, deux francs vingt-six centimes . . . . . . . . . . . | 2 | 26 |

| NUMÉROS | | DÉSIGNATION DES OUVRAGES. | PRIX |
| DU DEVIS. | DE LA SÉRIE. | | DE L'UNITÉ. |
|---|---|---|---|
| | | Pour 0<sup>m</sup>01 de largeur en plus ou en moins. | |
| 256, 261 | 2,221 | Sapin, onze centimes . . . . . . . . . . . . . . . . . | 0 f. 11 |
| d° | 2,222 | Chêne, seize centimes . . . . . . . . . . . . . . . | 0   16 |
| | | En bois de 0<sup>m</sup>11 d'épaisseur sur 0<sup>m</sup>10 de largeur. | |
| d° | 2,223 | Sapin, deux francs onze centimes. . . . . . . . | 2   11 |
| d° | 2,224 | Chêne, trois francs soixante-quatorze centimes . . . . | 3   74 |
| | | Pour 0<sup>m</sup>01 de largeur en plus ou en moins. | |
| d° | 2,225 | Sapin, seize centimes . . . . . . . . . . . . . | 0   16 |
| d° | 2,226 | Chêne, vingt-six centimes. . . . . . . . . . . . | 0   26 |
| | | *Chambranles* d'assemblages, ravalés de moulures avec socles et rainures d'embrèvement. | |
| | | En bois de 0<sup>m</sup>027 d'épaisseur sur 0<sup>m</sup>10 de largeur. | |
| d° | 2,227 | Sapin, quatre-vingt-trois centimes . . . . . . . . . | 0   83 |
| d° | 2,228 | Chêne, un franc vingt-deux centimes. . . . . . . . | 1   22 |
| | | Pour 0<sup>m</sup>01 de largeur en plus ou en moins. | |
| d° | 2,229 | Sapin, cinq centimes . . . . . . . . . . . . | 0   05 |
| d° | 2,230 | Chêne, neuf centimes . . . . . . . . . . . . | 0   09 |
| | | En bois de 0<sup>m</sup>34 d'épaisseur sur 0<sup>m</sup>10 de largeur. | |
| d° | 2,231 | Sapin, quatre-vingt-dix-sept centimes . . . . . . . | 0   97 |
| d° | 2,232 | Chêne, un franc quarante-trois centimes. . . . . . . | 1   43 |
| | | Pour 0<sup>m</sup>01 de largeur en plus ou en moins. | |
| d° | 2,233 | Sapin, six centimes . . . . . . . . . . . . | 0   06 |
| d° | 2,234 | Chêne, dix centimes . . . . . . . . . . . . | 0   10 |
| | | En bois de 0<sup>m</sup>041 d'épaisseur sur 0<sup>m</sup>10 de largeur. | |
| d° | 2,235 | Sapin, un franc huit centimes. . . . . . . . . | 1   08 |
| d° | 2,236 | Chêne, un franc soixante-quatre centimes . . . . . . | 1   64 |
| | | Pour 0<sup>m</sup>01 de largeur en plus ou en moins. | |
| d° | 2,237 | Sapin, sept centimes . . . . . . . . . . . . | 0   07 |
| d° | 2,238 | Chêne, onze centimes . . . . . . . . . . . . | 0   11 |
| | | En bois de 0<sup>m</sup>054 d'épaisseur sur 0<sup>m</sup>10 de largeur. | |
| d° | 2,239 | Sapin, un franc trente-neuf centimes. . . . . . . | 1   39 |
| d° | 2,240 | Chêne, deux francs vingt-deux centimes. . . . . . | 2   22 |
| | | Pour 0<sup>m</sup>01 de largeur en plus ou en moins. | |
| d° | 2,241 | Sapin, dix centimes . . . . . . . . . . . . | 0   10 |
| d° | 2,242 | Chêne, dix-sept centimes . . . . . . . . . . | 0   17 |
| | | En bois de 0<sup>m</sup>08 d'épaisseur sur 0<sup>m</sup>10 de largeur. | |
| d° | 2,243 | Sapin, un franc soixante-et-un centimes. . . . . . . | 1   61 |
| d° | 2,244 | Chêne, deux francs cinquante-huit centimes . . . . . | 2   58 |
| | | Pour 0<sup>m</sup>01 de largeur en plus ou en moins. | |
| d° | 2,245 | Sapin, onze centimes . . . . . . . . . . . . | 0   11 |
| d° | 2,246 | Chêne, dix-neuf centimes . . . . . . . . . . | 0   19 |
| | | En bois de 0<sup>m</sup>11 d'épaisseur sur 0<sup>m</sup>10 de largeur. | |
| d° | 2,247 | Sapin, deux francs quarante-quatre centimes. . . . . | 2   44 |
| d° | 2,248 | Chêne, quatre francs . . . . . . . . . . . | 4   00 |

| NUMÉROS | | DÉSIGNATION DES OUVRAGES. | PRIX | |
|---|---|---|---|---|
| DU DEVIS. | DE LA SÉRIE. | | DE L'UNITÉ. | |
| 256, 261 | | Pour 0<sup>m</sup>01 de largeur en plus ou en moins. | | |
| d° | 2,249 | Sapin, dix-sept centimes . . . . . . . . . . . . . . . . . . | 0 | 17 |
| | 2,250 | Chêne, vingt-neuf centimes. . . . . . . . . . . . . . | 0 | 29 |
| 256, 260 | 2,251 | *Lames* de persiennes de lanternes, en chêne, de 0<sup>m</sup>034 sur 0<sup>m</sup>18, à quatre parements (les entailles dans les montants étant payées à part), un franc soixante centimes . . . . . . . . . . . . . . . . . . . . . . . . . | 1 | 60 |
| 256, 261 | 2,252 | *Crémaillères* en hêtre ou en chêne, pour tablettes de placards, soixante-dix centimes . . . . . . . . . . . . . . . . . . . . . . . . . | 0 | 70 |
| d° | | *Baguettes* d'angles de 0<sup>r</sup> 020 à 0<sup>m</sup>025 de diamètre. | | |
| d° | 2,253 | En sapin, trente centimes . . . . . . . . . . . . . . . | 0 | 30 |
| d° | 2,254 | En chêne, quarante centimes . . . . . . . . . . . . . . | 0 | 40 |
| d° | | *Demi-baguettes* d'angles, de 0<sup>m</sup>020 à 0<sup>m</sup>25 de diamètre. | | |
| d° | 2,255 | En sapin, vingt-cinq centimes . . . . . . . . . . . . . | 0 | 25 |
| d° | 2,256 | En chêne, trente-cinq centimes . . . . . . . . . . . . . | 0 | 35 |
| | | *Barres d'appui.* | | |
| d° | | 1° En chêne choisi ou en noyer. | | |
| d° | 2,257 | Profil olive. De 0<sup>m</sup>055 sur 0<sup>m</sup>035 et au-dessous, un franc trente centimes. . . | 1 | 30 |
| d° | 2,258 | — Pour chaque 0<sup>m</sup>0025 en plus, cinq centimes . . . . . . | 0 | 05 |
| d° | 2,259 | Profil à gorge. De 0<sup>m</sup>06 sur 0<sup>m</sup>04 et au-dessous, un franc cinquante centimes . . | 1 | 50 |
| d° | 2,260 | — Pour chaque 0<sup>m</sup>0025 en plus, dix centimes . . . . . . | 0 | 10 |
| d° | | 2° En acajou de Saint-Domingue. | | |
| d° | 2,261 | Profil olive. De 0<sup>m</sup>055 sur 0<sup>m</sup>035 et au-dessous, trois francs vingt centimes . | 3 | 20 |
| d° | 2,262 | — Pour chaque 0<sup>m</sup>0025 en plus, quinze centimes. . . . . . | 0 | 15 |
| d° | 2,263 | Profil à gorge. De 0<sup>m</sup>06 sur 0<sup>m</sup>04 et au-dessous, quatre francs. . . . . | 4 | 00 |
| | 2,264 | — Pour chaque 0<sup>m</sup>0025 en plus, vingt centimes . . . . . . | 0 | 20 |
| | | *Mains* courantes pour rampes d'escalier. | | |
| 256 | | 1° En noyer verni. | | |
| d° | 2,265 | Profil olive. De 0<sup>m</sup>055 sur 0<sup>m</sup>035 et au-dessous, quatre francs quarante centimes. | 4 | 40 |
| d° | 2,266 | — Pour chaque 0<sup>m</sup>0025 en plus, quinze centimes. . . . . . | 0 | 15 |
| d° | 2,267 | Profil à gorge. De 0<sup>m</sup>06 sur 0<sup>m</sup>04 et au-dessous, cinq francs vingt centimes . | 5 | 20 |
| | 2,268 | — Pour chaque 0<sup>m</sup>0025 en plus, vingt-cinq centimes . . . . . | 0 | 25 |
| | | 2° En acajou de Saint-Domingue verni | | |
| d° | 2,269 | Profil olive. De 0<sup>m</sup>055 sur 0<sup>m</sup>035 et au-dessous, six francs cinquante centimes . | 6 | 50 |
| d° | 2,270 | — Pour chaque 0<sup>m</sup>0025 en plus, vingt-cinq centimes. . . . . . | 0 | 25 |
| d° | 2,271 | Profil à gorge. De 0<sup>m</sup>06 sur 0<sup>m</sup>04 et au-dessous, sept francs soixante-quinze centimes . . . . . . . . . . . . . . . . . . . . . . . | 7 | 75 |
| d° | 2,272 | — Pour chaque 0<sup>m</sup>0025 en plus, quarante centimes . . . . . | 0 | 40 |

| NUMÉROS | | DESIGNATION DES OUVRAGES. | PRIX |
| DU DEVIS. | DE LA SÉRIE. | | DE L'UNITÉ |
|---|---|---|---|
| | | *Feuillures, rainures, moulures, nervures, arrondissements.* | |
| | | 1° En sapin. | |
| 256 | 2,273 | Jusqu'à 0ᵐ03 de largeur inclusivement, quatre centimes . . . . . . . | 0f. 04 |
| | | Chaque 0ᵐ01 en plus, un centime. . . . . . . . . . . . | 0 01 |
| | | 2° En chêne. | |
| dᵒ | 2,274 | Jusqu'à 0ᵐ03 de largeur inclusivement, six centimes . . . . . . . . | 0 06 |
| | | Chaque 0ᵐ01 en plus, deux centimes. . . . . . . . . . | 0 02 |
| | | 3° A bois de travers. | |
| dᵒ | 2,275 | Le triple des prix ci-dessus, suivant l'essence du bois, trois fois. . . . . | 3 |
| dᵒ | 2,276 | Nota. — Chaque membre de moulure sera compté comme une feuillure. | |
| | | 4° Léger arrondissement. | |
| dᵒ | 2,277 | En abattage de rive, mise d'épaisseur jusqu'à 0ᵐ03 de largeur, chanfreins sur barre ou tasseau. | |
| | | Moitié des prix ci-dessus, moitié . . . . . . . . . . . | 1/2 |
| | | *Entailles* dans le chêne ou le sapin. | |
| dᵒ | 2,278 | 1° A la scie, treize centimes. . . . . . . . . . . | 0 13 |
| dᵒ | 2,279 | 2° Au ciseau, vingt-six centimes. . . . . . . . . . . | 0 26 |
| | | 3° Comptées à la pièce, voir les nᵒˢ 2,307 à 2,311. | |
| 256, 259 | 2,280 | *Tasseaux* en sapin ou en chêne, de 0ᵐ027 à 0ᵐ034, vingt-six centimes. . . | 0 26 |
| dᵒ | 2,281 | *Couvre-joints* en sapin, à angles abattus, de 0ᵐ015 d'épaisseur sur 0ᵐ04 de largeur, trente centimes. . . . . . . . . . . . . | 0 30 |
| | | *Découpement* de lambrequin suivant le profil donné, quelle que soit l'essence du bois et son épaisseur, et sans avoir égard au mode d'assemblage entre elle des parties composant le lambrequin. | |
| | | Le mètre linéaire, suivant la hauteur de découpement, savoir : | |
| | | Nota. — La hauteur du découpement sera mesurée verticalement, du dessous de la partie découpée la plus basse, au-dessus de la partie découpée la plus élevée. La longueur sera prise, sans aucun développement, comme si l'on mesurait, par exemple, une baguette clouée sur le lambrequin. | |
| 256 | 2,282 | Découpement de 0ᵐ10 de hauteur, quatre-vingt-quinze centimes. . . . . | 0 95 |
| dᵒ | 2,283 | Découpement de 0ᵐ15 de hauteur, un franc quinze centimes. . . . . . | 1 15 |

| NUMÉROS | | DESIGNATION DES OUVRAGES. | PRIX | |
|---|---|---|---|---|
| DU DEVIS. | DE LA SÉRIE. | | DE L'UNITÉ. | |
| 256 | 2,284 | Découpement de 0ᵐ20 de hauteur, un franc trente centimes. | 1 f. | 30 |
| do | 2,285 | Découpement de 0ᵐ25 de hauteur, un franc cinquante centimes. | 1 | 50 |
| do | 2,286 | Découpement de 0ᵐ30 de hauteur, un franc soixante-cinq centimes. | 1 | 65 |
| do | 2,287 | Découpement de 0ᵐ35 de hauteur, un franc quatre-vingt-cinq centimes. | 1 | 85 |
| do | 2,288 | Découpement de 0ᵐ40 de hauteur, deux francs quarante-cinq centimes. | 2 | 45 |
| do | 2,289 | Découpement de 0ᵐ45 de hauteur, deux francs quatre-vingts centimes. | 2 | 80 |
| do | 2,290 | Découpement de 0ᵐ50 de hauteur, trois francs vingt-cinq centimes. | 3 | 25 |
| do | 2,291 | Découpement de 0ᵐ55 de hauteur, trois francs soixante-dix centimes | 3 | 70 |
| do | 2,292 | Découpement de 0ᵐ60 de hauteur, quatre francs quinze centimes. | 4 | 15 |
| do | 2,293 | *Grilles* en bois pour clôtures, conformes aux modèles des gares de la Loupe et du Mans.<br>Le mètre linéaire, un franc soixante-cinq centimes. | 1 | 65 |

*Différences et observations relatives aux prix ci-dessus des ouvrages au mètre linéaire.*

---

| | | | | |
|---|---|---|---|---|
| do | 2,294 | 1° *Chêne* de choix ou chêne de Hollande, assemblé et collé.<br>Les prix ci-dessus seront augmentés de un quart. | 1/4 | |
| do | 2,295 | 2° *Polissage* et cirage de chêne de choix.<br>Le mètre superficiel, pour chaque face polie et cirée, sera payé soixante-dix centimes. | 0 | 70 |
| do | 2,296 | 3° *Barre*, traverse, ou autre pièce cintrée sur une rive, y compris tous assemblages. On prendra pour largeur la plus grande dimension, la longueur sera comptée réelle. | | |
| do | 2,297 | 4° *Barre*, traverse, ou autre pièce cintrée sur deux rives, y compris tous assemblages.<br>Pour plus-value, on prendra la longueur réelle une fois en plus (ou en tout deux fois). | 1 | |
| do | 2,298 | 5° *Barre*, traverse ou autre pièce cintrée à double courbure.<br>Pour plus-value, on prendra la longueur réelle trois fois en plus (ou en tout quatre fois). | 3 | |
| do | 2,299 | 6° *Bois cintrés* au moyen de traits de scie.<br>La longueur réelle sera augmentée de un cinquième, en tout six cinquièmes. | 1/5 | |

### 3° Ouvrages en bois neuf, à la pièce.

---

| | | | | |
|---|---|---|---|---|
| 262 | 2,300 | *Découpement* à la scie d'un pied de banc ou d'une console de tablette, suivant le galbe donné, en chêne ou en sapin, le bois payé à part, vingt-cinq centimes. | 0 | 25 |

| NUMÉROS | | DÉSIGNATION DES OUVRAGES. | PRIX |
| DU DEVIS. | DE LA SÉRIE. | | DE L'UNITÉ |
|---|---|---|---|
| 262 | 2,301 | *Dessus* de siége d'aisances, ordinaire, en chêne de 0<sup>m</sup>034 d'épaisseur, à tampon, barré à queues, avec tasseaux, et de 1<sup>m</sup>20 à l'équerre, six francs quarante centimes. | 6 f. 40 |
| d° | 2,302 | *Plus-value* pour abattant en chêne, emboîté d'onglet, un franc trente centimes. | 1 30 |
| d° | 2,303 | Pour 0<sup>m</sup>20 en plus à l'équerre, soixante-cinq centimes . . . . . . | 0 65 |
| d° | 2,304 | *Dessus* de siége d'aisances à l'anglaise, en chêne, à moulures devant, bâtis de 0<sup>m</sup>034 d'épaisseur, abattant emboîté de 0<sup>m</sup>027 d'épaisseur, barré à queues, avec tasseaux et trapillon, et de 1<sup>m</sup>20 à l'équerre, dix francs quatre-vingt-quinze centimes. | 10 95 |
| d° | 2,305 | Pour 0<sup>m</sup>20 en plus à l'équerre, un franc dix centimes. . . . . . . . | 1 10 |
| d° | 2,306 | *Soubassements* de siéges d'aisances. Ils ne sont pas compris dans les prix ci-dessus. | |
| | | *Entailles* dans le chêne ou le sapin. | |
| d° | 2,307 | A deux ou trois arasements dans les tablettes, etc., quatre centimes. | 0 04 |
| d° | 2,308 | A mi-bois pour réunion de tablettes, etc., neuf centimes. . . . . . | 0 09 |
| d° | 2,309 | Pour encastrements d'abouts de lames de persiennes de lanterne, treize centimes. | 0 13 |
| d° | 2,310 | Pour former denticule simple de 0<sup>m</sup>03 à 0<sup>m</sup>05 de hauteur, sept centimes. . . | 0 07 |
| d° | 2,311 | Pour former denticule de 0<sup>m</sup>03 à 0<sup>m</sup>05 de hauteur avec langue de chat, treize centimes. . . . . . . . . . . . . | 0 13 |
| | | *Entailles* comptées au mètre linéaire (voir les n<sup>os</sup> 2,278, 2,279). | |
| | | *Goussets* pleins, chantournés, en chêne ou en sapin, de 0<sup>m</sup>034 à 0<sup>m</sup>041 d'épaisseur. | |
| d° | 2,312 | De 0<sup>m</sup>15 à 0<sup>m</sup>30 de grandeur, quarante centimes. . . . . . . | 0 40 |
| d° | 2,313 | De 0<sup>m</sup>31 à 0<sup>m</sup>50 de grandeur, cinquante centimes. . . . . . . | 0 50 |
| | | *Jour percé*, quelle que soit sa forme, dans une porte, dans un volet, etc. | |
| d° | 2,314 | En chêne, soixante-cinq centimes. . . . . . . . . . . | 0 65 |
| d° | 2,315 | En sapin, cinquante centimes. . . . . . . . . . . . | 0 50 |
| d° | 2,316 | *Rosette* en chêne pour porte-manteau, vingt-six centimes . . . . . . | 0 26 |
| | | *Potences* ou supports d'assemblages, en chêne. | |
| d° | 2,317 | De 0<sup>m</sup>027 à 0<sup>m</sup>034 d'épaisseur, soixante-dix centimes. . . . . . | 0 70 |
| d° | 2,318 | De 0<sup>m</sup>041 à 0<sup>m</sup>054 d'épaisseur, un franc. . . . . . . . . | 1 00 |
| | | *Tablettes* d'encoignures, de 0<sup>m</sup>027 d'épaisseur et 0<sup>m</sup>020 de rayon, avec leurs tasseaux. | |
| d° | 2,319 | En chêne, cinquante-deux centimes. . . . . . . . . | 0 52 |
| d° | 2,320 | En sapin, quarante centimes. . . . . . . . . . . | 0 40 |
| | | *Tiroirs* de 0<sup>m</sup>027 d'épaisseur, à côtés de 0<sup>m</sup>013 d'épaisseur, assemblés à queues, et à fond de 0<sup>m</sup>027 d'épaisseur, embrevés. NOTA. — Aux tiroirs en chêne ou en sapin, le fond seul est en sapin. | |

| NUMÉROS | | DÉSIGNATION DES OUVRAGES. | PRIX |
|---|---|---|---|
| DU DEVIS. | DE LA SÉRIE. | | DE L'UNITÉ. |

$1^\circ$ De $0^m32$ à l'équerre.

| | | | | |
|---|---|---|---|---|
| 262 | 2,321 | En chêne et sapin, de $0^m08$ de hauteur, un franc trente centimes. . . . . . | 1 f. | 30 |
| d° | 2,322 | En chêne et sapin, de $0^m11$ de hauteur, un franc quarante-huit centimes. . . | 1 | 48 |
| d° | 2,323 | Tout chêne, de $0^m08$ de hauteur, un franc quarante-quatre centimes. . . . | 1 | 44 |
| d° | 2,324 | Tout chêne, de $0^m11$ de hauteur, un franc soixante-cinq centimes. . . . . | 1 | 65 |

$2^\circ$ De $0^m65$ à l'équerre.

| | | | | |
|---|---|---|---|---|
| d° | 2,325 | En chêne et en sapin, de $0^m08$ de haut, deux francs . . . . . . . . | 2 | 00 |
| d° | 2,326 | En chêne et en sapin, de $0^m11$ de haut, deux francs quarante centimes. . . . | 2 | 40 |
| d° | 2,327 | Tout en chêne, de $0^m08$ de haut, deux francs vingt-cinq centimes. . . . . | 2 | 25 |
| d° | 2,328 | Tout en chêne, de $0^m11$ de haut, deux francs soixante-dix centimes. . . . . | 2 | 70 |

$3^\circ$ De $1^m00$ à l'équerre.

| | | | | |
|---|---|---|---|---|
| d° | 2,329 | En chêne et en sapin, de $0^m08$ de haut, trois francs vingt centimes. . . . . | 3 | 20 |
| d° | 2,330 | En chêne et en sapin, de $0^m11$ de haut, trois francs soixante-dix centimes. . . | 3 | 70 |
| d° | 2,331 | Tout en chêne, de $0^m08$ de haut, trois francs cinquante-cinq centimes. . . . | 3 | 55 |
| d° | 2,332 | Tout en chêne, de $0^m11$ de haut, quatre francs vingt-cinq centimes. . . . . | 4 | 25 |

$4^\circ$ De $1^m30$ à l'équerre.

| | | | | |
|---|---|---|---|---|
| d° | 2,333 | En chêne et en sapin, de $0^m08$ de haut, quatre francs trente centimes. . . . | 4 | 30 |
| d° | 2,334 | En chêne et en sapin, de $0^m11$ de haut, cinq francs vingt centimes. . . . . | 5 | 20 |
| d° | 2,335 | Tout en chêne, de $0^m08$ de haut, cinq francs. . . . . | 5 | 00 |
| d° | 2,336 | Tout en chêne, de $0^m11$ de haut, cinq francs quatre-vingt-cinq centimes. . . | 5 | 85 |
| » | 2,337 | NOTA. — Les prix ci-dessus comprennent les entailles dans les traverses de ceinture des tables, pour recevoir les tiroirs ; les entailles entrent dans les prix ci-dessus, pour chaque tiroir , pour $1^\circ$ 0 fr. 20 : $2^\circ$ 0 fr. 30 ; $3^\circ$ 0 fr. 40 ; $4^\circ$ 0 fr. 60. | | |
| » | 2,338 | *Tournage* d'un pied de bureau en chêne ou en hêtre, le bois payé à part, soixante centimes. . . . . . . . . . . . | 0 | 60 |
| » | 2,339 | *Trou* percé et tamponné, en pierre dure ou en brique, cinq centimes. . . . . | 0 | 05 |

| NUMÉROS | | DÉSIGNATION DES OUVRAGES. | PRIX |
|---|---|---|---|
| DU DEVIS. | DE LA SÉRIE. | | DE L'UNITÉ |

**4° Ouvrages en bois neuf employé dans les réparations.**

| | | | | |
|---|---|---|---|---|
| » | 2,349 | NOTA. — Quand les ouvrages ci-dessous seront employés dans les travaux neufs, les prix suivants seront diminués de un dixième. . . . . . . . | 1/10 | |
| | | *Barres* et emboîtures en chêne, embrevées à queues ou assemblées à tenons et mortaises.  Le mètre linéaire : | | |
| 267 | 2,350 | De 0ᵐ027 d'épaisseur, 0ᵐ10 de largeur, un franc dix centimes . . . . | 1 f. | 10 |
| » | 2,351 | Pour 0ᵐ01 de largeur en plus ou en moins, sept centimes. . . . . | 0 | 07 |
| 267 | 2,352 | De 0ᵐ034 d'épaisseur, 0ᵐ10 de largeur, un franc cinquante centimes. . . . | 1 | 50 |
| » | 2,353 | Pour 0ᵐ01 de largeur en plus ou en moins, dix centimes. . . . . | 0 | 10 |
| 267 | 2,354 | De 0ᵐ041 d'épaisseur, 0ᵐ10 de largeur, un franc soixante-cinq centimes. . . | 1 | 65 |
| » | 2,355 | Pour 0ᵐ01 de largeur en plus ou en moins, onze centimes. . . . . | 0 | 11 |
| 267 | 2,356 | De 0ᵐ054 d'épaisseur, 0ᵐ10 de largeur, deux francs vingt-cinq centimes. . | 2 | 25 |
| » | 2,357 | Pour 0ᵐ01 de largeur, en plus ou en moins, quinze centimes. . . . . | 0 | 15 |
| 267 | 2,558 | De 0ᵐ08 d'épaisseur, 0ᵐ10 de largeur, deux francs cinquante-cinq centimes. . | 2 | 55 |
| » | 2,359 | Pour 0ᵐ01 de largeur en plus ou en moins, dix-huit centimes. . . . . | 0 | 18 |
| 267 | 2,360 | *Barres* et emboîtures en sapin du Nord.  Elles seront payées aux prix ci-dessus diminués de un tiers. . . . . | 1/3 | |
| | | *Battants* de lambris à petits cadres.  Le mètre linéaire : | | |

1° En sapin.

| | | | | |
|---|---|---|---|---|
| 267 | 2,361 | De 0ᵐ027 d'épaisseur, 0ᵐ10 de largeur, soixante-quinze centimes . . . | 0 | 75 |
| » | 2,362 | Pour 0ᵐ01 de largeur en plus ou en moins, quatre centimes. . . . | 0 | 04 |
| 267 | 2,363 | De 0ᵐ034 d'épaisseur, 0ᵐ10 de largeur, quatre-vingt-dix centimes. . . . | 0 | 90 |
| » | 2,364 | Pour 0ᵐ01 de largeur en plus ou en moins, six centimes. . . . | 0 | 06 |
| 267 | 2,365 | De 0ᵐ041 d'épaisseur, 0ᵐ10 de largeur, un franc dix centimes . . . | 1 | 10 |
| » | 2,366 | Pour 0ᵐ01 de largeur en plus ou en moins, sept centimes . . . . | 0 | 07 |
| 267 | 2,367 | De 0ᵐ054 d'épaisseur, 0ᵐ10 de largeur, un franc cinquante-cinq centimes. . | 1 | 55 |
| » | 2,368 | Pour 0ᵐ01 de largeur en plus ou en moins, onze centimes. . . . . | 0 | 11 |

2° En chêne.

| | | | | |
|---|---|---|---|---|
| 267 | 2,369 | De 0ᵐ027 d'épaisseur, 0ᵐ10 de largeur, un franc quinze centimes. . . . | 1 | 15 |
| » | 2,370 | Pour 0ᵐ01 de largeur en plus ou en moins, sept centimes . . . . | 0 | 07 |
| 267 | 2,271 | De 0ᵐ034 d'épaisseur, 0ᵐ10 de largeur, un franc cinquante-cinq centimes. . | 1 | 55 |
| » | 2,372 | Pour 0ᵐ01 de largeur en plus ou en moins, dix centimes. . . . . | 0 | 10 |

| NUMÉROS | | DESIGNATION DES OUVRAGES. | PRIX |
|---|---|---|---|
| DU DEVIS. | DE LA SÉRIE. | | DE L'UNITÉ. |
| 267 | 2,373 | De $0^m041$ d'épaisseur, $0^m10$ de largeur, un franc soixante-dix centimes. . . | 1 f. 70 |
| » | 2,374 | Pour $0^m01$ de largeur en plus ou en moins, onze centimes. . . . . . | 0 11 |
| 267 | 2,375 | De $0^m054$ d'épaisseur, $0^m10$ de largeur, deux francs trente centimes. . . . | 2 30 |
| » | 2,376 | Pour $0^m01$ de largeur en plus ou en moins, seize centimes. . . . . | 0 16 |
| | | *Battants* de croisées et pièces d'appui de croisées, en chêne. | |
| | | Le mètre linéaire, savoir : | |
| 267 | 2,377 | De $0^m027$ d'épaisseur, $0^m10$ de largeur, un franc quinze centimes. . . . | 1 15 |
| » | 2,378 | Pour $0^m01$ de largeur en plus ou en moins, sept centimes. . . . . . | 0 07 |
| 267 | 2,379 | De $0^m034$ d'épaisseur, $0^m10$ de largeur, un franc soixante centimes. . . . | 1 60 |
| » | 2,380 | Pour $0^m01$ de largeur en plus ou en moins, onze centimes. . . . . . | 0 11 |
| 267 | 2,381 | De $0^m041$ d'épaisseur, $0^m10$ de largeur, un franc soixante-quinze centimes. . | 1 75 |
| » | 2,382 | Pour $0^m01$ de largeur en plus ou en moins, douze centimes. . . . . | 0 12 |
| 267 | 2,383 | De $0^m054$ d'épaisseur, $0^m10$ de largeur, deux francs trente-cinq centimes . . | 2 35 |
| » | 2,384 | Pour $0^m01$ de largeur en plus ou en moins, seize centimes. . . . . . | 0 16 |
| 267 | 2,385 | De $0^m08$ d'épaisseur, $0^m10$ de largeur, deux francs soixante-dix centimes . . | 2 70 |
| » | 2,386 | Pour $0^m01$ de largeur en plus ou en moins, dix-neuf centimes . . . . | 0 19 |
| 267 | 2,387 | De $0^m11$ d'épaisseur, $0^m10$ de largeur, quatre francs vingt centimes . . . | 4 20 |
| » | 2,388 | Pour $0^m01$ de largeur en plus ou en moins, trente-deux centimes. . . . | 0 32 |
| 267 | 2,389 | *Les mêmes battants,* etc., en sapin du Nord.<br>Ils seront payés aux prix ci-dessus diminués de un tiers. . . . . . . . | 1/3 |
| | | *Battants* à gueule de loup, jets d'eau et petits bois en chêne. | |
| | | Le mètre linéaire, savoir : | |
| 267 | 2,390 | De $0^m027$ d'épaisseur, $0^m10$ de largeur, un franc quarante centimes. . . . | 1 40 |
| » | 2,391 | Pour $0^m01$ de largeur en plus ou en moins, huit centimes. . . . . . | 0 08 |
| 267 | 2,392 | De $0^m034$ d'épaisseur, $0^m10$ de largeur, un franc soixante-dix-sept centimes. | 1 77 |
| » | 2,393 | Pour $0^m01$ de largeur en plus ou en moins, douze centimes. . . . . | 0 12 |
| 267 | 2,394 | De $041$ d'épaisseur, $0^m10$ de largeur, un franc quatre-vingt-quinze centimes. | 1 95 |
| » | 2,395 | Pour $0^m01$ de largeur en plus ou en moins, treize centimes. . . . . | 0 13 |
| 267 | 2,396 | De $0^m054$ d'épaisseur, $0^m10$ de largeur, deux francs soixante-cinq centimes . | 2 65 |
| 267 | 2,397 | Pour $0^m01$ de largeur en plus ou en moins, dix-huit centimes . . . . | 0 18 |
| » | 2,398 | De $0^m08$ d'épaisseur, $0^m10$ de largeur, trois francs. . . . . . . . | 3 00 |
| 267 | 2,399 | Pour $0^m01$ de largeur en plus ou en moins, vingt-trois centimes. . . . . | 0 23 |
| » | 2,400 | Les mêmes battants, etc., en sapin du Nord, un tiers en moins des prix ci-dessus. | |
| | | NOTA. — Les prix compris entre les n$^{os}$ 2,401 à 2,407 sont pour des barrières de passage à niveau. Pour les treuils de puits et leurs accessoires, voir au chapitre 8$^e$ le n° 2,908. | |
| » | 2,401 | *Arrondissement* de poteaux tourillons de barrière.<br>Le mètre linéaire, quarante-cinq centimes. . . . . . . . . . | 0 45 |
| » | 2,402 | *Taille* en pointe de diamant d'un dessus de poteau, soixante centimes. . . . | 0 60 |

| NUMÉROS | | DESIGNATION DES OUVRAGES. | PRIX |
|---|---|---|---|
| DU DEVIS. | DE LA SÉRIE. | | DE L'UNITÉ |
| | | *Chêne* raboté sus les quatre parements, compté au mètre linéaire. | |
| 256, 260 | 2,403 | *Poteaux* de $\dfrac{0^m06}{0^m08}$ , un franc quarante centimes . . . . . . . . | 1 f. 40 |
| 256, 250 | 2,404 | *Traverses* de $\dfrac{0^m08}{0^m09}$ ou de $\dfrac{0^m06 \times 0^m09}{0^m09}$ , un franc soixante-quinze centimes. | 1   75 |
| 256, 260 | 2,405 | *Décharge* $\dfrac{0^m06}{0^m10}$ , un franc soixante centimes. . . . . . . . . | 1   60 |
| 256, 260 | 2,406 | *Traverses* $\dfrac{0^m04}{0^m09}$ , un franc vingt centimes. . . . . . . . . | 1   20 |
| 256, 259 | 2,407 | *Lames* de $\dfrac{0^m02}{0^m05}$ y compris façon de la pointe, quarante-cinq centimes. . . | 0   45 |

| NUMÉROS | | DESIGNATION DES OUVRAGES. | PRIX |
|---|---|---|---|
| DU DEVIS. | DE LA SÉRIE. | | DE L'UNITÉ. |

§ 2ᵉ *Ouvrages en matériaux vieux.*

1° **Ouvrages en bois vieux, au mètre superficiel.**

| | | | |
|---|---|---|---|
| 269, 270, 271, 273 | 2,430 | *Dépose* avec ou sans échelle de portes, croisées, cloisons, châssis, persiennes, tablettes, etc., avec transport dans le magasin, onze centimes. . . . . . . . | 0 f. 11 |
| dº | 2,431 | *Dépose* de lambris compris descellement des pattes, avec transport dans le magasin, vingt-cinq centimes. . . . . . . . . . . . . | 0  25 |
| dº | 2,432 | *Dépose* de parquets en frises ou en feuilles, y compris dépose de lambourdes, avec transport dans le magasin, vingt centimes. . . . . . . . . . . | 0  20 |
| dº | 2,433 | *Dépose* de grandes portes de plus de 3ᵐ00 de surface, par battant ou partie d'un seul tenant, et de 0ᵐ054 à 0ᵐ08 d'épaisseur, cinquante-deux centimes. . . . . | 0  52 |
| 269, 273 | 2,434 | *Repose* de portes, cloisons, châssis, persiennes, tablettes, lambris, etc., y compris transport, quarante centimes. . . . . . . . . . . . | 0  40 |
| dº | 2,435 | Les mêmes coupés et posés, soixante centimes . . . . . . . . | 0  60 |
| dº | 2,436 | Les mêmes, coupés, reposés et de plus équarris, soixante-dix-huit centimes. . | 0  78 |
| dº | 2,437 | Les mêmes, coupés, reposés et de plus rainés et feuillés au pourtour, quatre-vingt-quinze centimes. . . . . . . . . . . . . . | 0  95 |
| | | *Portes-pleines* ou volets emboîtés haut et bas, avec barres et clefs, déchevillés et retaillés sur la hauteur, rechevillés et reposés. | |
| 269, 272, 273 | 2,438 | En sapin, un franc quinze centimes. . . . . . . . . . . | 1  15 |
| dº | 2,439 | En chêne, un franc quarante centimes. . . . . . . . . . | 1  40 |
| | | Les mêmes, mais de plus, équarris et retaillés en tous sens. | |
| dº | 2,440 | En sapin, un franc quarante centimes. . . . . . . . . . | 1  40 |
| dº | 2,441 | En chêne, un franc quatre-vingt-cinq centimes. . . . . . . . | 1  85 |
| | | *Parquets* de 0ᵐ027 à 0ᵐ034 d'épaisseur en frises, à l'anglaise, ajustés et reposés, y compris pose des lambourdes. | |
| dº | 2,442 | En sapin, un franc cinq centimes. . . . . . . . . . . | 1  05 |
| dº | 2,443 | En chêne, un franc quarante centimes. . . . . . . . . . | 1  40 |
| | | Les mêmes équarris, retaillés et rainés. | |
| dº | 2,444 | En sapin, un franc trente centimes. . . . . . . . . . . | 1  30 |
| dº | 2,445 | En chêne, un franc soixante-quinze centimes. . . . . . . . . | 1  75 |

| NUMÉROS | | DÉSIGNATION DES OUVRAGES. | PRIX |
| DU DEVIS. | DE LA SÉRIE. | | DE L'UNITÉ. |
| --- | --- | --- | --- |
| 266, 269, 272, 273 | 2,446 | Les mêmes, en bois fournis par la Compagnie, débités, rainés, corroyés et posés. En sapin, deux francs quatre-vingts centimes. . . . . . . . . | 2f. 80 |
| dº | 2,447 | En chêne, trois francs dix centimes. . . . . . . . . . . . . . | 3 10 |
| 266 | 2,448 | *Replanissage* avant ou après le travail des peintres, trente-cinq centimes. . . | 0 35 |
| dº | 2,449 | *Replanissage* de vieux parquets non déposés, en sapin ou en chêne, soixante centimes. . . . . . . . . . . . . . . . . . . | 0 60 |
| dº | 2,450 | *Râclage* de vieux parquets non déposés, en sapin ou en chêne, trente-cinq centimes. . . . . . . . . . . . . . . . . . . | 0 35 |
| 266, 272, 273 | 2,451 | *Châssis* vitrés avec dormants déchevillés et retaillés sur la hauteur, ajustés et reposés. quatre-vingt-dix centimes. . . . . . . . . . . . . | 0 90 |
| dº | 2,452 | Les mêmes, mais de plus retaillés sur la largeur, un franc vingt centimes. | 1 20 |
| dº | 2,453 | *Croisées* et portes-croisées avec dormants, déchevillées et retaillés sur la hauteur, ajustés et reposés un franc cinquante centimes. . . . . . . . . . | 1 50 |
| dº | 2,454 | Les mêmes, mais de plus retaillés sur la largeur, deux francs dix centimes. | 2 10 |
| dº | 2,455 | *Persiennes* déchevillées, retaillées sur la hauteur, ajustées et reposées, un franc quatre-vingts centimes. . . . . . . . . . . . . . . | 1 80 |
| dº | 2,456 | Les mêmes, mais de plus retaillées sur la largeur, deux francs cinquante centimes. . . . . . . . . . . . . . . . . . . . . | 2 50 |
| | | *Lambris* et portes d'assemblage à panneaux, déchevillés, retaillés, rechevillés et reposés pour faces d'armoires, parquets de glace, panneaux à glace, panneaux à glace et arasés. | |
| dº | 2,457 | Retaillés sur la hauteur, un franc soixante centimes. . . . . . . | 1 60 |
| dº | 2,458 | Retaillés sur la hauteur et sur la largeur, deux francs. . . . . . . | 2 00 |
| | | Les mêmes, mais pour portes à petits cadres. | |
| dº | 2,459 | Retaillés sur la hauteur, deux francs. . . . . . . . . . . | 2 00 |
| dº | 2,460 | Retaillés sur la hauteur et sur la largeur, deux francs cinquante centimes. . | 2 50 |
| | | Les mêmes, mais pour portes à grands cadres. | |
| dº | 2,461 | Retaillés sur la hauteur, deux francs quatre-vingts centimes. . . . . | 2 80 |
| dº | 2,462 | Retaillés sur la hauteur et sur la largeur, trois francs trente centimes. . . | 3 30 |

| NUMÉROS | | DÉSIGNATION DES OUVRAGES. | PRIX |
|---|---|---|---|
| DU DEVIS. | DE LA SÉRIE. | | DE L'UNITÉ. |

**2° Ouvrages en bois vieux, au mètre linéaire.**

| NUMÉROS | | DÉSIGNATION DES OUVRAGES. | PRIX | |
|---|---|---|---|---|
| 269, 270, 271, 273 | 2,483 | *Dépose* avec ou sans échelle de tasseaux, barres, chevrons, fourrures, tringles, soliveaux, coulisses, entretoises, plinthes, champs, avant-corps, poteaux, cymaises, moulures, avec transport et rangement en magasin, cinq centimes . . . . . . | 0 f. | 05 |
| d° | 2,484 | *Dépose* de corniches volantes, faites à l'échelle, sept centimes . . . . . . | 0 | 07 |
| d° | 2,485 | *Dépose* de bâtis, huisseries, chambranles sans être déchevillés, cinq centimes. . | 0 | 05 |
| d° | 2,486 | Les mêmes, déchevillés et repérés, dix centimes . . . . . . . . . . . | 0 | 10 |
| d° | 2,487 | *Tasseaux* reposés, six centimes. . . . . . . . . . . . . . . | 0 | 06 |
| d° | 2,488 | *Tasseaux* coupés de mesure et reposés, onze centimes . . . . . . . . . | 0 | 11 |
| d° | 2,489 | *Tasseaux* façonnés entièrement et reposés, seize centimes . . . . . . . . | 0 | 16 |
| 269, 272, 273 | 2,490 | *Coulisses*, barres, entretoises, plinthes, champs, tringles, battements, avant et arrière-corps, pilastres, bâtis de texture, poteaux de remplissage, chevrons, soliveaux, cymaises, moulures, bordures et corniches ordinaires, quelles que soient leurs dimensions, reposés, douze centimes . . . . . . . . . . . | 0 | 12 |
| d° | 2,491 | Les mêmes, reposés et retaillés vingt-deux centimes. . . . . . . . . | 0 | 22 |
| d° | 2,492 | Les mêmes, façonnés entièrement et reposés, en chêne ou en sapin, trente-cinq centimes. . . . . . . . . . . . . . . . . . . . . . . | 0 | 35 |
| d° | 2,493 | *Bâtis* de portes d'armoires, reposés seulement, quelles que soient leurs dimensions, dix-neuf centimes . . . . . . . . . . . . . . . . . | 0 | 19 |
| d° | 2,494 | Les mêmes, reposés et retaillés, trente-cinq centimes. . . . . . . . . | 0 | 35 |
| d° | 2,495 | Les mêmes, en chêne ou en sapin, façonnés entièrement et reposés, cinquante-cinq centimes . . . . . . . . . . . . . . . . . . . . . | 0 | 55 |
| d° | 2,496 | *Bâtis* et huisseries reposés seulement, quelles que soient leurs dimensions, vingt-six centimes . . . . . . . . . . . . . . . . . . . . | 0 | 26 |
| d° | 2,497 | Les mêmes, retaillés et reposés, quarante-quatre centimes . . . . . . . | 0 | 44 |
| d° | 2,498 | Les mêmes, façonnés entièrement et reposés, soixante-quatre centimes . . . | 0 | 64 |
| d° | 2,499 | *Chambranles* ravalés et assemblés, reposés, quelles que soient leurs dimensions, vingt-six centimes . . . . . . . . . . . . . . . . . . | 0 | 26 |
| d° | 2,500 | Les mêmes, retaillés et reposés, quarante-quatre centimes . . . . . . . | 0 | 44 |

| NUMÉROS DU DEVIS. | DE LA SÉRIE. | DÉSIGNATION DES OUVRAGES. | PRIX DE L'UNITÉ. | |
|---|---|---|---|---|
| 266, 272, 273. | 2,501 | *Chambranles* ravalés, assemblés et façonnés entièrement, reposés, quelles que soient leurs dimensions, en chêne ou en sapin, un franc vingt centimes. . . . . | 1 f. | 20 |
| d° | 2,502 | *Cadres* pour figurer panneaux, reposés, compris coupes d'onglet et tampons, dix-sept centimes . . . . . . . . . . . . . . . . . . . . . . . . . | 0 | 17 |
| d° | 2,503 | Les mêmes, retaillés et reposés, vingt-six centimes . . . . . . . . | 0 | 26 |
| d° | 2,504 | *Corniches* volantes, reposées, dix-sept centimes. . . . . . . . . . . | 0 | 17 |
| d° | 2,505 | Les mêmes, collées, retaillées et reposées, trente-cinq centimes. . . . . , | 0 | 35 |
| d° | 2,506 | *Alaises* reposées, quelles que soient leurs dimensions, vingt-deux centimes. . . | 0 | 22 |
| d° | 2,507 | Les mêmes, rainées, collées et reposées, quelles que soient leurs dimensions, trente centimes . . . . . . . . . . . . . . . . . . . . . . . | 0 | 30 |
| d° | 2,508 | Les mêmes, façonnées entièrement, quelles que soient leurs dimensions, en chêne ou en sapin, cinquante centimes. . . . . . . . . . . . . . . | 0 | 50 |
| d° | 2,509 | *Emboîtures* rainées, assemblées, reposées et chevillées, trente centimes . . . | 0 | 30 |
| 266, 269, 272, 273 | 2,510 | Les mêmes, façonnées entièrement, jusqu'à 0ᵐ054 d'épaisseur et de 0ᵐ12 de largeur, quatre-vingt-dix centimes . . . . . . . . . . . . . . . | 0 | 90 |
| 266, 272, 273 | 2,511 | *Barres*, chevrons, fourrures, tringles, soliveaux jusqu'à 0ᵐ08 d'épaisseur et 0ᵐ11 de largeur, reposés, dix centimes . . . . . . . . . . . . | 0 | 10 |
| d° | 2,512 | Les mêmes, retaillés et reposés, quinze centimes . . . . . . . . . . | 0 | 15 |
| | | Les mêmes, débités à la scie et reposés : | | |
| 266, 269, 272, 273 | 2,513 | En sapin, vingt centimes . . . . . . . . . . . . . . . . . . | 0 | 20 |
| d° | 2,514 | En chêne, trente centimes . . . . . . . . . . . . . . . . . . | 0 | 30 |
| | | Les mêmes, assemblés, à entailles ou à tenons et mortaises, et reposés : | | |
| d° | 2,515 | En sapin, quarante centimes . . . . . . . . . . . . . . . . , | 0 | 40 |
| d° | 2,516 | En chêne, cinquante centimes . . . . . . . . . . . . . . . . | 0 | 50 |

| NUMÉROS | | DESIGNATION DES OUVRAGES. | PRIX |
|---|---|---|---|
| DU DEVIS. | DE LA SÉRIE. | | DE L'UNITÉ. |

## CHAPITRE VIII.

## Serrurerie. — Ouvrages en tôle et fonte.

### ARTICLE 1er — PRIX ÉLÉMENTAIRES.

#### § 1er *Heures de travail effectif.*

| | | | |
|---|---|---|---|
| » | 2,531 | *Forgeron*, cinquante centimes. . . . . . . . . . . . . | 0 f. 50 |
| » | 2,532 | *Ajusteur*, ferreur, grillageur, cinquante centimes. . . . . . . . . | 0   50 |
| » | 2,533 | *Frappeur*, homme de peine, trente-cinq centimes. . . . . . . . . | 0   35 |
| » | 2,534 | NOTA. — Dans les travaux de nuit, l'heure d'ouvrier sera payée moitié en plus de celle de jour. Les frais d'éclairage seront à la charge de la Compagnie. | |

| NUMÉROS | | DÉSIGNATION DES OUVRAGES. | PRIX |
|---|---|---|---|
| DU DEVIS. | DE LA SÉRIE. | | DE L'UNITÉ. |
| | | **§ 2e** *Matériaux rendus à pied-d'œuvre* | |
| 281 | 2,541 | *Fers* en barres, carrés, ronds ou plats, des dimensions ordinaires du commerce, au bois ou au coke.<br>Prix moyen, le kilogramme, vingt-cinq centimes. . . . . . . . . . . | 0 f. 25 |
| do | 2,542 | *Fers* à simple, double ou triple T , cornières à côtés égaux ou inégaux etc., de toutes dimensions.<br>Prix moyen, le kilogramme, trente centimes. . . . . . . . . . | 0 30 |
| do | 2,543 | *Fers* à vitrage, de toutes dimensions.<br>Le kilogramme, trente-cinq centimes. . . . . . . . . . . | 0 35 |
| do | 2,544 | *Fers* corroyés, de toutes dimensions.<br>Le kilogramme, trente-six centimes. . . . . . . . . . . | 0 36 |
| do | 2,545 | *Fers* fins du Berry, de toutes dimensions.<br>Prix moyen, le kilogramme, quarante-cinq centimes. . . . . . . | 0 45 |
| | | *Tôles.*<br>Le kilogramme : | |
| do | 2,546 | 1° Forte, pour construction, trente centimes. . . . . . . . . . | 0 30 |
| do | 2,547 | 2° Douce, laminée au bois des Ardennes, cinquante centimes . . . . | 0 50 |
| d' | 2,548 | 3° Douce, laminée, au bois, du Berry, soixante centimes. . . . . . | 0 60 |
| | | *Galvanisation* des fers et des tôles.<br>Le kilogramme : | |
| do | 2,549 | 1° Fer, vingt-cinq centimes. . . . . . . . . . . . . | 0 25 |
| do | 2,550 | 2° Tôle jusqu'à 0m001, trente centimes . . . . . . . . . | 0 30 |
| do | 2,551 | 3° Tôle de 0m001 à 0m002, vingt-cinq centimes. . . . . . . . | 0 25 |
| do | 2,552 | 4° Tôle de 0m002 à 0m003, vingt centimes. . . . . . . . . | 0 20 |
| do | 2,553 | *Soufre.*<br>Le kilogramme, soixante-dix centimes. . . . . . . . . . | 0 70 |
| do | 2,554 | *Charbon de terre.*<br>L'hectolitre, quatre francs. . . . . . . . . . . . . | 4 00 |
| do | 2,555 | *Plomb* pour portées de poutres, etc.<br>Le kilogramme, soixante-quinze centimes. . . . . . . . . . | 0 75 |
| do | 2,556 | *Vieux plomb* pour scellements, etc.<br>Le kilogramme, soixante-cinq centimes. . . . . . . . . . | 0 65 |

| NUMÉROS | | DESIGNATION DES OUVRAGES. | PRIX |
|---|---|---|---|
| DU DEVIS. | DE LA SÉRIE. | | DE L'UNITÉ. |

ARTICLE 2ᵉ. — PRIX DES OUVRAGES.

§ 1ᵉʳ *Ouvrages neufs.*

**1° Ferronnerie, Fonte, etc., comptées au kilogramme.**

| | | | | |
|---|---|---|---|---|
| 294 | 2,561 | NOTA. — Les métaux comptés au poids ne seront payés que s'ils ont été reconnus au moyen de procès-verbaux de pesées, signés par les agents de l'Entrepreneur et ceux de la Compagnie. | | |
| | | Tous les prix de ferronnerie, fonte, etc., comprennent la pose, à moins d'indication contraire à la série. | | |
| | | *Fers* non forgés, coupés seulement de longueur, pour linteaux, barres d'appui, barreaux de fenètres, barres de cheminées, etc., y compris la peinture au minium à une couche. | | |
| | | Le kilogramme : | | |
| 291, 295 | 2,562 | 1° Pour pièces pesant plus de six kilogrammes, trente centimes . . . . . | 0 f. | 30 |
| 291, 295 | 2,563 | 2° Pour pièces pesant six kilogrammes et au-dessous, trente-cinq centimes. . | 0 | 35 |
| | | *Fers* forgés sans sujétion, coudés, contre-coudés, cintrés, etc., pour tirant-étriers, chasses-roues, barres de cheminées courbes ou coudées, lisses, pentures droites, clous de bateau et ouvrages de même nature, y compris la peinture au minium à une couche. | | |
| | | Le kilogramme : | | |
| 291, 295 | 2,564 | 1° Pour pièces pesant plus de six kilogrammes, quarante centimes . . . . | 0 | 40 |
| 291, 295 | 2,565 | 2° Pour pièces pesant six kilogrammes ou au-dessous, cinquante centimes. . | 0 | 50 |
| | | *Fers* forgés de sujétion, coudés, contre-coudés, cintrés, avec congés renforcés, etc., pour colliers, gonds à pointe ou à scellement, grilles, barrières, rampes d'escalier, crapaudines, sabots, fléaux et espagnolettes de grandes portes, crochets de couvreurs, boulons avec tige taraudée et écrous, etc., y compris la peinture au minium à une couche. | | |
| | | Le kilogramme : | | |
| 291, 295 | 2,566 | 1° Pour pièces pesant plus de six kilogrammes, cinquante centimes. . . . | 0 | 50 |
| 291, 295 | 2,567 | 2° Pour pièces pesant six kilogrammes et au-dessous, soixante centimes. . | 0 | 60 |

| NUMÉROS | | DÉSIGNATION DES OUVRAGES. | PRIX |
|---|---|---|---|
| DU DEVIS. | DE LA SÉRIE. | | DE L'UNITÉ. |
| 291, 295 | 2,568 | *Fers* forgés, coudés, percés, taraudés, limés, ajustés et à congé, pour plates-bandes, équerres, colliers, ferrures de portes-barrières, de treuils de puits, etc., y compris clous, vis, entailles et la peinture au minium à une couche. <br> Le kilogramme, un franc. . . . . . . . . . . . . | 1 f. 00 |
| 286 à 295 | 2,569 | *Fers* à simple, double ou triple T, assemblés ou non assemblés, avec équerres en fer, cornières, boulons et rivets, pour planchers, solives, poitrails et ouvrages analogues, y compris entre-toises, fentons et chaînages, quel que soit leur poids ; le poids des équerres, rivets, boulons et vis étant confondu avec celui du fer, y compris la peinture au minium à une couche. <br> Le kilogramme, quarante centimes. . . . . . . . . . . | 0 40 |
| 286 à 295 | 2,570 | *Fers* et tôles assemblés au moyen de boulons, rivets ou vis, pour poutres de pont ou de planchers, garde-corps, consoles, quel que soit leur poids ; le poids des rivets, boulons et vis étant confondu avec celui du fer, y compris la peinture au minium à une couche. <br> Le kilogramme, soixante centimes. . . . . . . . . . | 0 60 |
| 286 à 295 | 2,571 | *Fers* et tôles assemblés au moyen de rivets, boulons ou vis, pour combles en fer, marquises, etc. ; le poids des rivets, boulons et vis étant confondu avec celui des fers ou des tôles, y compris la peinture au minium à une couche. <br> Le kilogramme, soixante-dix centimes. . . . . . . . | 0 70 |
| 286 à 295 | 2,572 | *Fers* à T, pour vitrages, y compris le percement des trous de vis et la fourniture des vis ; le poids des rivets, boulons et vis étant confondu avec celui des fers, y compris la peinture au minium à une couche. <br> Le kilogramme, quatre-vingts centimes. . . . . . . . . . | 0 80 |
| | | *Fers* pour location seulement, pour boulons et ferrures de cintres, fermes et autres, y compris le déchet, la pose et la dépose. <br> Le kilogramme : | |
| 294, 295 | 2,573 | 1° Pour premier emploi, vingt centimes. . . . . . . . | 0 20 |
| 294, 295 | 2,574 | 2° Pour chaque emploi subséquent, dix centimes. . . . . . | 0 10 |
| 300 | 2,575 | *Cylindre* en tôle pour location, pour les décintrements de ponts, voûtes, etc., comptés pour location, pose et dépose. <br> Chaque cylindre, quatre francs vingt-cinq centimes. . . . . | 4 25 |
| 281, 294 | 2,576 | *Rapointis* pour les maçons. <br> Le kilogramme, trente centimes . . . . . . . . . | 0 30 |
| 281, 294 | 2,577 | *Clous* d'épingle, de 0^m054 à 0^m11. <br> Le kilogramme, soixante-dix centimes. . . . . . . . . | 0 70 |

| NUMÉROS | | DESIGNATION DES OUVRAGES. | PRIX |
| DU DEVIS. | DE LA SÉRIE. | | DE L'UNITÉ. |
|---|---|---|---|
| 281, 294 | 2,578 | *Clous* d'épingle au-dessous de 0ᵐ054 de longueur.<br>Le kilogramme, quatre-vingt-dix centimes. . . . . . . . . . | 0 90 |
| 282, 286 à 295 | 2,579 | *Fonte* pour plaques unies, colonnes pleines, pilastres pleins, etc., y compris la peinture au minium à une couche.<br>Le kilogramme, dix-huit centimes. . . . . . . . . . . | 0 18 |
| 282, 291 à 295 | 2,580 | *Fonte* pour tuyaux de conduite d'eau, gargouilles, etc., y compris la peinture au minium, à une couche.<br>Le kilogramme, vingt centimes. . . . . . . . . . . . | 0 20 |
| 282, 286 à 295 | 2,581 | *Fonte* pour colonnes creuses, pilastres creux, etc., y compris la peinture au minium à une couche.<br>Le kilogramme, vingt-cinq centimes. . . . . . . . . . . | 0 25 |
| do | 2,582 | *Fonte* pour grilles d'égout, réchauds, plaques percées, poutres droites ajustées, etc., y compris la peinture au minium à une couche.<br>Le kilogramme, trente centimes. . . . . . . . . . . | 0 30 |
| 282, 291 à 295 | 2,583 | *Fonte* pour balcons, panneaux divers, etc., y compris la peinture au minium à une couche.<br>Le kilogramme, quarante centimes. . . . . . . . . . | 0 40 |
| 295 | 2,584 | *Fonte sur modèle exprès.*<br>Les prix ci-dessus sont pour les fontes coulées d'après le modèle du Commerce.<br>Lorsque, d'après un ordre écrit, l'Entrepreneur aura fourni de la fonte sur *modèles exprès*, on appliquera encore les mêmes prix, mais les frais de modèles lui seront payés sur facture, si la fonte du même modèle pèse moins de 500 kilogrammes ; il devra rendre les modèles à la Compagnie.<br>A 500 kilogrammes et au-dessus il ne sera pas payé de frais de modèles. | |
| 283, 294 | 2,585 | *Plomb* pour portées de poutres, etc., soixante-dix-huit centimes. . . . . | 0 78 |
| do | 2,586 | *Plomb* vieux pour scellement, y compris la fourniture de la résine et du charbon, un franc . . . . . . . . . . . . . . . . | 1 00 |
| 294 | 2,587 | *Grain* pour scellement, quinze centimes . . . . . . . . . . | 0 15 |

| NUMÉROS | | DESIGNATION DES OUVRAGES. | PRIX |
| DU DEVIS. | DE LA SÉRIE. | | DE L'UNITÉ |
|---|---|---|---|
| | | **2° Ouvrages divers à la pièce, au mètre linéaire, ou au mètre superficiel, y compris clous, vis, entailles et pose.** | |
| 296, 297 | 2,601 | *Agrafe* avec contre-panneton et vis pour volets; etc., quatre-vingt-cinq centimes. | 0 85 |
| d° | 2,602 | *Anneau* en fer renforcé, de 0ᵐ14 de diamètre, pour pierre de fosse, y compris trou, plomb, scellement et entaille dans la pierre, quatre francs. | 4 00 |
| d° | 2,603 | *Anneau* de trappe ou de regard, à charnière, entaillé de son épaisseur dans le bois, de 0ᵐ08 ou de 0ᵐ11 de diamètre, y compris pose, un franc quarante-cinq centimes. | 1 45 |
| d° | 2,604 | *Arrêts* pour volets, contre-vents, persiennes. Arrêt fort, à broche et chaînette, à scellement ou à pointe, trente centimes. | 0 30 |
| d° | 2,605 | Arrêt à tête en fonte et à charnière à bascule avec fort mentonnet, quarante centimes. | 0 40 |
| | | *Battements.* | |
| d° | 2,606 | Battement ordinaire, à scellement, dix centimes. | 0 10 |
| d° | 2,607 | Battement ordinaire, à pointe, quinze centimes. | 0 15 |
| d° | 2,608 | Battement à deux coudes, à pointe et à vis, pour châssis vitrés, vingt-cinq centimes. | 0 25 |
| | | *Becs de cane.* (Voir serrures becs de cane (nᵒˢ 2,772 à 2,787 inclusivement). | |
| | | *Boules* en cuivre, de 0ᵐ004 d'épaisseur. | |
| d° | 2,609 | De 0ᵐ06 à 0ᵐ08 de diamètre, trois francs quinze centimes. | 3 15 |
| d° | 2,610 | De 0ᵐ081 à 0ᵐ10 de diamètre, quatre francs soixante-dix centimes. | 4 70 |
| d° | 2,611 | De 0ᵐ101 à 0ᵐ12 de diamètre, six francs soixante-cinq centimes | 6 65 |
| | | *Boulons* pour volets, etc., à clavette et rosette. | |
| d° | 2,612 | De 0ᵐ08 ou de 0ᵐ11 de longueur, quatre-vingt-quinze centimes. | 0 95 |
| d° | 2,613 | De 0ᵐ13 ou de 0ᵐ16 de longueur, un franc dix centimes. | 1 10 |
| | | *Boutons* doubles en cuivre, forts, marqués S T, à olive, ou camards à perle. | |

| NUMÉROS | | DESIGNATION DES OUVRAGES. | Hau-teur. | Lar-geur. | Épais-seur. | PRIX DE L'UNITÉ. | |
|---|---|---|---|---|---|---|---|
| DU DEVIS. | DE LA SÉRIE. | | | | | | |
| 296, 297 | 2,614 | Boutons pleins. | 0ᵐ044 | 0ᵐ022 | 0ᵐ013 | 1 f. | 10 |
| dᵒ | 2,615 | | 0 047 | 0 025 | 0 014 | 1 | 30 |
| dᵒ | 2,616 | | 0 050 | 0 027 | 0 016 | 1 | 55 |
| dᵒ | 2,617 | | 0 055 | 0 030 | 0 017 | 1 | 80 |
| dᵒ | 2,618 | Boutons creux | 0 055 | 0 031 | 0 020 | 1 | 95 |
| dᵒ | 2,619 | | 0 060 | 0 035 | 0 022 | 2 | 30 |
| dᵒ | 2,620 | | 0 065 | 0 038 | 0 024 | 3 | 40 |

*Boutons* ronds de tirage, en fer, pour portes, etc., à tige taraudée, écrou rond, entaillé, avec rosette.

| | | | | | | | |
|---|---|---|---|---|---|---|---|
| dᵒ | 2,621 | De 0ᵐ04 ou 0ᵐ045 ou 0ᵐ05 de diamètre, soixante-dix centimes. | | | | 0 | 70 |
| dᵒ | 2,622 | De 0ᵐ055 ou 0ᵐ06 ou 0ᵐ07 de diamètre, un franc. | | | | 1 | 00 |

*Broches* à tête.

| dᵒ | 2,623 | Jusqu'à 0ᵐ11 de longueur, trois centimes. | | | | 0 | 03 |
|---|---|---|---|---|---|---|---|
| dᵒ | 2,624 | De 0ᵐ111 à 0ᵐ130 de longueur, trois centimes. | | | | 0 | 03 |
| dᵒ | 2,625 | De 0ᵐ131 à 0ᵐ160 de longueur, cinq centimes. | | | | 0 | 05 |

*Cadenas* avec clef en chiffre, sans tirefond.

| dᵒ | 2,626 | De 0ᵐ04 ou 0ᵐ047, quatre-vingt-quinze centimes. | | | | 0 | 95 |
|---|---|---|---|---|---|---|---|
| dᵒ | 2,627 | De 0ᵐ055 ou 0ᵐ06, un franc. | | | | 1 | 00 |
| dᵒ | 2,628 | De 0ᵐ07 ou 0ᵐ08, un franc trente-cinq centimes. | | | | 1 | 35 |

*Charnières* en fer, toutes carrées ou à pans, entaillées à plat, renforcées.

| dᵒ | 2,629 | De 0ᵐ07 ou de 0ᵐ08 de longueur, vingt-cinq centimes | | | | 0 | 25 |
|---|---|---|---|---|---|---|---|
| dᵒ | 2,630 | De 0ᵐ095 ou de 0ᵐ11 de longueur, cinquante centimes | | | | 0 | 50 |

*Charnières* en fer, en feuillures, carrées longues, renforcées, à broches profilées.

| dᵒ | 2,631 | De 0ᵐ08 ou de 0ᵐ095 de longueur, trente-cinq centimes | | | | 0 | 35 |
|---|---|---|---|---|---|---|---|
| dᵒ | 2,632 | De 0ᵐ11 ou de 0ᵐ12 de longueur, quarante-cinq centimes. | | | | 0 | 45 |
| dᵒ | 2,633 | De 0ᵐ135 ou de 0ᵐ16 de longueur, soixante-dix centimes. | | | | 0 | 70 |

*Charnières* en fer, à briquet, pour abattant de comptoir, etc.

| dᵒ | 2,634 | De 0ᵐ04 ou de 0ᵐ45 de largeur, deux francs quinze centimes. | | | | 2 | 15 |
|---|---|---|---|---|---|---|---|
| dᵒ | 2,635 | De 0ᵐ05 ou de 0ᵐ06 de largeur, deux francs soixante-dix centimes. | | | | 2 | 70 |
| dᵒ | 2,636 | De 0ᵐ07 ou de 0ᵐ08 de largeur, trois francs cinquante-cinq centimes | | | | 3 | 55 |

*Charnières* en cuivre, à briquet, pour abattant de siége, etc.

| dᵒ | 2,637 | De 0ᵐ05, 0ᵐ055 ou de 0ᵐ06 de largeur, deux francs trente centimes | | | | 2 | 30 |
|---|---|---|---|---|---|---|---|
| dᵒ | 2,638 | De 0ᵐ067 ou de 0ᵐ07 de largeur, deux francs soixante-dix centimes. | | | | 2 | 70 |

| NUMÉROS | | DESIGNATION DES OUVRAGES. | PRIX |
| DU DEVIS. | DE LA SÉRIE. | | DE L'UNITÉ. |
| --- | --- | --- | --- |
| | | *Châssis* à tabatière, en fer, à chéneau renversé, avec pattes, crémaillères et mentonnets à pointe ou à scellement, y compris la pose (mesurés à l'intérieur). | |
| 296, 297 | 2,639 | De 0^m60 sur 0^m70, dix-huit francs soixante-dix centimes. | 18 f. 70 |
| d° | 2,640 | De 0^m65 sur 0^m80, vingt francs cinquante centimes | 20 50 |
| d° | 2,641 | De 0^m75 sur 1^m00, vingt-trois francs quatre-vingt-quinze centimes | 23 95 |
| 298, 299 | 2,642 | *Châssis* pour grillage, composé de tringles rondes, en fer, de 0^m015 de diamètre, compté au mètre linéaire de tringle développée, lesdites tringles employées en châssis, en traverses ou en croisillons, y compris ajustements quelconques, trous, vis et pose. Le mètre courant de tringle, un franc trente centimes | 1 30 |
| 296, 297, 299 | 2,643 | *Châssis* en fer, à T en croisillon, pour partie ouvrante de châssis vitré d'imposte, y compris les charnières et leurs vis, le loqueteau avec vis et cordon de tirage. Chaque châssis, mis en place, avec tous ses accessoires, douze francs soixante-quinze centimes | 12 75 |
| | | *Crémones* de Paris, marquées RG, HF, PC, DP, LR, en fer demi-rond, à garnitures en fonte, compris boîte à bouton, chapiteau, base, conduits et gâches, le tout posé avec vis. De 0^m014 de diamètre, à tringle noire, à fonte unie ou carrée. | |
| 296, 297 | 2,644 | Jusqu'à 2^m00 de longueur, deux francs cinquante-cinq centimes | 2 55 |
| d° | 2,645 | Pour 0^m10 de longueur en plus, six centimes. | 0 06 |
| d° | 2,646 | Plus-value pour tringle blanchie au lieu de tringle noire, pour 1^m00 de longueur, quarante-cinq centimes | 0 45 |
| | | De 0^m016 de diamètre, à tringle noire, à fonte unie ou ornée. | |
| d° | 2,647 | Jusqu'à 2^m00 de longueur, deux francs soixante-dix centimes | 2 70 |
| d° | 2,648 | Pour 0^m10 de longueur en plus, sept centimes | 0 07 |
| d° | 2,649 | Plus-value pour tringle blanchie au lieu de tringle noire, pour 1^m00 de longueur, cinquante centimes | 0 50 |
| | | De 0^m018 de diamètre à tringle noire, à fonte unie ou ornée. | |
| d° | 2,650 | Jusqu'à 2^m00 de longueur, trois francs | 3 00 |
| d° | 2,651 | Pour 0^m10 de longueur en plus, huit centimes | 0 08 |
| d° | 2,652 | Plus-value pour tringle blanchie au lieu de tringle noire, pour 1^m00 de longueur, soixante centimes. | 0 60 |
| | | De 0^m020 de diamètre, jusqu'à 2^m00 de longueur. | |
| d° | 2,653 | Modèle orné, ordinaire, quatre francs dix centimes | 4 10 |
| d° | 2,654 | Modèle Renaissance ou Louis XIV, quatre francs quarante centimes | 4 40 |
| d° | 2,655 | Modèle Louis XV, à jour, cinq francs trente centimes | 5 30 |
| d° | 2,656 | Pour 0^m10 de longueur en plus, huit centimes | 0 08 |
| d° | 2,657 | Plus-value pour tringle blanchie au lieu de tringle noire, pour 1^m00 de longueur, soixante centimes. | 0 60 |
| | | *Conduits* en fonte en plus d'un par deux mètres, pour toutes les crémones ci-dessus. | |

| NUMÉROS | | DESIGNATION DES OUVRAGES. | PRIX |
| DU DEVIS. | DE LA SÉRIE. | | DE L'UNITÉ. |
|---|---|---|---|
| 296, 297 | 2,658 | Plus-value pour chaque conduit en fonte, en plus d'un par deux mètres, vingt centimes . . . . . . . . . . . . . . . . . . . . . . . | 0f. 20 |
| 296, 297 | 2,659 | *Panneton* et contre-panneton de volet, pour toutes les crémones ci-dessus. Plus-value pour panneton et contre-panneton de volet, un franc. . . . . | 1 00 |
| 296, 297 | 2,660 | *Crochets* plats, polis, posés avec vis et piton. De 0m08, 0m09 ou 0m11 de longueur, trente centimes. . . . . . . . | 0 30 |
| 296, 297 | 2,661 | *Crochets* ronds, renforcés, avec deux tire-fonds. De 0m11 ou de 0m14 de long, trente-cinq centimes. . . . . . . . | 0 35 |
| 296, 297 | 2,662 | De 0m16 ou de 0m19 de long, quarante-cinq centimes. . . . . . . . | 0 45 |
| 296, 297 | 2,663 | De 0m22 ou de 0m25 de long, cinquante centimes . . . . . . . . . | 0 50 |
| 296, 297 | 2,664 | De 0m28 de long, soixante centimes . . . . . . . . . . . . | 0 60 |
| 298 | 2,665 | *Entailles* dans le bois de chêne ou de sapin, pour les fers comptés au poids. Le mètre linéaire : De 0m03 de largeur, quatre-vingt-cinq centimes . . . . . . . . | 0 85 |
| » | 2,666 | Pour chaque centimètre de largeur en plus, dix centimes. . . . . . . | 0 10 |
| 296, 297 | 2,667 | *Equerres* simples, renforcées, compris entailles, vis et pose. Chaque équerre : De 0m19 de branche, vingt centimes . . . . . . . . . | 0 20 |
| 296, 297 | 2,668 | De 0m22 de branche, trente centimes . . . . . . . . . . . . | 0 30 |
| 298 | 2,669 | *Equerres* doubles, forgées, renforcées, à congé dans les angles, entaillées, posées avec vis. Le mètre linéaire : De 0m025 de largeur sur 0m005 d'épaisseur, un franc soixante-dix centimes. | 1 70 |
| 298 | 2,670 | De 0m032 de largeur sur 0m006 d'épaisseur, deux francs cinq centimes . . . | 2 05 |
| 298 | 2,671 | De 0m035 de largeur sur 0m007 d'épaisseur, deux francs cinquante-cinq centimes. | 2 55 |
| 298 | 2,672 | *Fiches* à bouton avec broches, quelle que soit leur pose. De 0m11 de longueur et du poids de 0k20, vingt-cinq centimes . . . . | 0 25 |
| 298 | 2,673 | De 0m125 de longueur et du poids de 0k26, trente-cinq centimes. . . . . | 0 35 |
| 296, 297 | 2,674 | De 0m135 de longueur et du poids de 0k34, cinquante centimes . . . . . | 0 50 |
| 296, 297 | 2,675 | De 0m16 de longueur et du poids de 0k48, soixante-dix centimes. . . . . | 0 70 |
| 296, 297 | 2,676 | *Fiches* à double boule, en fer, renforcées, polies, pour dégonder les portes, entaillées en feuillure, avec vis. De 0m135, un franc. . . . . . . . . . . . . . . . . | 1 00 |
| 296, 297 | 2,677 | De 0m16, un franc trente centimes. . . . . . . . . . . . . | 1 30 |
| | | *Grillage* en fil de fer, à mailles embrassant toutes les tringles disposées en traverses, croisillons ou châssis, y compris pose, liens et pointes. | |

| NUMÉROS | | DÉSIGNATION DES OUVRAGES. | PRIX |
|---|---|---|---|
| DU DEVIS. | DE LA SÉRIE. | | DE L'UNITÉ. |
| | | *Le mètre superficiel :* | |
| | | Mailles de 0^m01. | |
| 299 | 2,678 | En fil de fer n° 3, cinq francs soixante-quinze centimes . . . . . . | 5 f. 75 |
| » | 2,679 | Chaque numéro en plus, jusqu'au n° 6 inclusivement, quarante-cinq centimes . | 0 45 |
| » | 2,680 | Chaque numéro en plus, du n° 7 au n° 11, soixante-quinze centimes. . . . | 0 75 |
| | | Mailles de 0^m02. | |
| » | 2,681 | En fil de fer n° 6, deux francs soixante-dix centimes . . . . . . | 2 70 |
| » | 2,682 | Chaque numéro en plus, jusqu'au n° 7 inclusivement, trente-cinq centimes . . | 0 35 |
| » | 2,683 | Chaque numéro en plus, du n° 8 au n° 16, soixante centimes. . . . . | 0 60 |
| | | Mailles de 0^m03. | |
| » | 2,684 | En fil de fer n° 7, deux francs dix centimes . . . . . . . . . | 2 10 |
| » | 2,685 | Chaque numéro en plus, jusqu'au n° 9 inclusivement, trente-cinq centimes. . | 0 35 |
| » | 2,686 | Chaque numéro en plus, du n° 10 au n° 16, soixante centimes . . . . . | 0 60 |
| » | 2,687 | La pose du grillage, y compris la fourniture des liens et des pointes entre dans les prix ci-dessus pour quarante centimes . . . . . . . . . . | 0 40 |
| | | *Gâches.* | |
| | | 1° Pour serrures, voir les n°s 2,842 à 2,850. | |
| | | 2° Pour targettes, voir le n° 2,862. | |
| | | *Loquets* renforcés, à bouton olive rond, avec crampon et rosette, pène de 0^m005 d'épaisseur, mentonnet renforcé, à pattes, entaillé, le tout posé avec vis. | |
| 296, 297 | 2,688 | De 0^m32 de long, deux francs cinquante-cinq centimes . . . . . . . | 2 55 |
| 296, 297 | 2,689 | De 0^m40 de long, deux francs soixante-dix centimes . . . . . . . | 2 70 |
| 296, 297 | 2,690 | De 0^m50 de long, deux francs quatre-vingts centimes . . . . . . . | 2 80 |
| 296, 297 | 2,691 | De 0^m60 de long, trois francs . . . . . . . . . . . . . . | 3 00 |
| 296, 297 | 2,692 | De 0^m65 de long, trois francs cinq centimes . . . . . . . . . | 3 05 |
| » | 2,693 | *Moins-value* pour loquet sans mentonnet, soixante centimes . . . . . | 0 60 |
| | | *Loqueteaux* pour châssis vitrés, etc. | |
| | | Loqueteaux coudés, montés sur platine, compris anneau, tirage et conduits, avec mentonnet ordinaire. | |
| 296, 297 | 2,694 | De 0^m04 ou de 0^m045, un franc quarante centimes. . . . . . . . | 1 40 |
| 296, 297 | 2,695 | De 0^m055, un franc cinquante-cinq centimes . . . . . . . . . | 1 55 |
| » | 2,696 | *Moins-value* pour loqueteau sans mentonnet, quarante-cinq centimes. . . . | 0 45 |
| | | *Loqueteaux* pour contre-vents ou pour persiennes, etc. | |
| | | Loqueteaux à pompe, à boîte en fonte, compris anneau, tirage et conduits, avec mentonnet en fer. | |

| NUMÉROS | | DESIGNATION DES OUVRAGES. | PRIX | |
|---|---|---|---|---|
| DU DEVIS. | DE LA SÉRIE. | | DE L'UNITÉ. | |
| 296, 297 | 2,697 | N° 3, quatre-vingt-quinze centimes. . . . . . . . . . . . | 0 f. | 95 |
| d° | 2,698 | N° 4, un franc . . . . . . . . . . . . . . . . | 1 | 00 |
| | | *Moraillons* renforcés, avec lacet et tire-fond. | | |
| d° | 2,699 | De 0m16, 0m19 ou 0m22, un franc . . . . . . . . . . . | 1 | 00 |
| d° | 2,700 | De 0m25 ou 0m28, un franc trente centimes . . . . . . . | 1 | 30 |
| d° | 2,701 | De 0m30 ou 0m32, un franc soixante-dix centimes. . . . . . | 1 | 70 |
| | | *Pattes* à scellement, ordinaires, élargies, à queue, fixées avec vis, posées sur tré-teaux. | | |
| d° | 2,702 | De 0m14, quinze centimes . . . . . . . . . . . | 0 | 15 |
| d° | 2,703 | De 0m15 à 0m20, vingt-cinq centimes . . . . . . . . | 0 | 25 |
| d° | 2,704 | Plus-value pour pattes coudées, cinq centimes . . . . . . | 0 | 05 |
| | | *Pattes* fortes, faites exprès. | | |
| d° | 2,705 | De 0m16 à 0m20 de longueur, 0m04 de largeur et 0m005 à 0m007 d'épaisseur, cinquante centimes . . . . . . . . . . . . | 0 | 50 |
| d° | 2,706 | De 0m21 à 0m25 de longueur, sur 0m04 de largeur et 0m005 à 0m007 d'épaisseur, soixante centimes . . . . . . . . . . . | 0 | 60 |
| d° | 2,707 | *Pattes* à œil et à pointe, pour châssis, compris vis, trente-cinq centimes . . . | 0 | 35 |
| | | *Paumelles* doubles, à boules, en tôle, entaillées et posées en feuillure, quelle que soit la saillie des nœuds. | | |
| d° | 2,708 | De 0m08, 0m11 ou 0m14 de branche, soixante centimes : . . | 0 | 60 |
| d° | 2,709 | De 0m16 ou 0m19 de branche, quatre-vingt-cinq centimes. . . . | 0 | 85 |
| d° | 2,710 | De 0m22 ou 0m25 de branche, un franc trente centimes . . . . . | 1 | 30 |
| | | *Paumelles* doubles, à boules en fer, renforcées, polies et entaillées, avec vis. | | |
| d° | 2,711 | De 0m16 de branche, un franc dix centimes . . . . . . . | 1 | 10 |
| d° | 2,712 | De 0m19 de branche, un franc quarante centimes . . . . . . | 1 | 40 |
| d° | 2,713 | De 0m22 de branche, un franc cinquante-cinq centimes . . . . . | 1 | 55 |
| d° | 2,714 | De 0m25 de branche, un franc quatre-vingts centimes . . . . . | 1 | 80 |
| d° | 2,715 | De 0m30 de branche, deux francs quatre-vingts centimes. . . . . | 2 | 80 |
| d° | 2,716 | De 0m35 de branche, trois francs quarante centimes . . . . . | 3 | 40 |
| d° | 2,717 | De 0m46 de branche, quatre francs quatre-vingt-cinq centimes . . . | 4 | 85 |
| d° | 2,718 | De 0m50 de branche, sept francs quinze centimes . . . . . . | 7 | 15 |
| d° | 2,719 | *Paumelles* comme celles ci-dessus, mais à équerres doubles. Les prix ci-dessus augmentés d'un tiers . . . . . . . . . | 1/3 | |
| | | *Paumelles* simples, à T, avec fonds à scellement, entaillées et fixées avec vis, avec nœuds ordinaires ou avec nœuds coudés. | | |
| d° | 2,720 | De 0m16 de branche, pesant de 0k38 à 0k42, cinquante centimes. . . . | 0 | 50 |
| d° | 2,721 | De 0m19 de branche, pesant de 0k50 à 0k60, soixante centimes . . . . | 0 | 60 |

| NUMÉROS | | DESIGNATION DES OUVRAGES. | PRIX |
| --- | --- | --- | --- |
| DU DEVIS. | DE LA SÉRIE. | | DE L'UNITÉ. |
| 296, 297 | 2,722 | De 0m22 de branche, pesant 0k70 à 0k80, quatre-vingt-cinq centimes | 0 f. 85 |
| do | 2,723 | De 0m25 de branche, pesant 0k90 à 1k00, un franc | 1 00 |
| do | 2,724 | *Moins-value* pour paumelles non entaillées, treize centimes. | 0 13 |
| | | *Paumelles* simples à équerres, avec gonds à scellement, entaillées et fixées avec vis. | |
| do | 2,725 | De 0m19 et 0m25, pesant 0k65, un franc | 1 00 |
| do | 2,726 | De 0m22 et 0m29, pesant 1k 00, un franc quarante centimes. | 1 40 |
| do | 2,727 | De 0m25 et 0m35, pesant 1k25, un franc soixante-dix centimes | 1 70 |
| do | 2,728 | De 0m30 et 0m40, pesant 1k55, deux francs cinq centimes. | 2 05 |
| do | 2,729 | NOTA. — La plus petite dimension est la hauteur de la paumelle, la plus grande dimension est la longueur de la branche d'équerre. | |
| | | *Paumelles* doubles, à T, ordinaires, entaillées et fixées avec vis. | |
| do | 2,730 | De 0m16 de branche, pesant 0k32 à 0k35, soixante-dix centimes. | 0 70 |
| do | 2,731 | De 0m19 de branche, pesant 0k45 à 0k50, soixante-quinze centimes. | 0 75 |
| do | 2,732 | De 0m22 de branche, pesant de 0k60 à 0k70, quatre-vingt-cinq centimes. | 0 85 |
| do | 2,733 | De 0m25 de branche, pesant de 0k90 à 0k95, un franc dix centimes | 1 10 |
| do | 2,734 | De 0m30 de branche, pesant de 1k30 à 1k40, un franc soixante centimes. | 1 60 |
| do | 2,735 | De 0m35 de branche, pesant de 2k40 à 2k60, deux francs quarante-cinq centimes | 2 45 |
| do | 2,736 | De 0m40 de branche, pesant 3k00 à 3k50, trois francs cinq centimes. | 3 05 |
| do | 2,737 | Moins-value pour paumelles non-entaillées des nos 2,725 à 2,736, quinze centimes. | 0 15 |
| | | *Paumelles* doubles, à équerre, ordinaires, entaillées et fixées avec vis. | |
| do | 2,738 | De 0m19 à 0m25, pesant 0k70, un franc trente centimes. | 1 30 |
| do | 2,739 | De 0m22 à 0m28, pesant 0k95, un franc soixante-dix centimes. | 1 70 |
| do | 2,740 | De 0m25 à 0m32, pesant 1k25, un franc quatre-vingt-quinze centimes. | 1 95 |
| do | 2,741 | De 0m30 à 0m40, pesant 1k80, deux francs cinquante-cinq centimes. | 2 55 |
| do | 2,742 | De 0m35 à 0m44, pesant 3k15, trois francs cinquante-cinq centimes. | 3 55 |
| do | 2,743 | De 0m40 à 0m50, pesant 4k40, quatre francs soixante-dix centimes. | 4 70 |
| | | Moins-value pour paumelles non entaillées. | |
| do | 2,744 | Pour celles de 0m19, 0m22 ou 0m25, trente-cinq centimes. | 0 35 |
| do | 2,745 | Pour celles de 0m30, 0m35 ou 0m40, cinquante centimes | 0 50 |
| | | *Pilastres* de rampe, en fonte unie, à balustre, avec scellement dentelé ou clavette par le bas et soie par le haut; de 0m80 à 1m10 réduit de hauteur, compris pose, mais non compris le plomb pour le scellement. | |
| do | 2,746 | De 0m041 de diamètre, sept francs soixante-cinq centimes | 7 65 |
| do | 2,747 | De 0m047 de diamètre, neuf francs trente-cinq centimes. | 9 35 |
| do | 2,748 | De 0m054 de diamètre, onze francs cinq centimes. | 11 05 |
| do | 2,749 | De 0m061 de diamètre, douze francs soixante-quinze centimes. | 12 75 |
| do | 2,750 | De 0m068 de diamètre, quinze francs trente centimes. | 15 30 |

| NUMÉROS | | DÉSIGNATION DES OUVRAGES. | PRIX | |
|---|---|---|---|---|
| DU DEVIS. | DE LA SÉRIE. | | DE L'UNITÉ. | |
| | | *Pivots* à équerre, à boules, en fer blanchi, entaillées et posées avec vis, y compris crapaudine en fer forgé. | | |
| 296, 297 | 2,751 | De 0ᵐ16 de branche, deux francs trente centimes. . . . . . . . | 2 | 30 |
| dᵒ | 2,752 | De 0ᵐ19 de branche, deux francs quarante-cinq centimes . . . . . | 2 | 45 |
| dᵒ | 2,753 | De 0ᵐ25 de branche, deux francs soixante-dix centimes. . . . . . | 2 | 70 |
| dᵒ | 2,754 | De 0ᵐ28 de branche, trois francs cinq centimes. . . . . . . . | 3 | 05 |
| dᵒ | 2,755 | De 0ᵐ30 de branche, trois francs quarante centimes. . . . . . . | 3 | 40 |
| dᵒ | 2,756 | De 0ᵐ35 de branche, trois francs quatre-vingt-cinq centimes. . . . . | 3 | 85 |
| dᵒ | 2,757 | De 0ᵐ40 de branche, quatre francs soixante-dix centimes. . . . . . | 4 | 70 |
| dᵒ | 2,758 | De 0ᵐ50 de branche, sept francs vingt-cinq centimes. . . . . . . | 7 | 25 |
| dᵒ | 2,759 | *Pivots* pour sièges d'aisances, pivot en cuivre, à équerre sur champ de 0ᵐ08 ou de 0ᵐ10 de branche, entaillé et fixé avec vis, deux francs quinze centimes . . . | 2 | 15 |
| | | *Plates-bandes* d'assemblage de limon d'escalier, en fer de roche, entaillées et fixées avec vis. Le mètre linéaire : | | |
| 298 | 2,760 | De 0ᵐ27 de largeur sur 0ᵐ005 d'épaisseur, deux franc quinze centimes . . . | 2 | 15 |
| dᵒ | 2,761 | De 0ᵐ024 de largeur sur 0ᵐ005 d'épaisseur, deux francs cinquante-cinq centimes. . . . . . . . . . . . . . . . . . . | 2 | 55 |
| dᵒ | 2,762 | De 0ᵐ041 de largeur sur 0ᵐ007 d'épaisseur, trois francs quinze centimes. . . | 3 | 15 |
| dᵒ | 2,763 | De 0ᵐ47 de largeur sur 0ᵐ009 d'épaisseur, trois francs quatre-vingt-cinq centimes. . . . . . . . . . . . . . . . . . | 3 | 85 |
| dᵒ | 2,764 | De 0ᵐ055 de largeur sur 0ᵐ010 d'épaisseur, cinq francs cinquante-cinq centimes. . . . . . . . . . . . . . . . . . | 5 | 55 |
| 296, 297 | 2,765 | *Poignée* à olive, tournante, sur platine de 0ᵐ16, 0ᵐ19 ou 0ᵐ22, quatre-vingt-cinq centimes. . . . . . . . . . . . . . . . . . | 0 | 85 |
| | | *Poignées* à pattes, posées avec vis. | | |
| dᵒ | 2,766 | De 0ᵐ08 ou 0ᵐ095 ou 0ᵐ11, vingt-cinq centimes. . . . . . . . . | 0 | 25 |
| dᵒ | 2,767 | De 0ᵐ14 ou 0ᵐ16, quarante-cinq centimes. . . . . . . . . . | 0 | 45 |
| | | *Rampes* à col de cygne, à porte, rosaces et astragales en cuivre tourné, la main-courante en bandelette, y compris les trous de vis dans celle-ci et la fourniture des vis. Le mètre courant : | | |
| 298 | 2,768 | Barreaux de 0ᵐ016 de diamètre, huit francs cinquante centimes. . . . . | 8 | 50 |
| dᵒ | 2,769 | Barreaux de 0ᵐ018 de diamètre, dix francs vingt centimes. . . . . . | 10 | 20 |
| | | *Rampes* à piton et vis, rosaces, chapiteaux et boules en fonte, la main-courante en bandelette, y compris les trous de vis dans celle-ci et la fourniture des vis. Le mètre courant : | | |
| dᵒ | 2,770 | Barreaux de 0ᵐ016 de diamètre, quatorze francs quarante-cinq centimes . . | 14 | 45 |
| dᵒ | 2,771 | Barreaux de 0ᵐ018 de diamètre, dix-sept francs. . . . . . . . . | 17 | 00 |

| NUMÉROS | | DÉSIGNATION DES OUVRAGES. | PRIX |
| DU DEVIS. | DE LA SÉRIE. | | DE L'UNITÉ. |
|---|---|---|---|
| | | **Serrures marquées S T et leurs accessoires.** | |
| 296, 297 | 2,772 | NOTA. — Quel que soit le genre des serrures à employer, l'Entrepreneur ne sera admis à fournir que celles qui porteront la marque S. T. Chaque serrure : | |
| | | *Serrures* dites becs de cane, compris gâche à baguette, entaille, vis et pose. | |
| | | 1° A cloison de 0ᵐ017. | |
| d° | 2,773 | De 0ᵐ08 de long, deux francs soixante-dix centimes. . . . . . . . | 2 f. 70 |
| d° | 2,774 | De 0ᵐ11 de long, deux francs quatre-vingt-dix centimes. . . . . . | 2 90 |
| | | 2° A cloison de 0ᵐ02 sur 0ᵐ08 de haut. | |
| d° | 2,775 | De 0ᵐ11 de long, trois francs vingt-cinq centimes. . . . . . . | 3 25 |
| d° | 2,776 | De 0ᵐ14 de long, trois francs soixante-cinq centimes. . . . . . . | 3 65 |
| d° | 2,777 | De 0ᵐ16 de long, quatre francs dix centimes. . . . . . . . | 4 10 |
| | | 3° Posées en long. | |
| d° | 2,778 | Ordinaire de 0ᵐ05 à 0ᵐ08, trois francs quarante centimes. . . . . . . | 3 40 |
| d° | 2,779 | A bascule de 0ᵐ02 à 0ᵐ04, quatre francs. . . . . . . . | 4 00 |
| | | 4° Plus-value sur les becs de cane ci-dessus. | |
| d° | 2,780 | Pour rondelles tournées au foliot, quarante centimes. . . . . . . | 0 40 |
| d° | 2,781 | Pour gâche à rouleau en cuivre ou en acier, quatre-vingts centimes. . . | 0 80 |
| d° | 2,782 | Pour pène en chanfrein à 32 degrés, quatre-vingt-quinze centimes. . . | 0 95 |
| d° | 2,783 | Pour ajustement tubulaire avec galet ou foliot, deux francs quinze centimes. | 2 15 |
| | | 5° A haute cloison de 0ᵐ027 sur 0ᵐ095 de haut. | |
| d° | 2,784 | De 0ᵐ16 de long, six francs quarante-cinq centimes. . . . . . | 6 45 |
| d° | 2,785 | A chanfrein de 32° et avec rondelles, sept francs trente centimes. . . . | 7 30 |
| d° | 2,786 | Avec ajustement tubulaire et rondelles, neuf francs vingt centimes. . . | 9 20 |
| d° | 2,787 | 6° A entailler dans l'épaisseur du bois, de 0ᵐ08 de large, rondelle au foliot et gâche à platine, six francs soixante-cinq centimes . . . . . . . . . . . . . | 6 65 |
| | | *Serrures* d'armoires, compris entrée, gâche, entaille, vis et pose. | |
| d° | 2,788 | 1° Bon poussé, qualité supérieure et à canon, de 0ᵐ07 à 0ᵐ08, trois francs quinze centimes. . . . . . . | 3 15 |

| NUMÉROS | | DESIGNATION DES OUVRAGES. | PRIX |
|---|---|---|---|
| DU DEVIS. | DE LA SÉRIE. | | DE L'UNITÉ. |
| 296, 297 | 2,789 | 2° A trois pènes | |
| | | et à canon de 0m07 à 0m08, cinq francs cinquante-cinq centimes . . . . | 5 f. 55 |
| | | *Serrures* à pène dormant. | |
| | | 1° Noire, sans faux-fond, sans gâche. | |
| do | 2,790 | De 0m14 de long, trois francs quatre-vingt-cinq centimes. . . . . . . | 3 85 |
| do | 2,791 | De 0m16 de long, cinq francs vingt centimes. . . . . . . . . . | 5 20 |
| | | Plus-value : | |
| » | 2,792 | Pour faux-fond en cuivre, soixante centimes. . . . . . . . . . | 0 60 |
| » | 2,793 | do et clef en chiffre, un [franc quarante cinq centimes.] | 1 45 |
| » | 2,794 | Pour clef forée, soixante centimes. . . . . . . . . . . . | 0 60 |
| | | 2° A entailler dans l'épaisseur du bois avec gâche. | |
| 296, 297 | 2,795 | De 0m08 de large, cinq francs cinquante-cinq centimes . . . . . . . | 5 55 |
| do | 2,796' | De 0m09 de large, cinq francs quatre-vingt-quinze centimes . . . . . . | 5 95 |
| do | 2,797 | De 0m10 de large, six francs dix centimes . . . . . . . . . | 6 10 |
| | | *Serrures* à tour et demi, à bouton de coulisse, sans gâche. | |
| | | 1° A cloison de 0m02 sur 0m08 de largeur. | |
| do | 2,798 | De 0m08 de long, trois francs quatre-vingt-cinq centimes. . . . . . . | 3 85 |
| do | 2,799 | De 0m11 de long, quatre francs. . . . . . . . . . . . . | 4 00 |
| do | 2,800 | De 0m14 de long, quatre francs quinze centimes . . . . . . . . | 4 15 |
| do | 2,801 | De 0m16 de long, quatre francs quarante centimes. . . . . . . . | 4 40 |
| do | 2,802 | 2° A cloison de 0m025 sur 0m085 de largeur. | |
| | | Et 0m14 de longueur, quatre francs quatre-vingt-quinze centimes . . . | 4 95 |
| | | *Serrures* à deux pènes. | |
| | | 1° Avec gâche à baguette, entrée et rosette. | |
| do | 2,803 | Sans rondelles de 0m14 ou de 0m16 de long, cinq francs soixante-dix centimes. | 5 70 |
| do | 2,804 | Avec rondelles de 0m14 ou de 0m16 de long, six francs vingt centimes . . . | 6 20 |
| | | 2° Demi tour à nervure et chanfrein à 32°. | |
| do | 2,805 | Avec rondelles et gâche à baguette, à montures à pattes, de 0m14 ou de 0m16 de long, sept francs vingt-cinq centimes . . . . . . . . . . . . | 7 25 |
| » | 2,806 | Plus-value pour ajustement tubulaire avec foliot à galets, un franc vingt centimes. . . . . . . . . . . . . . . . . . . . . . | 1 20 |

| NUMÉROS | | DÉSIGNATION DES OUVRAGES. | PRIX |
|---------|---------|---------|------|
| DU DEVIS. | DE LA SÉRIE. | | DE L'UNITÉ. |
| | | 3° Posée en long. | |
| 296, 297 | 2,807 | Avec gâche à baguette, entrée et rosette de 0ᵐ08 ou de 0ᵐ09 de long, cinq francs quatre-vingt-quinze centimes. . . . . . . . . . . . . . . . | 5 f. 95 |
| dº | 2,808 | Demi-tour à nervure, chanfrein à 32°, gâche à baguette sans tenons, de 0ᵐ08, 0ᵐ09 ou 0ᵐ10 de long, sept francs vingt-cinq centimes. . . . . . . | 7 25 |
| | | 4° A entailler dans l'épaisseur du bois, en long. | |
| dº | 2,809 | De 0ᵐ08, 0ᵐ09 ou 0ᵐ10 de long, six francs quarante centimes . . . . | 6 40 |
| | | 5° En travers. | |
| dº | 2,810 | De 0ᵐ12 ou 0ᵐ14 de long, sept francs cinquante centimes. . . . . . | 7 50 |
| | | 6° Sous plaques fixes, à coulisses sans gâche en long. | |
| dº | 2,811 | De 0ᵐ08, 0ᵐ09 ou 0ᵐ10 de long, huit francs trente-cinq centimes. . . . . | 8 35 |
| | | 7° A cloison de 0ᵐ027 avec gâche à baguette. | |
| dº | 2,812 | Sans rondelles, de 0ᵐ16 sur 0ᵐ095, neuf francs trente-cinq centimes. . . . | 9 35 |
| dº | 2,813 | Avec rondelles et chanfrein à 32°, dix francs soixante-cinq centimes. . . . | 10 65 |
| dº | 2,814 | Avec ajustement tubulaire et foliot à galets, quatorze francs cinq centimes. . | 14 05 |
| | | *Serrures* de sûreté, à garnitures droites blanchies, avec gâche à baguette (deux clefs). | |
| | | 1° A cloison de 0ᵐ02 de haut. | |
| dº | 2,815 | A bouton de coulisse et verrou, une seule clef, de 0ᵐ14 de long, pour chambres de comble, sept francs quarante centimes. . . . . . . . . . . . | 7 40 |
| | | A bouton de coulisse, avec demi-tour à nervure et chanfrein à 32°, deux clefs. | |
| dº | 2,816 | De 0ᵐ14 de long, dix francs cinq centimes. . . . . . . . . . | 10 05 |
| dº | 2,817 | De 0ᵐ16 de long, dix francs quatre-vingt-dix centimes . . . . . . | 10 90 |
| dº | 2,818 | Plus-value pour bouton coudé en cuivre, quarante-cinq centimes. . . . | 0 45 |
| dº | 2,819 | Plus-value pour foliot et rondelles profilées, un franc cinquante-cinq centimes. | 1 55 |
| | | 2° A cloison de 0ᵐ027 de haut. | |
| dº | 2,820 | A bouton de coulisse, avec demi-tour à nervure, chanfrein à 32°, gâche, et de 0ᵐ16 de long, quinze francs trente centimes. . . . . . . . . . . | 15 30 |
| dº | 2,821 | Plus-value pour bouton coudé en cuivre, quarante-cinq centimes. . . . | 0 45 |
| dº | 2,822 | Plus-value pour foliot et rondelles profilées, un franc cinquante-cinq centimes. | 1 55 |
| | | 3° A pène dormant sans demi-tour. | |
| 296, 297 | 2,823 | Moins-value sur les serrures de sûreté ci-dessus à bouton de coulisse, quatre-vingt-cinq centimes . . . . . . . . . . . . . . . | 0 85 |

| NUMÉROS | | DESIGNATION DES OUVRAGES. | PRIX |
|---|---|---|---|
| DU DEVIS. | DE LA SÉRIE. | | DE L'UNITÉ. |
| | | *Serrures* de sûreté à gorges mobiles, demi-tour à nervure, chanfrein à 32° et gâche à baguettes (deux clefs). | |
| | | 1° A cloison de 0ᵐ02 de haut. | |
| | | De 0ᵐ14 de long. | |
| 296, 297 | 2,824 | A bouton de coulisse, quinze francs soixante-cinq centimes . . . . . | 15 f. 65 |
| » | 2,825 | Plus-value pour bouton coudé en cuivre, quarante-cinq centimes . . . . | 0    45 |
| » | 2,826 | Plus-value pour foliot et rondelles profilées, deux francs cinq centimes. . | 2    05 |
| | | 2° A cloison de 0ᵐ027 de haut. | |
| | | De 0ᵐ16 de long. | |
| 296, 297 | 2,827 | A bouton de coulisse, dix-sept francs soixante-dix centimes . . . . . . | 17    70 |
| dº | 2,828 | Plus-value pour bouton coudé en cuivre, quarante-cinq centimes. . . . . | 0    45 |
| » | 2,829 | Plus-value pour foliot et rondelles profilées, deux francs vingt centimes. . | 2    20 |
| | | *Serrures* de sûreté, à pompe, avec demi-tour à nervure, chanfrein à 32° et gâche à baguette (deux clefs). | |
| | | 1° A cloison de 0ᵐ02 de haut. | |
| | | A bouton de coulisse. | |
| 296, 297 | 2,830 | De 0ᵐ14 de long, vingt francs quatre-vingt-cinq centimes . . . . . . | 20    85 |
| dº | 2,831 | De 0ᵐ16 de long, vingt-un francs soixante-dix centimes . . . . . . . | 21    70 |
| » | 2,832 | Plus-value pour bouton coudé en cuivre, quarante-cinq centimes . . . . | 0    45 |
| » | 2,833 | Plus-value pour foliot et rondelles profilées, un franc cinquante-cinq centimes. | 1    55 |
| | | 2° A cloison de 0ᵐ027 de haut. | |
| | | A bouton de coulisse. | |
| 296, 297 | 2,834 | De 0ᵐ14 de long, vingt-un francs soixante-cinq centimes. . . . . . . | 21    65 |
| dº | 2,835 | De 0ᵐ16 de long, vingt-deux francs cinquante-cinq centimes. . . . . . | 22    55 |
| dº | 2,836 | Plus-value pour bouton coudé en cuivre, quarante centimes. . . . . . | 0    40 |
| » | 2,837 | Plus-value pour foliot et rondelles profilées, un franc cinquante-cinq centimes. | 1    55 |
| | | *Serrures* de sûreté à deux canons, garnitures blanchies à deux clefs et quatre passe-partout. | |
| | | 1° A foliot avec gâche à baguette. | |
| 296, 297 | 2,838 | De 0ᵐ16 de long, vingt-un francs soixante-cinq centimes. . . . . . . | 21    65 |
| dº | 2,839 | De 0ᵐ20 de long, vingt-huit francs cinquante centimes . . . . . . . | 28    50 |
| | | 2° A foliot avec gâche à rouleau. | |
| dº | 2,840 | De 0ᵐ16 de long, vingt-deux francs cinquante-cinq centimes. . . . . . | 22    55 |
| dº | 2,841 | De 0ᵐ20 de long, vingt-neuf francs soixante-quinze centimes. . . . . . | 29    75 |

| NUMÉROS | | DÉSIGNATION DES OUVRAGES. | PRIX |
|---|---|---|---|
| DU DEVIS. | DE LA SÉRIE. | | DE L'UNITÉ. |

*Gâches* pour becs de cane et serrures marquées ST, y compris entaille au besoin, vis et pose.

### 1° Gâches à baguette.

| | | | | |
|---|---|---|---|---|
| 296, 297 | 2,842 | Pour serrure de 0ᵐ07, à cloison de 0ᵐ017, trente-cinq centimes . . . . | 0 f. | 35 |
| d° | 2,843 | Pour serrure de 0ᵐ08, à cloison de 0ᵐ020, trente-cinq centimes . . . . | 0 | 35 |
| d° | 2,844 | Pour serrure de 0ᵐ11, à cloison de 0ᵐ020, quarante centimes . . . . | 0 | 40 |
| d° | 2,845 | Pour serrure de 0ᵐ095, à cloison de 0ᵐ027, soixante centimes. . . . . | 0 | 60 |

### 2° Gâches à rouleau.

| | | | | |
|---|---|---|---|---|
| d° | 2,846 | Pour serrure de 0ᵐ07, à cloison de 0ᵐ017, quatre-vingt-quinze centimes. . . | 0 | 95 |
| d° | 2,847 | Pour serrure de 0ᵐ08, à cloison de 0ᵐ020, un franc. . . . . . | 1 | 00 |
| d° | 2,848 | Pour serrure de 0ᵐ11, à cloison de 0ᵐ020, un franc quarante centimes . . | 1 | 40 |
| d° | 2,849 | Pour serrure de 0ᵐ095, à cloison de 0ᵐ027, un franc soixante-dix centimes. . | 1 | 70 |

### 3° Gâches à montures à pattes et à tenons, sans vis d'attache apparentes.

| | | | | |
|---|---|---|---|---|
| d° | 2,850 | Plus-value à ajouter à chacune des gâches à baguette ou à rouleau détaillées ci-dessus, trente-cinq centimes . . . . . . . . . . . . | 0 | 35 |

*Targettes* en fer, platine noire à chapeau avec crampon à pattes ou à pointes.

### 1° Demi-forte, picolet rond, bouton nouveau à patère.

| | | | | |
|---|---|---|---|---|
| d° | 2,851 | De 0ᵐ040, 0ᵐ048, 0ᵐ055 ou 0ᵐ06 de large à la platine, soixante-dix centimes . | 0 | 70 |
| d° | 2,852 | De 0ᵐ07 ou 0ᵐ08 de large à la platine, quatre-vingt-quinze centimes . . | 0 | 95 |
| d° | 2,853 | Plus-value pour un valet, vingt-cinq centimes . . . . . . | 0 | 25 |

### 2° Très-forte, polie, bouton à piédouche.

| | | | | |
|---|---|---|---|---|
| d° | 2,854 | De 0ᵐ048, 0ᵐ055 ou 0ᵐ06 de large à la platine, un franc quarante-cinq centimes. | 1 | 45 |
| d° | 2,855 | De 0ᵐ07 à 0ᵐ08, un franc quatre-vingt-quinze centimes . . . . . | 1 | 95 |
| d° | 2,856 | De 0ᵐ095, 0ᵐ10 ou 0ᵐ11, trois francs. . . . . . . . | 3 | 00 |
| d° | 2,857 | Plus-value pour un valet, quarante centimes. . . . . . . | 0 | 40 |

*Targettes* de sûreté avec platine et bouton en cuivre, pène en fer, compris crampon à pattes.

| | | | | |
|---|---|---|---|---|
| d° | 2,858 | De 0ᵐ035, 0ᵐ040 ou 0ᵐ045 de large à la platine, un franc . . . . | 1 | 00 |
| d° | 2,859 | De 0ᵐ050, 0ᵐ055 ou 0ᵐ060 de large à la platine, un franc quarante centimes . | 1 | 40 |
| d' | 2,860 | De 0ᵐ06 ou 0ᵐ07 de large à la platine, deux francs cinq centimes . . . | 2 | 05 |
| d° | 2,861 | Plus-value pour pène en cuivre, dix centimes . . . . . . | 0 | 10 |

| | | | | |
|---|---|---|---|---|
| d° | 2,862 | *Gâche* pour les targettes ci-dessus.<br>Gâche à pattes, renforcée, polie, de 0ᵐ035 de large, posée avec vis, trente-cinq centimes . . . . . . . . . . . . . . . | 0 | 35 |

*Treuils* de puits. Voir le n° 2,908.

| NUMÉROS | | DESIGNATION DES OUVRAGES. | PRIX |
|---|---|---|---|
| DU DEVIS. | DE LA SÉRIE. | | DE L'UNITÉ. |
| | | *Vasistas.* | |
| | | Pièces composant le vasistas. | |
| | | 1° Châssis en fer carré, rainé (sans assemblage ni pose). | |
| | | Le mètre linéaire : | |
| 298, 299 | 2,863 | De 0ᵐ009, un franc dix centimes . . . . . . . . . . . . . | 1 f. 10 |
| dᵒ | 2,864 | De 0ᵐ011, un franc quarante-cinq centimes . . . . . . . . | 1 45 |
| dᵒ | 2,865 | De 0ᵐ013, un franc quatre-vingt cinq centimes . . . . . . . | 1 85 |
| dᵒ | 2,866 | De 0ᵐ016, deux francs trente centimes . . . . . . . . . | 2 30 |
| dᵒ | 2,867 | De 0ᵐ018, deux francs soixante-cinq centimes . . . . . . . | 2 65 |
| dᵒ | 2,868 | De 0ᵐ020, trois francs cinq centimes . . . . . . . . . . | 3 05 |
| dᵒ | 2,869 | 2° Double châssis en tôle, en feuillure, formant battement, y compris la pose. | |
| | | Le mètre linéaire, un franc quarante centimes. . . . . . . . | 1 40 |
| 299 | 2,870 | 3° Assemblage et pose du châssis en fer carré. | |
| | | Valeur fixe, pour chaque châssis, des quatre assemblages, de la traverse mobile et de la pose, trois francs quatre-vingt-cinq centimes . . . . . . . | 3 85 |
| 296, 297 | 2,871 | 4° Charnière en fer. | |
| | | Ou pivot avec bourdonnière, chacune, quatre-vingt-cinq centimes . . . . | 0 85 |
| | | 5° Loqueteau et mentonnet. | |
| | | Loqueteau à ressort à pompe, monté dans une gaîne en cuivre, avec son mentonnet à pattes, en cuivre, à feuillure. | |
| dᵒ | 2,872 | Loqueteau n° 1, etc., un franc quarante-cinq centimes . . . . . . | 1 45 |
| dᵒ | 2,873 | Loqueteau n° 2, etc., un franc soixante centimes . . . . . . . . | 1 60 |
| dᵒ | 2,874 | Loqueteau n° 3, etc., un franc quatre-vingts centimes . . . . . . | 1 80 |
| | | *Verroux* à ressort, en fer blanchi, avec gâche, platine ou crampon, posés avec vis. | |
| dᵒ | 2,875 | N° 1, de 0ᵐ40 de long, un franc trente centimes . . . . . . . | 1 30 |
| dᵒ | 2,876 | Chaque décimètre en plus ou en moins, dix centimes . . . . . . . | 0 10 |
| dᵒ | 2,877 | N° 2, de 0ᵐ40 de long, un franc cinquante-cinq centimes. . . . . . | 1 55 |
| dᵒ | 2,878 | Chaque décimètre en plus ou en moins, quinze centimes . . . . . . | 0 15 |
| dᵒ | 2,879 | N° 3, de 0ᵐ40 de long, un franc quatre-vingts centimes . . . . . . | 1 80 |
| dᵒ | 2,880 | Chaque décimètre en plus ou en moins, quinze centimes . . . . . . | 0 15 |
| dᵒ | 2,881 | N° 4, de 0ᵐ40 de long, deux francs quinze centimes . . . . . . | 2 15 |
| dᵒ | 2,882 | Chaque décimètre en plus ou en moins, vingt centimes . . . . . . | 0 20 |
| dᵒ | 2,883 | NOTA. — La gâche entre dans chaque prix de verrou ci-dessus pour 0 fr. 20. | |
| dᵒ | 2,884 | *Verrous* à tige demi-ronde. | |
| | | Les verrous à tige demi-ronde seront payés, en plus des prix ci-dessus, deux cinquièmes . . . . . . . . . . . . . . . . . . | 2/5 |

| NUMÉROS | | DÉSIGNATION DES OUVRAGES. | PRIX |
| DU DEVIS. | DE LA SÉRIE. | | DE L'UNITÉ. |
|---|---|---|---|
| | | *Vis* à bois, à tête plate ou à tête ronde, compris pose. | |
| 296 à 297 | 2.885 | De 0ᵐ020 de long, deux centimes . . . . . . . . . . . . . | 0 f. 02 |
| dº | 2,886 | De 0ᵐ025 de long, deux centimes . . . . . . . . . . . . | 0  02 |
| dº | 2,887 | De 0ᵐ030 de long, trois centimes . . . . . . . . . . . . | 0  03 |
| dº | 2,888 | De 0ᵐ035 de long, trois centimes . . . . . . . . . . . | 0  03 |
| dº | 2,889 | De 0ᵐ040 de long, trois centimes . . . . . . . . . . . | 0  03 |
| dº | 2,890 | De 0ᵐ045 de long, quatre centimes. . . . . . . . . . | 0  04 |
| dº | 2,891 | De 0ᵐ05 de long, six centimes . . . . . . . . . . . | 0  06 |
| dº | 2,892 | De 0ᵐ06 de long, huit centimes . . . . . . . . . . . | 0  08 |
| dº | 2,893 | De 0ᵐ07 de long, dix centimes . . . . . . . . . . . | 0  10 |
| dº | 2,894 | De 0ᵐ08 de long, douze centimes . . . . . . . . . . | 0  12 |
| dº | 2,895 | De 0ᵐ09 de long, quatorze centimes . . . . . . . . . | 0  14 |
| dº | 2,896 | De 0ᵐ10 de long, quinze centimes . . . . . . . . . . | 0  15 |
| | | *Vis* à bois, à tête carrée, compris pose. | |
| dº | 2,897 | De 0ᵐ06 de long, vingt-deux centimes. . . . . . . . . | 0  22 |
| dº | 2,898 | De 0ᵐ07 de long, vingt-quatre centimes . . . . . . . . | 0  24 |
| dº | 2,899 | De 0ᵐ08 de long, vingt-sept centimes . . . . . . . . . | 0  27 |
| dº | 2,900 | De 0ᵐ09 de long, trente centimes . . . . . . . . . . | 0  30 |
| dº | 2,901 | De 0ᵐ10 de long, trente-cinq centimes. . . . . . . . . | 0  35 |
| dº | 2,902 | De 0ᵐ11 de long, quarante centimes . . . . . . . . | 0  40 |
| dº | 2,903 | De 0ᵐ12 de long, quarante-cinq centimes . . . . . . . | 0  45 |
| dº | 2,904 | De 0ᵐ13 de long, quarante-sept centimes . . . . . . . | 0  47 |
| dº | 2,905 | De 0ᵐ14 de long, cinquante centimes . . . . . . . . . | 0  50 |
| dº | 2,906 | De 0ᵐ15 de long, cinquante-cinq centimes. . . . . . . | 0  55 |
| dº | 2,907 | De 0ᵐ16 de long, soixante centimes. . . . . . . . . . | 0  60 |
| | | *Treuil* de puits de passage à niveau, conforme au dessin type, diamètre intérieur du puits, 1ᵐ00.<br>Le treuil complet et posé, cent vingt francs . . . . . . . . . | 120  00 |
| | | DÉTAIL.<br><br>**Ferronnerie.**<br>—— | |
| » | 2,908 | 1º 2 supports, y compris les bandelettes recevant la toiture.<br>2 Tiges recevant les paliers.<br>4 Boulons avec écrous et 2 brides pour les paliers.<br>1 Arbre avec sa manivelle.<br>2 frettes pour le cylindre en bois.<br>Le tout pesant, d'après le métré du type 48ᵏ25, à 1 fr. 00 (nº 2,568). | 48 f. 25 |
| | | *A reporter.* . . . . | 48 f. 25 |

| NUMÉROS | | DÉSIGNATION DES OUVRAGES. | PRIX |
|---|---|---|---|
| DU DEVIS. | DE LA SÉRIE. | | DE L'UNITÉ. |

|  |  |  |
|---|---|---|
| *Report* . . . . | | 48 f. 25 |
| 2° 16 vis à tête ronde, de 0m02, pour fixer les voliges sur les supports, à 0 fr. 02 (n° 2,885) . . . . . . . . . . . . . . . . | | 0   32 |
| 3° Arrêt pour fixer au treuil le bout de la corde . . . . . . . | | 0   75 |
| 4° Agrafe avec anneau (dite poignée), pour attacher le seau à la corde . | | 3   00 |
| 5° 2 paires de coussinets en bronze, pour supporter l'arbre, pesant ensemble 1k44, à 7 fr. 00 la paire . . . . . . . . . . . . | | 14   00 |
| 6° Plomb vieux pour scellements des supports dans la margelle en pierre, 19k, à 1 fr. 00 (n° 2,586). . . . . . . . . . . . | | 19   00 |
| 7° Grain mélangé avec le plomb desdits scellements, 19k, à 0 fr. 15 (n° 2,587) . . . . . . . . . . . . . . . . . | | 2   85 |
| Total pour la ferronnerie. . . . . | | 88 f. 17 |

**Charpente.**

----

| | | |
|---|---|---|
| 8° Treuil en chêne, de forme cylindrique, de 1m00 de long et de 0m15 de diamètre, pour fourniture du bois, tournage, percement du trou pour l'arbre en fer et façon des entailles pour les deux frettes . . 20 fr. 00 | | 20 · 00 |

**Couverture.**

----

| | | |
|---|---|---|
| 9° Voligeage en planches de sapin, de 0m02 d'épaisseur, à un parement, dressées sur les rives, 1m10 à 2 fr. 30 (n° 1,371).   2 fr. 53 | | |
| 10° Couverture en zinc n° 14, compris clous, calottins, soudures et ourlet, 1m33, à 7 fr. 20 (n° 1,382) . . . . .   9   58 | | |
| Total pour la couverture. . . . .   12 fr. 11 | | 12   11 |
| Total pour le treuil, . . . . . | | 120 f. 28 |
| Passé à. . . . . . | | 120   00 |

| NUMÉROS | | DESIGNATION DES OUVRAGES. | PRIX |
|---|---|---|---|
| DU DEVIS. | DE LA SÉRIE. | | DE L'UNITÉ |
| | | **§ 2<sup>e</sup>. — *Réparations.*** | |
| 300 | 2,911 | *Serrure* déposée et reposée, y compris entaille, au besoin, trente-cinq centimes . | 0 f. 35 |
| d° | 2,912 | *Serrure* nettoyée, les barbes rajustées, les entrées resserrées, trente centimes. . | 0 30 |
| d° | 2,913 | *Vis* fournie et posée, quinze centimes . . . . . . . . . . . | 0 15 |
| d° | 2,914 | *Ressort* à boudin, canon, foliot, picolet, équerre ou pièces de même valeur. Chaque pièce fournie et posée, quarante-cinq centimes. . . . . . . . | 0 45 |
| d° | 2,915 | *Clef* à embase, de serrure tour et demi ou de tiroir, un franc. . . . . . . | 1 00 |
| d° | 2,916 | *Clef* bénarde pour tour et demi, polie, un franc quarante-cinq centimes. . . . | 1 45 |
| d° | 2,917 | *Clef* bénarde en chiffre, un franc soixante-dix centimes. . . . . . . . | 1 70 |
| d° | 2,918 | *Clef* de serrure de sûreté ordinaire, polie, deux francs cinquante-cinq centimes. . | 2 55 |
| d° | 2,919 | *Clef* de serrure de sûreté, avec garnitures tournées, trois francs . . . . . | 3 00 |
| | | *Clefs* de serrures de sûreté à gorges. | |
| d° | 2,920 | 1° Clef bénarde, polie, deux francs cinquante-cinq centimes . . . . . . | 2 55 |
| d° | 2,921 | 2° Clef forée, polie, trois francs quarante centimes . . . . . . . . | 3 40 |

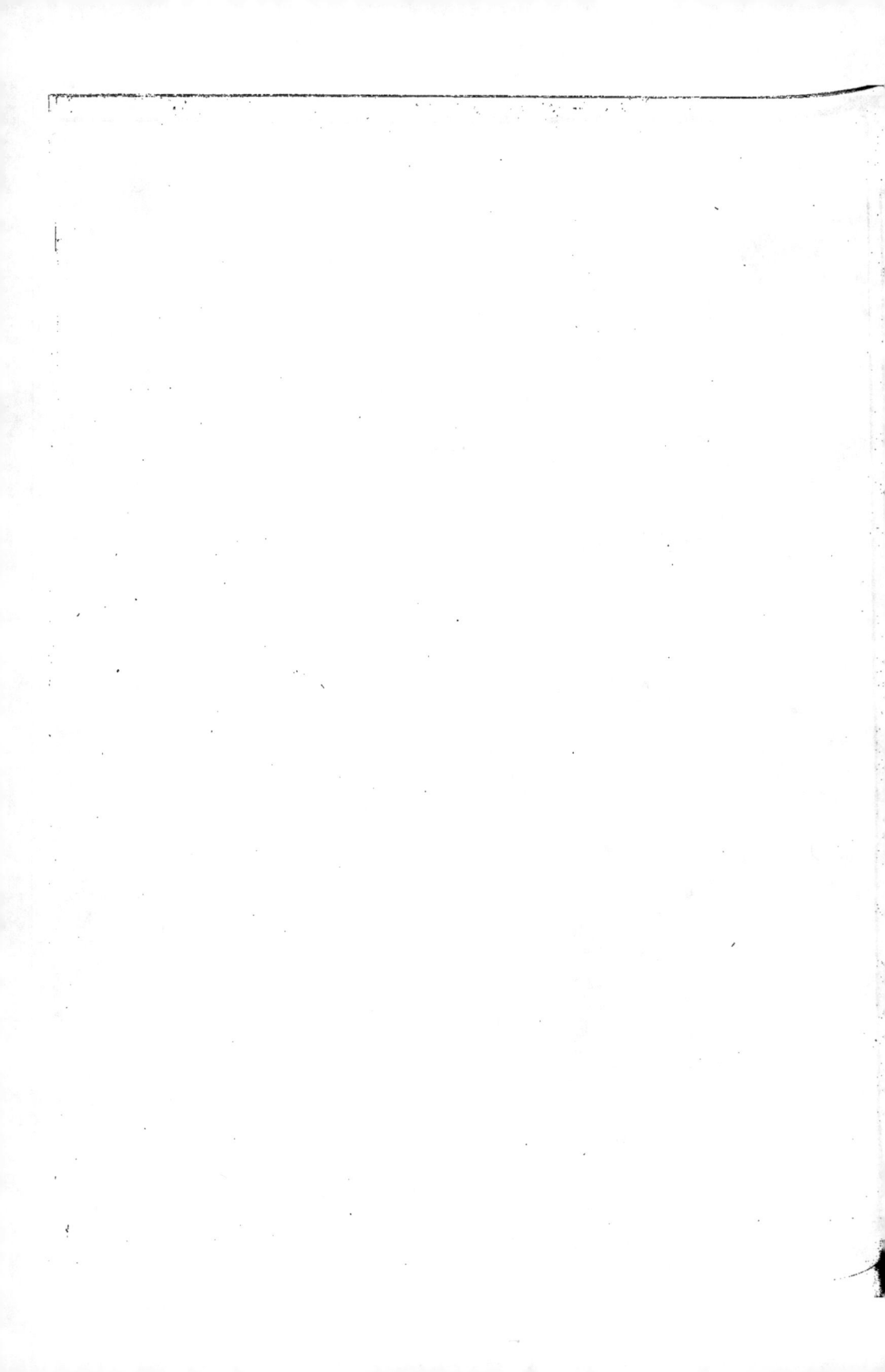

| NUMÉROS | | DESIGNATION DES OUVRAGES. | PRIX |
|---|---|---|---|
| DU DEVIS. | DE LA SÉRIE. | | DE L'UNITÉ |

# CHAPITRE IX.

## Peinture.

### ARTICLE PREMIER. — PRIX ÉLÉMENTAIRES.

#### § 1er. — Heures de travail effectif.

| | | | |
|---|---|---|---|
| 2,931 | | *Peintre*, cinquante centimes . . . . . . . . . . . . . . | 0 f. 50 |
| 2,932 | | *Travaux* de nuit. Dans les travaux de nuit, l'heure d'ouvrier sera payée moitié en plus de celle de jour ; les frais d'éclairage seront à la charge de la Compagnie. | |

| NUMÉROS | | DÉSIGNATION DES OUVRAGES. | PRIX |
|---|---|---|---|
| DU DEVIS. | DE LA SÉRIE. | | DE L'UNITÉ. |

§ 2ᵉ. — *Matériaux rendus à pied-d'œuvre.*

| | | | |
|---|---|---|---|
| 303 | 2,936 | *Blanc* de Meudon ou de Bougival.<br>Le kilogramme, trois centimes . . . . . . . . . . . . . . | 0 f. 03 |
| | | *Blanc* de zinc, blanc de céruse.<br>Le kilogramme : | |
| 304 | 2,937 | 1° En poudre, soixante centimes . . . . . . . . . . . . | 0   60 |
| dᵒ | 2,938 | 2° Broyé, quatre-vingts centimes . . . . . . . . . . . . | 0   80 |
| | | *Couleurs* communes, telles que, ocre, jaune ou rouge, charbon fin, terre<br>d'ombre, etc.<br>Le kilogramme : | |
| 301, 302, 304 | 2,939 | 1° Broyées, quarante centimes . . . . . . . . . . . . . | 0   40 |
| dᵒ | 2,940 | 2° Préparées au blanc de zinc ou de céruse, pour peinture à l'huile, un franc<br>trente-cinq centimes. . . . . . . . . . . . . . . . . | 1   35 |
| | | *Couleurs* fines, à bases de zinc ou de céruse.<br>Le kilogramme : | |
| dᵒ | 2,941 | 1° Broyées, quatre francs . . . . . . . . . . . . . . | 4   00 |
| dᵒ | 2,942 | 2° Préparées pour peinture à l'huile, deux francs cinquante centimes . . . | 2   50 |
| » | 2,943 | *Cire* à frotter.<br>Le kilogramme, quatre francs cinquante centimes. . . . . . . . | 4   50 |
| 302 | 2,944 | *Colle* de peau de lapin.<br>Le kilogramme, quinze centimes . . . . . . . . . . . . | 0   15 |
| | | *Colle* forte.<br>Le kilogramme : | |
| » | 2,945 | 1° Colle forte de Givet, deux francs . . . . . . . . . . | 2   00 |
| » | 2,946 | 2° Colle forte ordinaire, un franc vingt centimes . . . . . . . . | 1   20 |
| » | 2,947 | *Colle* de pâte.<br>Le kilogramme, dix centimes . . . . . . . . . . . . | 0   10 |
| » | 2,948 | *Eau* de cuivre.<br>Le litre, quatre-vingt-quinze centimes. . . . . . . . . . . | 0   95 |
| » | 2,949 | *Eau* seconde.<br>Le litre, trente-cinq centimes . . . . . . . . . . . . . | 0   35 |

| NUMÉROS | | DESIGNATION DES OUVRAGES. | PRIX |
|---|---|---|---|
| DU DEVIS. | DE LA SÉRIE. | | DE L'UNITÉ. |
| 302 | 2,950 | *Encaustique* à l'eau.<br>Le litre, cinquante centimes . . . . . . . . . . | 0 f. 50 |
| 302 | 2,951 | *Encaustique* à l'essence.<br>Le litre, cinq francs. . . . . . . . . . . | 5 00 |
| 302 | 2,952 | *Esprit* de sel.<br>Le kilogramme, quarante centimes. . . . . . . | 0 40 |
| 302 | 2,953 | *Essence* de térébenthine.<br>Le kilogramme, deux francs vingt centimes . . . . . | 2 20 |
| 305 | 2,954 | *Goudron* minéral ou coaltar.<br>Le kilogramme, dix centimes . . . . . . . . . | 0 10 |
| 305 | 2,955 | *Goudron* végétal.<br>Le kilogramme, trente-cinq centimes . . . . . . . | 0 35 |
| 302 | 2,956 | *Huile* blanche, huile de lin.<br>Le kilogramme, un franc soixante centimes . . . . . | 1 60 |
| 302 | 2,957 | *Huile* manganésée dite siccatif.<br>Le kilogramme, deux francs . . . . . . . . . | 2 00 |
| 302 | 2,958 | *Mastic* à la colle, pour rebouchage en détrempe.<br>Le kilogramme, vingt-cinq centimes . . . . . . . | 0 25 |
| 302 | 2,959 | *Mastic* ordinaire, à l'huile.<br>Le kilogramme, trente centimes . . . . . . . | 0 30 |
| 302 | 2,960 | *Minium* de plomb en poudre.<br>Le kilogramme, soixante-dix centimes. . . . . . . | 0 70 |
| » | 2,961 | *Papier* de verre.<br>Les cent feuilles, trois francs . . . . . . . . | 3 00 |
| » | 2,962 | *Pierre* ponce choisie.<br>Le kilogramme, quatre-vingts centimes . . . . . . | 0 80 |
| 301 | 2,963 | *Siccatif* brillant.<br>Le kilogramme, deux francs vingt-cinq centimes . . . . | 2 25 |
| 301 | 2,964 | *Stil* de grain de Hollande, en poudre.<br>Le kilogramme, un franc soixante centimes . . . . . | 1 60 |

| NUMÉROS | | DESIGNATION DES OUVRAGES. | PRIX | |
|---|---|---|---|---|
| DU DEVIS. | DE LA SÉRIE. | | DE L'UNIT | |
| 302 | 2,965 | *Vernis* à bois.<br>Le kilogramme, deux francs dix centimes . . . . . . . . . . | 2 | 10 |
| dº | 2,966 | *Vernis* gras pour décors, nº 1.<br>Le kilogramme, quatre francs . . . . . . . . . . . . | 4 | 00 |
| dº | 2,967 | *Vernis* surfin pour décors, très-soigné.<br>Le kilogramme, quatre francs cinquante centimes. . . . . . . . | 4 | 50 |
| dº | 2,968 | *Vernis* anglais pour décors, très-soigné.<br>Le kilogramme, six francs. . . . . . . . . . . . . . | 6 | 00 |

| NUMÉROS | | DESIGNATION DES OUVRAGES. | PRIX |
| DU DEVIS. | DE LA SÉRIE. | | DE L'UNITÉ. |
|---|---|---|---|
| | | ARTICLE DEUXIÈME. — PRIX DES OUVRAGES. | |
| | | § 1er. — *Travaux préparatoires, au mètre superficiel.* | |
| 311, 323, 326 | 2,981 | *Epoussetage* sur vieilles parties, deux centimes. . . . . . . . | 0 02 |
| d° | 2,982 | *Egrenage*, compris époussetage, sur parties neuves, trois centimes . . . . | 0 03 |
| d° | 2,983 | *Grattage* et brûlage à l'essence d'anciennes peintures, compris lessivage, sur boiseries ornées ou sur corniches, quatre-vingt-dix centimes . . . . . . . | 0 90 |
| d° | 2,984 | *Grattage* de mur, de plafond ou de bois uni, dix centimes . . . . . . | 0 10 |
| d° | 2,985 | *Grattage* et lavage de carreaux et parquets vieux ou neufs, huit centimes. . . | 0 08 |
| d° | 2,986 | *Grattage* et arrachage d'anciens papiers unis, dix centimes, . . . . . . | 0 10 |
| d° | 2,987 | *Grattage* et arrachage d'anciens papiers veloutés, vingt-cinq centimes. . . . | 0 25 |
| d° | 2,988 | *Grattage* d'anciennes détrempes vernies sur mur, quinze centimes. . . . . | 0 15 |
| d° | 2,989 | *Grattage* d'anciennes détrempes vernies, sur boiseries, avec dégagement de moulures au petit fer, cinquante centimes . . . . . . . . . . . . . | 0 50 |
| d° | 2,990 | *Lavage* à l'eau, quatre centimes . . . . . . . . . . . . . . | 0 04 |
| d° | 2,991 | *Rebouchage* à la colle, sept centimes. . . . . . . . . . . . . | 0 07 |
| d° | 2,992 | *Rebouchage* à l'huile, douze centimes . . . . . . . . . . . . | 0 12 |
| d° | 2,993 | *Rebouchage* au mastic teinté, avec blanc de céruse, pour travaux très-soignés, quinze centimes . . . . . . . . . . . . . . . . . | 0 15 |
| d° | 2,994 | *Enduits* au mastic à l'huile ordinaire, sous toutes espèces de peintures, sur parties unies ou sur parties moulurées, quarante-cinq centimes . . . . . . . . | 0 45 |

| NUMÉROS | | DESIGNATION DES OUVRAGES. | PRIX |
|---|---|---|---|
| DU DEVIS. | DE LA SÉRIE. | | DE L'UNITÉ |
| 311, 323, 326 | 2,995 | *Enduits* très-soignés, par ordre exprès, compris ponçage sur ordre écrit, quatre-vingt-dix centimes . . . . . . . . . . . . . . . . . . | 0 f. 90 |
| d° | 2,996 | *Lessivage* à l'eau seconde forte, dix centimes . . . . . . . . . . | 0 10 |
| d° | 2,997 | *Lessivage* à l'eau seconde coupée, six centimes . . . . . . . . . | 0 06 |
| d° | 2,998 | *Ponçage*, admissible seulement pour travaux soignés, sur ordre écrit, dix centimes. | 0 10 |

| NUMÉROS | | DÉSIGNATION DES OUVRAGES. | PRIX |
|---|---|---|---|
| DU DEVIS. | DE LA SÉRIE. | | DE L'UNITÉ. |

§ 2°. — *Ouvrages à la chaux, au mètre superficiel.*

| | | | |
|---|---|---|---|
| 312, 323, 326 | 3,011 | *Blanchissage* à la chaux ou échaudage.<br>Chaque couche, quatre centimes . . . . . . . . . . . . . | 0 f. 04 |
| | | *Badigeon* à la chaux alunée, compris léger grattage, nettoyage des vitres et objets d'ameublement.<br>Par couche : | |
| 312, 323, 326 | 3,012 | 1° Pour murs intérieurs et jusqu'à 4ᵐ00 de hauteur, extérieurement, six centimes. | 0   06 |
| d° | 3,013 | 2° Travaux faits à la corde à nœuds, huit centimes . . . . . . . . | 0   08 |

§ 3°. — *Ouvrages à la colle, y compris les travaux préparatoires, au mètre superficiel.*

| | | | |
|---|---|---|---|
| 309, 311, 314, 323, 326 | 3,014 | *Encollage* de toute espèce et blanc d'apprêt, dix centimes . . . . . . | 0   10 |
| d° | 3,015 | *Blanc* de plafond ou teinte azurée.<br>Première couche, dix centimes . . . . . . . . . . . . | 0   10 |
| d° | 3,016 | Chaque couche en sus de la première, cinq centimes . . . . . . . . . | 0   05 |
| d° | 3,017 | *Peinture* à la colle sur murs ou boiseries, en couleurs communes, au blanc de Bougival, ocre ou couleurs analogues.<br>Première couche, onze centimes . . . . . . . . . | 0   11 |
| d° | 3,018 | Chaque couche en sus de la première, six centimes. . . . . . . . . . | 0   06 |
| d° | 3,019 | *Peinture* à la colle sur murs ou boiseries, en couleurs fines.<br>Première couche, vingt-deux centimes . . . . . . . . . | 0   22 |
| d° | 3,020 | Chaque couche en sus de la première, treize centimes . . . . . . . | 0   13 |
| d° | 3,021 | *Parquets* et carreaux encaustiqués et frottés, quinze centimes. (Encaustiquage, 0 fr. 07 ; frottage, 0 fr. 08). . . . . . . . . . . . | 0   15 |
| d° | 3,022 | *Parquets* et carreaux à la colle, y compris lavage et grattage.<br>Première couche, sept centimes . . . . . . . . | 0   07 |
| d° | 3,023 | Chaque couche en sus de la première, cinq centimes . . . . . . . . . | 0   05 |

| NUMÉROS | | DÉSIGNATION DES OUVRAGES. | PRIX |
|---|---|---|---|
| DU DEVIS. | DE LA SÉRIE. | | DE L'UNIT|

§ 4ᵉ. — *Ouvrages à l'huile, y compris les travaux préparatoires au mètre superficiel.*

---

*Peinture* à l'huile, au blanc de zinc ou de céruse, en couleurs communes, ou au minium de fer, pour travaux ordinaires, en grandes parties planes ou moulurées, développées, compris grattage, rebouchage et travaux préparatoires.

| | | | |
|---|---|---|---|
| 304, 311, 315, 323, 326 | 3,030 | Première couche, trente centimes. . . . . . . . . . . . . | 0 f. 30 |
| dᵒ | 3,031 | Chaque couche en sus de la première, vingt-cinq centimes . . . . . . | 0 25 |

*Peinture* à l'huile, en couleurs fines à base de zinc ou de céruse, ou au minium de plomb, impression à l'huile bouillante, sur murs ou sur bois.

| | | | |
|---|---|---|---|
| dᵒ | 3,032 | Première couche, trente-cinq centimes. . . . . . . . . . . . | 0 35 |
| dᵒ | 3,033 | Chaque couche en sus de la première, trente centimes . . . . . . . | 0 30 |

*Réchampissage* :

| | | | |
|---|---|---|---|
| dᵒ | 3,034 | Pour chaque ton en réchampissage, cinq centimes . . . . . . . . | 0 05 |
| dᵒ | 3,035 | Plus-value pour travaux très soignés faits par ordres exprès en blanc d'argent ou de neige pur. | |
| | | Pour chaque couche, dix centimes. . . . . . . . . . . . | 0 10 |

*Vernis* gras pour décors n° 1.

| | | | |
|---|---|---|---|
| 318, 326 | 3,036 | Première couche, trente-cinq centimes. . . . . . . . . . . | 0 35 |
| dᵒ | 3,037 | Chaque couche en plus, trente centimes. . . . . . . . . . . | 0 30 |

*Vernis* gras surfin.

| | | | |
|---|---|---|---|
| dᵒ | 3,038 | Première couche, cinquante centimes. . . . . . . . . . | 0 50 |
| dᵒ | 3,039 | Chaque couche en sus de la première, trente-cinq centimes. . . . . | 0 35 |

| | | | |
|---|---|---|---|
| dᵒ | 3,040 | *Vernis* anglais pour décors très soignés. Chaque couche soixante-dix centimes . . . . . . . . . . . | 0 70 |

*Parquets* et carreaux mis en couleur au siccatif brillant, y compris grattage et lavage.

| | | | |
|---|---|---|---|
| 311, 315, 323, 326 | 3,041 | Première couche, trente-cinq centimes. . . . . . . . . . . | 0 35 |
| dᵒ | 3,042 | Chaque couche en sus de la première, trente centimes. . . . . . . | 0 30 |

*Parquets* et carreaux à l'huile, y compris grattage et lavage.

| | | | |
|---|---|---|---|
| dᵒ | 3,043 | Première couche, trente centimes. . . . . . . . . . . | 0 30 |
| dᵒ | 3,044 | Chaque couche en sus de la première, vingt centimes. . . . . . . | 0 20 |

| | | | |
|---|---|---|---|
| 317, 323, 326 | 3,045 | *Décors* en pierre feinte à trois filets, sur fonds à l'huile, avec frottis pour imiter les nuances de la pierre, fonds non compris, cinquante centimes . . . . . . | 0 50 |

| NUMÉROS | | DESIGNATION DES OUVRAGES. | PRIX |
|---|---|---|---|
| DU DEVIS. | DE LA SÉRIE. | | DE L'UNITÉ. |
| 317, 323, 326 | 3,046 | *Granit* ordinaire, non compris le fond ; pour chaque jetée, huit centimes . . . | 0 f. 08 |
| d° | 3,047 | *Granit* porphyré et chiqueté, non compris le fond.<br>Pour chaque ton, trente-cinq centimes. . . . . . . . . . . | 0 35 |
| d° | 3,048 | *Décors* en bronze antique ou cuivre à l'effet, bois feint, marbres veinés de toutes nuances, granit caillouté avec vernis, compris couleurs, vernis, ponçage, le fond pané séparément, un franc soixante-quinze centimes. . . . . . . . . . . | 1 75 |
| 322, 323, 326 | 3,049 | *Goudronnage* avec le goudron minéral ou coaltar. '<br>Chaque couche, dix centimes . . . . . . . . . . . . | 0 10 |
| d° | 3.050 | *Goudronnage* avec le goudron végétal ou goudron du Nord pur ou mélangé de un dixième en poids d'ocre jaune et d'ocre rouge.<br>La première couche, trente-cinq centimes. . . . . . . . . . | 0 35 |
| d° | 3,051 | Pour chaque couche en sus de la première, vingt-cinq centimes. . . . . | 0 25 |
| d° | 3,052 | *Goudronnage* au goudron bouillant, quelle que soit son espèce ; il sera payé aux prix ci-dessus augmentés pour chaque couche de quatre centimes . . . . . . | 0 04 |
| 306, 323, 326 | 3.053 | *Peinture* ou vernis métallique de Dupont.<br>1° Sur bois, la première couche, trente centimes . . . . . . . . | 0 30 |
| d° | 3,054 | 2° Sur bois, chaque couche en sus de la première, vingt-cinq centimes . . . | 0 25 |
| d° | 3,055 | 3° Sur fer, chaque couche, trente centimes. . . . . . . . . . | 0 30 |
| d° | 3,056 | *Vides :* On ne déduira des surfaces peintes que les vides qui produiront chacun plus de dix centièmes de mètre carré (0m10). | |
| d° | 3,057 | *Épaisseurs :* On ne comptera que les épaisseurs qui auront chacune plus de six centimètres (0m06). | |
| d° | 3,058 | *Châssis* et croisés à petits carreaux.<br>On les comptera pleins sur deux faces, mais sans rien ajouter pour épaisseurs, jets d'eau, pièces d'appui, gueules de loup, etc | |
| d° | 3,059 | *Châssis* et croisées à grands carreaux.<br>On les comptera pleins sur une face et demie seulement, pour les deux faces, et sans rien ajouter pour épaisseurs, jets d'eau, pièces d'appui, gueules de loup, etc., etc. | |
| d° | 3,060 | *Ouvrages* en fonte, ouvrages en bois découpé, etc.<br>Les panneaux, appuis, balcons, etc., en fonte ornée ou en bois découpé, seront comptés pleins sur deux faces, mais sans rien ajouter pour leurs épaisseurs. | |

| NUMÉROS | | DÉSIGNATION DES OUVRAGES. | PRIX |
|---|---|---|---|
| DU DEVIS. | DE LA SÉRIE. | | DE L'UNITÉ |
| | | *Peintures* sur grillages. | |
| | | Elles seront comptées, savoir : | |
| 323 | 3,061 | 1º Jusqu'à 0ᵐ02 de maille, à trois faces pour deux faces. | |
| dº | 3,062 | 2º De 0ᵐ02 jusqu'à 0ᵐ03 de maille, à deux faces pour deux faces. | |
| dº | 3,063 | 3º De 0ᵐ03 de maille et au-dessus, à une face pour deux faces. | |
| | | *Peintures* sur treillages. | |
| | | Elles seront comptées comme il suit : | |
| dº | 3,064 | NOTA. — Le mode de mesurage ci-desssus comprend la face du poteau appliquée contre le treillage. On comptera donc en plus la peinture des autres faces. Les dimensions ci-après sont les dimensions moyennes des vides des mailles. | |
| | | 1º *Treillages* peints entièrement. | |
| dº | 3,065 | Mailles jusqu'à 0ᵐ05, à trois faces pour deux faces. | |
| dº | 3,066 | Mailles de 0ᵐ051 à 0ᵐ08, à deux faces et demie pour deux faces. | |
| dº | 3,067 | Mailles de 0ᵐ081 à 0ᵐ11, à deux faces pour deux faces. | |
| dº | 3,068 | Mailles de 0ᵐ111 à 0ᵐ15, à une face et demie pour deux faces. | |
| dº | 3,069 | Mailles de 0ᵐ151 à 0ᵐ20, à une face pour deux faces. | |
| | | 2º *Treillages* peints sur une face et sur leurs épaisseurs. | |
| dº | 3,070 | Aux trois quarts des évaluations ci-dessus. | |
| | | Ainsi un treillage à mailles de 0ᵐ05, peint sur une face et sur son épaisseur, sera compté 3/4 × 3 faces évaluation = 2 faces 1/4 et ainsi des autres. | |
| dº | 3,071 | *Peinture* sur persiennes. | |
| | | Elles seront comptées à trois faces, pour deux faces. | |
| dº | 3,072 | Sauf les lambris à petits ou grands cadres qui seront comptés suivant leur surface plane sans développement de moulures, toutes les autres menuiseries, comme moulures, barrières à claires-voies, etc., seront comptées suivant leurs surfaces développées et avec la plus-value du nº 3,034, lorsqu'il y aura lieu. | |

| NUMÉROS | | DÉSIGNATION DES OUVRAGES. | PRIX |
|---|---|---|---|
| DU DEVIS. | DE LA SÉRIE. | | DE L'UNITÉ. |

§ 5ᵉ *Ouvrages à l'huile, y compris les travaux préparatoires,*
*au mètre linéaire.*

| | | | | |
|---|---|---|---|---|
| 311, 319, 324, 326 | 3,081 | *Plinthes* jusqu'à 0ᵐ15 de largeur, compris travaux préparatoires, lessivage et rebouchage à l'huile, en couleurs quelconques, y compris le minium.<br>Pour la première couche, huit centimes. . . . . . . . . . | 0 | 08 |
| dᵒ | 3,082 | Pour chaque couche en sus de la première, cinq centimes . . . . . . | 0 | 05 |
| dᵒ | 3,083 | Plus-value de vernissage pour les mêmes plinthes, quatre centimes. . . . | 0 | 04 |
| d' | 3,084 | *Plinthes* jusqu'à 0ᵐ15 de largeur en granit jaspé ou porphyré, par ton, fond non compris, huit centimes. . . . . . . . . . . . . . . . . | 0 | 08 |
| dᵒ | 3,085 | *Plinthes* jusqu'à 0ᵐ15 de largeur en marbre veiné de toutes nuances, bronze antique, bois feint, etc., compris frottis, fond payé à part, vingt-un centimes . . . | 0 | 21 |
| 316<br>dᵒ<br>311, 319, 324, 326 | 3,086 | *Moulures* réchampies en blanc d'argent, une couche, dix centimes. . . . . | 0 | 10 |
| | 3,087 | Chaque couche en sus de la première, huit centimes. . . . . . . . | 0 | 08 |
| | 3,088 | Filets simples à l'huile, huit centimes. . . . . . . . . . . . | 0 | 08 |
| dᵒ | 3,089 | Filets repiqués à l'huile, ombrés et adoucis, à deux couches, quinze centimes. | 0 | 15 |
| dᵒ | 3,090 | Galon en filet étrusque à l'huile, large, quinze centimes. . . . . . | 0 | 15 |
| dᵒ | 3,091 | Galon en filet étrusque à l'huile, petit, dix centimes. . . . . . . . | 0 | 10 |
| 311, 324, 326 | 3,092 | *Barreaux* jusques et y compris 0ᵐ14 de développement (au-dessus en surface) compris travaux préparatoires, léger grattage et lessivage à l'huile.<br>A une couche, six centimes . . . . . . . . . . . . . . | 0 | 06 |
| dᵒ | 3,093 | Chaque couche en plus, quatre centimes. . . . . . . . . . | 0 | 04 |
| dᵒ | 3,094 | *Barreaux* au minium de plomb.<br>Chaque couche, sept centimes . . . . . . . . . . . . . . | 0 | 07 |
| dᵒ | 3,095 | *Barreaux* noirs ou vernis, non compris couche de fond, sept centimes. . . . | 0 | 07 |
| dᵒ | 2,896 | *Barreaux* bronze à l'effet, avec frottis, non compris la couche de fond, dix centimes. . . . . . . . . . . . . . . . . . . . | 0 | 10 |

| NUMÉROS | | DESIGNATION DES OUVRAGES. | PRIX |
| DU DEVIS. | DE LA SÉRIE. | | DE L'UNITÉ. |
|---|---|---|---|
| | | § 6e *Ouvrages à l'huile, y compris les travaux préparatoires, à la pièce.* | |
| | | *Pièces* de ferrures à l'huile, compris travaux préparatoires, grattage et lessivage, unies, quelle que soit la couleur, y compris le minium de plomb. | |
| 311, 325, 326 | 3,101 | Une couche, trois centimes . . . . . . . . . . . . . . . . | 0 f. 03 |
| d° | 3,102 | Chaque couche en sus, deux centimes. . . . . . . . . . . | 0 02 |
| d° | 3,103 | *Pièces* de ferrures au vernis noir. Par couche, trois centimes. . . . . . . . . . . . . . . | 0 03 |
| d° | 3,104 | *Pièces* de ferrures en décors, bronze ou bois, à trois couches dont une de minium, huit centimes . . . . . . . . . . . . . . . . . . | 0 08 |
| d° | 3,105 | *Lettres* de toutes couleurs, à deux couches en relief, le centimètre de hauteur, sans distinction des majuscules et y compris points, virgules, etc, trois centimes. . | 0 03 |
| | | *Lettres* anglaises, lettres romaines, sans distinction des majuscules et y compris points, virgules, etc., des hauteurs suivantes : | |
| d° | 3,106 | Jusqu'à 0m09 de hauteur, cinq centimes . . . . . . . . . | 0 05 |
| d° | 3,107 | De 0m10 à 0m15 de hauteur, sept centimes. . . . . . . . . | 0 07 |
| d° | 3,108 | De 0m16 à 0m20 de hauteur, dix centimes. . . . . . . . . | 0 10 |
| d° | 3,109 | De 0m21 à 0m25     d°     treize francs . . . . . . . . . | 0 13 |
| d° | 3,110 | De 0m26 à 0m30     d°     vingt centimes . . . . . . . . . | 0 20 |
| d° | 3,111 | De 0m31 à 0m35     d°     vingt-sept centimes. . . . . . . | 0 27 |
| d° | 3,112 | De 0m36 à 0m40     d°     trente-trois centimes . . .. . . . | 0 33 |
| d° | 3,113 | De 0m41 à 0m45     d°     quarante-deux centimes . . . . . | 0 42 |
| d° | 3,114 | De 0m46 à 0m50     d°     cinquante centimes. . . . . . . | 0 50 |
| d° | 3,115 | De 0m51 à 0m55     d°     cinquante-cinq centimes . . . . . | 0 55 |
| d° | 3,116 | De 0m56 à 0m60     d°     soixante-cinq centimes. . . . . . | 0 65 |
| d° | 3,117 | De 0m61 à 0m65     d°     soixante-quinze centimes. . . . . . | 0 75 |

| NUMÉROS | | DESIGNATION DES OUVRAGES. | PRIX |
|---|---|---|---|
| DU DEVIS. | DE LA SÉRIE. | | DE L'UNITÉ. |

# CHAPITRE X.

## Vitrerie.

### ART. 1er — PRIX ÉLÉMENTAIRES.

#### § 1er *Heures de travail effectif.*

| | | | |
|---|---|---|---|
| » | 3,121 | *Vitrier,* cinquante centimes . . . . . . . . . . . . . . . . | 0 f. 50 |
| » | 3,122 | *Travaux de nuit.* — Dans les travaux de nuit, l'heure d'ouvrier sera payée moitié en plus de celle de jour ; les frais d'éclairage seront à la charge de la Compagnie. | |

| NUMÉROS | | DESIGNATION DES OUVRAGES. | PRIX |
|---|---|---|---|
| DU DEVIS. | DE LA SÉRIE. | | DE L'UNITÉ. |

### § 2e. — Matériaux.

| | | | | |
|---|---|---|---|---|
| » | 3,126 | *Blanc* de Meudon ou de Bougival.<br>Le kilogramme, trois centimes. . . . . . . . . . . . . | 0 f. | 03 |
| » | 3,127 | *Huile* de lin épurée.<br>Le kilogramme un franc soixante centimes. . . . . . . . . | 1 | 60 |
| 333 | 3,128 | *Mastic* ordinaire à l'huile.<br>Le kilogramme, trente centimes. . . . . . . . . . . . | 0 | 30 |
| | | *Verre* demi-blanc compris dans les douze mesures du commerce.<br>Le mètre superficiel, savoir : <br> 1° Verre simple. | | |
| 331, 332 | 3,129 | De deuxième choix, deux francs quarante centimes. . . . . . . . . | 2 | 40 |
| dº | 3,130 | De troisième choix, deux francs . . . . . . . . . . . . . | 2 | 00 |
| dº | 3,131 | De quatrième choix, un franc soixante-quinze centimes. . . . . . . | 1 | 75 |
| | | 2° Verre demi-double. | | |
| dº | 3,132 | De deuxième choix, trois francs soixante centimes. . . . . . . . | 3 | 60 |
| dº | 3,133 | De troisième choix, trois francs . . . . . . . . . . . . . | 3 | 00 |
| | | 3° Verre double. | | |
| dº | 3,134 | De deuxième choix, quatre francs quatre-vingts centimes . . . . . . | 4 | 80 |
| dº | 3,135 | De troisième choix, quatre francs. . . . . . . . . . . . . | 4 | 00 |
| dº | 3,136 | *Verre* cannelé, compris dans les douze mesures du commerce.<br>Le mètre superficiel, cinq francs cinquante centimes . . . . . . | 5 | 50 |
| | | *Verre* mousseline de troisième choix, à dessins transparents, ou mat sur mat, de toutes les dimensions du commerce.<br>Le mètre superficiel : | | |
| dº | 3,137 | 1° Verre simple, dix francs. . . . . . . . . . . . . . | 10 | 00 |
| dº | 3,138 | 2° Verre demi-double, quinze francs . . . . . . . . . . . | 15 | 00 |
| dº | 3,139 | 3° Verre double, vingt francs . . . . . . . . . . . . . | 20 | 00 |
| dº | 3,140 | *Verre* et glace pour dalles, brut des deux faces.<br>Le kilogramme , soixante-quinze centimes . . . . . . . . . | 0 | 75 |
| » | 3,141 | *Pointes* (de 4,720 environ au kilogramme).<br>Le kilogramme, un franc soixante centimes. . . . . . . . . | 1 | 60 |

| NUMÉROS | | DESIGNATION DES OUVRAGES. | PRIX |
|---|---|---|---|
| DU DEVIS. | DE LA SÉRIE. | | DE L'UNITÉ. |

ARTICLE 2*. — PRIX DES OUVRAGES.

| | | | |
|---|---|---|---|
| » | 3,146 | *Chaque* rive de joints vifs à l'émeri.<br>Le mètre linéaire, soixante centimes . . . . . . . . . | 0 f. 60 |
| 340 | 3,147 | *Dépolissage* de verre au grès.<br>Le mètre superficiel, un franc quatre-vingts centimes . . . . . . | 1 80 |
| do | 3,148 | *Dépolissage* en peinture.<br>Le mètre superficiel, cinquante-cinq centimes . . . . . . . . . | 0 55 |
| » | 3,149 | *Liens* en plomb pour retenir les verres des lanternes de combles ou tabatières.<br>Chaque lien, quatre centimes . . . . . . . . . . . . . . . | 0 04 |
| 339 | 3,150 | *Masticage* de croisées.<br>Le mètre linéaire, six centimes . . . . . . . . . . . | 0 06 |
| do | 3,151 | *Masticage* de châssis de toit, lanternes de combles.<br>Le mètre linéaire, quinze centimes . . . . . . . . . . . | 0 15 |
| 337 | 3,152 | *Dépose* d'une pièce de verre.<br>Jusqu'à 1m00 mesurée à l'équerre sur deux dimensions, quinze centimes . . | 0 15 |
| do | 3,153 | Au-dessous de 1m00, mesurée à l'équerre sur deux dimensions, vingt-cinq centimes . . . . . . . . . . . . . . . . . . . . . . . | 0 25 |
| do | 3,154 | *Repose* d'une pièce de verre.<br>Jusqu'à 1m00, mesurée à l'équerre sur deux dimensions, vingt-cinq centimes. | 0 25 |
| do | 3,155 | Au-dessus de 1m00, mesurée à l'équerre sur deux dimensions, trente-cinq centimes . . . . . . . . . . . . . . . . . . . . . . . | 0 35 |
| 339 | 3,156 | *Mastic* fourni et employé.<br>Le kilogramme, quatre-vingts centimes. . . . . . . . . . | 0 80 |

*Verre* demi-blanc compris dans les douze mesures du commerce qui sont : 0m69 sur 0m66 — 0m72 sur 0m63 — 0m75 sur 0m60 — 0m81 sur 0m57 — 0m87 sur 0m54 — 0m90 sur 0m51 — 0m96 sur 0m48 — 1m02 sur 0m45 — 1m08 sur 0m42 — 1m14 sur 0m39 — 1m20 sur 0m36 et 1m26 sur 0m33, pour fourniture, pose, pointage, masticage et nettoyage des verres, des deux faces.

*Verre* simple jusqu'à 0m002 d'épaisseur pesant au moins quatre kilogrammes par mètre superficiel.

| NUMÉROS | | DESIGNATION DES OUVRAGES. | PRIX |
|---|---|---|---|
| DU DEVIS. | DE LA SÉRIE. | | DE L'UNITÉ. |
| | | De 4ᵉ choix. | |
| 336, 341 | 3,157 | 1° Pour croisées, portes et châssis verticaux, trois francs . . . . . . . | 3 f. 00 |
| d° | 3,158 | 2° Pour châssis de comble et lanternes, les verres scellés à bain de mastic re-coupé au-dessous, quatre francs . . . . . . . . . . . . . . | 4   00 |
| | | De 3ᵉ choix. | |
| d° | 3,159 | 1° Pour croisées, portes et châssis verticaux, trois francs vingt-cinq centimes. | 3   25 |
| d° | 3,160 | 2° Pour châssis de combles et lanternes, les verres scellés à bain de mastic re-coupé au-dessous, quatre francs vingt-cinq centimes. . . . . . . . . | 4   25 |
| | | De 2ᵉ choix. | |
| d° | 3,161 | 1° Pour croisées, portes et châssis verticaux, trois francs soixante-cinq cen-times . . . . . . . . . . . . . . . . . . . . . . | 3   65 |
| d° | 3,162 | 2° Pour châssis de comble et lanterne, les verres scellées à bain de mastic re-coupé au-dessous, quatre francs soixante-cinq centimes. . . . . . . . | 4   65 |
| | | *Verre* demi-double pesant au moins 6 kilogrammes 250 grammes, par mètre su-perficiel. | |
| | | Le mètre superficiel, savoir : | |
| | | De 4ᵉ choix. | |
| d° | 3,163 | 1° Pour croisées, portes et châssis verticaux, trois francs quatre-vingt-dix cen-times . . . . . . . . . . . . . . . . . . . . . . | 3   90 |
| d° | 3,164 | 2° Pour châssis de comble et lanternes, les verres scellés à bain de mastic re-coupé au-dessous, quatre francs quatre-vingts centimes. . . . . . . . | 4   80 |
| | | De 3ᵉ choix. | |
| d° | 3,165 | 1° Pour croisées, portes et châssis verticaux, quatre francs trente centimes. . | 4   30 |
| d° | 3,166 | 2° Pour châssis de comble et lanternes, les verres scellés à bain de mastic re-coupé au-dessous, cinq francs trente centimes . . . . . . . . . . | 5   30 |
| | | De 2ᵉ choix. | |
| d° | 3,167 | 1° Pour croisées, portes et châssis verticaux, cinq francs . . . . . . . | 5   00 |
| d° | 3,168 | 2° Pour châssis de comble et lanternes, les verres scellés à bain de mastic, re-coupé au-dessous, six francs . . . . . . . . . . . . . . . | 6   00 |
| | | *Verre* double pesant au moins huit kilogrammes par mètre superficiel. | |
| | | Le mètre superficiel, savoir : | |
| | | De 4ᵉ choix. | |
| d° | 3,169 | 1° Pour croisées, portes et châssis verticaux, quatre francs quatre-vingt-dix centimes . . . . . . . . . . . . . . . . . . . . . | 4   90 |
| d° | 3,170 | 2° Pour châssis de comble et lanternes, les verres scellés à bain de mastic re-coupé au-dessous, cinq francs quatre-vingts centimes. . . . . . . . | 5   80 |
| | | De 3ᵉ choix. | |
| d° | 3,171 | 1° Pour croisées, portes et châssis verticaux, cinq francs quarante centimes. . | 5   40 |

| NUMÉROS | | DESIGNATION DES OUVRAGES. | PRIX |
|---|---|---|---|
| DU DEVIS. | DE LA SÉRIE. | | DE L'UNITÉ. |
| 336, 341 | 3,172 | 2° Pour châssis de comble et lanternes, les verres scellés à bain de mastic, recoupé au-dessous, six francs quarante centimes . . . . . . . . . . | 6 f. 40 |
| | | De 2° choix. | |
| dᵒ | 3,173 | 1° Pour croisées, portes et châssis verticaux, six francs vingt-cinq centimes . | 6  25 |
| dᵒ | 3,174 | 2° Pour châssis de comble et lanternes, les verres scellés à bain de mastic, recoupé au-dessous, sept francs trente centimes. . . . . . . . . . . | 7  30 |
| » | 3,175 | Les verres hors mesure seront payés à la pièce, d'après la série de la ville de Paris de l'année pendant laquelle les travaux auront été exécutés. | |
| 336, 341 | 3,176 | *Verre* cannelé, compris masticage et pose.<br>Le mètre superficiel, huit francs soixante-dix centimes . . . . . . | 8  70 |
| | | *Verre* mousseline de 3ᵉ choix, à dessins transparents, ou mat sur mat, de toutes les dimensions du commerce.<br>Le mètre superficiel : | |
| dᵒ | 3,177 | 1° En verre simple, quatorze francs. . . . . . . . . . . | 14  00 |
| dᵒ | 3,178 | 2° En verre demi-double, dix-neuf francs. . . . . . . . . | 19  00 |
| dᵒ | 3,179 | 3° En verre double, vingt-quatre francs. . . . . . . . . . | 24  00 |
| dᵒ | 3,180 | *Verre* et glace pour dalles, mis en place.<br>Le kilogramme, un franc . . . . . . . . . . . . . | 1  00 |
| 338, 341 | 3,181 | *Nettoyage* de vitre sur les deux faces.<br>Jusqu'à 1ᵐ00, mesurée à l'équerre sur deux dimensions.<br>La pièce, trois centimes. . . . . . . . . . . . . . | 0  03 |
| dᵒ | 3,182 | Au-dessus de 1ᵐ00 mesurée à l'équerre sur deux dimensions.<br>La pièce, cinq centimes . . . . . . . . . . . . . . | 0  05 |

| NUMÉROS | | DESIGNATION DES OUVRAGES. | PRIX |
|---|---|---|---|
| DU DEVIS. | DE LA SÉRIE. | | DE L'UNITÉ. |
| » | 3,201 | CHAPITRE XI. <br><br> Tenture. <br><br> ARTICLE 1er. — PRIX ÉLÉMENTAIRES. <br><br> § 1er — Heures de travail effectif. <br><br> *Colleur*, quarante-cinq centimes . . . . . . . . . . . . . . . | 0 f. 45 |
| » | 3,202 | *Travaux* de nuit. Dans les travaux de nuit, l'heure d'ouvrier sera payée moitié en plus de celle de jour ; les frais d'éclairage seront à la charge de la Compagnie. | |

| NUMÉROS | | DESIGNATION DES OUVRAGES. | PRIX |
|---|---|---|---|
| DU DEVIS. | DE LA SÉRIE. | | DE L'UNITÉ. |

§ II<sup>e</sup>. — *Matériaux.*

| | | | | |
|---|---|---|---|---|
| » | 3,206 | *Bandes* en zinc n° 12, de 0<sup>m</sup>040 de largeur.<br>Le mètre linéaire, quinze centimes . . . . . . . . . . . | 0 f. | 15 |
| » | 3,207 | *Pointes* en fer galvanisé, pour le clouage du zinc.<br>Le kilogramme, un franc quatre-vingts centimes . . . . . . . | 1 | 80 |
| » | 3,208 | *Calicot* de 0<sup>m</sup>84 de largeur.<br>Le mètre superficiel, soixante centimes . . . . . . . . . | 0 | 60 |

*Papier* de préparation.
Le rouleau de 0<sup>m</sup>50 de largeur et de 8<sup>m</sup>00 de longueur :

| | | | | |
|---|---|---|---|---|
| » | 3,209 | 1° Papier bis, gris ou rosé, dix-sept centimes. . . . . . . . | 0 | 17 |
| » | 3,210 | 2° Papier bulle ordinaire, vingt centimes . . . . . . . . . | 0 | 20 |
| » | 3,211 | 3° Papier bleu, vingt centimes . . . . . . . . . . . . | 0 | 20 |
| » | 3,212 | 4° Papier blanc ordinaire, vingt-deux centimes . . . . . . . | 0 | 22 |
| » | 3,213 | *Papier* d'étain.<br>Le rouleau, cinq francs. . . . . . . . . . . . . . . . | 5 | 00 |

*Toile.*
Le mètre superficiel :

| | | | | |
|---|---|---|---|---|
| 349 | 3,214 | 1° Ordinaire, pour tenture, de 1<sup>m</sup>00 de large, vingt centimes. . . . . . | 0 | 20 |
| d° | 3,215 | 2° Forte, à tenture pour plafond, trente centimes. . . . . . . . | 0 | 30 |

*Papier* de tenture.
Le rouleau de 0<sup>m</sup>50 de largeur et de 8<sup>m</sup>00 de longueur :

| | | | | |
|---|---|---|---|---|
| 346, 347, 351 | 3,216 | 1° Papier carré commun, à dessins simples de un ou deux tons au plus, soixante<br>centimes . . . . . . . . . . . . . . . . . . . . | 0 | 60 |
| d° | 3,217 | 2° Papier carré ordinaire, dessins plus soignés, jusqu'à quatre ou cinq tons,<br>un franc . . . . . . . . . . . . . . . . . . . . | 1 | 00 |
| d° | 3,218 | 3° Papier carré fin, fond uni, commun, un franc quarante centimes . . . . | 1 | 40 |
| d° | 3,219 | 4° Papier carré fin, belle qualité, à fond satiné ou uni, soigné, deux francs dix<br>centimes . . . . . . . . . . . . . . . . . . . . | 2 | 10 |
| d° | 3,220 | 5° Papier grand raisin, qualité et riches dessins, en fond uni, couleurs fines,<br>minérales, quatre francs soixante centimes. . . . . . . . . . . | 4 | 60 |

| NUMÉROS | | DÉSIGNATION DES OUVRAGES. | PRIX |
|---|---|---|---|
| DU DEVIS. | DE LA SÉRIE. | | DE L'UNITÉ. |

*Bordures.*

Le rouleau :

| | | | | |
|---|---|---|---|---|
| 348, 351 | 3,221 | 1° Bordures en papier commun, à huit bandes au rouleau, un franc quatre-vingt-dix centimes . . . . . . . . . . . . . . . . . . . . | 1 f. | 90 |
| d° | 3,222 | 2° Bordures en papier commun à quatre bandes au rouleau, un franc quatre-vingt-quinze centimes . . . . . . . . . . . . . . . . . . | 1 | 95 |
| d° | 3,223 | 3° Bordures en grand raisin, le six à huit bandes au rouleau, sept francs vingt-cinq centimes. . . . . . . . . . . . . . . . . . . . | 7 | 25 |
| d° | 3,224 | 4° Bordures en grand raisin velouté, à quatre bandes au rouleau, sept francs vingt-cinq centimes . . . . . . . . . . . . . . . . . . | 7 | 25 |
| d° | 3,225 | 5° Bordures plus soignées, relétées de lames différentes, à quatre bandes au rouleau, onze francs . . . . . . . . . . . . . . . . . . | 11 | 00 |

| NUMÉROS | | DESIGNATION DES OUVRAGES. | PRIX |
| DU DEVIS. | DE LA SÉRIE. | | DE L'UNITÉ. |
|---|---|---|---|
| | | ARTICLE 2e. — PRIX DES OUVRAGES. | |
| | | § 1er. — *Ouvrages au mètre superficiel.* | |
| | | *Papiers* de préparation collés sur murs, toile ou plafond, y compris fourniture et façon du bordage. | |
| 350, 351, 352 | 3,231 | 1° Papier gris, quinze centimes. . . . . . . . . . . . . . . | 0 f. 15 |
| d° | 3,232 | 2° Papier bulle ordinaire, dix-sept centimes . . . . . . . . . | 0 17 |
| d° | 3.233 | 3° Papier bleu, dix-sept centimes . . . . . . . . . . . . . | 0 17 |
| d° | 3,234 | 4° Papier blanc ordinaire, vingt centimes . . . . . . . . . . | 0 20 |
| d° | 3,235 | 5° Plus-value pour collage dans les casiers, rayons ou armoires, cinq centimes. | 0 05 |
| 352 | 3.236 | *Papier* d'étain, fixé sur murs par trois couches de peinture au tampon, avec grattage et enduit préparatoire, deux francs soixante-dix centimes . . . . . . . | 2 70 |
| | | *Toile* ordinaire pour tenture. | |
| 249, 352 | 3,237 | 1° Toile neuve, compris marouflage, cousage, rempli et bordage, cinquante-cinq centimes . . . . . . . . . . . . . . . . . . . . . . . . | 0 55 |
| d° | 3,238 | 2° Toile vieille détendue, recousue, reclouée et marouflée, vingt-cinq centimes. | 0 25 |
| | | *Toile* fine, dite à tenture pour plafonds. | |
| d° | 3,239 | 1° Toile neuve, tendue, quatre-vingts centimes . . . . . . . . | 0 80 |
| d° | 3,240 | 2° Toile vieille détendue et retendue, trente centimes . . . . . . . | 0 30 |
| | | *Papier* de tenture, collé sur mur, toile ou boiserie. | |
| 350, 351, 352 | 3,241 | 1° Papier du n° 3,216, trente-cinq centimes . . . . . . . . . | 0 35 |
| d° | 3,242 | 2° Papier du n° 3,217, quarante-cinq centimes . . . . . . . . | 0 45 |
| d° | 3,243 | 3° Papier du n° 3,218, cinquante-cinq centimes . . . . . . . . | 0 55 |
| d° | 3,244 | 4° Papier du n° 3,219, soixante-dix centimes . . . . . . . . . | 0 70 |
| d° | 3,245 | 5° Papier du n° 3,220, un franc trente-cinq centimes . . . . . . | 1 35 |
| 352 | 3,246 | Le rouleau de papier de 8m00 sur 0m50 produit 4m00 de surface ; mais on déduit 1/10 de déchet ; on ne compte donc que 3m60 par rouleau ; ainsi sont composés les prix ci-dessus. | |
| | | *Collage* de papiers sur murs ou sur lambris. | |
| 351, 352 | 3,247 | 1° Ordinaire, dix centimes . . . . . . . . . . . . . . | 0 10 |

| NUMÉROS | | DESIGNATION DES OUVRAGES. | PRIX |
| DU DEVIS. | DE LA SÉRIE. | | DE L'UNITÉ. |
|---|---|---|---|
| 351, 352 | 3,248 | 2° Satiné ou glacé, treize centimes. . . . . . . . . . . . . . | 0 f. 13 |
| d° | 2,249 | 3° Bois par planches et par panneaux ou marbre par assises, quinze centimes . | 0  15 |
| d° | 3,250 | 4° Velouté ou doré, vingt centimes . . . . . . . . . . . . . . | 0  20 |
| d° | 3,251 | 5° Plus-value pour collage de papier sur plafonds ou dans les casiers, ou dans des armoires garnies de tablettes, cinq centimes. . . . . . . . . . . | 0  05 |

| NUMÉROS | | DÉSIGNATION DES OUVRAGES. | PRIX |
| DU DEVIS. | DE LA SÉRIE. | | DE L'UNITÉ. |
|---|---|---|---|
| | | § 2°. — *Ouvrages au mètre linéaire.* | |
| | | *Collage* de bordure. | |
| 351, 352 | 3,261 | 1° En papier ordinaire, trois centimes . . . . . . . . . . . . | 0 f. 03 |
| d° | 3,262 | 2° En papier satiné ou glacé, quatre centimes . . . . . . . . . | 0 04 |
| d° | 3,263 | 3° En papier velouté ou doré, cinq centimes . . . . . . . . . | 0 05 |
| | | *Découpage* de bordure. | |
| 352 | 3,264 | 1° Sur un côté, cinq centimes. . . . . . . . . . . . . . | 0 05 |
| d° | 3,265 | 2° Sur deux côtés, dix centimes . . . . . . . . . . . . . | 0 10 |
| | | *Bordure* collée sur mur, toile ou boiserie. | |
| 350, 351, 352 | 3,266 | 1° Bordure du n° 3,221, sept centimes . . . . . . . . . . . | 0 07 |
| d° | 3,267 | 2° Bordure du n° 3,222, onze centimes . . . . . . . . . . . | 0 11 |
| d° | 3,268 | 3° Bordure du n° 3,223, vingt centimes . . . . . . . . . . . | 0 20 |
| d° | 3,269 | 4° Bordure du n° 3,224, trente centimes . . . . . . . . . . | 0 30 |
| d° | 3,270 | 5° Bordure du n° 3,225, quarante-cinq centimes . . . . . . . . | 0 45 |
| 352 | 3,271 | Le rouleau de bordure à 4m00 de longueur ; mais on déduit 1/10 de déchet, on ne compte donc que 3m60 de longueur par rouleau que l'on multiplie par le nombre de bandes ; ainsi sont composés les prix ci-dessus. | |
| | | *Baguettes* fournies et posées. | |
| | | 1° En imitation du bois de palissandre, ébène, chêne, noyer, merisier, etc. | |
| » | 3,272 | Jusqu'à 0m014, quarante-cinq centimes . . . . . . . . . | 0 45 |
| » | 3,273 | d°     0m027, soixante-cinq centimes. . . . . . . . . . | 0 65 |
| » | 3,274 | d°     0m035, soixante-quinze centimes . . . . . . . . . . | 0 75 |
| | | 2° Dorées, demi-jonc ou trèfles. | |
| » | 3,275 | De 0m014, soixante-cinq centimes . . . . . . . . . . . . | 0 65 |
| » | 3,276 | De 0m027, un franc quinze centimes . . . . . . . . . . . | 1 15 |
| » | 3,277 | De 0m032, un franc trente-cinq centimes . . . . . . . . . . | 1 35 |
| | | *Bandes* en toile ou en calicot. | |
| » | 3,278 | 1° Collées sur joints de bâtis ou d'huisseries, quinze centimes . . . . . | 0 15 |
| » | 3,279 | 2° Collées sur plafond, vingt-cinq centimes . . . . . . . . . | 0 25 |
| » | 3,280 | *Bandes* de zinc n° 12, clouées avec clous galvanisés sur battants de portes, arasées sous tenture, trente-cinq centimes . . . . . . . . . . . . . | 0 35 |
| » | 3,281 | *Bourrelets* en toile pour calfeutrement, mis en place, vingt centimes . . . . | 0 20 |

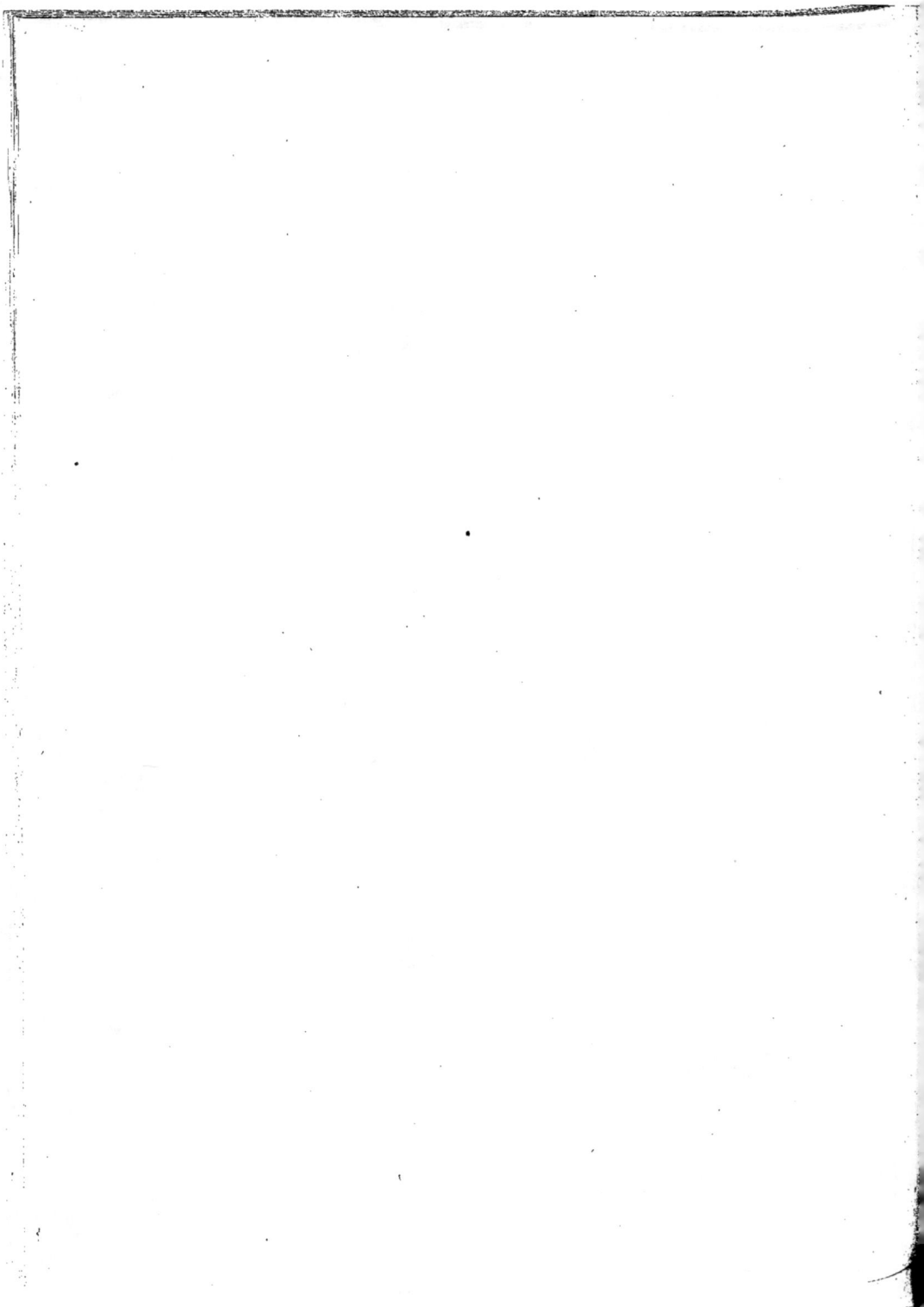

| NUMÉROS | | DESIGNATION DES OUVRAGES. | PRIX |
|---|---|---|---|
| DU DEVIS. | DE LA SÉRIE. | | DE L'UNITÉ. |

## CHAPITRE XII.

## Fumisterie.

### ARTICLE 1ᵉʳ. — PRIX ÉLÉMENTAIRES.

§ 1ᵉʳ. — *Heures de travail effectif.*

| | | | |
|---|---|---|---|
| » | 3,311 | *Compagnon* fumiste, quarante centimes. . . . . . . . . . . . | 0 f. 40 |
| » | 3,312 | *Aide* fumiste, trente centimes. . . . . . . . . . . . | 0   30 |
| » | 3,313 | *Travaux* de nuit. — Dans les travaux de nuit, l'heure d'ouvrier sera payée moitié en plus de celle de jour ; les frais d'éclairage seront à la charge de l'Entrepreneur. | |

| NUMÉROS | | DESIGNATION DES OUVRAGES. | PRIX |
|---|---|---|---|
| DU DEVIS. | DE LA SÉRIE. | | DE L'UNITÉ. |

§ 2. — *Matériaux rendus à pied-d'œuvre.*

| | | | |
|---|---|---|---|
| 356 | 3,316 | *Terre* à four.<br>Le mètre cube, sept francs . . . . . . . . . . . . | 7 f. 00 |
| 356 | 3,317 | *Plâtre* coulé dit plâtre à fumiste.<br>Le mètre cube, dix-huit francs . . . . . . . . . . . | 18 00 |
| 357 | 3,318 | *Brique* de Bourgogne de 0ᵐ22 × 0ᵐ11 × 0ᵐ055, première qualité.<br>Le mille, quatre-vingt-cinq francs . . . . . . . . . . | 85 00 |
| 357 | 3,319 | *Briques* ordinaires, façon Bourgogne, première qualité.<br>Le mille, trente-huit francs . . . . . . . . . . . . | 38 00 |
| 357 | 3,320 | *Briques* réfractaires de Bourgogne, blanches.<br>Le mille, cent francs. . . . . . . . . . . . . . | 100 00 |
| » | 3,321 | *Tuiles* de Bourgogne grand moule.<br>Le mille, quatre-vingt-dix-huit francs . . . . . . . . | 98 00 |
| » | 3,322 | *Carreaux* de Bourgogne.<br>Le mille, cinquante-cinq francs. . . . . . . . . . | 55 00 |
| » | 3,323 | *Carreaux* de Paris, de 0ᵐ16 de côté.<br>Le mille, quarante-cinq francs . . . . . . . . . . | 45 00 |
| » | 3,324 | *Plâtras.*<br>Le mètre cube, quatre francs . . . . . . . . . . . | 4 00 |

| NUMÉROS | | DESIGNATION DES OUVRAGES. | PRIX |
|---|---|---|---|
| DU DEVIS. | DE LA SÉRIE. | | DE L'UNITÉ. |

ART. 2ᵉ — PRIX DES OUVRAGES

| | | | | |
|---|---|---|---|---|
| 371, 381 | 3,339 | *Observations* relatives aux métaux. Les métaux ne seront payés que s'ils ont été reconnus au moyen de procès-verbaux signés par les agents de la Compagnie et par les agents de l'Entrepreneur. Tous les métaux comptés au poids seront pesés et leurs poids seront indiqués dans ces procès-verbaux. | | |
| 365, 366 | 3,340 | NOTA. — Tous les appareils brevetés, non compris dans cette série, seront payés suivant des prix débattus d'avance et acceptés par l'Ingénieur chargé de la direction des travaux et l'Entrepreneur. | | |
| » | 3,341 | NOTA. — Tous les prix des ouvrages, appareils et objets, comprennent les fournitures accessoires, comme plâtre, mortier, terre à four, agrafes, etc., ainsi que la pose en place, sauf les exceptions indiquées à la série. | | |
| | | *Appareils Fondet* en fonte. Tubes prismatiques pour cheminées, poêles, calorifères, sans fourniture de bouche ni pose. | | |
| | | - Chaque appareil, savoir : | | |
| 365, 366, 370, 371 | 3,342 | Appareil n° 1 à 15 tubes, trente francs . . . . . . . . . . . . | 30 f. | 00 |
| dº | 3,343 | dº n° 1 bis à 18 tubes, trente-quatre francs . . . . . . . . . | 34 | 00 |
| dº | 3,344 | dº n° 2 à 18 tubes, trente-huit francs. . . . . . . . . . . | 38 | 00 |
| dº | 3,345 | dº n° 2 bis à 21 tubes, quarante-deux francs . . . . . . . . | 42 | 00 |
| dº | 3,346 | dº n° 3 à 24 tubes, quarante-six francs . . . . . . . . . | 46 | 00 |
| dº | 3,347 | dº n° 3 bis à 27 tubes, cinquante francs . . . . . . . . . | 50 | 00 |
| dº | 3,348 | dº n° 4 à 30 tubes, cinquante-quatre francs . . . . . . . . | 54 | 00 |
| dº | 3,349 | dº n° 4 bis à 33 tubes, cinquante-huit francs. . . . . . . . | 58 | 00 |
| dº | 3,350 | dº n° 5 à 36 tubes, soixante-deux francs. . . . . . . . . | 62 | 00 |
| dº | 3,351 | dº n° 5 bis à 39 tubes, soixante-six francs . . . . . . . . | 66 | 00 |
| | | *Atre* de cheminées en carreaux de terre cuite, carrés ou à pans, posés sur forme en mortier hydraulique ou en plâtre de 0ᵐ05 d'épaisseur. | | |
| | | Chaque âtre, savoir : | | |
| 375 | 3,352 | En carreaux de Bourgogne, compris fournitures et façon, deux francs. . . | 2 | 00 |
| 375 | 3,353 | En carreaux neufs du pays, compris fournitures et façon, un franc quatre-vingts centimes . . . . . . . . . . . . . . . . . . . . | 1 | 80 |
| | | *Boisseaux* de colonne en faïence, de 0ᵐ32 à 0ᵐ40 de haut. | | |
| | | Chaque bout ou boisseau, savoir : | | |
| 369 | 3,354 | De 0ᵐ14 de diamètre et de 0ᵐ32 de haut, un franc soixante-dix centimes . . | 1 | 70 |
| 369 | 3,355 | De 0ᵐ15 de diamètre et de 0ᵐ32 de haut, un franc soixante-quinze centimes. . | 1 | 75 |
| 369 | 3,356 | De 0ᵐ16 de diamètre et de 0ᵐ32 de haut, deux francs quinze centimes . . . | 2 | 15 |

| NUMÉROS | | DESIGNATION DES OUVRAGES. | PRIX |
| DU DEVIS. | DE LA SÉRIE. | | DE L'UNITÉ. |
| --- | --- | --- | --- |
| 369 | 3,357 | De 0m19 de diamètre et de 0m32 de haut, deux francs cinquante-cinq centimes. | 2 f. 55 |
| do | 3,358 | De 0m23 de diamètre et de 0m40 dehaut, quatre francs vingt-cinq centimes. | 4 25 |
| » | 3,359 | NOTA. — Le bout portant base et le bout portant chapiteau comptent, chacun, pour un bout et demi. | |
| | | *Boisseaux* de colonne, en biscuit, de 0m32 de haut. | |
| | | Chaque bout ou boisseau, savoir : | |
| 369 | 3,360 | De 0m14 de diamètre, un franc vingt centimes . . . . . . . . . | 1 20 |
| do | 3,361 | De 0m15    do    un franc trente-cinq centimes . . . . . . . | 1 35 |
| do | 3,362 | De 0m16    do    un franc cinquante-cinq centimes . . . . . . | 1 55 |
| do | 3,363 | De 0m19    do    un franc soixante-dix centimes. . . . . . . . | 1 70 |
| d' | 3,364 | De 0m22    do    deux francs cinquante-cinq centimes . . . . . . | 2 55 |
| do | 3,365 | De 0m27    do    trois francs quarante centimes. . . . . . . . | 3 40 |
| » | 3,366 | NOTA. — Le bout portant base et le bout portant chapiteau comptent, chacun, pour un bout et demi. | |
| | | *Bouches* de chaleur en cuivre, rondes, renforcées, la mesure prise à l'orifice intérieur. | |
| | | A dessins, dites à jour. | |
| | | Chaque bouche, savoir : | |
| 366, 369, 370, 371 | 3,367 | De 0m050 de diamètre, soixante-cinq centimes. . . . . . . . . | 0 65 |
| do | 3,368 | De 0m055    do    soixante-dix centimes. . . . . . . . . | 0 70 |
| do | 3,369 | De 0m060    do    soixante-quinze centimes. . . . . . . . . | 0 75 |
| do | 3,370 | De 0m065    do    quatre-vingt-cinq centimes. . . . . . . . | 0 85 |
| do | 3,371 | De 0m075    do    un franc. . . . . . . . . . . | 1 00 |
| do | 3,372 | De 0m080    do    un franc dix centimes. . . . . . . . . | 1 10 |
| do | 3,373 | De 0m085    do    un franc vingt centimes . . . . . . . . | 1 20 |
| do | 3,374 | De 0m095    do    un franc quarante-cinq centimes . . . . . . | 1 45 |
| do | 3,375 | De 0m10    do    un franc soixante-dix centimes . . . . . . | 1 70 |
| do | 3,376 | De 0m11    do    un franc quatre-vingt-cinq centimes. . . . . . | 1 85 |
| do | 3,377 | De 0m12    do    deux francs cinq centimes . . . . . . . . | 2 05 |
| do | 3,378 | De 0m13    do    deux francs vingt centimes. . . . . . . . | 2 20 |
| do | 3,379 | De 0m14    do    deux francs quatre-vingts centimes . . . . | 2 80 |
| do | 3,380 | De 0m16    do    trois francs trente centimes. . . . . . . . | 3 30 |
| do | 3,381 | De 0m17    do    quatre francs quinze centimes. . . . . . . . | 4 15 |
| do | 3,382 | De 0m19    do    cinq francs trente-cinq centimes . . . . . . | 5 35 |
| do | 3,383 | De 0m22    do    sept francs trente centimes. . . . . . . . | 7 30 |
| do | 3,384 | De 0m24    do    neuf francs trente-cinq centimes . . . . . | 9 35 |
| do | 3,385 | De 0m27    do    douze francs trente-cinq centimes. . . . ' . . | 12 35 |
| | | *Bouches* de chaleur en cuivre, rondes, renforcées, la mesure prise à l'orifice intérieur. | |
| | | A charnière, sans grillage. | |
| | | Chaque bouche, savoir : | |
| do | 3,386 | De 0m050 de diamètre, quatre-vingts centimes . . . . . . . . | 0 80 |

| NUMÉROS | | DESIGNATION DES OUVRAGES. | PRIX |
| --- | --- | --- | --- |
| DU DEVIS. | DE LA SÉRIE. | | DE L'UNITÉ. |
| 366, 369, 370, 371 | 3,387 | De 0m055 de diamètre, quatre-vingt-dix centimes. . . . . . . . . | 0 f. 90 |
| do | 3,388 | De 0m060      do      un franc . . . . . . . . . . . . | 1  00 |
| do | 3,389 | De 0m065      do      un franc dix centimes. . . . . . . . | 1  10 |
| do | 3,390 | De 0m075      do      un franc trente centimes. . . . . . . | 1  30 |
| do | 3,391 | De 0m080      do      un franc quarante-cinq centimes. . . . . | 1  45 |
| do | 3,392 | De 0m085      do      un franc soixante centimes . . . . . . | 1  60 |
| do | 3,393 | De 0m095      do      deux francs vingt centimes. . . . . . . | 2  20 |
| do | 3,394 | De 0m10      do      deux francs cinquante-cinq centimes. . . . . | 2  55 |
| do | 3,395 | De 0m11      do      trois francs trente centimes . . . . . . | 3  30 |
| do | 3,396 | De 0m12      do      trois francs soixante-quinze centimes. . . . . | 3  75 |
| do | 3,397 | De 0m13      do      quatre francs trente-cinq centimes . . . . | 4  35 |
| do | 3,398 | De 0m14      do      cinq francs quatre-vingt-quinze centimes. . . . | 5  95 |
| do | 3,399 | De 0m16      do      six francs quatre-vingt-quinze centimes. . . . | 6  95 |
| do | 3,400 | De 0m17      do      huit francs quarante centimes . . . . . . | 8  40 |
| do | 3,401 | De 0m19      do      dix francs quarante-cinq centimes . . . . . | 10  45 |
| do | 3,402 | De 0m22      do      quatorze francs dix centimes. . . . . . | 14  10 |
| do | 3,403 | De 0m24      do      dix-huit francs soixante-dix centimes. . . . . | 18  70 |
| do | 3,404 | De 0m27      do      vingt-cinq francs vingt-cinq centimes. . . . . | 25  25 |

Bouches de chaleur en cuivre, rondes, renforcées, la mesure prise à l'orifice intérieur.
A charnière, avec grillage.
Chaque bouche, savoir :

| | | | |
| --- | --- | --- | --- |
| do | 3,405 | De 0m050 de diamètre, un franc trente centimes . . . . . . . | 1  30 |
| do | 3,406 | De 0m055      do      un franc quarante centimes . . . . . . | 1  40 |
| do | 3,407 | De 0m060      do      un franc cinquante-cinq centimes . . . . . | 1  55 |
| do | 3,408 | De 0m065      do      un franc soixante-quinze centimes . . . . . | 1  75 |
| do | 3,409 | De 0m075      do      deux francs cinq centimes. . . . . . . | 2  05 |
| do | 3,410 | De 0m080      do      deux francs trente centimes . . . . . . | 2  30 |
| do | 3,411 | De 0m085      do      deux francs cinquante-cinq centimes. . . . . | 2  55 |
| do | 3,412 | De 0m095      do      deux francs quatre-vingt-cinq centimes. . . . | 2  85 |
| do | 3,413 | De 0m10      do      trois francs cinq centimes. . . . . . . | 3  05 |
| do | 3,414 | De 0m11      do      trois francs quarante centimes . . . . . | 3  40 |
| do | 3,415 | De 0m12      do      quatre francs trente-cinq centimes . . . . | 4  35 |
| do | 3,416 | De 0m13      do      cinq francs vingt centimes . . . . . . | 5  20 |
| do | 3,417 | De 0m14      do      six francs dix centimes . . . . . . . | 6  10 |
| do | 3,418 | De 0m16      do      sept francs soixante-cinq centimes . . . . | 7  65 |
| do | 3,419 | De 0m17      do      neuf francs vingt centimes . . . . . . | 9  20 |
| do | 3,420 | De 0m19      do      onze francs cinquante-cinq centimes. . . . . | 11  55 |
| do | 3,421 | De 0m22      do      quatorze francs quarante-cinq centimes . . . . | 14  45 |
| do | 3,422 | De 0m24      do      vingt-trois francs quarante centimes. . . . . | 23  40 |
| do | 3,423 | De 0m27      do      trente francs soixante centimes . . . . . | 30  60 |

Bouches de chaleur en cuivre, rondes, renforcées, la mesure prise à l'orifice intérieur.

| NUMÉROS | | DESIGNATION DES OUVRAGES. | PRIX |
| DU DEVIS. | DE LA SÉRIE. | | DE L'UNITÉ. |
|---|---|---|---|
| | | A tourniquet à bouton. | |
| | | Chaque bouche, savoir : | |
| 366, 369, 370, 371 | 3,424 | De 0ᵐ05 de diamètre, quatre-vingt-cinq centimes. . . . . . . . | 0 f. 85 |
| dᵒ | 3,425 | De 0ᵐ055 dᵒ quatre-vingt-dix centimes. . . . . . . . | 0 90 |
| dᵒ | 3,426 | De 0ᵐ060 dᵒ un franc dix centimes. . . . . . . . | 1 10 |
| dᵒ | 3,427 | De 0ᵐ065 dᵒ un franc trente centimes . . . . . . . . . | 1 30 |
| dᵒ | 3,428 | De 0ᵐ075 dᵒ un franc cinquante-cinq centimes . . . . . | 1 55 |
| dᵒ | 3,429 | De 0ᵐ080 dᵒ un franc quatre-vingt-cinq centimes. . . . . . | 1 85 |
| dᵒ | 3,430 | De 0ᵐ085 dᵒ deux francs vingt centimes . . . . . . . | 2 20 |
| dᵒ | 3,431 | De 0ᵐ095 dᵒ deux francs trente centimes. . . . . . . | 2 30 |
| dᵒ | 3,432 | De 0ᵐ10 dᵒ deux francs quarante-cinq centimes. . . . . . | 2 45 |
| dᵒ | 3,433 | De 0ᵐ11 dᵒ deux francs soixante-dix centimes . . . . . | 2 70 |
| dᵒ | 3,434 | De 0ᵐ12 dᵒ trois francs vingt-cinq centimes . . . . . . | 3 25 |
| dᵒ | 3,435 | De 0ᵐ13 dᵒ quatre francs . . . . . . . . . . | 4 00 |
| dᵒ | 3,436 | De 0ᵐ14 dᵒ quatre francs quatre-vingt-cinq centimes. . . . | 4 85 |
| dᵒ | 3,437 | De 0ᵐ16 dᵒ six francs dix centimes . . . . . . . . . | 6 10 |
| dᵒ | 3,438 | De 0ᵐ17 dᵒ sept francs soixante-cinq centimes . . . . . | 7 65 |
| dᵒ | 3,439 | De 0ᵐ19 dᵒ neuf francs cinquante-cinq centimes. . . . . | 9 55 |
| dᵒ | 3,440 | De 0ᵐ22 dᵒ douze francs quarante centimes . . . . . . | 12 40 |
| dᵒ | 3,441 | De 0ᵐ24 dᵒ dix-neuf francs cinquante-cinq centimes. . . . | 19 55 |
| dᵒ | 3,442 | De 0ᵐ27 dᵒ vingt-huit francs cinq centimes . . . . . . | 28 05 |
| | | *Bouches* carrées en cuivre poli, renforcées, montées sur douilles en tôles, les mesures prises à l'orifice intérieur. | |
| | | A bascules ou à balustres. | |
| | | Chaque bouche, savoir : | |
| dᵒ | 3,443 | De 0ᵐ07 sur 0ᵐ10, deux francs vingt centimes . . . . . . . . | 2 20 |
| dᵒ | 3,444 | De 0ᵐ07 sur 0ᵐ13, deux francs quarante-cinq centimes. . . . . | 2 45 |
| dᵒ | 3,445 | De 0ᵐ07 sur 0ᵐ14, deux francs soixante-dix centimes . . . . . | 2 70 |
| dᵒ | 3,446 | De 0ᵐ07 sur 0ᵐ16, deux francs quatre-vingt-dix centimes . . . . . | 2 90 |
| dᵒ | 3,447 | De 0ᵐ07 sur 0ᵐ18, trois francs cinq centimes . . . . . . . . | 3 05 |
| dᵒ | 3,448 | De 0ᵐ07 sur 0ᵐ20, trois francs cinquante-cinq centimes. . . . . . | 3 55 |
| dᵒ | 3,449 | De 0ᵐ07 sur 0ᵐ22, quatre francs quatre-vingt-quinze centimes . . . . | 4 95 |
| dᵒ | 3,450 | De 0ᵐ11 sur 0ᵐ22, six francs soixante-cinq centimes. . . . . . . | 6 65 |
| dᵒ | 3,451 | De 0ᵐ11 sur 0ᵐ24, sept francs trente centimes. . . . . . . . . | 7 30 |
| dᵒ | 3,452 | De 0ᵐ11 sur 0ᵐ28, huit francs cinquante centimes . . . . . . . | 8 50 |
| dᵒ | 3,453 | De 0ᵐ14 sur 0ᵐ22, huit francs cinquante centimes. . . . . . . . | 8 50 |
| dᵒ | 3,454 | De 0ᵐ14 sur 0ᵐ25, neuf francs soixante centimes. . . . . . . . | 9 60 |
| dᵒ | 3,455 | De 0ᵐ14 sur 0ᵐ28, dix francs quatre-vingts centimes . . . . . . | 10 80 |
| dᵒ | 3,456 | De 0ᵐ14 sur 0ᵐ30, onze francs soixante centimes. . . . . . . . | 11 60 |
| dᵒ | 3,457 | De 0ᵐ16 sur 0ᵐ22, neuf francs soixante-dix centimes . . . . . . | 9 70 |
| dᵒ | 3,458 | De 0ᵐ16 sur 0ᵐ25, onze francs cinq centimes. . . . . . . . . | 11 05 |
| dᵒ | 3,459 | De 0ᵐ16 sur 0ᵐ27, onze francs quatre-vingt-dix centimes . . . . . | 11 90 |
| dᵒ | 3,460 | De 0ᵐ16 sur 0ᵐ32, quatorze francs cinq centimes. . . . . . . . | 14 05 |
| dᵒ | 3,461 | Au-dessus de ces dimensions. | |

| NUMÉROS | | DÉSIGNATION DES OUVRAGES. | PRIX |
| DU DEVIS. | DE LA SÉRIE. | | DE L'UNITÉ. |
|---|---|---|---|
| | | Le décimètre carré, trois francs quinze centimes . . . . . . . . | 3 f. 15 |
| | | *Bouches* carrées en cuivre poli, renforcées, montées sur douilles en tôle, les mesures prises à l'orifice intérieur. | |
| | | A coulisse avec grillage. | |
| | | Chaque bouche, savoir : | |
| 366, 369, 370, 371 | 3,462 | De 0m10 sur 0m10, quatre francs . . . . . . . . . . . . . . | 4 00 |
| d° | 3,463 | De 0m11 sur 0m11, quatre francs soixante-quinze centimes . . . . . | 4 75 |
| d° | 3,464 | De 0m12 sur 0m12, cinq francs quatre-vingts centimes . . . . . . | 5 80 |
| d° | 3,465 | De 0m13 sur 0m13, six francs soixante-dix centimes . . . . . . . | 6 70 |
| d° | 3,466 | De 0m14 sur 0m14, sept francs quatre-vingts centimes . . . . . . | 7 80 |
| d° | 3,467 | De 0m15 sur 0m15, huit francs quatre-vingt-quinze centimes . . . . | 8 95 |
| d° | 3,468 | De 0m16 sur 0m16, dix francs vingt centimes. . . . . . . . . . | 10 20 |
| d° | 3,469 | De 0m11 sur 0m17, sept francs cinquante centimes. . . . . . . . | 7 50 |
| d° | 3,470 | De 0m11 sur 0m18, sept francs quatre-vingt-dix centimes . . . . . | 7 90 |
| d° | 3,471 | De 0m14 sur 0m19, dix francs soixante-cinq centimes . . . . . . | 10 65 |
| d° | 3,472 | De 0m14 sur 0m20, onze francs cinq centimes . . . . . . . . . | 11 05 |
| d° | 3,473 | De 0m16 sur 0m21, treize francs quarante-cinq centimes. . . . . . | 13 45 |
| d° | 3.474 | De 0m16 sur 0m22, quatorze francs cinq centimes . . . . . . . . | 14 05 |
| d° | 3,475 | De 0m16 sur 0m23, quatorze francs quatre-vingts centimes . . . . . | 14 80 |
| d° | 3,476 | De 0m16 sur 0m24, quinze francs trente centimes. . . . . . . . . | 15 30 |
| d° | 3,477 | De 0m16 sur 0m25, seize francs. . . . . . . . . . . . . . | 16 00 |
| d° | 3,478 | Au-dessus de ces dimensions. | |
| | | Le décimètre carré, trois francs quatre-vingt-cinq centimes . . . . . | 3 85 |
| | | *Boulons* en fer avec écrous. | |
| | | . Chaque boulon, savoir : | |
| | | A tête carrée. | |
| 370 | 3,479 | De 0m04 à 0m05 de long, quinze centimes. . . . . . . . . . . | 0 15 |
| | | A vis et à tête fraisée. | |
| d° | 3,480 | De 0m03 de long, quinze centimes. . . . . . . . . . . . | 0 15 |
| d° | 3,481 | De 0m04 de long, vingt-cinq centimes . . . . . . . . . . . | 0 25 |
| d° | 3,482 | De 0m05 de long, trente-cinq centimes. . . . . . . . . . . . | 0 35 |
| d° | 3,483 | De 0m08 de long, quarante-cinq centimes . . . . . . . . . | 0 45 |
| 369, 370, 371 | 3,484 | *Calorifère* en tôle vernie et cuivre, l'intérieur en fonte, avec tablette en marbre, de trente centimètres (0m30) de corps. | |
| | | Le calorifère tout posé, quarante-deux francs cinquante centimes. . . | 42 50 |
| | | Nota. — La pose entre dans le prix ci-dessus pour 4 fr. 25. | |
| d° | 3,485 | *Calorifère* en tôle unie, l'intérieur en briques réfractaires, avec coffre de chaleur, de quarante-cinq centimètres (0m45) de corps. | |
| | | Le calorifère tout posé, cinquante-cinq francs vingt-cinq centimes . . | 55 25 |
| | | Nota. — La pose entre dans le prix ci-dessus pour 6 fr. | |

| NUMÉROS | | DÉSIGNATION DES OUVRAGES. | PRIX |
|---|---|---|---|
| DU DEVIS. | DE LA SÉRIE. | | DE L'UNITÉ. |

| | | | | |
|---|---|---|---|---|
| 369, 370, 371 | 3,486 | *Calorifère* semblable, mais de cinquante centimètres (0ᵐ50) de corps, soixante-trois francs soixante-quinze centimes. . . . . . . . . . . . . . . .<br>NOTA. — La pose entre dans le prix ci-dessus pour 6 fr. | 63 f. | 75 |
| dᵒ | 3,487 | *Calorifère* semblable, mais sans coffre de chaleur.<br>Les calorifères des nᵒˢ 3,485, 3.486 ci-dessus seront diminués de dix francs (10 fr.) lorsqu'ils n'auront pas de coffre de chaleur. | | |
| dᵒ | 3,488 | *Calorifère* en biscuit, de 0ᵐ78 de hauteur, construit dans une niche, ayant en plan la forme d'un rectangle de 0ᵐ78 sur 0ᵐ11 par devant et d'un demi-cercle de 0ᵐ39 de rayon au fond, composé d'un socle et d'une corniche sur la face, de carreaux faisant corps du calorifère, d'une colonne en biscuit de 0ᵐ16 de diamètre, avec flamme au-dessus ; de bouts de tuyaux en tôle faisant jonction avec le coffre de la cheminée et garni par-devant, de deux bouches de chaleur rectangulaires en cuivre poli, d'un cendrier et d'une porte en tôle forte, couronné par une tablette en marbre Sainte-Anne français, avec les parements intérieurs garnis en tuiles et terre à four, muni d'un appareil isolé en tôle forte et d'une grille en fer.<br>Chaque calorifère entièrement terminé, quatre-vingts francs. . . . . . | 80 | 00 |
| 370, 371 | 3,489 | *Capsule* en tôle pour poêle à marmite de 0ᵐ19 à 0ᵐ22 de diamètre, un franc vingt centimes . . . . . . . . . . . . . . . . . . . . . . | 1 | 20 |
| » | 3,490 | *Carreaux* carrés en faïence, unis ou à dessins.<br>Chaque carreau, savoir :<br>1° Carreaux de 0ᵐ12 de 1ᵉʳ choix.<br>Pour fourniture seulement, huit centimes. . . . . . . . . . | 0 | 08 |
| » | 3,491 | Pour fourniture, sciottage au besoin et pose, quatorze centimes . . . . . | 0 | 14 |
| » | 3,492 | 2° Carreaux de 0ᵐ16 de 1ᵉʳ choix.<br>Pour fourniture seulement, quarante-cinq centimes . . . . . . . . | 0 | 45 |
| » | 3,493 | Pour fourniture, sciottage au besoin et pose, cinquante-cinq centimes . . | 0 | 55 |
| 367, 369 | 3,494 | *Carreaux* pour poêles, en faïence, unis, cannelés ou à dessins.<br>Chaque carreau, savoir :<br>De 0ᵐ22 sur 0ᵐ27, quatre-vingt-quinze centimes . . . . . . . . | 0 | 95 |
| dᵒ | 3,495 | De 0ᵐ22 sur 0ᵐ30, un franc . . . . . . . . . . . . . | 1 | 00 |
| dᵒ | 3,496 | De 0ᵐ22 sur 0ᵐ33, un franc vingt centimes . . . . . . . . | 1 | 20 |
| dᵒ | 3,497 | De 0ᵐ24 sur 0ᵐ24, quatre-vingt-quinze centimes . . . . . . . . | 0 | 95 |
| dᵒ | 3,498 | De 0ᵐ24 sur 0ᵐ27, un franc . . . . . . . . . . . . . | 1 | 00 |
| dᵒ | 3,499 | De 0ᵐ24 sur 0ᵐ30, un franc trente centimes . . . . . . . . . | 1 | 30 |
| dᵒ | 3,500 | De 0ᵐ24 sur 0ᵐ33, un franc quarante-cinq centimes . . . . . . . . | 1 | 45 |
| dᵒ | 3,501 | *Carreaux* pour poêles en biscuit, unis ou cannelés.<br>Chaque carreau, savoir :<br>De 0ᵐ19 sur 0ᵐ19, trente-cinq centimes . . . . . . . . . . | 0 | 35 |

| NUMÉROS | | DESIGNATION DES OUVRAGES. | PRIX |
|---|---|---|---|
| DU DEVIS. | DE LA SÉRIE. | | DE L'UNITÉ. |
| 367, 369 | 3,502 | De 0ᵐ19 sur 0ᵐ22, quarante centimes. . . . . . . . . . . . | 0 f. 40 |
| dᵒ | 3,503 | De 0ᵐ22 sur 0ᵐ22, quarante-cinq centimes , . . . . . . . . | 0 45 |
| dᵒ | 3,504 | De 0ᵐ22 sur 0ᵐ27, cinquante centimes . . . . . . . . . . | 0 50 |
| dᵒ | 3,505 | De 0ᵐ22 sur 0ᵐ30, cinquante-cinq centimes . . . . . . . . | 0 55 |
| dᵒ | 3,506 | De 0ᵐ22 sur 0ᵐ33, soixante centimes . . . . . . . . . . . . | 0 60 |
| » | 3,507 | *Observations* sur les carreaux en faïence et ceux en biscuit.<br>Pour les carreaux circulaires, les prix ci-dessus seront augmentés de un dixième. | 1/10 |
| » | 3,508 | Chaque carreau d'angle compte pour une pièce. | |
| » | 3,509 | Chaque moitié de carreau compte pour une demi-pièce. | |
| » | 3,510 | Pour les frises et les socles d'une seule pièce, voir frises et socles. | |
| | | *Carreaux* ou panneaux en faïence ingerçable de 1ᵉʳ choix.<br>Le mètre superficiel, savoir :<br><br>Panneaux de 0ᵐ14 à 0ᵐ40 de largeur. | |
| 375 | 3,511 | Jusqu'à 0ᵐ79 de longueur inclusivement, quinze francs quarante-cinq centimes. | 15 45 |
| dᵒ | 3,512 | De 0ᵐ80 à 0ᵐ89 de longueur, inclusivement, dix-sept francs trente centimes. . | 17 30 |
| dᵒ | 3,513 | De 0ᵐ90 à 0ᵐ99 de longueur inclusivement, dix-neuf francs dix centimes . . | 19 10 |
| dᵒ | 3,514 | De 1ᵐ à 1ᵐ09 de longueur inclusivement, vingt francs cinquante centimes . . | 20 50 |
| dᵒ | 3,515 | De 1ᵐ10 à 1ᵐ19 de longueur inclusivement; vingt-un francs quatre-vingt-cinq centimes . . . . . . . . . . . . . . . . . . . | 21 85 |
| dᵒ | 3,516 | De 1ᵐ20 à 1ᵐ29 de longueur inclusivement, vingt-cinq francs cinquante centimes. | 25 50 |
| dᵒ | 3,517 | De 1ᵐ30 à 1ᵐ39 de longueur inclusivement, vingt-six francs quarante centimes. | 26 40 |
| dᵒ | 3,518 | De 1ᵐ40 à 1ᵐ49 de longueur inclusivement, trente francs . . . . . . | 30 00 |
| dᵒ | 3,519 | De 1ᵐ50 à 1ᵐ60 de longueur inclusivement, trente-un francs quatre-vingt-cinq centimes. . . . . . . . . . . . . . . . | 31 85 |
| dᵒ | 3,520 | *Carreaux* ou panneaux en faïence ingerçable, défectueux.<br>Seront considérés comme défectueux les panneaux qui ne seront pas parfaitement blancs et unis. Dans ce cas, si l'on tolère l'emploi de ces panneaux, les prix ci-dessus seront diminués de un cinquième . . . . . . . . . . | 1/5 |
| dᵒ | 3,521 | *Carreaux* ou panneaux en faïence ingerçable, pour pose seulement.<br>1° Panneaux pour cheminées d'appartement.<br>Le prix du mètre superficiel, quelle que soit la hauteur des panneaux et y compris taille, sciottage ou dressage des joints et scellement sera de cinq francs quatre-vingt-quinze centimes . . . . . . . . . . | 5 95 |
| » | 3,522 | 2° Panneaux pour revêtements autres que ceux de cheminées, y compris taille, sciottage ou dressage des joints et scellement.<br>Le mètre superficiel, cinq francs dix centimes . . . . . . . . | 5 10 |
| 375 | 3,523 | *Mesurage* des panneaux en faïence ingerçable.<br>Pour la fourniture et la pose, on emploiera le mode de mesurage ci-dessous.<br>Chaque panneau en œuvre sera inscrit dans le plus petit rectangle. | |

| NUMÉROS | | DESIGNATION DES OUVRAGES. | PRIX |
|---|---|---|---|
| DU DEVIS. | DE LA SÉRIE. | | DE L'UNITÉ. |
| | | *Cendrier* en tôle. | |
| | | 1° Pour poêles portatifs. | |
| | | Chaque cendrier, savoir : | |
| 367, 370, 371 | 3,524 | N° 1, de 0ᵐ19 sur 0ᵐ27, quatre-vingt-cinq centimes . . . . . . . | 0 f. 85 |
| d° | 3,525 | N° 2, de 0ᵐ25 sur 0m30, un franc . . . . . . . . . . . | 1 00 |
| d° | 3,526 | N° 3, de 0ₘ27 sur 0ᵐ38, un franc trente centimes. . . . . . . . | 1 30 |
| d° | 3,527 | N° 4, de 0ₘ30 sur 0ᵐ32, un franc quarante-cinq centimes '. . . . . | 1 45 |
| d° | 3,528 | N° 5,   —     —   un franc soixante-dix centimes. . . . . . | 1 70 |
| d° | 3,529 | N° 6,   —     —   un franc quatre-vingt-cinq centimes . . . . | 1 85 |
| | | 2° Pour poêles de construction ou pour calorifères en forte tôle, avec bavette. | |
| | | Chaque cendrier, savoir : | |
| d° | 3,530 | De 0ᵐ22 sur 0ᵐ32, deux francs quinze centimes . . . . . . . . | 2 15 |
| d° | 3,531 | De 0ᵐ22 sur 0ᵐ35, deux francs trente centimes. . . . . . . . . | 2 30 |
| d° | 3,532 | De 0ᵐ22 sur 0ᵐ40, deux francs cinquante-cinq centimes . . . . . . | 2 55 |
| d° | 3,533 | De 0ᵐ22 sur 0ᵐ45, deux francs soixante-dix centimes. . . . . . . | 2 70 |
| d° | 3,534 | De 0ᵐ22 sur 0ᵐ50, trois francs. . . . . . . . . . . . | 3 00 |
| d° | 3,535 | De 0ᵐ22 sur 0ᵐ55, trois francs quinze centimes . . . . . . . . | 3 15 |
| | | 3° Au poids. | |
| d° | 3,536 | Le kilogramme, un franc dix centimes. . . . . . . . . . . | 1 10 |
| | | *Cercles* en tôle pour poêles. | |
| | | 1° Au mètre linéaire, savoir : | |
| d° | 3,537 | Tôle de 0ᵐ027 de large, quinze centimes . . . . . . . . . | 0 15 |
| d° | 3,538 | Tôle de 0ᵐ034 de large, vingt-cinq centimes . . . . . . . . . | 0 25 |
| d° | 3,539 | Tôle de 0ᵐ041 de large, trente-cinq centimes . . . . . . . . . | 0 35 |
| d° | 3,540 | Tôle de 0ᵐ054 de large, cinquante centimes . . . . . . . . . | 0 50 |
| | | 2° Au poids. | |
| d° | 3,541 | Le kilogramme, un franc dix centimes . . . . . . . . . . | 1 10 |
| | | *Cercles* en cuivre laminé, poli, pour poêles. | |
| | | 1° Au mètre linéaire, savoir : | |
| | | *Cercles* renforcés. | |
| d° | 3,542 | De 0ᵐ030 de largeur, quatre-vingt-cinq centimes. . . . . . . . | 0 85 |
| d° | 3,543 | De 0ᵐ036 de largeur, un franc dix centimes . . . . . . . . . | 1 10 |
| d° | 3,544 | De 0ᵐ040 de largeur, un franc trente centimes . . . . . . . . | 1 30 |
| | | 2° Au poids. | |
| 367, 369, 370 | 3,545 | Le kilogramme, trois francs quatre-vingt-cinq centimes . . . . . . . | 3 85 |
| 367, 369, 370 | 3,546 | Nota. — Les prix au poids des articles nᵒˢ 3,524 à 3,544 ne seront appliqués que quand ces articles n'auront pas les numéros du commerce ni les dimensions indiquées ci-dessus. | |
| | | 3° Cercles remis à neuf et repolis. | |
| » | 3,547 | Le mètre linéaire, quinze centimes. . . . . . . . . . . | 0 15 |

| NUMÉROS | | DÉSIGNATION DES OUVRAGES. | PRIX |
|---|---|---|---|
| DU DEVIS. | DE LA SÉRIE. | | DE L'UNITÉ. |

*Châssis* à rideau en tôle forte, avec moulures en cuivre poli, de 0ᵐ04 à 0ᵐ05 de large et un seul poids, ledit châssis mesuré intérieurement.

Chaque châssis, savoir :

| | | | |
|---|---|---|---|
| 375 | 3,548 | De 0ᵐ35 à 0ᵐ39, quatre francs quatre-vingt-cinq centimes . . . . . . . | 4 f. 85 |
| dᵒ | 3,549 | De 0ᵐ40 à 0ᵐ44, cinq francs quatre-vingt-cinq centimes. . . . . . . | 5 85 |
| dᵒ | 3,550 | De 0ᵐ45 à 0ᵐ49, six francs quatre-vingts centimes . . . . . . . . | 6 80 |
| dᵒ | 3,551 | De 0ᵐ50 à 0ᵐ54, sept francs quatre-vingts centimes . . . . . . . | 7 80 |
| dᵒ | 3,552 | De 0ᵐ55 à 0ᵐ59, huit francs soixante-quinze centimes . . . . . . . | 8 75 |
| dᵒ | 3,553 | De 0ᵐ60 à 0ᵐ64, neuf francs quatre-vingts centimes . . . . . . . | 9 80 |
| dᵒ | 3,554 | De 0ᵐ65 à 0ᵐ69, dix francs soixante-dix centimes. . . . . . . . | 10 70 |
| dᵒ | 3,555 | De 0ᵐ70 à 0ᵐ74, onze francs soixante-quinze centimes . . . . . . | 11 75 |
| dᵒ | 3,556 | De 0ᵐ75 à 0ᵐ80, douze francs soixante-quinze centimes . . . . . . | 12 75 |
| » | 3,557 | Plus-value pour un double poids ajouté à un châssis, quatre-vingt-cinq centimes. | 0 85 |
| » | 3,558 | Plus-value pour chaque 0ᵐ005 de largeur de moulure en plus de 0ᵐ05 par mètre linéaire, quinze centimes . . . . . . . . . . . . | 0 15 |
| » | 3,559 | Plus-value pour cadre monté à vis et se démontant à volonté :<br>Pour chaque cadre, quatre-vingt-cinq centimes . . . . . . . . | 0 85 |
| 365, 366, 370, 371, 375 | 3,560 | *Cheminée* d'appartement revêtue intérieurement en briques et sur le devant en faïence, avec rideau en tôle : longueur, 1ᵐ00 hors-d'œuvre des jambages ; hauteur, 1ᵐ00 au-dessus de la tablette, trente-huit francs trente-quatre centimes . . . . | 38 34 |

DÉTAIL.

*Observations.* — Le prix ci-dessus est applicable :

1º Aux cheminées de dimensions plus petites ;

2º Aux cheminées de dimensions plus grandes, jusqu'à 1ᵐ15 de longueur. A moins d'ordre écrit de l'Ingénieur, l'Entrepreneur ne pourra rien changer à la disposition de la cheminée détaillée ici. En cas d'approbation des changements par l'Ingénieur, on tiendra compte de la différence des prix, soit en plus soit en moins.

Le prix ci-dessus comprend la construction entière de la cheminée, excepté la marbrerie.

Les jambages ne seraient pas payés au fumiste s'ils avaient été faits par le maçon.

| | Quantités | Numéros des Prix | PRIX | SOMMES. |
|---|---|---|---|---|
| *Maçonnerie* en plâtras et plâtre, 2 jambages 2×1ᵐ05 ×0ᵐ25×0ᵐ25=0ᵐ13 . . . . . . . . . . | 0ᵐ13 | 3,726 | 16 f 50 | 2 f 15 |
| *Enduit* en plâtre des deux côtés de la cheminée, 2×0ᵐ98×0ᵐ25 à 0ᵐ25 de légers=0ᵐ12 . . . . | 0ᵐ12 | 3,726 | 3 30 | 0 40 |
| A reporter. . . . . | | | | 2 f 55 |

| NUMÉROS | | DESIGNATION DES OUVRAGES. | PRIX DE L'UNITÉ. |
|---|---|---|---|
| DU DEVIS. | DE LA SÉRIE. | | |

| | | | Quantités. | Numéros des Prix. | PRIX. | SOMMES. |
|---|---|---|---|---|---|---|
| | | *Report.* . . . . | | | | |
| | | *Traverse* en plâtre placée sous la tablette et retournant d'équerre sur le linteau en faïence, 0<sup>m</sup>70 × 0<sup>m</sup>40 × 0<sup>m</sup>08, soit 0<sup>m</sup>28 de languette ravalée des deux côtés . | 0<sup>m</sup>28 | 3,726 | 3f30 | 0f92 |
| | | *Atre* en carreau de terre cuite de Bourgogne, carrés ou à pans, sur aire en mortier ou en plâtre de 0<sup>m</sup>05 d'épaisseur . . . . . . . . . . . . . . . | 1 | 3,352 | 2 00 | 2 00 |
| | | *Pose* avec plâtre d'une plaque de contre-cœur, y compris scellements de pattes, coulis, solins et raccord en glacis au-dessus, le tout évalué à 0<sup>m</sup>50 de légers . . . | 0 50 | 3,726 | 3 30 | 1 15 |
| | | *Trous* et scellements en plâtre pour le linteau en fer, de 0<sup>m</sup>05 de profondeur, 2×0<sup>m</sup>05=0<sup>m</sup>10. . . . . | 10 | 3,726 | 0 05 | 0 50 |
| | | *Revêtement* intérieur des jambages en briques de Bourgogne et terre franche, 2 × 0<sup>m</sup>90×0<sup>m</sup>40×0<sup>m</sup>11 =0<sup>m</sup>08 . . . . . . . . . . . . . . | 0 08 | 3,727 3,729 | 79 50 | 6 36 |
| | | *Parements* de briques frottés et jointoyés, 2×0<sup>m</sup>90 ×0<sup>m</sup>40=0<sup>m</sup>72. . . . . . . . . . . . | 0 72 | 3,761 | 1 70 | 1 22 |
| | | *Conduit* en plâtre pour prise d'air intérieur (1<sup>m</sup>00 horizontalement et 1<sup>m</sup>00 verticalement) . . . . . | 2 00 | 3,602 | 0 85 | 1 70 |
| | | *Panneaux* en faïence de 1<sup>er</sup> choix : 2 montants et 1 linteau de chacun 0<sup>m</sup>80, ensemble 2<sup>m</sup>40 sur 0<sup>m</sup>20 de largeur =0<sup>m</sup>48 . . . . . . . . . . . . . | 0 48 | 3,512 | 17 30 | 8 30 |
| | | *Linteau* supportant la traverse en plâtre, en fer, de 0<sup>m</sup>90 × 0<sup>m</sup>03×0<sup>m</sup>02, pesant . . . . . . . . | 4<sup>k</sup>20 | 2,563 3,668 | 0 39 | 1 64 |
| | | *Plaque* de contre-cœur en fonte, de 0<sup>m</sup>50 sur 0<sup>m</sup>50 (y compris les pattes) . . . . . . . . . . . | 20<sup>k</sup> | 3,673 | 0 18 | 3 60 |
| | | *Ventouse* en fonte, de 0<sup>m</sup>13 de diamètre . . . . | 1 | 3,967 | 0 60 | 0 60 |
| | | *Châssis* à rideau, en tôle forte, avec moulures en cuivre, de 0<sup>m</sup>50 d'ouverture, compris pose et scellement. | 1 | 3,551 | 7 80 | 7 80 |
| | | Total. . . . . | | | | 38 f34 |

| NUMÉROS | | DESIGNATION DES OUVRAGES. | PRIX |
|---|---|---|---|
| DU DEVIS. | DE LA SÉRIE. | | DE L'UNITÉ. |

Nota. — Lorsqu'il n'y aura ni conduit d'air ni ventouse, on déduira leur valeur du prix ci-dessus, savoir : pour conduit d'air, 1 fr. 70 ; pour ventouse, 0 fr. 60.

*Cheminées portatives en tôle vernie, non garnies.*

*Cheminée* dite à la prussienne, simple, à pilastres et chapiteaux en marbre.

| | | Chaque cheminée, savoir : | |
|---|---|---|---|
| 365 | 3,561 | De 0ᵐ35 d'ouverture, dix-huit francs soixante-dix centimes . . . . . | 18 f. 70 |
| dº | 3,562 | De 0ᵐ40 dº vingt-un francs vingt-cinq centimes . . . . . . | 21 25 |
| dº | 3,563 | De 0ᵐ45 dº vingt-quatre francs soixante-cinq centimes . . . . | 24 65 |
| dº | 3,564 | De 0ᵐ50 dº vingt-huit francs quatre-vingt-dix centimes . . . . | 28 90 |
| dº | 3,565 | De 0ᵐ55 dº trente-trois francs quinze centimes. . . . . . | 33 15 |
| dº | 3,566 | De 0ᵐ60 dº trente-huit francs vingt-cinq centimes. . . . . | 38 25 |

*Cheminée* à motifs et chapiteaux en cuivre, avec tablette en marbre de 0ᵐ027 d'épaisseur.

| | | Chaque cheminée savoir : | |
|---|---|---|---|
| dº | 2,567 | De 0ᵐ35 d'ouverture, vingt-sept francs vingt centimes . . . . . . . | 27 20 |
| dº | 3,568 | De 0ᵐ40 dº trente francs soixante centimes . . . . . . | 30 60 |
| dº | 3,569 | De 0ᵐ45 dº trente-quatre francs quatre-vingt-cinq centimes . . . | 34 85 |
| dº | 3,570 | De 0ᵐ50 dº trente-huit francs vingt-cinq centimes. . . . . | 38 25 |
| dº | 3,571 | De 0ᵐ55 dº quarante-deux francs cinquante centimes. . . . . | 42 50 |
| dº | 3,572 | De 0ᵐ60 dº quarante-six francs soixante-quinze centimes. . . . | 46 75 |

*Cheminée* à devanture et dessus en marbre.

| | | Chaque cheminée, savoir : | |
|---|---|---|---|
| dº | 3,573 | De 0ᵐ35 d'ouverture, cinquante-un francs . . . . . . . . . | 51 00 |
| dº | 3,574 | De 0ᵐ40 dº cinquante-cinq francs vingt-cinq centimes. . . . | 55 25 |
| dº | 3,575 | De 0ᵐ45 dº cinquante-neuf francs cinquante centimes. . . . . | 59 50 |
| dº | 3,576 | De 0ᵐ50 dº soixante-trois francs soixante-quinze centimes . . . | 63 75 |
| dº | 3,577 | De 0ᵐ55 dº soixante-huit francs . . . . . . . . | 68 00 |
| dº | 3,578 | De 0ᵐ60 dº soixante-douze francs vingt-cinq centimes. . . . . | 72 25 |

*Cheminées* portatives avec intérieur garni.

| | | | |
|---|---|---|---|
| dº | 3,579 | Les prix ci-dessus ne comprennent pas le garnissage intérieur de la cheminée, qui sera payé à part, suivant sa nature. | |

*Chevrettes* en fer.

A la pièce.

| | | Chaque chevrette, savoir : | |
|---|---|---|---|
| 370 | 3,580 | Au-dessous de 0ᵐ16, trente-cinq centimes. . . . . . | 0 35 |
| dº | 3,581 | De 0ᵐ16, quarante-cinq centimes . . . . . . . . | 0 45 |

| NUMÉROS | | DÉSIGNATION DES OUVRAGES. | PRIX |
| DU DEVIS. | DE LA SÉRIE. | | DE L'UNITÉ. |
| --- | --- | --- | --- |
| 370 | 3,582 | De 0m19, cinquante centimes . . . . . . . . . . . . | 0f. 50 |
| 370 | 3,583 | De 0m24, soixante-dix centimes . . . . . . . . . . | 0  70 |
| | | Au poids. | |
| 370, 371 | 3,584 | De toutes dimensions : | |
| | | Le kilogramme, quatre-vingt-cinq centimes. . . . . . . . . | 0  85 |
| 370, 371 | 3,585 | *Collier* en fer, en forme de demi-lune, monté sur tige à scellement, pour tuyaux extérieurs. | |
| | | Le kilogramme, soixante-dix centimes. . . . . . . . . . | 0  70 |
| | | *Colonnes* d'une seule pièce, avec flammes ou palmettes. | |
| | | En faïence. | |
| | | Chaque colonne, etc., savoir : | |
| 369 | 3,586 | De 1m00 de hauteur , onze francs cinq centimes . . . . . . . . | 11  05 |
| do | 3,587 | De 1m05     do     onze francs quatre-vingt-dix centimes. . . . | 11  90 |
| do | 3,588 | De 1m15     do     treize francs soixante centimes. . . . . . . | 13  60 |
| do | 3,589 | De 1m20     do     quinze francs trente centimes . . . . . . | 15  30 |
| do | 3,590 | De 1m30     do     dix-sept francs . . . . . . . . | 17  00 |
| do | 3,591 | De 1m40     do     dix-neuf francs cinquante-cinq centimes . . . | 19  55 |
| do | 3,592 | De 1m45     do     vingt-deux francs dix centimes. . . . . . . | 22  10 |
| do | 3,593 | De 1m62     do     vingt-cinq francs cinquante centimes . . . . | 25  50 |
| | | En biscuit. | |
| do | 3,594 | Les quatre cinquièmes des prix ci-dessus, quatre cinquièmes. . . . . | 4/5 |
| do | 3,595 | La hauteur de la colonne sera prise du dessous de la base au-dessus du chapiteau, sans y comprendre la flamme ou palmette. | |
| | | Pour le prix de la flamme ou palmette, voir les nos 3,669 à 3,672. | |
| | | *Colonne* en tôle vernie, avec base et chapiteau en cuivre | |
| | | Chaque colonne, etc., savoir : | |
| 369, 370, 371 | 3,596 | De 0m14 de diamètre et 1m40 de hauteur, onze francs cinq centimes. . . | 11  05 |
| do | 3,597 | De 0m16 de diamètre et de 1m40 de hauteur, onze francs quatre-vingt-dix cent. | 11  90 |
| do | 3,598 | De 0m16 de diamètre et de 2m00 de hauteur, quatorze francs quarante-cinq cent. | 14  45 |
| do | 3,599 | De 0m18 à 0m19 de diamètre et de 2m00 de hauteur, quinze francs trente centimes. | 15  30 |
| do | 3,600 | De 0m22 de diamètre et de 1m50 de hauteur, seize francs quinze centimes . . | 16  15 |
| do | 3,601 | De 0m22 de diamètre et de 2m00 de hauteur, vingt-un francs vingt-cinq cent. | 21  25 |
| | | *Conduits* d'air froid. | |
| 375 | 3,602 | Conduit en plâtre. | |
| | | Le mètre linéaire, quatre-vingt-cinq centimes . . . . . . | 0  85 |
| 375 | 3,603 | Conduit en plâtre couvert en tuiles. | |
| | | Le mètre linéaire, un franc trente centimes . . . . . . . | 1  30 |
| | | *Conduit* formé de petits murs en briques de 0m054 d'épaisseur, hourdés en terre ou en plâtre, ledit conduit enduit à l'intérieur et couvert d'un plancher de deux tuiles. | |

| NUMÉROS | | DESIGNATION DES OUVRAGES. | PRIX |
|---|---|---|---|
| DU DEVIS. | DE LA SÉRIE. | | DE L'UNITÉ. |

| | | | | |
|---|---|---|---|---|
| » | 3,604 | Le mètre linéaire savoir : | | |
| | | De 0m22 sur 0m25 de dimensions à l'intérieur, trois francs . . . . . | 3 | 00 |
| » | 3,605 | De 0m25 sur 0m33 de dimensions à l'intérieur, trois francs quatre-vingt-cinq centimes . . . . . . . . . . . . . . . . . . . . . . . . . | 3 | 85 |
| | | *Conduit* formé de petits murs en briques de 0m11 d'épaisseur, hourdés en terre ou en plâtre, ledit conduit enduit à l'intérieur et couvert d'un plancher de deux tuiles. | | |
| » | 3,606 | Le mètre linéaire, savoir : | | |
| | | De 0m25 sur 0m18 de dimensions à l'intérieur, trois francs quatre-vingt-cinq centimes . . . . . . . . . . . . . . . . * . . . . . . | 3 | 85 |
| » | 3,607 | De 0m25 sur 0m22 de dimensions à l'intérieur, quatre francs soixante-dix centimes . . . . . . . . . . . . . . . . . . . , . . . | 4 | 70 |
| » | 3,608 | De 0m25 sur 0m33 de dimensions à l'intérieur, cinq francs cinquante-cinq centimes. . . . . . . . . . . . . . . . . . . . . . . . | 5 | 55 |
| | | *Conduit* de chaleur. | | |
| | | Conduit formé de petits murs en briques de 0m054 d'épaisseur, carrelage en tuiles, ledit conduit enduit à l'intérieur, plancher en doubles tuiles avec garnissage en plâtre. | | |
| » | 3,609 | Le mètre linéaire, savoir : | | |
| | | De 0m22 sur 0m25 de dimensions à l'intérieur, trois francs quatre-vingt-cinq centimes. . . . . . . . . . . . . . . . . . . . . . . . | 3 | 85 |
| » | 3,610 | De 0m25 sur 0m33 de dimensions à l'intérieur, quatre francs soixante-dix centimes . . . . . . . . . . . . . . . . . . . . . . . | 4 | 70 |
| » | 3,611 | *Conduit* formé de petits murs en briques de 0m11 d'épaisseur, carrelage en tuiles, enduit à l'intérieur, plancher en doubles tuiles avec garnissage en plâtre. | | |
| | | Le mètre linéaire, savoir : | | |
| | | De 0m22 sur 0m25 de dimensions à l'intérieur, cinq francs cinquante-cinq centimes . . . . . . . . . . . . . . . . . . . . . . . | 5 | 55 |
| » | 3,612 | De 0m25 sur 0m33 de dimensions à l'intérieur, six francs quatre-vingts centimes. | 6 | 80 |
| | | *Conduit* en poteries Gourlier non recouvertes. | | |
| | | Le mètre linéaire, savoir : | | |
| » | 3,613 | N° 1, de 0m25×0m30, quatre francs dix centimes . . . . . . . . | 4 | 10 |
| » | 3,614 | N° 2, de 0m22×0m25, trois francs soixante-quinze centimes. . . . . | 3 | 75 |
| » | 3,615 | N° 3, de 0m19×0m22, trois francs cinquante-cinq centimes. . . . . | 3 | 55 |
| » | 3,616 | N° 4, de 0m17×0m19, deux francs quatre-vingt-dix centimes . . . . | 2 | 90 |
| » | 3,617 | N° 5, de 0m13×0m16, deux francs soixante-cinq centimes . . . . | 2 | 65 |
| » | 3,618 | N° 6, de 0m13×0m13, deux francs quarante-cinq centimes . . . . . | 2 | 45 |
| | | *Conduit* en boisseaux de terre cuite non recouverts. | | |
| | | Le mètre linéaire, savoir : | | |
| » | 3,619 | Diamètre de 0m32, quatre francs dix centimes. . . . . . . . | 4 | 10 |
| » | 3,620 | d° 0m30, trois francs trente centimes . . . . . . . . | 3 | 30 |

| NUMÉROS | | DESIGNATION DES OUVRAGES. | PRIX |
|---|---|---|---|
| DU DEVIS. | DE LA SÉRIE. | | DE L'UNITÉ. |
| » | 3,621 | d°    0<sup>m</sup>27, deux francs quatre-vingts centimes . . . . . . . | 2 f. 80 |
| » | 3,622 | d°    0<sup>m</sup>25, deux francs quarante centimes . . . . . . . . . | 2 40 |
| » | 3,623 | d°    0<sub>m</sub>22, deux francs quinze centimes . . . . . . . . . | 2 15 |
| » | 3,624 | d°    0<sub>m</sub>19, un franc quatre-vingts centimes . . . . . . . . | 1 80 |
| » | 3,625 | d°    0<sup>m</sup>16, un franc cinquante-cinq centimes . . . . . . . | 1 55 |
| | | *Construction* en général, voir maçonneries en général, n° 3,726. | |
| | | d°      en briques, voir maçonneries de briques, n° 3,727. | |
| | | d°      d'une cheminée d'appartement, voir le n° 3,560. | |
| | | d°      d'un calorifère en biscuit, de 0<sup>m</sup>78 de hauteur, dans une niche, voir le n° 3,488. | |
| | | *Construction* sur place d'un poêle à trois faces ou dans une niche. Voir le détail complet de la construction, au n° 3,913. | |
| 369 | 3,626 | *Poêle* cubant 0<sup>m</sup>50 et au-dessus, y compris la fourniture des briques, des tuiles, de la terre à four, du plâtre et des agrafes, ainsi que le garnissage et la pose des appareils intérieurs, la pose du marbre et de la colonne. | |
| | | Le mètre cube, quarante-deux francs cinquante centimes . . . . . . | 42 50 |
| » | 3,627 | *Poêle* cubant moins de 0<sup>m</sup>50. | |
| | | Le prix ci-dessus sera augmenté de 4 fr. 25 par chaque décimètre cube en moins de 0<sup>m</sup>50, quatre francs vingt-cinq centimes . . . . . . . . . | 4 25 |
| » | 3,628 | *Construction* sur place d'un poêle isolé ou à quatre faces. | |
| | | Les prix ci-dessus seront augmentés de un cinquième . . . . . . . . | 1/5 |
| | | *Coulisse* en fonte. | |
| | | Chaque coulisse, savoir : | |
| 370 | 3,629 | N° 1, de 0<sup>m</sup>11 sur 0<sup>m</sup>22, deux francs quarante centimes . . . . . . . | 2 40 |
| d° | 3,630 | N° 2, de 0<sup>m</sup>14 sur 0<sup>m</sup>24, trois francs . . . . . . . . . . . . | 3 00 |
| d° | 3,631 | N° 3, de 0<sub>m</sub>16 sur 0<sup>m</sup>30, trois francs soixante-cinq centimes. . . . . | 3 65 |
| | | *Coulisses* en tôle de toutes dimensions. | |
| d° | 3,632 | Le décimètre carré, un franc . . . . . . . . . . . . . . | 1 00 |
| | | *Couvercle* en tôle pour fourneaux ronds ou carrés. | |
| | | Chaque couvercle, savoir : | |
| d° | 3,633 | De 0<sup>m</sup>14 de diamètre ou de côté, soixante centimes . . . . . . . . | 0 60 |
| d° | 3,634 | De 0<sup>m</sup>16    d°      soixante-dix centimes . . . . . . . | 0 70 |
| d° | 3,635 | De 0<sub>m</sub>19    d°      quatre-vingt-cinq centimes . . . . . . | 0 85 |
| d° | 3,636 | De 0<sup>m</sup>22    d°      un franc . . . . . . . . . . . . | 1 00 |
| d° | 3,637 | De 0<sup>m</sup>24    d°      un franc trente centimes . . . . . . | 1 30 |
| d° | 3,638 | De 0<sup>m</sup>27    d°      un franc soixante centimes . . . . . | 1 60 |
| d° | 3,639 | De 0<sup>m</sup>32    d°      un franc quatre-vingt-cinq centimes . . . | 1 85 |

| NUMÉROS | | DÉSIGNATION DES OUVRAGES. | PRIX |
|---|---|---|---|
| DU DEVIS. | DE LA SÉRIE. | | DE L'UNITÉ. |

|  |  |  |  |  |
|---|---|---|---|---|
| | | *Couvercle* en tôle pour poissonnière. | | |
| | | Chaque couvercle, savoir : | | |
| 370 | 3,640 | De 0ᵐ16 sur 0ᵐ32, un franc soixante-dix centimes . . . . . . . . . | 1 f. | 70 |
| dº | 3,641 | De 0ᵐ16 sur 0ᵐ38, deux francs quinze centimes . . . . . . . . . | 2 | 15 |
| dº | 3,642 | De 0ᵐ16 sur 0ᵐ40, deux francs trente centimes . . . . . . . . . | 2 | 30 |
| dº | 3,643 | De 0ᵐ16 sur 0ᵐ47, deux francs quarante-cinq centimes . . . . . . . | 2 | 45 |
| dº | 3,644 | De 0ᵐ16 sur 0ᵐ50, deux francs soixante-dix centimes . . . . . . . | 2 | 70 |
| 370, 371 | 3,645 | *Couvercle* en tôle, rond, carré ou rectangulaire, non compris dans les mesures ci-dessus. | | |
| | | Le kilogramme, un franc dix centimes. . . . . . . . . . . | 1 | 10 |
| | | *Crevasse* hachée et bouchée en plâtre. | | |
| | | Le mètre linéaire, savoir : | | |
| » | 3,646 | A l'intérieur de l'appartement, quinze centimes . . . . . . . . . | 0 | 15 |
| » | 3,647 | A l'intérieur des tuyaux de cheminée, trente-cinq centimes . . . . . . | 0 | 35 |
| » | 3,648 | Sur les souches, avec échafaud volant, trente centimes. . . . . . . | 0 | 30 |
| » | 3,649 | Sur ravalement, fait à la corde nouée, trente-cinq centimes . . . . . . | 0 | 35 |
| | | *Croissant* en fer, avec bouton en cuivre. | | |
| | | Chaque paire de croissants, savoir : | | |
| 370 | 3,650 | Nº 1, quatre-vingt-cinq centimes . . . . . . . . . . | 0 | 85 |
| dº | 3,651 | Nº 2, quatre-vingt-quinze centimes . . . . . . . . . . | 0 | 95 |
| dº | 3,652 | Nº 3, un franc . . . . . . . . . . . . . . . | 1 | 00 |
| | | *Croissant* en cuivre avec rosace. | | |
| | | Chaque paire de croissants, savoir : | | |
| dº | 3,653 | Nº 1, un franc trente centimes . . . . . . . . . . . | 1 | 30 |
| dº | 3,654 | Nº 2, un franc cinquante-cinq centimes . . . . . . . . . . | 1 | 55 |
| dº | 3,655 | Nº 3, deux francs cinq centimes . . . . . . . . . . . | 2 | 05 |
| | | *Cuivre* œuvré, rouge. | | |
| | | Le kilogramme, savoir : | | |
| 370, 371 | 3,656 | Pour tuyaux de toutes dimensions, planés, trois francs quatre-vingt-cinq cent. | 3 | 85 |
| dº | 3,657 | Pour coudes semblables, quatre francs cinq centimes. . . . . . . . | 4 | 05 |
| | | *Cuivre* œuvré, rouge, étamé. | | |
| | | Le kilogramme, savoir : | | |
| dº | 3,658 | Pour chaudière, bassine, etc., quatre francs vingt-cinq centimes . . . . | 4 | 25 |
| dº | 3,659 | Pour appareils avec tuyaux de circulation, tubulures et serpentins, cinq francs dix centimes . . . . . . . . . . . . . . . . . | 5 | 10 |
| | | *Démolitions* de cheminées et de poêles, y compris descente et rangement des matériaux et gravois. | | |

| NUMÉROS | | DESIGNATION DES OUVRAGES. | PRIX |
|---|---|---|---|
| DU DEVIS. | DE LA SÉRIE. | | DE L'UNITÉ. |
| 380 | 3,660 | Chaque démolition, savoir :<br>D'un intérieur de cheminée rétréci en plaques ou en briques. (La démolition du chambranle payée à part, voir marbrerie n° 4,157), soixante centimes. | 0 f. 60 |
| 381 | 3,661 | D'un intérieur de cheminée avec devanture en faïence et châssis à rideau. (La démolition du chambranle payée à part voir n° 4,157), un franc cinq centimes | 1 05 |
| 380 | 3,662 | D'un chambranle de cheminée avec foyer et retours, deux francs cinquante-cinq centimes. | 2 55 |
| d° | 3,663 | D'un poêle de construction ordinaire, trois francs. | 3 00 |
| d° | 3,664 | *Démolitions* de maçonneries diverses.<br>Elles seront payées comme il est indiqué au chapitre deuxième. | |
| | | *Maçonnerie.* | |
| 378, 379, 380 | 3,665 | *Dépose* d'une mitre ou d'un montant de tuyau.<br>Chacune, vingt centimes | 0 20 |
| d° | 3,666 | *Dépose* et rangement d'un poêle et de ses tuyaux.<br>Chacune, quarante-cinq centimes | 0 45 |
| d° | 3,567 | *Même* dépose et rangement d'un poêle, mais avec transport en magasin.<br>Chacune, quatre-vingt-cinq centimes<br>NOTA. — Pour la dépose et repose d'une suite de tuyaux, voir nettoyage n°s 3,746 à 3,748. | 0 85 |
| 370 | 3,668 | *Ferronnerie* et serrurerie. Les divers ouvrages de ferronnerie et de serrurerie, non prévus à la présente série de fumisterie, seront payés aux prix du chapitre huitième, serrurerie augmentée de un dixième. | 1/10 |
| | | *Flammes* ou palmettes avec socles ou sans socles.<br>Chaque flamme ou palmette, posée, savoir :<br>En faïence. | |
| 369 | 3,669 | N°s 1, 2, 3, deux francs cinquante-cinq centimes | 2 55 |
| d° | 3,670 | N°s 4, 5, 6, trois francs. | 3 00 |
| | | En biscuit. | |
| d° | 3,671 | N°s 1, 2, 3, quatre-vingt-quinze centimes | 0 95 |
| d° | 3,672 | N°s 4, 5, 6, un franc quatre-vingt-quinze centimes. | 1 95 |
| | | *Fonte* suivant modèle du commerce.<br>Le kilogramme, savoir : | |
| 370, 371 | 3,673 | Pour plaques unies, dix-huit centimes | 0 18 |
| d° | 3,674 | Pour tuyaux, cuvettes et barreaux droits, vingt centimes | 0 20 |
| d° | 3,675 | Pour poêles, pour garniture de poêles et calorifères, telles que cloches et cy- | |

| NUMÉROS | | DESIGNATION DES OUVRAGES. | PRIX |
| --- | --- | --- | --- |
| DU DEVIS. | DE LA SÉRIE. | | DE L'UNITÉ. |
| | | lindres et pour réchauds quelconques, plaques percées, barreaux cintrés, etc., trente centimes. . . . . . . . . . . . . . . . . . . . . . . | 0 f. 30 |
| 371 | 3,676 | *Poids* des réchauds reconnu par la pesée contradictoire.<br>Les poids ci-dessous ne sont donnés que comme renseignements pour des évaluations. Les réchauds seront toujours payés au poids, aux prix du n° 3,675. | |

<br>

|  |  | POIDS. |
| --- | --- | --- |
| *Réchauds* carrés avec leurs grilles. | | |
| De 0<sup>m</sup>14 . . . . . . . . . . . . . . . . . . | | 2 k. 50 |
| De 0<sup>m</sup>16 . . . . . . . . . . . . . . . . . . | | 2 80 |
| De 0<sup>m</sup>19 . . . . . . . . . . . . . . . . . . | | 3 k. 20 |
| De 0<sup>m</sup>22 . . . . . . . . . . . . . . . . . . | | 4 50 |
| De 0<sup>m</sup>25 . . . . . . . . . . . . . . . . . . | | 5 75 |
| De 0<sup>m</sup>27 . . . . . . . . . . . . . . . . . . | | 7 50 |
| De 0<sup>m</sup>30 . . . . . . . . . . . . . . . . . . | | 9 50 |
| *Réchauds* économiques avec leurs grilles. | | |
| De 0<sup>m</sup>19 . . . . . . . . . . . . . . . . . . | | 8 50 |
| De 0<sup>m</sup>22 . . . . . . . . . . . . . . . . . . | | 10 50 |
| De 0<sup>m</sup>25 . . . . . . . . . . . . . . . . . . | | 13 00 |

| NUMÉROS | | DESIGNATION DES OUVRAGES. | PRIX |
| --- | --- | --- | --- |
| 370, 371 | 3,677 | *Fontes* suivant modèles faits exprès, y compris frais de modèles.<br>Les fontes coulées sur modèles faits exprès ne seront admissibles que sur ordre écrit ; les modèles de ces fontes seront remis à la Compagnie. Si l'ordre écrit né peut être reproduit ou si les modèles ne sont pas remis, les prix des fontes seront diminués de cinq centimes par kilogramme.<br>Le kilogramme, savoir : | |
| d° | 3,678 | *Fonte* moulée en province, pour intérieur de calorifère, foyer, grille, plaque, etc., trente-trois centimes. . . . . . . . . . . . . . . . . . | 0 33 |
| d° | 3,679 | *Fonte* moulée à Paris pour intérieur de calorifère, foyer, grille, plaques, bouches de chaleur, etc., trente-six centimes. . . . . . . . . . . . . . | 0 36 |
| d° | 3,680 | *Fonte* de Paris pour intérieur compliqué de calorifère, de construction à coffre à T, serpentins et tubulures, quarante-cinq centimes . . . . . . . . . | 0 45 |
| d° | 3,681 | *Fonte* douce de Paris de deuxième fusion, pour plaques et dessus de fourneau, avec champs, rondelles et tampons, quarante centimes. . . . . . . . . | 0 40 |
| d° | 3,682 | *Fonte* douce de Paris de deuxième fusion, ornée, pour devantures de fourneaux et pièces d'ajustage, cinquante centimes . . . . . . . . . . . . . | 0 50 |
| d° | 3,683 | *Fonte* vieille, reprise en compte par l'Entrepreneur.<br>En cours de réparation, l'Ingénieur pourra exiger que l'Entrepreneur prenne en | |

| NUMÉROS | | DESIGNATION DES OUVRAGES. | PRIX |
| DU DEVIS. | DE LA SÉRIE. | | DE L'UNITÉ. |
|---|---|---|---|
| | | compte au prix de huit centimes (0 fr. 08) le kilogramme, un poids de vieille fonte égal à celui de la fonte neuve fournie. Le poids constaté ne subira aucune réduction pour déchet quelconque. | |
| | | Ce prix de 0 fr. 08 ne subira ni augmentation ni diminution par rapport à l'augmentation ou à la diminution des prix qui pourraient résulter de l'adjudication. | |
| | | *Fourneaux* portatifs, en briques, montés sur châssis en hètre ou chène, avec dessus en faïence, bandes, équerres, coulisses et couvercles en forte tôle. | |
| | | Chaque fourneau, savoir : | |
| » | 3,684 | Fourneau de 0ᵐ65 sur 0ᵐ38, à deux réchauds, dont un économique, dix-huit francs soixante-dix centimes . . . . . . . . . . . . . . . . . | 18 f. 70 |
| » | 3,685 | Fourneau de 0ᵐ80 sur 0ᵐ44, à trois réchauds, dont un économique, vingt-deux francs dix centimes. . . . . . . . . . . . . . . . . . | 22 10 |
| » | 3,686 | Fourneau de 0ᵐ85 sur 0ᵐ45, à trois réchauds, dont un économique et une poissonnière, trente-quatre francs. . . . . . . . . . . . . . . | 34 00 |
| | | *Frises* et socles en faïence. | |
| | | Chaque pièce, savoir : | |
| 369 | 3,687 | Bout de 0ᵐ22 sur 0ᵐ14, quatre-vingt-quinze centimes. . . . . . . | 0 95 |
| dᵒ | 3,688 | Bout de 0ᵐ22 sur 0ᵐ24, un franc quarante-cinq centimes . . . . . . | 1 45 |
| dᵒ | 3,689 | Pour angle de 0ᵐ22 sur 0ᵐ14, un franc vingt centimes . . . . . . | 1 20 |
| dᵒ | 3,690 | dᵒ de 0ᵐ22 sur 0ᵐ24, un franc soixante-dix centimes . . . . | 1 70 |
| | | D'une seule pièce, savoir : | |
| dᵒ | 3,691 | De 0ᵐ54 de face, trois francs soixante-cinq centimes . . . . . . . | 3 65 |
| dᵒ | 3,692 | De 0ᵐ65 dᵒ quatre francs quarante centimes. . . . . . | 4 40 |
| dᵒ | 3,693 | De 0ᵐ75 dᵒ quatre francs quatre-vingt-cinq centimes. . . . . | 4 85 |
| dᵒ | 3,694 | De 0ᵐ87 dᵒ cinq francs quatre-vingt-cinq centimes. . . . . . | 5 85 |
| dᵒ | 3,695 | De 1ᵐ00 dᵒ six francs quatre-vingts centimes . . . . . . | 6 80 |
| dᵒ | 3,696 | De 1ᵐ10 dᵒ sept francs quatre-vingts centimes . . . . . . | 7 80 |
| dᵒ | 3,697 | De 1ᵐ20 dᵒ huit francs soixante-quinze centimes . . . . . . | 8 75 |
| dᵒ | 3,698 | De 1ᵐ30 dᵒ neuf francs quatre-vingts centimes. . . . . . | 9 80 |
| | | *Frises* et socles en biscuit. | |
| | | Chaque pièce : | |
| dᵒ | 3,699 | Bout de 0ᵐ22 sur 0ᵐ13 à 0ᵐ16, quarante-cinq centimes. . . . . . . | 0 45 |
| | | D'une seule pièce, savoir : | |
| dᵒ | 3,700 | De 0ᵐ54 de face, un franc soixante-dix centimes. . . . . . . | 1 70 |
| dᵒ | 3,701 | De 0ᵐ65 dᵒ deux francs . . . . . . . . . . . | 2 00 |
| dᵒ | 3,702 | De 0ᵐ75 dᵒ deux francs vingt centimes. . . . . . . . | 2 20 |
| dᵒ | 3,703 | De 0ᵐ87 dᵒ deux francs cinquante-cinq centimes . . . . . | 2 55 |
| dᵒ | 3,704 | De 1ᵐ00 dᵒ deux francs quatre-vingt-dix centimes. . . . . | 2 90 |
| dᵒ | 3,705 | De 1ᵐ10 dᵒ trois francs quarante centimes. . . . . . . | 3 40 |
| dᵒ | 3,706 | De 1ᵐ20 dᵒ trois francs quatre-vingt-dix centimes . . . . . | 3 90 |
| dᵒ | 3,707 | De 1ᵐ30 dᵒ quatre francs trente-cinq centimes . . . . . | 4 35 |
| dᵒ | 3,708 | Les corniches dites porte-marbre seront payées aux prix ci-dessus, augmentés de un dixième . . . . . . . . . . . . . . . . . . . | 1/10 |

| NUMÉROS | | DESIGNATION DES OUVRAGES. | PRIX |
|---|---|---|---|
| DU DEVIS. | DE LA SÉRIE. | | DE L'UNITÉ. |
| | | *Grilles* en fonte pour réchauds, fournies en réparation. | |
| | | Chaque grille, savoir : | |
| 370 | 3,709 | De 0ᵐ11 de diamètre ou de côté, trente-cinq centimes.. | 0 f. 35 |
| dᵒ | 3,710 | De 0ᵐ13 dᵒ quarante-cinq centimes. | 0 45 |
| dᵒ | 3,711 | De 0ᵐ16 dᵒ soixante centimes. | 0 60 |
| dᵒ | 3,712 | De 0ᵐ19 dᵒ soixante-dix centimes | 0 70 |
| dᵒ | 3,713 | De 0ᵐ21 dᵒ quatre-vingts centimes. | 0 80 |
| dᵒ | 3,714 | De 0ᵐ22 dᵒ quatre-vingt-cinq centimes. | 0 85 |
| | | *Gueules* de loup avec ferrure à pivot. | |
| | | Chaque gueule de loup, compris pose, savoir : | |
| 370, 371 | 3,715 | De 0ᵐ14 de diamètre, cinq francs dix centimes | 5 10 |
| | 3,716 | De 0ᵐ16 dᵒ cinq francs cinquante-cinq centimes. | 5 55 |
| | 3,717 | De 0ᵐ19 dᵒ six francs dix centimes. | 6 10 |
| | 3,718 | De 0ᵐ22 dᵒ six francs quatre-vingts centimes. | 6 80 |
| | 3,719 | De 0ᵐ25 dᵒ sept francs quarante centimes. | 7 40 |
| | 3,720 | De 0ᵐ27 dᵒ huit francs dix centimes | 8 10 |
| | 3,721 | De 0ᵐ30 dᵒ huit francs quatre-vingt-quinze centimes. | 8 95 |
| dᵒ | 3,722 | *Gueules* de loup payées au poids. Les prix ci-dessus ne figurent ici que comme renseignements pour des évaluations. Les gueules de loup seront toujours pesées. Leur prix au kilogramme est fixé à un franc trente centimes. | 1 30 |
| 378 | 3,723 | *Hachement* de suie calcinée à l'intérieur d'une cheminée. Le mètre superficiel, cinquante centimes | 0 50 |
| | | *Location* d'un poêle en fonte ou en tôle avec la suite de tuyaux nécessaires à l'intérieur et à l'extérieur. | |
| 370, 380 | 3,724 | 1° Pose, y compris trou dans le mur, pour le passage du tuyau, dépose et double transport, trois francs | 3 00 |
| dᵒ | 3,725 | 2° Pour chaque jour de location, quinze centimes | 0 15 |
| 369 | 3,726 | *Maçonneries* en général. Les maçonneries non détaillées à la présente série de fumisterie seront payées aux prix indiqués au chapitre 4ᵐᵉ, maçonneries augmentées de un dixième. | 1/10 |
| | | *Maçonnerie* de briques pour fourneaux de cuisine et calorifères avec emploi de briques réfractaires, pour foyer, et y compris les parements et rejointoiements. Le mètre cube : | |
| dᵒ | 3,727 | 1° En brique de Bourgogne, soixante-douze francs, vingt-cinq centimes. | 72 25 |
| dᵒ | 3,728 | 2° En brique façon Bourgogne, trente-huit francs. | 38 00 |
| dᵒ | 3,729 | 3° Petits ouvrages. Pour chaque ouvrage entier, dont la maçonnerie en brique cubera moins d'un mètre, ces prix seront augmentés de un dixième | 1/10 |

| NUMÉROS | | DESIGNATION DES OUVRAGES. | PRIX |
|---|---|---|---|
| DU DEVIS. | DE LA SÉRIE. | | DE L'UNITÉ. |
| 369 | 3,730 | 4° Mode de mesurage. Les prix ci-dessus nᵒˢ 3,727, 3,728, 3,729 sont appli-cables, tous vides déduits, et quelle que soit l'épaisseur des ouvrages ; ces prix com-prennent les plus-values pour parties cintrées en plan ou en élévation pour sujétions quelconques et pour échafaudages. | |
| » | 3,731 | *Marbres* en général.<br>Les ouvrages en marbre, non détaillés à la présente série de fumisterie, seront payés aux prix indiqués au chapitre 13ᵉ (marbrerie). | |
| | | *Marbres* pour tablettes de poêles et autres foyers, etc., compris toutes tailles, poli et pose.<br>Nota. — On ne déduira pas de la surface à payer, les trous pour colonnes, etc.<br>Le mètre superficiel, savoir :<br>1° Tablettes en marbre, ordinaires, de la Sarthe ou de la Mayenne, dénommés ci-après : Sérancolin de l'Ouest, Rose Enjugerai. | |
| 369 | 3,732 | De 0ᵐ021 d'épaisseur, dix-sept francs quatre-vingts centimes. . . . . . | 17 f. 80 |
| dᵒ | 3,733 | De 0ᵐ027    dᵒ    vingt-et-un francs vingt centimes. . . . . . . | 21 20 |
| dᵒ | 3,734 | De 0ᵐ034    dᵒ    vingt-sept francs vingt centimes . . . . . . . | 27 20 |
| dᵒ | 3,735 | De 0ᵐ041    dᵒ    trente-trois francs vingt centimes . . . . . . | 33 20 |
| | | 2° Tablettes en marbres ordinaires de Belgique, dénommées ci-après :<br>Saint-Anne, Rouge de Flandre, Noir demi-fin Granit Feluil. | |
| dᵒ | 3,736 | De 0ᵐ021 d'épaisseur, vingt-deux francs dix centimes . . . . . . | 22 10 |
| dᵒ | 3,737 | De 0ᵐ027    dᵒ    vingt-sept francs vingt centimes . . . . . . | 27 20 |
| dᵒ | 3,738 | De 0ᵐ034    dᵒ    trente-trois francs vingt centimes . . . . . . | 33 20 |
| dᵒ | 3,739 | De 0ᵐ041    dᵒ    quarante francs quatre-vingts centimes . . . . . | 40 80 |
| | | 3° Trou de colonne percé dans une tablette en marbre.<br>Chaque trou, savoir. | |
| dᵒ | 3,740 | De 0ᵐ11 à 0ᵐ15 de diamètre, quatre-vingt-cinq centimes. . . . . . . | 0 85 |
| dᵒ | 3,741 | De 0ᵐ16 à 0ᵐ22 de diamètre, un franc cinq centimes. . . . . . . . | 1 05 |
| | | *Mitre* en terre ou en grès.<br>Chaque mètre, savoir : | |
| 376 | 3,742 | Pour fourniture seulement, un franc . . . . . . . . . . . | 1 00 |
| dᵒ | 3,743 | Pour fourniture et pose avec solins et garnissage en plâtre ou en mortier, un franc quatre-vingt-cinq centimes. . . . . . . . . . . . . | 1 85 |
| | | *Mitron* en terre ou en grès.<br>Chaque mitron, savoir : | |
| dᵒ | 3,744 | Pour fourniture seulement, soixante-quinze centimes. . . . . . . . | 0 75 |
| dᵒ | 3,745 | Pour fourniture et pose avec solins et garnissage en plâtre ou en mortier, un franc cinquante-cinq centimes. . . . . . . . . . . . . . | 1 55 |
| 380 | 3,746 | *Nettoyage*, compris dépose et repose, d'une suite de tuyaux en tôle à l'intérieur du bâtiment jusqu'à 5ᵐ00<br>Chacun, quarante-cinq centimes . . . . . . . . . . . | 0 45 |

| NUMÉROS | | DESIGNATION DES OUVRAGES. | PRIX |
| DU DEVIS. | DE LA SÉRIE. | | DE L'UNITÉ. |
| --- | --- | --- | --- |
| 380 | 3,747 | *Nettoyage* semblable d'un montant de tuyau en tôle, sur les combles, fixé avec fil de fer.<br>Chacun, soixante-cinq centimes . . . . . . . . . . . | 0 f. 65 |
| d° | 3,748 | *Même* nettoyage avec réfection de solins et glacis.<br>Chacun, un franc cinq centimes. . . . . . . . . . . | 1 05 |
| » | 3,749 | *Plus-value* pour brûlage d'une suite de tuyaux.<br>Chacun, soixante-cinq centimes. . . . . . . . . . . | 0 65 |
| 379, 380 | 3,750 | *Nettoyage*, compris lessivage de faïence, récurage des cuivres et passage des tôles à la mine, d'un poêle portatif avec tuyaux, d'un poêle à colonne ou d'une cheminée à la prussienne.<br>Chacun, un franc cinquante centimes . . . . . . . . | 1 50 |
| d° | 3,751 | *Nettoyage* d'un poêle de construction ordinaire, en faïence ou biscuit, avec dépose et repose de tablette et dégorgement des conduits intérieurs.<br>Chacun, deux francs trente-cinq centimes . . . . . . .<br>NOTA. — Pour le nettoyage des tuyaux de poêle voir le n° 3,760. | 2 35 |
| d° | 3,752 | *Nettoyage* et lessivage de faïence de grands poêles avec réfection des joints en plâtre.<br>Le mètre superficiel, vingt centimes. . . . . . . . . | 0 20 |
| d° | 3,753 | *Nettoyage* d'un calorifère en fonte à système, avec démontage et remontage des pièces et de double colonne de fumée, frottage à la mine des tôles et récurage des cuivres.<br>Chacun, trois francs quarante centimes . . . . . . . | 3 40 |
| d° | 3,754 | *Nettoyage* de récipient de chaleur semblable, sans foyer, mais avec double colonne.<br>Chacun, un franc soixante-dix centimes . . . . . . . | 1 70 |
| d° | 3,755 | *Nettoyage* de petit fourneau de cuisine ou d'office.<br>Chacun, deux francs quinze centimes . . . . . . . . | 2 15 |
| d° | 3,756 | *Nettoyage* de calorifère ou fourneau de bain, ou buanderie en briques, avec nettoyage des appareils et conduits, dépose et repose des tampons, etc.<br>Chacun, trois francs. . . . . . . . . . . . . | 3 00 |
| d° | 3,757 | *Nettoyage* de calorifère semblable, mais de grandes dimensions, fait en cuivre.<br>Chacun, quatre francs vingt-cinq centimes. . . . . . . | 4 25 |
| d° | 3,758 | *Nettoyage* d'un grand fourneau de cuisine couvert en plaque, avec fours, bassines, conduits, etc.<br>Chacun, quatre francs vingt-cinq centimes. . . . . . . | 4 25 |

| NUMÉROS | | DESIGNATION DES OUVRAGES. | PRIX |
| DU DEVIS. | DE LA SÉRIE. | | DE L'UNITÉ. |
|---|---|---|---|
| 379, 380 | 3,759 | *Nettoyage* de conduits de chaleur seulement, avec dépose et repose des tampons, etc., <br> Le mètre linéaire, vingt centimes. . . . . . . . . . . . . | 0 f. 20 |
| d° | 2,760 | Noтa. — Pour les poêles, les prix de nettoyage supposent des suites de tuyaux ayant un développement de 5ᵐ00 au plus. Lorsque les tuyaux auront plus de 5ᵐ00, chaque mètre en plus sera payé 0 fr. 10 compris dépose et repose des tuyaux. Les clous et le fil, ainsi que les joints en terre à four ou en plâtre, sont compris dans les prix de nettoyage ci-dessus. | |
| 369 | 3,761 | *Parements* de maçonnerie de brique, frottés et jointoyés pour calorifères, fourneaux, etc. <br> Le mètre superficiel, un franc soixante-dix centimes . . . . . . . | 1　70 |
| » | 3,762 | *Peinture* de tuyaux sur les combles, y compris échafaudage, s'il est nécessaire. <br> Le mètre superficiel à l'huile, à une couche, y compris nettoyage préalable, quarante-cinq centimes . . . . . . . . . . . . . . . | 0　45 |
| » | 3,763 | A l'huile, à deux couches, soixante-quinze centimes . . . . . . . . | 0　75 |
| » | 3,764 | *Peinture* à la mine de plomb, à une couche. <br> Le mètre superficiel, quarante centimes. . . . . . . . . . . | 0　40 |
| » | 3,765 | *Percement* d'un trou dans une plaque de fonte de 0ᵐ01 d'épaisseur, pour recevoir un boulon. <br> Chaque trou, quinze centimes. . . . . . . . . . . . | 0　15 |
| 368 | 3,766 | *Pierre* de liais pour tablettes, dessous de poêles, foyers, etc., y compris toutes tailles et arrondissements. ainsi que la pose en mortier hydraulique ou en plâtre. <br> Le mètre superficiel, savoir : <br> De 0ᵐ027 d'épaisseur, onze francs quatre-vingt-dix centimes. . . . . . | 11　90 |
| d° | 3,767 | De 0ᵐ034　　d°　　douze francs soixante-quinze centimes. . . . . . | 12　75 |
| d° | 3,768 | De 0ᵐ041　　d°　　treize francs soixante centimes. . . . . . . . | 13　60 |
| d° | 3,769 | De 0ᵐ047　　d°　　quatorze francs quarante-cinq centimes . . . . . | 14　45 |
| d° | 3,770 | De 0ᵐ054　　d°　　quinze francs trente centimes . . . . . . . . | 15　30 |
| d° | 3,771 | De plus de 0ᵐ054 d'épaisseur, comme au chapitre 4ᵉ. | |
| | | *Maçonneries*, augmenté d'un dixième. . . . . . . . . . . | 1/10 |
| » | 3,772 | *Plancher* en double tuile avec aire en plâtre. <br> Le mètre superficiel, quatre francs vingt-cinq centimes. . . . . . . | 4　25 |

| NUMÉROS | | DESIGNATION DES OUVRAGES. | PRIX |
|---|---|---|---|
| DU DEVIS. | DE LA SÉRIE. | | DE L'UNITÉ. |

### Poêles portatifs en faïence.

---

Les numéros ci-après des poêles, variant suivant les fabriques, ne sont ici qu'indicatifs ; les dimensions prises, ainsi qu'il est dit ci-après, déterminent seules les prix à payer.

Chaque poêle, savoir :

*Poêles* portatifs en faïence, quadrangulaires, ordinaires , à tore, tablettes en faïence et cercles en tôles (la pose payée à part au prix n° 3,931).

| Nos des poêles. | Hauteur totale. | MESURES AU CORPS | |
|---|---|---|---|
| | | de face. | de profondeur. |

| DU DEVIS | DE LA SÉRIE | Nos | Hauteur | de face | profondeur | DESIGNATION | PRIX |
|---|---|---|---|---|---|---|---|
| 365, 367 | 3,773 | 0 | 0m60 | 0m26 | 0m35 | Sans four, onze francs soixante-quinze centimes. . . | 11 f. 75 |
| d° | 3,774 | | | | | Avec four, douze francs vingt-cinq centimes . . . . | 12  25 |
| d° | 3,775 | 1 | 0 62 | 0 30 | 0 37 | Sans four, douze francs vingt-cinq centimes . . . . | 12  25 |
| d° | 3,776 | | | | | Avec four. quatorze francs cinq centimes. . . . . | 14  05 |
| d° | 3,777 | 2 | 0 70 | 0 32 | 0 43 | Sans four, quinze francs soixante-cinq centimes . . . | 15  65 |
| d° | 3,778 | | | | | Avec four, dix-sept francs soixante centimes . . . . | 17  60 |
| d° | 3,779 | 3 | 0 75 | 0 35 | 0 46 | Sans four, dix-neuf francs cinquante-cinq centimes . . | 19  55 |
| d° | 3,780 | | | | | Avec four, vingt-un francs cinquante centimes . . . | 21  50 |
| d° | 3,781 | 4 | 0 79 | 0 37 | 0 50 | Sans four, vingt-deux francs cinquante-cinq centimes. . | 22  55 |
| d° | 3,782 | | | | | Avec four, vingt-quatre francs cinquante centimes . | 24  50 |
| d° | 3,783 | 5 | 0 84 | 0 40 | 0 54 | Sans four, vingt-sept francs trente-cinq centimes. . . | 27  35 |
| d° | 3,784 | | | | | Avec four, vingt-neuf francs trente-cinq centimes. . | 29  35 |

*Mêmes* poêles que ceux ci-dessus, mais à socle d'une seule pièce (la pose payée à part au prix n° 3,931).

| NUMÉROS | | DESIGNATION DES OUVRAGES. | PRIX |
|---|---|---|---|
| DU DEVIS. | DE LA SÉRIE. | | DE L'UNITÉ. |

| | | Nos des poêles. | Hauteur totale. | MESURES AU CORPS | | DESIGNATION DES OUVRAGES. | PRIX DE L'UNITÉ. |
|---|---|---|---|---|---|---|---|
| | | | | de face. | de profondeur. | | |
| 365, 367 | 3,785 | 0 | $0^m60$ | $0^m26$ | $0^m35$ | Sans four, treize francs soixante-dix centimes. . . . | 13 f. 70 |
| d° | 3,786 | | | | | Avec four, quatorze francs soixante-dix centimes. . . | 14 70 |
| d° | 3,787 | 1 | 0 62 | 0 30 | 0 37 | Sans four, quatorze francs quatre-vingt-quinze centimes. | 14 95 |
| d° | 3,788 | | | | | Avec four, seize francs vingt-cinq centimes. . . . . | 16 25 |
| d° | 3,789 | 2 | 0 70 | 0 32 | 0 43 | Sans four, dix-huit francs. . . . . . . . | 18 00 |
| d° | 3,790 | | | | | Avec four, vingt francs. . . . . . . . . . | 20 00 |
| d° | 3,791 | 3 | 0 75 | 0 35 | 0 46 | Sans four, vingt-deux francs quarante-cinq centimes. . . | 22 45 |
| d° | 3,792 | | | | | Avec four, vingt-quatre francs quarante centimes. . . | 24 40 |
| d° | 3,793 | 4 | 0 80 | 0 36 | 0 49 | Sans four, vingt-cinq francs quatre-vingt-cinq centimes. | 25 85 |
| d° | 3,794 | | | | | Avec four, vingt-sept francs quatre-vingts centimes . . | 27 80 |
| d° | 3,795 | 5 | 0 82 | 0 36 | 0 51 | Sans four, trente-et-un francs trente centimes. . . . | 31 30 |
| d° | 3,796 | | | | | Avec four, trente-trois francs, vingt-cinq centimes. . | 33 25 |

*Différence pour tablette.*

Lorsque la tablette en faïence sera remplacée par une autre, payée séparément, les prix des poêles ci-dessus seront diminués de :

Savoir :

| | | | |
|---|---|---|---|
| » | 3,797 | Pour les poêles nos 0 et 1, deux francs trente centimes . . . . . | 2 30 |
| » | 3,798 | Pour le poêle n° 2, deux francs quatre-vingts centimes . . . . . . | 2 80 |
| » | 3,799 | d°    n° 3, trois francs soixante-quinze centimes. . . . . . . | 3 75 |
| » | 3,800 | d°    n° 4, quatre francs soixante-dix centimes. . . . . . . | 4 70 |
| » | 3,801 | d°    n° 5, cinq francs soixante centimes. . . . . . . . | 5 60 |

*Différence pour cercles en cuivre.*

On ajoutera les plus-values suivantes :

| | | | |
|---|---|---|---|
| » | 3,802 | Pour les poêles nos 0, 1 et 2, un franc trente-cinq centimes . . . . . | 1 35 |
| » | 3,803 | Pour le poêle n° 3, un franc quatre-vingt-cinq centimes . . . . . . | 1 85 |
| » | 3,804 | Pour les poêles nos 4 et 5, deux francs trente centimes. . . . . . | 2 30 |

*Poêles* portatifs en faïence, quadrangulaires, à tore, à galerie, tablette en marbre et cercles en cuivre. (La pose payée à part au prix n° 3,931).

Les dimensions sont les mêmes qu'aux poêles des nos 3,773 à 3,784.

Chaque poêle, savoir :

| | | | |
|---|---|---|---|
| 365, 367 | 3,805 | N° 1, sans four, vingt-trois francs quarante centimes . . . . . . . | 23 40 |

| NUMÉROS | | DESIGNATION DES OUVRAGES. | PRIX | |
|---|---|---|---|---|
| DU DEVIS. | DE LA SÉRIE. | | DE L'UNITÉ. | |
| 365, 367 | 3,806 | N° 1, avec four, vingt-quatre francs soixante-cinq centimes. . . . . . | 24 f. | 65 |
| d° | 3,807 | — à deux bouches de chaleur, vingt-neuf francs trente-cinq centimes . . | 29 | 35 |
| d° | 3,808 | N° 2, sans four, vingt-sept francs vingt centimes . . . . . . . | 27 | 20 |
| d° | 3,809 | — avec four, vingt-huit francs cinquante centimes . . . . . . . | 28 | 50 |
| d° | 3,810 | — à deux bouches de chaleur, trente-quatre francs. . . . . . | 34 | 00 |
| d° | 3,811 | N° 3, sans four, trente-un francs quarante-cinq centimes. . . . . . | 31 | 45 |
| d° | 3,812 | — avec four, trente-trois francs quinze centimes. . . . . . . | 33 | 15 |
| d° | 3,813 | — à deux bouches de chaleur, trente-neuf francs dix centimes. . . . | 39 | 10 |
| d° | 3,814 | N° 4, sans four, trente-neuf francs dix centimes. . . . . . . . | 39 | 10 |
| d° | 3,815 | — avec four, quarante francs quatre-vingts centimes . . . . . . | 40 | 80 |
| d° | 3,816 | — à deux bouches de chaleur, quarante-six francs soixante-quinze centimes. . | 46 | 75 |
| d° | 3,817 | N° 5, sans four, quarante-cinq francs cinq centimes. . . . . . . | 45 | 05 |
| d° | 3,818 | — avec four, quarante-six francs soixante-quinze centimes. . . . . | 46 | 75 |
| d° | 3,819 | — à deux bouches de chaleur, cinquante-deux francs soixante-dix centimes . | 52 | 70 |

*Poêles* comme ceux ci-dessus, mais à socle, d'une seule pièce. (La pose payée à part au prix n° 3,931). Les dimensions sont les mêmes qu'aux poêles des n°s 3,787 à 3,796.

Chaque poêle, savoir :

| | | | | |
|---|---|---|---|---|
| d° | 3,820 | N° 1, sans four, vingt-six francs quatre-vingts centimes . . . . . | 26 | 80 |
| d° | 3,821 | — avec four, vingt-huit francs cinq centimes. . . . . . . . | 28 | 05 |
| d° | 3,822 | — à deux bouches de chaleur, trente-deux francs soixante-quinze centimes. . | 32 | 75 |
| d° | 3,823 | N° 2, sans four, trente-un francs quarante-cinq centimes . . . . . | 31 | 45 |
| d° | 3,824 | — avec four, trente-deux francs soixante-quinze centimes . . . . | 32 | 75 |
| d° | 3,825 | — à deux bouches de chaleur, trente-sept francs quatre-vingt-cinq centimes . | 37 | 85 |
| d° | 3,826 | N° 3, sans four, trente-cinq francs trente centimes. . . . . . | 35 | 30 |
| d° | 3,827 | — Avec four, trente-sept francs. . . . . . . . . . . | 37 | 00 |
| d° | 3,828 | — A deux bouches de chaleur, quarante-deux francs quatre-vingt-quinze centimes. . | 42 | 95 |
| d° | 3,829 | N° 4, sans four, quarante-quatre francs vingt centimes. . . . . | 44 | 20 |
| d° | 3,830 | — Avec four, quarante-cinq francs quatre-vingt-dix centimes. . . . | 45 | 90 |
| d° | 3,831 | — à deux bouches de chaleur, cinquante-un francs quatre-vingt-cinq centimes. | 51 | 85 |
| d° | 3,832 | N° 5, sans four, cinquante-un franc. . . . . . . . . . | 51 | 00 |
| d° | 3,833 | — avec four, cinquante-deux francs soixante-dix centimes. . . . . | 52 | 70 |
| d° | 3,834 | — A deux bouches de chaleur, cinquante-huit francs soixante-cinq centimes | 58 | 65 |

*Poêles* portatifs en faïence, dits économiques, dessus et intérieur en fonte, cerclés en tôle. (La pose payée à part au prix n° 3,931. Dimensions comme aux poêles des n°s 3,787 à 3,796.

Chaque poêle, savoir :

| | | | | |
|---|---|---|---|---|
| d° | 3,835 | N° 1, dix-neuf francs cinquante-cinq centimes . . . . . . . | 19 | 55 |
| d° | 3,836 | N° 2, vingt-trois francs quarante centimes . . . . . . . . | 23 | 40 |

| NUMÉROS | | DESIGNATION DES OUVRAGES. | PRIX |
|---|---|---|---|
| DU DEVIS. | DE LA SÉRIE. | | DE L'UNITÉ. |
| 365, 367 | 3,837 | N° 3, vingt-sept francs, vingt centimes. . . . . . . . . . | 27 f. 20 |
| d° | 3,838 | N° 4, trente-un francs quatre-vingt-dix centimes . . . . . . . | 31 90 |
| d° | 3,839 | N° 5, trente-six francs cinquante-cinq centimes. . . . . . . . | 36 55 |

*Poêles* portatifs en faïence ronds, à tore, à tablette en marbre, et cerclés en cuivre. (La pose payée à part au prix n° 3,931.)

| NUMÉROS DU DEVIS | DE LA SÉRIE | Numéros des Poêles. | Hauteur totale. | Diamètre au corps. | DESIGNATION DES OUVRAGES | PRIX DE L'UNITÉ |
|---|---|---|---|---|---|---|
| | | | | | Chaque poêle, savoir : | |
| 365, 367 | 3,840 | 0 | 0m65 | 0m30 | Sans four, vingt-cinq francs quatre-vingt-quinze centimes. . | 25 95 |
| d° | 3,841 | | | | Avec four, vingt-huit francs cinq centimes. . . . . . | 28 05 |
| d° | 3,842 | | | | À deux bouches de chaleur, trente francs soixante centimes. | 30 60 |
| d° | 3,843 | 1 | 0 73 | 0 33 | Sans four, vingt-sept francs vingt centimes. . . . . . | 27 20 |
| d° | 3,844 | | | | Avec four, trente francs vingt centimes. . . . . . | 30 20 |
| d° | 3,845 | | | | À deux bouches de chaleur, trente-trois francs quinze centimes | 33 15 |
| d° | 3,846 | 2 | 0 76 | 0 36 | Sans four, vingt-neuf francs trente-cinq centimes . . . | 29 35 |
| d° | 3,847 | | | | Avec four, trente-trois francs quinze centimes. . . . | 33 15 |
| d° | 3,848 | | | | À deux bouches de chaleur, trente-sept francs. . . . | 37 00 |
| d° | 3,849 | 3 | 0 78 | 0 39 | Sans four, trente-sept francs. . . . . . . | 37 00 |
| d° | 3,450 | | | | Avec four, quarante francs quarante centimes. . . . | 40 40 |
| d° | 3,851 | | | | À deux bouches de chaleur, quarante-quatre francs vingt centimes . . . . . . . . . . . . . . | 44 20 |
| d° | 3,852 | 4 | 0 80 | 0 42 | Sans four, quarante francs quatre-vingts centimes. . . . | 40 80 |
| d° | 3,853 | | | | Avec four, quarante-quatre francs vingt centimes. . . . | 44 20 |
| d° | 3,854 | | | | À deux bouches de chaleur, quarante-huit francs cinq centimes . . . . . . . . . . . . . . | 48 05 |
| d° | 3,855 | 5 | 0 83 | 0 45 | Sans four, quarante-cinq francs cinq centimes . . . | 45 05 |
| d° | 3,856 | | | | Avec four, quarante-huit francs quatre-vingt-dix centimes. . | 48 90 |
| d° | 3,857 | | | | À deux bouches de chaleur, cinquante-quatre francs quatre-vingt-cinq centimes . . . . . . . . | 54 85 |
| d° | 3,858 | 6 | 0 86 | 0 49 | Sans four, cinquante-quatre francs quatre-vingt-cinq centimes | 54 85 |
| d° | 3,859 | | | | Avec four, cinquante-huit francs soixante-cinq centimes . . | 58 65 |
| d° | 3,860 | | | | À deux bouches de chaleur, soixante-six francs trente centimes . . . . . . . . . . . . . . | 66 30 |

| NUMÉROS | | Numéros des Poêles. | Hauteur totale. | Diamètre au corps | DESIGNATION DES OUVRAGES. | PRIX DE L'UNITÉ. | |
|---|---|---|---|---|---|---|---|
| DU DEVIS. | DE LA SÉRIE. | | | | | | |
| 365, 367 | 3,861 | | | | Sans four, soixante-trois francs soixante-quinze centimes. | 63 | 75 |
| d° | 3,862 | 7 | 0m90 | 0m58 | Avec four, soixante-huit francs quarante-cinq centimes . . | 68 | 45 |
| d° | 3,863 | | | | A deux bouches de chaleur, soixante-seize francs dix centimes | 76 | 10 |
| d° | 3,864 | | | | Sans four, soixante-treize francs dix centimes . . . . . | 73 | 10 |
| d° | 3,865 | 8 | 0 95 | 0 66 | Avec four, soixante-dix-huit francs vingt centimes. . . | 78 | 20 |
| d° | 3,866 | | | | A deux bouches de chaleur, quatre-vingt-douze francs soixante-cinq centimes. . . . . . . . . . | 92 | 65 |
| | | | | | *Mêmes* poêles que ceux ci-dessus, mais à socle d'une seule pièce (la pose payée à part au prix n° 3,931). | | |
| | | | | | Chaque poêle, savoir : | | |
| d° | 3,867 | | | | Sans four, trente francs vingt centimes. . . . . . . | 30 | 20 |
| d° | 3,868 | 0 | 0 70 | 0 30 | Avec four, trente-deux francs trente centimes. . . . . | 32 | 30 |
| d° | 3,869 | | | | A deux bouches de chaleur, trente-quatre francs, quatre-vingt-cinq centimes. . . . . . . . . . . | 34 | 85 |
| d° | 3,870 | | | | Sans four, trente-deux francs trente centimes . . . . . | 32 | 30 |
| d° | 3,871 | 1 | 0 78 | 0 33 | Avec four, trente-cinq francs cinquante centimes . . . . | 35 | 50 |
| d° | 3,872 | | | | A deux bouches de chaleur, trente-huit francs vingt-cinq centimes . . . . . . . . . . . . . | 38 | 25 |
| d° | 3,873 | | | | Sans four, trente-quatre francs. . . . . . . . . | 34 | 00 |
| d° | 3,874 | 2 | 0 82 | 0 36 | Avec four, trente-trois francs quarante centimes . . . . | 33 | 40 |
| d° | 3,875 | | | | A deux bouches de chaleur, quarante francs quatre-vingts centimes. . . . . . . . . . . . . | 40 | 80 |
| d° | 3,876 | | | | Sans four, quarante-deux francs dix centimes. . . . . | 42 | 10 |
| d° | 3,877 | 3 | 0 84 | 0 39 | Avec four, quarante-cinq francs cinq centimes. . . . . | 45 | 05 |
| d° | 3,878 | | | | A deux bouches de chaleur, quarante-huit francs quatre-vingt-dix centimes . . . . . . . . . . . | 48 | 90 |
| d° | 3,879 | | | | Sans four, quarante-cinq francs quatre-vingt-dix centimes. | 45 | 90 |
| d° | 3,880 | 4 | 0 87 | 0 42 | Avec four, quarante-huit francs quatre-vingt-dix centimes . | 48 | 90 |
| d° | 3,881 | | | | A deux bouches de chaleur, cinquante-deux francs soixante-dix centimes. . . . . . . . . . . | 52 | 70 |

# FUMISTERIE. — Poêles portatifs en faïence.

| NUMÉROS | | | | | DESIGNATION DES OUVRAGES. | PRIX |
|---|---|---|---|---|---|---|
| DU DEVIS. | DE LA SÉRIE. | | | | | DE L'UNITÉ. |
| 365, 367 | 3,882 | | | | Sans four, cinquante-un francs . . . . . . . . | 51 00 |
| d° | 3,883 | 5 | 0ᵐ90 | 0ᵐ45 | Avec four, cinquante-quatre francs quatre-vingt-cinq centimes. | 54 85 |
| d° | 3,884 | | | | A deux bouches de chaleur, soixante francs trente-cinq centimes . . . . . . . . . . . . | 60 35 |
| d° | 3,885 | | | | Sans four, soixante-trois francs soixante-quinze centimes. . | 63 75 |
| d° | 3,886 | 6 | 0.92 | 0.49 | Avec four, soixante-huit francs quinze centimes . . . | 68 15 |
| d° | 3,887 | | | | A deux bouches de chaleur, soixante-quatorze francs quatre-vingts centimes. . . . . . . . . . . . | 74 80 |
| d° | 3,888 | | | | Sans four, soixante-treize francs dix centimes . . . . | 73 10 |
| d° | 3,889 | 7 | 0.95 | 0.58 | Avec four, soixante-dix-huit francs vingt centimes . . . | 78 20 |
| d° | 3,890 | | | | A deux bouches de chaleur, quatre-vingt-cinq francs quatre-vingt-cinq centimes . . . . . . . . | 85 85 |
| d° | 3,891 | | | | Sans four, quatre-vingt-trois francs trente centimes . . | 83 30 |
| d° | 3,892 | 8 | 1.00 | 0.66 | Avec four, quatre-vingt-sept francs cinquante-cinq centimes. | 87 55 |
| d° | 3,893 | | | | A deux bouches de chaleur, cent deux francs . . . . . | 102 00 |

*Poêles* portatifs en faïence, comme ceux ci-dessus, mais à marmite en fonte, ronds ou carrés. (La pose payée à part au prix n° 3,931).
    Chaque poêle, savoir :

| | | | | | | |
|---|---|---|---|---|---|---|
| d° | 3,894 | | | | N° 1, cerclés en tôle, neuf francs quatre-vingts centimes . . . . . . . | 9 80 |
| d° | 3,895 | | | | — cerclés en cuivre, dix francs soixante-cinq centimes . . . . . . . | 10 65 |
| d° | 3,896 | | | | N° 2, cerclés en tôle, dix francs soixante-cinq centimes. . . . . . . . | 10 65 |
| d° | 3,897 | | | | — cerclés en cuivre, onze francs quatre-vingt-dix centimes. . . . . . | 11 90 |

## Poêles Lyonnais en fonte.

---

*Poêles* légers. (La pose payée à part au prix n° 3,931).
    Chaque poêle savoir :

| | | | | | | |
|---|---|---|---|---|---|---|
| 370, 371 | 3,898 | | | | N° 00, quatorze francs cinq centimes. . . . . . . . | 14 05 |
| d° | 3,899 | | | | N° 0, seize francs soixante centimes. . . . . . . . . | 16 60 |

| NUMÉROS | | DÉSIGNATION DES OUVRAGES. | PRIX |
|---|---|---|---|
| DU DEVIS. | DE LA SÉRIE. | | DE L'UNITÉ. |
| 370, 371 | 3,900 | N° 1, dix-huit francs soixante-dix centimes. . . . . . . . . . | 18 f. 70 |
| d° | 3,901 | N° 2, vingt-trois francs quarante centimes . . . . . . . . . . | 23 40 |
| d° | 3,902 | N° 3, vingt-huit francs cinq centimes . . . . . . . . . . | 28 05 |
| d° | 3,903 | N° 4, trente-deux francs soixante-quinze centimes. . . . . . . . . | 32 75 |
| | | *Poêles* lourds. (La pose payée à part au prix n° 3,931). | |
| | | Chaque poêle, savoir : | |
| d° | 3,904 | N° 00, dix-huit francs soixante-dix centimes. . . . . . . . . . | 18 70 |
| d° | 3,905 | N° 0, vingt francs quarante centimes. . . . . . . . . . | 20 40 |
| d° | 3,906 | N° 1, vingt-trois francs quarante centimes . . . . . . . . . | 23 40 |
| d° | 3,907 | N° 2, vingt-huit francs quatre-vingt-dix centimes . . . . . . . | 28 90 |
| d° | 3,908 | N° 3, trente-deux francs soixante-quinze centimes . . . . . . . | 32 75 |
| d° | 3,909 | N° 4, quarante-deux francs dix centimes. . . . . . . . | 42 10 |
| d° | 3,910 | N° 5, cinquante-un francs quarante-cinq centimes . . . . . . . | 51 45 |
| d° | 3,911 | N° 6, soixante francs soixante-quinze centimes. . . . . . . . | 60 75 |
| d° | 3,912 | *Poêles* en fonte, payés au kilogramme. | |
| | | Les prix ci-dessus de poêles à la pièce ne figurent ici que comme renseignements | |
| | | pour évaluations. | |
| | | La fonte pour poêle sera payée au kilogramme (prix 0 fr.30 n° 3,675). . . | |
| 365, 369 | 3,913 | *Poêle* ordinaire, construit dans une niche, pour appartement. | |
| | | Chaque poêle entièrement terminé, quatre-vingt-dix-sept francs. . . . | 97 00 |

DÉTAIL :

*Poêle* en biscuit, de 0^m95 de hauteur, sur 0^m78 de largeur et 0^m50 de profondeur.

*Plan du poêle.*

| NUMÉROS | | DESIGNATION DES OUVRAGES. | PRIX |
|---|---|---|---|
| DU DEVIS. | DE LA SÉRIE. | | DE L'UNITÉ. |

| | | |
|---|---|---|
| 1/2 cercle de 0ᵐ39 de rayon . . . . . . . . . . 0ᵐ260 | | |
| Rectangle de 0ᵐ78 et 0ᵐ11. . . . . . . . . . 0ᵐ086 | | |

|  |  |
|---|---|
| Surface totale. . . . . 0ᵐ346 |  |
| Hauteur. . . . . 0ᵐ95 |  |
| Cube. . . . . 0ᵐ33 |  |

Les 0ᵐ33 de construction de poêle à 51 fr. 00 (n° 3,627), seize francs
quatre-vingt-trois centimes . . . . . . . . . . . . . . . . . . — 16 f. 83
Deux morceaux formant socle et corniche de la façade, de chaque 0ᵐ78
de long, à 2ᵐ55 chaque (n° 3,703) . . . . . . . . . . . — 5 10
Trois carreaux circulaires en biscuit de chaque 0ᵐ22 sur 0ᵐ30, à 0 fr. 60
(n°ˢ 3,505, 3,507) . . . . . . . . . . . . . . . — 1 80
Quatre carreaux d'angle, à 0 fr. 55 (n°ˢ 3,505, 3,508). . . . . — 2 20
Une colonne en biscuit de 0ᵐ16 de diamètre, composée de trois bouts
comptés par quatre bouts, y compris la base et le chapiteau ; les quatre
bouts à 1 fr. 55 (n° 3,362) . . . . . . . . . . . . — 6 20
Flamme en biscuit, au-dessus de la colonne (n° 3,671). . . . — 0 95
Bout de tuyau coudé, en tôle, au-dessus de la flamme, estimé . . — 0 50
Ventouse en fonte de 0ᵐ13 de diamètre (n° 3,967) . . . . . . — 0 60
Un appareil Fondet n° 1, à 15 tubes (n° 3,342). . . . . . . — 30 00
Deux bouches de chaleur rectangulaires, en cuivre poli, renforcées, à
bascule, de 0ᵐ07 sur 0ᵐ13, à 2 fr. 45 (n° 3,444) . . . . . . — 4 90
Une porte en tôle forte, de 0ᵐ22 sur 0ᵐ30 avec double châssis (n° 3,918). — 5 95
Une soupape en tôle pour la colonne du poêle, ladite avec bouton en
cuivre (n° 3,937). . . . . . . . . . . . . . . . . — 1 10
Un cendrier en forte tôle avec bavette de 0ᵐ22 sur 0ᵐ40 (n° 3,532). . — 2 55
Une chevrette en fer de 0ᵐ19 de longueur ( n° 3,582). . . . . — 0 50
Conduit d'air froid, 2ᵐ00, à 0 fr. 85 (n° 3,602) . . . . . . — 1 70
*Marbre* de la Sarthe ou de la Mayenne de 0ᵐ027 d'épaisseur.
Le dessus du poêle :

| | | |
|---|---|---|
| 1/2 cercle de 0ᵐ89 de rayon. . . . . . . 0ᵐ31 | ⎰ 0ᵐ45 | |
| Rectangle de 0ᵐ89 × 0ᵐ16. . . . . . . 0ᵐ14 | ⎱ | |
| Le foyer, de 0ᵐ85 × 0ᵐ30 . . . . . . . . 0ᵐ26 | | |

|  |  |
|---|---|
| Surface totale. . . . . 0ᵐ71 |  |

Les 0ᵐ71 de marbre de 0ᵐ027 d'épaisseur, à 21 fr. 20 (n° 3,733) . . — 15 05
Trou de 0ᵐ16 de diamètre dans le marbre du dessus du poêle (n° 3,741). — 1 05

Total pour un poêle ordinaire de construction. . . . . — 96 98

*Portes* en tôle, pour poêles, pour fourniture seulement, la pose étant comprise
dans le prix de construction.
Chaque porte, savoir :

| NUMÉROS | | DESIGNATION DES OUVRAGES. | PRIX |
|---|---|---|---|
| DU DEVIS. | DE LA SÉRIE. | | DE L'UNITÉ. |
| | | *Porte* faible avec simple châssis. | |
| 367, 371 | 3,914 | De 0m16 sur 0m19, un franc quarante-cinq centimes. . . . . . . . | 1 f. 45 |
| do | 3,915 | De 0m22 sur 0m22, un franc quatre-vingt-cinq centimes. . . . . . . . | 1 85 |
| do | 3,916 | De 0m22 sur 0m27, deux francs cinquante-cinq centimes. . . . . . . | 2 55 |
| | | *Porte* forte avec double châssis. | |
| do | 3,917 | De $\frac{0m22}{0m22}$ ou de $\frac{0m20}{0m24}$ A, cinq francs dix centimes. . . . . . . . . . . | 5 10 |
| do | 3,918 | De 0m22 sur 0m30 A, cinq francs quatre-vingt-quinze centimes. . . . . . | 5 95 |
| do | 3,919 | De $\frac{0m27}{0m27}$ ou de $\frac{0m24}{0m30}$ B, sept francs soixante-cinq centimes. . . . . . . | 7 65 |
| do | 3,920 | De 0m27 sur 0m33 B, neuf francs trente-cinq centimes . . . . . . . . | 9 35 |
| | | *Porte* fermant à clef. | |
| | | Plus-value sur le prix de chaque porte ci-dessus. | |
| » | 3,921 | Sur celles marquées A, un franc soixante-dix centimes . . . . . . . | 1 70 |
| » | 3,922 | do B, deux francs quinze centimes. . . . . . . . | 2 15 |
| » | 3,923 | *Portes* avec ferrures dressées et chanfreinées à la lime. | |
| | | Plus-value sur les prix de chaque porte ci-dessus, un franc cinq centimes . . | 1 05 |
| 371 | 3,924 | *Portes* de toutes dimensions payées au poids (sauf les plus-values ci-dessus.) | |
| | | Les prix ci-dessus ne figurent ici que comme renseignements pour des évaluations Toutes les portes seront pesées et payées à 1 fr. 30 le kilogramme (n° 3,954). | |
| do | 3,925 | *Pose* de tuyaux en tôle, au poids. | |
| | | Le kilogramme, cinq centimes. . . . . . . . . . . . . . . . . | 0 05 |
| » | 3,926 | NOTA. — La pose des tuyaux sera ordinairement comptée au poids excepté pour les petites réparations. | |
| 380 | 3,927 | *Pose* d'un bout de tuyau en tôle, quel qu'en soit le diamètre et de 0m32 de long. | |
| | | La pose pour chaque bout de 0m32, cinq centimes. . . . . . . . . . | 0 05 |
| do | 3,928 | *Pose* d'un bout de tuyau dans l'intérieur d'une cheminée ou à la corde nouée. | |
| | | Pour chaque bout, douze centimes. . . . . . . . . . . . | 0 12 |
| do | 3,929 | *Pose* d'une suite de tuyaux neufs, sur les combles, compris montage. | |
| | | Pour une suite, soixante-cinq centimes. . . . . . . . . . . . | 0 65 |
| do | 3,930 | *Pose* d'une même suite de tuyaux sur les combles, mais avec solin et glacis au pourtour. | |
| | | Pour une suite, un franc cinq centimes . . . . . . . . . . | 1 05 |
| 379, 380 | 3,931 | *Pose* d'un poêle ou d'une cheminée à la prussienne, compris pose et scellement de | |

| NUMÉROS | | DESIGNATION DES OUVRAGES. | PRIX |
|---|---|---|---|
| DU DEVIS. | DE LA SÉRIE. | | DE L'UNITÉ. |
| | | tuyau ou colonne et fourniture de clous, vis, fil de fer, terre à four, plâtre, etc., compris aussi le percement pour le passage du tuyau en tôle dans la cloison en plâtre ou en brique. | |
| | | Chaque pose de poêle, ou de cheminée, un franc soixante-dix centimes . . . | 1 f. 70 |
| | | NOTA. — Ce prix de pose n'est pas applicable aux poêles de construction. | |
| d° | 3,932 | *Pose* d'un calorifère en fonte, à système, avec montage et ajustement des pièces et colonnes de fumée, jusqu'à 0ᵐ40 de corps. | |
| | | Chaque pose de calorifère, quatre francs vingt-cinq centimes . . . . . | 4   25 |
| | | NOTA. — Au-dessus de 0ᵐ40 et jusqu'à 0ᵐ60 de corps, la pose sera payée 6 fr. | |
| d° | 3,933 | *Pose* d'un tambour ou récipient de même système ; deux francs cinquante-cinq centimes.   .   .   .   .   .   .   .   .   .   .   .   .   .   .   .   .   . | 2   55 |
| 380 | 3,934 | *Pose* d'une trappe de cheminée ou de ramonage, compris scellements et raccords, un franc trente centimes.   .   .   .   .   .   .   .   .   .   .   .   .   . | 1   30 |
| | | *Ramonage* d'une cheminée. | |
| | | Chaque ramonage, savoir : | |
| 377 | 3,935 | Ramonage ordinaire, trente-cinq centimes.   .   .   .   .   .   .   . | 0   35 |
| d° | 3,936 | Ramonage à la corde avec un hérisson, soixante-dix centimes   .   .   . | 0   70 |
| » | 3,937 | *Soupape* en tôle pour colonne de poêle, ladite soupape avec bonton olive en cuivre, un franc dix centimes .   .   .   .   .   .   .   .   .   .   .   . | 1   10 |
| | | *Tablettes* en faïence, fournies en réparation. | |
| | | Chaque tablette, savoir : | |
| 378 | 3,938 | Tablette pour petit poêle, trois francs quarante centimes.   .   .   .   . | 3   40 |
| d° | 3,939 | Tablette pour moyen poêle, quatre francs vingt-cinq centimes .   .   .   . | 4   25 |
| d° | 3,940 | Tablette pour grand poêle, sept francs quatre-vingts centimes .   .   .   . | 7   80 |
| » | 3,941 | *Taille* de briques, trous, entailles, etc. | |
| | | Ces ouvrages seront payés aux prix du chapitre 4ᵉ. | |
| | | *Maçonneries*, augmentés de un dixième.   .   .   .   .   .   .   .   . | 1/10 |
| | | *Tampons* en tôle, ronds ou carrés, comptés à la pièce. | |
| | | Chaque tampon, savoir : | |
| 370 | 3,942 | De 0ᵐ11, soixante centimes   .   .   .   .   .   .   .   .   . | 0   60 |
| d° | 3,943 | De 0ᵐ13, soixante-quinze centimes.   .   .   .   .   .   .   . | 0   75 |
| d° | 3,944 | De 0ᵐ16, un franc cinq centimes .   .   .   .   .   .   .   . | 1   05 |
| d° | 3,945 | De 0ᵐ19, un franc trente centimes.   .   .   .   .   .   .   . | 1   30 |
| d° | 3,946 | De 0ᵐ22, un franc soixante-dix centimes.   .   .   .   .   .   . | 1   70 |
| 370, 371 | 3,947 | *Tampons* en tôle, comptés au poids. | |

| NUMÉROS | | DESIGNATION DES OUVRAGES. | PRIX |
|---|---|---|---|
| DU DEVIS. | DE LA SÉRIE. | | DE L'UNITÉ. |
| | | Les prix de tampons ne figurent ci-dessus que comme renseignements pour des évaluations ; tous les tampons seront pesés et payés 1 fr. 10 le kilogramme (n° 3,951). | |
| | | **Tôle.** | |
| | | NOTA. — Pour les pièces détachées, fournies en réparation, la pose sera comptée en sus des prix ci-dessous. | |
| 370, 371 | 3,948 | *Feuilles* de tôle coupées et planées, de toutes dimensions, y compris la pose. Le kilogramme, soixante centimes. . . . . . . . . . . . | 0 f. 60 |
| d° | 3,849 | *Réservoirs* et pièces de grandes dimensions, y compris la pose. Le kilogramme, soixante-dix centimes . . . . . . . . . . . | 0 70 |
| 370, 371 | 3,950 | *Tuyaux* ronds ordinaires et coudés de toutes longueurs, calorifères et chaudières, y compris la pose. Le kilogramme, quatre-vingt-dix centimes. . . . . . . . . . | 0 90 |
| d° | 3,951 | *Tuyaux* carrés ou ovales, capotes, mitres, T, hottes et trappes pour cheminées, coffres de chaleur, tampons, etc, y compris la pose. Le kilogramme, un franc dix centimes. . . . . . . . . . . | 1 10 |
| d° | 3,952 | *Cercles*, portes et cendriers de poêle, couvercles, tampons, y compris la pose. Le kilogramme, un franc quinze centimes. . . . . . . . . . | 1 15 |
| d° | 3,953 | *Appareils* de calorifères compliqués, à coffre à T, serpentins et tubulaires, y compris la pose. Le kilogramme, un franc vingt centimes . . . . . . . . . . | 1 20 |
| d° | 3,954 | *Gueules* de loup, portes de poêles. ou autres, trappes avec châssis, y compris la pose. Le kilogramme, un franc trente centimes . . . . . . . . . | 1 30 |
| » | 3,955 | *Tôle* galvanisée. La galvanisation d'objets en tôle, de toute épaisseur, sera payée, par kilogramme d'objets galvanisés, trente-cinq centimes . . . . . . . . . . | 0 35 |
| 381 | 3,956 | *Tôle* vieille reprise en compte par l'Entrepreneur, dix centimes . . . . . En cours de réparation, l'Ingénieur pourra exiger que l'Entrepreneur prenne en compte, au prix de 0 fr. 10 le kilogramme, un poids de vieille tôle égal à celui de la tôle neuve fournie. Le poids constaté ne subira aucune réduction pour déchet quelconque. Ce prix de 0 fr. 10 ne subira ni augmentation ni diminution par rapport à l'augmentation ou à la diminution des prix qui pourrait résulter de l'adjudication. | 0 10 |

| NUMÉROS | | DESIGNATION DES OUVRAGES. | PRIX. |
| DU DEVIS. | DE LA SÉRIE. | | DE L'UNITÉ. |
|---|---|---|---|
| | | *Trappes* en tôle non compris pose. (La pose est comptée au n° 3,934 pour les travaux en réparation). | |
| | | Chaque trappe : | |
| | | *Trappes* pour ramoneur. | |
| 370 | 3,957 | Sans châssis, de 0$^m$27 sur 0$^m$35, deux francs cinquante centimes . . . . . | 2 f. 50 |
| d° | 3,958 | Avec châssis et ferrures, de 0$^m$22 sur 0$^m$40, trois francs quatre-vingt-dix centimes . . . . . . . . . . . . . . . . . . . . . . | 3 90 |
| | | *Trappes* de cheminée, compris châssis et crémaillère. | |
| d° | 3,959 | De 0$^m$22 sur 0$^m$22, trois francs quatre-vingt-cinq centimes . . . . . . . | 3 85 |
| d° | 3,960 | De 0$^m$24 sur 0$^m$40, quatre francs soixante-dix centimes. . . . . . . . | 4 70 |
| d° | 3,961 | De 0$^m$24 sur 0$^m$48, six francs quarante centimes . . . . . . . . . . | 6 40 |
| d° | 3,962 | De 0$^m$24 sur 0$^m$57, sept francs soixante-cinq centimes. . . . . . . . . | 7 65 |
| | | *Trappes* fortes, à porte cochère. | |
| d°. | 3,963 | De 0$^m$40, neuf francs trente-cinq centimes. . . . . . . . . . . . | 9 35 |
| d° | 3,964 | De 0$^m$48, onze francs cinq centimes . . . . . . . . . . . . . . | 11 05 |
| d° | 3,965 | De 0$^m$57, quatorze francs quarante-cinq centimes. . . . . . . . . . | 14 45 |
| | | *Trappes* comptées au poids. | |
| 370, 371 | 3,966 | Les prix ci-dessus de trappes ne figurent ici que comme renseignements pour des évaluations. Toutes les trappes seront pesées et payées à 1 fr. 10 le kilogramme (n° 3,951), ou à 1 fr. 30 (n° 3,954), selon qu'elles seront sans châssis ou avec châssis. | |
| | | *Ventouses* en fonte ou en tôle grillagée, compris pose et scellement. | |
| | | Chaque ventouse, en place, savoir : | |
| 373 | 3,967 | De 0$^m$13 de diamètre et au-dessous, soixante centimes. . . . . . . . . | 0 60 |
| d° | 3,968 | De 0$^m$16 de diamètre, un franc cinq centimes . . . . . . . . . . . | 1 05 |
| d° | 3,969 | De 0$^m$22     d°     un franc soixante-dix centimes. . . . . . . | 1 70 |
| d° | 3,970 | De 0$^m$24     d°     un franc quatre-vingt-quinze centimes . . '. . . | 1 95 |
| d° | 3,971 | De 0$^m$32     d°     deux francs cinquante-cinq centimes. . . . . . | 2 55 |
| » | 3,972 | NOTA. — Dans les prix ci-dessus, la pose entre : 1° pour 0 fr. 30 pour les ventouses de 0$^m$13 et de 0$^m$16 ; 2° et pour 0 fr. 60 pour les autres. | |
| | | *Vis* en fer. | |
| | | Chaque vis, compris pose, savoir : | |
| 370 | 3,973 | Vis commune, à écrou, pour cercle de poêle, vingt-cinq centimes . . . . . | 0 25 |
| d° | 3,974 | Vis à la romaine, polie, pour cercle de poêle, quarante-cinq centimes. . . | 0 45 |
| | | *Vis* en cuivre à 1 ou à 2 écrous. | |
| | | Chaque vis, compris pose, savoir : | |
| d° | 3,975 | Vis n° 1, pour cercle, jusqu'à 0$^m$03 de large, quatre-vingt-cinq centimes. . | 0 85 |
| d° | 3,976 | Vis n° 1. pour cercle au-dessus de 0$^m$03 de large, un franc cinq centimes. . | 1 05 |

| NUMÉROS | | DESIGNATION DES OUVRAGES. | PRIX |
|---|---|---|---|
| DU DEVIS. | DE LA SÉRIE. | | DE L'UNITÉ. |

|  |  | Les prix de tampons ne figurent ci-dessus que comme renseignements pour des évaluations ; tous les tampons seront pesés et payés 1 fr. 10 le kilogramme (n° 3,951). | |

**Tôle.**

NOTA. — Pour les pièces détachées, fournies en réparation, la pose sera comptée en sus des prix ci-dessous.

| | | | |
|---|---|---|---|
| 370, 371 | 3,948 | *Feuilles* de tôle coupées et planées, de toutes dimensions, y compris la pose.<br>Le kilogramme, soixante centimes. . . . . . . . . . . . | 0 f. 60 |
| d° | 3,849 | *Réservoirs* et pièces de grandes dimensions, y compris la pose.<br>Le kilogramme, soixante-dix centimes . . . . . . . . . . | 0 70 |
| 370, 371 | 3,950 | *Tuyaux* ronds ordinaires et coudes de toutes longueurs, calorifères et chaudières, y compris la pose.<br>Le kilogramme, quatre-vingt-dix centimes. . . . . . . . . | 0 90 |
| d° | 3,951 | *Tuyaux* carrés ou ovales, capotes, mitres, T, hottes et trappes pour cheminées, coffres de chaleur, tampons, etc, y compris la pose.<br>Le kilogramme, un franc dix centimes. . . . . . . . . . | 1 10 |
| d° | 3,952 | *Cercles*, portes et cendriers de poêle, couvercles, tampons, y compris la pose.<br>Le kilogramme, un franc quinze centimes. . . . . . . . . | 1 15 |
| d° | 3,953 | *Appareils* de calorifères compliqués, à coffre à T, serpentins et tubulaires, y compris la pose.<br>Le kilogramme, un franc vingt centimes . . . . . . . . . | 1 20 |
| d° | 3,954 | *Gueules* de loup, portes de poêles, ou autres, trappes avec châssis, y compris la pose.<br>Le kilogramme, un franc trente centimes . . . . . . . . | 1 30 |
| » | 3,955 | *Tôle* galvanisée.<br>La galvanisation d'objets en tôle, de toute épaisseur, sera payée, par kilogramme d'objets galvanisés, trente-cinq centimes . . . . . . . . . . | 0 35 |
| 381 | 3,956 | *Tôle* vieille reprise en compte par l'Entrepreneur, dix centimes . . . . .<br>En cours de réparation, l'Ingénieur pourra exiger que l'Entrepreneur prenne en compte, au prix de 0 fr. 10 le kilogramme, un poids de vieille tôle égal à celui de la tôle neuve fournie.<br>Le poids constaté ne subira aucune réduction pour déchet quelconque. Ce prix de 0 fr. 10 ne subira ni augmentation ni diminution par rapport à l'augmentation ou à la diminution des prix qui pourrait résulter de l'adjudication. | 0 10 |

| NUMÉROS | | DESIGNATION DES OUVRAGES. | PRIX |
| --- | --- | --- | --- |
| DU DEVIS. | DE LA SÉRIE. | | DE L'UNITÉ. |

*Trappes* en tôle non compris pose. (La pose est comptée au n° 3,934 pour les travaux en réparation).
    Chaque trappe :

*Trappes* pour ramoneur.

| 370 | 3,957 | Sans châssis, de 0ᵐ27 sur 0ᵐ35, deux francs cinquante centimes . . . . . | 2 f. 50 |
| dᵒ | 3,958 | Avec châssis et ferrures, de 0ᵐ22 sur 0ᵐ40, trois francs quatre-vingt-dix centimes . . . . . . . . . . . . . . . . . . . . . . . . . . . . | 3 90 |

*Trappes* de cheminée, compris châssis et crémaillère.

| dᵒ | 3,959 | De 0ᵐ22 sur 0ᵐ22, trois francs quatre-vingt-cinq centimes . . . . . . . | 3 85 |
| dᵒ | 3,960 | De 0ᵐ24 sur 0ᵐ40, quatre francs soixante-dix centimes. . . . . . . . | 4 70 |
| dᵒ | 3,961 | De 0ᵐ24 sur 0ᵐ48, six francs quarante centimes . . . . . . . . . | 6 40 |
| dᵒ | 3,962 | De 0ᵐ24 sur 0ᵐ57, sept francs soixante-cinq centimes. . . . . . . . | 7 65 |

*Trappes* fortes, à porte cochère.

| dᵒ | 3,963 | De 0ᵐ40, neuf francs trente-cinq centimes. . . . . . . . . . . | 9 35 |
| dᵒ | 3,964 | De 0ᵐ48, onze francs cinq centimes . . . . . . . . . . . . . | 11 05 |
| dᵒ | 3,965 | De 0ᵐ57, quatorze francs quarante-cinq centimes. . . . . . . . . | 14 45 |

*Trappes* comptées au poids.

| 370, 371 | 3,966 | Les prix ci-dessus de trappes ne figurent ici que comme renseignements pour des évaluations. Toutes les trappes seront pesées et payées à 1 fr. 10 le kilogramme (n° 3,951), ou à 1 fr. 30 (n° 3,954), selon qu'elles seront sans châssis ou avec châssis. | |

*Ventouses* en fonte ou en tôle grillagée, compris pose et scellement.
    Chaque ventouse, en place, savoir :

| 373 | 3,967 | De 0ᵐ13 de diamètre et au-dessous, soixante centimes. . . . . . . . | 0 60 |
| dᵒ | 3,968 | De 0ᵐ16 de diamètre, un franc cinq centimes . . . . . . . . . . | 1 05 |
| dᵒ | 3,969 | De 0ᵐ22     dᵒ     un franc soixante-dix centimes. . . . . . . | 1 70 |
| dᵒ | 3,970 | De 0ᵐ24     dᵒ     un franc quatre-vingt-quinze centimes . . . . . | 1 95 |
| dᵒ | 3,971 | De 0ᵐ32     dᵒ     deux francs cinquante-cinq centimes. . . . . . | 2 55 |
| » | 3,972 | Nota. — Dans les prix ci-dessus, la pose entre : 1° pour 0 fr. 30 pour les ventouses de 0ᵐ13 et de 0ᵐ16 ; 2° et pour 0 fr. 60 pour les autres. | |

*Vis* en fer.
    Chaque vis, compris pose, savoir :

| 370 | 3,973 | Vis commune, à écrou, pour cercle de poêle, vingt-cinq centimes . . . . . | 0 25 |
| dᵒ | 3,974 | Vis à la romaine, polie, pour cercle de poêle, quarante-cinq centimes. . . | 0 45 |

*Vis* en cuivre à 1 ou à 2 écrous.
    Chaque vis, compris pose, savoir :

| dᵒ | 3,975 | Vis n° 1, pour cercle, jusqu'à 0ᵐ03 de large, quatre-vingt-cinq centimes. . | 0 85 |
| dᵒ | 3,976 | Vis n° 1, pour cercle au-dessus de 0ᵐ03 de large, un franc cinq centimes. . | 1 05 |

| NUMÉROS | | DÉSIGNATION DES OUVRAGES. | PRIX |
|---|---|---|---|
| DU DEVIS. | DE LA SÉRIE. | | DE L'UNITÉ. |

## CHAPITRE XIII'.

## Marbrerie.

ARTICLE 1ᵉʳ. — PRIX ÉLÉMENTAIRES.

§ 1ᵉʳ. — *Heures de travail effectif.*

| | | | |
|---|---|---|---|
| » | 4,001 | *Marbrier*, scieur de marbre, soixante centimes . . . . . . . . . . . | 0 f. 60 |
| » | 4,002 | *Polisseur* (non compris ingrédiens), cinquante centimes . . . . . . . | 0  50 |
| » | 4,003 | *Aide*, trente-cinq centimes . . . . . . . . . . . . . . . | 0  35 |
| » | 4,004 | *Travaux* de nuit. Dans les travaux de nuit, l'heure d'ouvrier sera payée moitié en plus de celle de jour ; les frais d'éclairage seront à la charge de l'entrepreneur. | |

| NUMÉROS | | DESIGNATION DES OUVRAGES. | PRIX |
| DU DEVIS. | DE LA SÉRIE. | | DE L'UNITÉ. |
|---|---|---|---|
| | | **§ 2°. — *Matériaux rendus à pied d'œuvre.*** | |
| | | *Carreaux* en liais de Créteil, de 0ᵐ027 d'épaisseur. | |
| | | Le mètre superficiel, savoir : | |
| 391, 395, 396 | 4,006 | 1° Carreaux octogones, six francs. . . . . . . . . . . . . | 6 f. 00 |
| d° | 4,007 | 2° Carreaux carrés, six francs cinquante centimes . . . . . . . . | 6  50 |
| » | 4,008 | 3° Pour 0ᵐ007 d'épaisseur en plus. | |
| | | Les prix de carreaux ci-dessus 1° et 2° seront augmentés de un cinquième. . | 1/5 |
| » | 4,009 | 4° Pour 0ᵐ014 d'épaisseur en plus. | |
| | | Les prix de carreaux ci-dessus, 1° et 2° seront augmentés de deux cinquièmes. | 2/5 |
| | | *Carreaux* en pierre dure de Tonnerre, de 0ᵐ027 d'épaisseur. | |
| | | Le mètre superficiel, savoir : | |
| 391, 395, 396 | 4,010 | 1° Carreaux octogones, quatre francs . . . . . . . . . . . | 4  00 |
| d° | 4,011 | 2° Carreaux carrés, quatre francs cinquante centimes . . . . . . | 4  50 |
| » | 4,012 | 3° Pour 0ᵐ007 d'épaisseur en plus. | |
| | | Les prix de carreaux ci-dessus, 1° et 2° seront augmentés de un cinquième . | 1/5 |
| » | 4,013 | . 4° Pour 0ᵐ014 d'épaisseur en plus. | |
| | | Les prix des carreaux ci-dessus 1° et 2°, ser nt augmentés de deux cinquièmes. | 2/5 |
| | | *Carreaux* en marbre noir, carrés, de 0ᵐ027 d'épaisseur. | |
| | | La pièce, savoir : | |
| 392, 395, 396 | 4,014 | 1° De 0ᵐ070 de côté, treize centimes. . . . . . . . . . . . | 0  13 |
| d° | 4,015 | 2° De 0ᵐ079 de côté, quatorze centimes. . . . . . . . . . . | 0  14 |
| d° | 4,016 | 3° De 0ᵐ090 de côté, quinze centimes . . . . . . . . . . . | 0  15 |
| d° | 4,017 | 4° De 0ᵐ101 de côté, seize centimes . . . . . . . . . . . | 0  16 |
| d° | 4,018 | 5° De 0ᵐ112 de côté, dix-sept centimes . . . . . . . . . . | 0  17 |
| d° | 4,019 | 6° De 0ᵐ124 de côté, dix-huit centimes. . . . . . . . . . . | 0  18 |
| d° | 4,020 | 7° De 0ᵐ135 de côté, vingt centimes. . . . . . . . . . . . | 0  20 |
| d° | 4,021 | 8° De 0ᵐ16 de côté, quarante centimes . . . . . . . . . . | 0  40 |
| d° | 4,022 | 9° De 0ᵐ19 de côté, soixante centimes . . . . . . . . . . | 0  60 |
| d° | 4,023 | 10° De 0ᵐ22 de côté, quatre-vingts centimes . . . . . . . . | 0  80 |
| d° | 4,024 | 11° De 0ᵐ24 de côté, un franc . . . . . . . . . . . . . | 1  00 |
| d° | 4,025 | 12° De 0ᵐ27 de côté, un franc vingt centimes . . . . . . . . | 1  20 |
| d° | 4,026 | 13° De 0ᵐ30 de côté, un franc quarante centimes. . . . . . . . | 1  40 |
| d° | 4,027 | 14° De 0ᵐ325 de côté, un franc soixante centimes. . . . . . . . | 1  60 |
| » | 4,028 | 15° Pour 0ᵐ007 d'épaisseur en plus, les prix de carreaux ci-dessus, de 1° à 14°, seront augmentés de un cinquième. . . . . . . . . . . . . . | 1/5 |
| » | 4,029 | 16° Pour 0ᵐ014 d'épaisseur en plus, les prix des carreaux ci-dessus, de 1° à 14°, seront augmentés de deux cinquièmes . . . . . . . . . . . . | 2/5 |

| NUMÉROS | | DESIGNATION DES OUVRAGES. | PRIX |
| DU DEVIS. | DE LA SÉRIE. | | DE L'UNITÉ. |
|---|---|---|---|
| | | *Bandes* en liais de Créteil. | |
| | | Le mètre superficiel, savoir : | |
| 391, 395, 396 | 4,030 | 1° De 0$^m$027 d'épaisseur, sept francs . . . . . . . . . . . | 7 f. 00 |
| d° | 4,031 | 2° De 0$^m$034 d'épaisseur, huit francs cinquante centimes. . . . . . . | 8  50 |
| d° | 4,032 | 3° De 0$^m$041 d'épaisseur, dix francs . . . . . . . . . . . . | 10  00 |
| d° | 4,033 | 4° De 0$^m$054 d'épaisseur, treize francs . . . . . . . . . . | 13  00 |
| | | *Bandes* en pierre dure de Tonnerre. | |
| | | Le mètre superficiel, savoir : | |
| d° | 4,034 | 1° De 0$^m$027 d'épaisseur, six francs . . . . . . . . . . . | 6  00 |
| d° | 4,035 | 2° De 0$^m$034 d'épaisseur, sept francs . . . . . . . . . . . | 7  00 |
| d° | 4,036 | 3° De 0$^m$041 d'épaisseur, huit francs cinquante centimes . . . . . . | 8  50 |
| d° | 4,037 | 4° De 0$^m$054 d'épaisseur, dix francs. . . . . . . . . . . | 10  00 |
| | | *Bandes* en marbre noir. | |
| | | Le mètre superficiel, savoir : | |
| 392, 395, 396 | 4,038 | 1° De 0$^m$027 d'épaisseur, vingt-quatre francs quatre-vingts centimes . . . | 24  80 |
| d° | 4,039 | 2° De 0$^m$034 d'épaisseur trente francs quatre-vingts centimes . . . . | 30  80 |

| NUMÉROS | | DESIGNATION DES OUVRAGES. | PRIX |
|---|---|---|---|
| DU DEVIS. | DE LA SÉRIE. | | DE L'UNITÉ. |

ARTICLE 2ᵉ. — PRIX DES OUVRAGES.

---

*Carrelage* en marbre, en liais ou en pierre de Tonnerre, sur forme de $0^m03$ à $0^m05$ d'épaisseur, en mortier hydraulique ou en plâtre. (Les bandes au pourtour sont comptées à part).

NOTA. — Lorsque la forme n'aura pas été faite, les prix ci-dessous seront diminués de 1 fr. 20.

Le mètre superficiel, pour fourniture et façon, savoir :

1° Carreaux octogones en liais, avec remplissages en carreaux carrés de marbre noir.

| DU DEVIS | DE LA SÉRIE | DESIGNATION | Carreaux en pierre. | Carreaux en marbre. | PRIX | |
|---|---|---|---|---|---|---|
| 397 | 4,046 | Carreaux de . . . . . . . . . . . . . | $0^m325$ | $0^m135$ | 10 | 30 |
| dº | 4,047 | — de . . . . . . . . . . . . . | 0.30 | 0.124 | 10 | 60 |
| dº | 4,048 | — de . . . . . . . . . . . . . | 0.27 | 0.112 | 11 | 00 |
| dº | 4,049 | — de . . . . . . . . . . . . . | 0.24 | 0.101 | 11 | 50 |
| dº | 4,050 | — de . . . . . . . . . . . . . | 0.22 | 0.090 | 12 | 00 |
| d' | 4,051 | — de . . . . . . . . . . . . . | 0.19 | 0.079 | 12 | 60 |
| dº | 4,052 | — de . . . . . . . . . . . . . | 0.16 | 0.070 | 13 | 00 |

2° Carreaux octogones en pierre de Tonnerre, avec remplissages en carreaux carrés de marbre noir.

| | | | Carreaux en pierre. | Carreaux en marbre. | | |
|---|---|---|---|---|---|---|
| dº | 4,053 | Carreaux de . . . . . . . . . . . . . | $0^m325$ | $0^m135$ | 8 | 80 |
| dº | 4,054 | — de . . . . . . . . . . . . . | 0.30 | 0.124 | 9 | 20 |
| dº | 4,055 | — de . . . . . . . . . . . . . | 0.27 | 0.112 | 9 | 50 |
| dº | 4,056 | — de . . . . . . . . . . . . . | 0.24 | 0.101 | 9 | 90 |
| dº | 4,057 | — de . . . . . . . . . . . . . | 0.22 | 0.090 | 10 | 50 |
| dº | 4,058 | — de . . . . . . . . . . . . . | 0.19 | 0.079 | 11 | 00 |
| dº | 4,059 | — de . . . . . . . . . . . . . | 0.16 | 0.070 | 11 | 50 |

3° Carreaux carrés en liais et marbre noir, formant damier.

| | | | Carreaux en pierre. | Carreaux en marbre. | | |
|---|---|---|---|---|---|---|
| dº | 4,060 | Carreaux de . . . . . . . . . . . . . | $0^m325$ | $0^m325$ | 14 | 40 |
| dº | 4,061 | — de . . . . . . . . . . . . . | 0.30 | 0.30 | 15 | 00 |
| dº | 4,062 | — de . . . . . . . . . . . . . | 0.27 | 0.27 | 15 | 40 |
| dº | 4,063 | — de . . . . . . . . . . . . . | 0.24 | 0.24 | 16 | 00 |
| dº | 4,064 | — de . . . . . . . . . . . . . | 0.22 | 0.22 | 16 | 40 |
| dº | 4,065 | — de . . . . . . . . . . . . . | 0.19 | 0.19 | 16 | 80 |
| dº | 4,066 | — de . . . . . . . . . . . . . | 0.16 | 0.16 | 17 | 10 |

| NUMÉROS | | DESIGNATION DES OUVRAGES. | PRIX |
| DU DEVIS. | DE LA SÉRIE. | | DE L'UNITÉ. |
|---|---|---|---|
| | | 4° Carreaux carrés, en pierre de Tonnerre et marbre noir, formant damier. | |
| | | | Carreaux en pierre. / Carreaux en marbre. | |
| 397 | 4,067 | Carreaux de . . . . . . . . . . . . . 0ᵐ325 0ᵐ325 | 13f. 20 |
| d° | 4,068 | — de . . . . . . . . . . . . 0.30 0.30 | 13 70 |
| d° | 4,069 | — de . . . . . . . . . . . 0.27 0.27 | 14 20 |
| d° | 4,070 | — de . . . . . . . . . . . 0.24 0.24 | 14 80 |
| d° | 4,071 | — de . . . . . . . . . . . 0.22 0.22 | 15 10 |
| d° | 4,072 | — de . . . . . . . . . . . 0.19 1.19 | 15 50 |
| d° | 4,073 | — de . . . . . . . . . . . 0.16 0.16 | 15 90 |
| | | *Bandes* au pourtour des carrelages, posées sur forme de 0ᵐ03 à 0ᵐ05 d'épaisseur, en mortier hydraulique ou en plâtre. | |
| | | Nota. — Lorsque la forme n'aura pas été faite, les prix ci-dessous seront diminués de 1 fr. 20. | |
| | | Le mètre superficiel, savoir : | |
| | | 1° En liais. | |
| d° | 3,074 | De 0ᵐ027 d'épaisseur, onze francs trente centimes . . . . . . . . | 11 30 |
| d° | 4,075 | De 0ᵐ034 d'épaisseur, treize francs . . . . . . . . . . . | 13 00 |
| | | 2° En pierre de Tonnerre. | |
| d° | 4,076 | De 0ᵐ027 d'épaisseur, dix francs vingt centimes . . . . . . . . | 10 20 |
| d° | 4,077 | De 0ᵐ034 d'épaisseur, onze francs trente centimes . . . . . . . | 11 30 |
| | | 3° En marbre noir. | |
| d° | 4,078 | De 0ᵐ027 d'épaisseur, vingt-huit francs quarante centimes . . . . . . | 28 40 |
| d° | 4,079 | De 0ᵐ034 d'épaisseur, trente-quatre francs quarante centimes . . . . . | 34 40 |
| | | *Carrelage* à façon avec fournitures de mortier ou de plâtre. | |
| | | Le mètre superficiel, savoir : | |
| | | 1° Carreaux octogones en liais ou en pierre, et remplissage en marbre. | |
| | | | Carreaux en pierre. / Carreaux en marbre | |
| d° | 4,080 | Carreaux de . . . . . . . . . . . 0ᵐ325 0ᵐ135 | 1 80 |
| d° | 4,081 | — de . . . . . . . . . . . . 0.30 0.124 | 1 90 |
| d° | 4,082 | — de . . . . . . . . . . . 0.27 0.112 | 2 05 |
| d° | 4,083 | — de . . . . . . . . . . . 0.24 0.101 | 2 15 |
| d° | 4,084 | — de . . . . . . . . . . . 0.22 0.090 | 2 35 |
| d° | 4,085 | — de . . . . . . . . . . . 0.19 0.079 | 2 45 |
| d° | 4,086 | — de . . . . . . . . . . . 0.16 0.070 | 2 60 |
| | | 2° Carreaux carrés en pierre et en marbre. | |
| d° | 4,087 | Carreaux de . . . . . . . . . . . 0ᵐ325 0ᵐ325 | 3 15 |
| d° | 4,088 | — de . . . . . . . . . . . . 0.30 0.30 | 3 35 |
| d° | 4,089 | — de . . . . . . . . . . . 0.27 0.27 | 3 60 |
| d° | 4,090 | — de . . . . . . . . . . . 0.24 0.24 | 3 80 |
| d° | 4,091 | — de . . . . . . . . . . . 0.22 0.22 | 4 05 |
| d° | 4,092 | — de . . . . . . . . . . . 0.19 0.19 | 4 25 |
| d° | 4,093 | — de . . . . . . . . . . . 0.16 0.16 | 4 50 |

| NUMÉROS | | DESIGNATION DES OUVRAGES. | PRIX |
|---|---|---|---|
| DU DEVIS. | DE LA SÉRIE. | | DE L'UNITÉ. |
| 397 | 4,094 | 3° Bandes en pierre ou en marbre posées au pourtour des carrelages. | |
| | | Le mètre superficiel, deux francs trente-cinq centimes . . . . . . . | 2 f. 35 |
| » | 4,095 | 4° Carreaux vieux. | |
| | | *Plus-value* de carrelage comme ci-dessus, mais avec vieux carreaux, y compris retaille partielle desdits, un quart des prix ci-dessus, un quart . . . . . . . | 1/4 |
| | | *Carreaux* posés en recherche, pour fourniture seulement. | |
| | | Chaque carreau, savoir : | |
| | | 1° Carreaux octogones, en liais. | |
| 397 | 4,096 | De 0m325, soixante-dix centimes . . . . . . . . . . . . | 0 70 |
| d° | 4,097 | De 0m30, soixante centimes . . . . . . . . . . . . | 0 60 |
| d° | 4,098 | De 0m27, cinquante centimes . . . . . . . . . . . . | 0 50 |
| d° | 4,099 | De 0m24, quarante centimes . . . . . . . . . . . . | 0 40 |
| d° | 4,100 | De 0m22, trente centimes . . . . . . . . . . . . | 0 30 |
| d° | 4,101 | De 0m19, vingt-cinq centimes . . . . . . . . . . . . | 0 25 |
| d° | 4,102 | De 0m16, vingt centimes . . . . . . . . . . . . | 0 20 |
| | | 2° Carreaux octogones, en pierre de Tonnerre. | |
| d° | 4,103 | De 0m325, quarante-cinq centimes . . . . . . . . . . . . | 0 45 |
| d° | 4,104 | De 0m30, quarante centimes . . . . . . . . . . . . | 0 40 |
| d° | 4,105 | De 0°27, trente centimes . . . . . . . . . . . . | 0 30 |
| d° | 4,106 | De 0m24, vingt-cinq centimes . . . . . . . . . . . . | 0 25 |
| d° | 4,107 | De 0m22, vingt-cinq centimes . . . . . . . . . . . . | 0 25 |
| d° | 4,108 | De 0 19, vingt centimes . . . . . . . . . . . . | 0 20 |
| d° | 4,109 | De 0m16, quinze centimes . . . . . . . . . . . . | 0 15 |
| | | 3° Carreaux carrés en liais. | |
| d° | 4,110 | De 0m325, soixante-dix centimes . . . . . . . . . . . . | 0 70 |
| d° | 4,111 | De 0m30, soixante-cinq centimes . . . . . . . . . . . . | 0 65 |
| d° | 4,112 | De 0m27, cinquante-cinq centimes . . . . . . . . . . . . | 0 55 |
| d° | 4,113 | De 0m24, quarante-cinq centimes . . . . . . . . . . . . | 0 45 |
| d° | 4,114 | De 0m22, trente-cinq centimes . . . . . . . . . . . . | 0 35 |
| d° | 4,115 | De 0m19, vingt-cinq centimes . . . . . . . . . . . . | 0 25 |
| d° | 4,116 | De 0m16, vingt centimes . . . . . . . . . . . . | 0 20 |
| | | 4° Carreaux carrés, en pierre de Tonnerre. | |
| d° | 4,117 | De 0m325, cinquante centimes . . . . . . . . . . . . | 0 50 |
| d° | 4,118 | De 0m30, quarante-cinq centimes . . . . . . . . . . . . | 0 45 |
| d° | 4,119 | De 0m27, trente-cinq centimes . . . . . . . . . . . . | 0 35 |
| d° | 4,120 | De 0m24, trente centimes . . . . . . . . . . . . | 0 30 |
| d° | 4,121 | De 0m22, vingt-cinq centimes . . . . . . . . . . . . | 0 25 |
| d° | 4,122 | De 0m19, vingt centimes . . . . . . . . . . . . | 0 20 |
| d° | 4,123 | De 0m16, quinze centimes . . . . . . . . . . . . | 0 15 |
| | | 5° Carreaux carrés, en marbre noir. | |
| d° | 4,124 | De 0m325, un franc soixante-dix centimes . . . . . . . . . . . . | 1 70 |
| d° | 4,125 | De 0m30, un franc cinquante centimes . . . . . . . . . . . . | 1 50 |

| NUMÉROS | | DÉSIGNATION DES OUVRAGES. | PRIX |
|---|---|---|---|
| DU DEVIS. | DE LA SÉRIE. | | DE L'UNITÉ. |
| 397 | 4,126 | De 0m27, un franc vingt-cinq centimes . . . . . . . . | 1 f. 25 |
| dº | 4,127 | De 0m24, un franc cinq centimes . . . . . . . . | 1 05 |
| dº | 4,128 | De 0·22, quatre-vingt-cinq centimes . . . . . . . . | 0 85 |
| dº | 4,129 | De 0m19, soixante centimes . . . . . . . . | 0 60 |
| dº | 4,130 | De 0·16, quarante-cinq centimes . . . . . . . . | 0 45 |
| | | 6º Demi-carreaux. | |
| dº | 4,131 | Les demi-carreaux seront payés les deux tiers des prix ci-dessus. | |
| | | Deux tiers . . . . . . . . . | 2/3 |
| | | *Carreaux* en liais, en pierre ou en marbre noir, octogones ou carrés, pour pose seulement. | |
| | | Chaque carreau : | |
| dº | 4,132 | De 0·325, trente-huit centimes . . . . . . . | 0 38 |
| dº | 4,133 | De 0m30, trente-trois centimes. . . . . . . | 0 33 |
| dº | 4,134 | De 0m27, vingt-neuf centimes . . . . . . . | 0 29 |
| dº | 4,135 | De 0m24, vingt-quatre centimes . . . . . . . | 0 24 |
| dº | 4,136 | De 0·22, vingt-et-un centimes. . . . . . . | 0 21 |
| dº | 4,137 | De 0m19, dix-sept centimes . . . . . . . | 0 17 |
| dº | 4,138 | De 0m16, treize centimes . . . . . . . | 0 13 |
| | | *Carreaux* carrés de remplissage, en marbre noir. | |
| | | Chaque carreau, savoir : | |
| | | 1º Pour fourniture seulement. | |
| 396 | 4,139 | De 0m135 / De 0m124 \| vingt-cinq centimes . . . . . | 0 25 |
| | | De 0m112 \| De 0m101 | |
| dº | 4,140 | De 0m090 / De 0m079 } vingt centimes . . . . . . . | 0 20 |
| | | De 0m070 | |
| dº | 4,141 | Les demi-carreaux et les quarts de carreaux seront payés les deux tiers des carreaux ci-dessus, deux tiers . . . . . . . . | 2/3 |
| | | 2º Pour pose seulement. | |
| 397 | 4,142 | De 0m135 / De 0m124 \| dix centimes . . . . . | 0 10 |
| | | De 0m112 \| De 0m101 | |
| dº | 4,143 | De 0m090 / De 0m079 } sept centimes. . . . . . | 0 07 |
| | | De 0m070 | |
| | | *Décarrelage* de carreaux en liais et marbre. | |
| | | Le mètre superficiel, savoir : | |
| dº | 4,144 | Sans nettoyage, transport ni rangement, vingt centimes . . . . . | 0 20 |
| dº | 4,145 | Sans nettoyage, avec transport et rangement, trente-cinq centimes . . . . | 0 35 |

| NUMÉROS | | DESIGNATION DES OUVRAGES. | PRIX |
|---|---|---|---|
| DU DEVIS. | DE LA SÉRIE. | | DE L'UNITÉ. |
| 397 | 4,146 | Avec nettoyage, transport et rangement, soixante-cinq centimes. . . . . . | 0 f. 65 |
| dᵒ | 4,147 | *Frottage* et passage au grès de carrelage en liais et marbre. Le mètre superficiel, soixante-cinq centimes . . . . . . . . . . . Ce travail ne sera payé que lorsqu'il sera fait isolément, les prix de carrelage comprenant cette main-d'œuvre. | 0    65 |
| | | *Chambranles* en marbre, jusqu'à 1ᵐ30 de longueur, pour fourniture seulement. Les chambranles de cheminée seront faits avec les marbres suivants : | |
| | | *Marbres* francais de la Sarthe ou de la Mayenne. Sérancolin de l'Ouest. Rose, Enjugerai. | |
| | | *Marbres* de Belgique. Sainte-Anne. Rouge de Flandre. Noir demi-fin. Granit Feluil. | |
| | | Chaque chambranle, savoir : | |
| | | 1º Chambranles à la capucine. | |
| 398 | 4,148 | Chambranle à la capucine simple, dix-huit francs. . . . . . . . . | 18    00 |
| dᵒ | 4,149 | Chambranle comme le précèdent, ayant en plus un foyer en marbre d'un seul morceau, doublé en pierre ou en ardoise, vingt-trois francs cinquante centimes . . | 23    50 |
| dᵒ | 4,150 | Chambranle comme le précèdent, ayant en plus ses retours en marbre, vingt-huit francs . . . . . . . . . . . . . . . . . . . . . . | 28    00 |
| dᵒ | 4,151 | 2º Chambranle à consoles, à tablette profilée, à foyer en marbre, d'un seul morceau, doublé en pierre ou en ardoise et à retours en marbre, trente-six francs . . | 36    00 |
| dᵒ | 4,152 | 3º Chambranle riche. Les chambranles de cheminées d'un modèle riche seront payés sur facture authentique, avec un dixième en plus, pour bénéfice. | |
| | | *Pose* de chambranles de cheminées, jusqu'à 1ᵐ30 de longueur, y compris agrafes, plâtre et scellement. Chaque pose de chambranle, savoir : | |
| dᵒ | 4,153 | Chambranle simple à la capucine, deux francs vingt-cinq centimes . . . . | 2    25 |
| dᵒ | 4,154 | Chambranle à la capucine avec foyer, deux francs soixante-dix centimes . . | 2    70 |
| dᵒ | 4,155 | Chambranle à la capucine avec foyer et retours, trois francs quinze centimes. | 3    15 |
| dᵒ | 4,156 | Chambranle à consoles avec foyer et retours, trois francs soixante centimes. . | 3    60 |
| dᵒ | 4,157 | *Dépose* de chambranles. La dépose avec rangement d'un chambranle sera payée les deux cinquièmes du prix de la pose, deux cinquièmes . . . . . . . . . . . . . . . | 2/5 |

| NUMÉROS | | DESIGNATION DES OUVRAGES. | PRIX | |
|---|---|---|---|---|
| DU DEVIS. | DE LA SÉRIE. | | DE L'UNITÉ. | |
| 398 | 4,158 | *Doublure* de 0ᵐ034 d'épaisseur, en pierre ou en ardoise, pour ouvrages en marbre, compris coupes et scellement en plâtre. | | |
| | | Le mètre superficiel, six francs. . . . . . . . . . . . . | 6 f. | 00 |
| | | *Marbres* pour tablettes, foyers, etc., compris toutes tailles, poli et pose. | | |
| | | NOTA. — On ne déduira pas de la surface à payer les trous pour colonnes, etc. | | |
| | | Le mètre superficiel, savoir : | | |
| | | 1° Tablettes en marbres ordinaires de la Sarthe ou de la Mayenne, dénommés ci-après : | | |
| | | Sérancolin de l'Ouest. | | |
| | | Rose Enjugerai. | | |
| 400 | 4,159 | De 0ᵐ021 d'épaisseur, dix-sept francs quatre-vingts centimes . . . . . | 17 | 80 |
| d° | 4,160 | De 0ᵐ027 d'épaisseur, vingt-et-un francs vingt centimes . . . . . . . | 21 | 20 |
| d° | 4,161 | De 0ᵐ034 d'épaisseur, vingt-sept francs vingt centimes . . . . . . . | 27 | 20 |
| d° | 4,162 | De 0ᵐ041 d'épaisseur, trente-trois francs vingt centimes. . . . . . . | 33 | 20 |
| | | 2° Tablettes en marbres ordinaires de Belgique, dénommés ci-après : | | |
| | | Sainte-Anne. | | |
| | | Rouge de Flandre. | | |
| | | Noir demi-fin. | | |
| | | Granit Feluil. | | |
| d° | 4,163 | De 0ᵐ021 d'épaisseur, vingt-deux francs dix centimes . . . . . . . | 22 | 10 |
| d° | 4,164 | De 0ᵐ027 d'épaisseur, vingt-sept francs vingt centimes . . . . . . . | 27 | 20 |
| d° | 4,165 | De 0ᵐ034 d'épaisseur, trente-trois francs vingt centimes . . . . . . | 33 | 20 |
| d° | 4,166 | De 0ᵐ041 d'épaisseur, quarante francs quatre-vingts centimes . . . . . | 40 | 80 |
| | | 3° Trou de colonne percé dans une tablette en marbre. | | |
| | | Chaque trou, savoir : | | |
| d° | 4,167 | De 0ᵐ11 à 0ᵐ15 de diamètre, quatre-vingt-cinq centimes. . . . . . . | 0 | 85 |
| d° | 4,168 | De 0ᵐ16 à 0ᵐ22 de diamètre, un franc cinq centimes . . . . . . . . | 1 | 05 |
| | | *Pierre* de liais pour tablettes, foyers, etc., y compris toutes tailles et arrondissements, ainsi que la pose, en mortier hydraulique ou en plâtre. | | |
| | | Le mètre superficiel, savoir : | | |
| 399 | 4,169 | De 0ᵐ027 d'épaisseur, onze francs quatre-vingt-dix centimes. . . . . | 11 | 90 |
| d° | 4,170 | De 0ᵐ034 d'épaisseur, douze francs soixante-quinze centimes . . . . | 12 | 75 |
| d° | 4,171 | De 0ᵐ041 d'épaisseur, treize francs soixante centimes . . . . . . | 13 | 60 |
| d° | 4,172 | De 0ᵐ047 d'épaisseur, quatorze francs quarante-cinq centimes . . . . | 14 | 45 |
| d° | 4,173 | De 0ᵐ054 d'épaisseur, quinze francs trente centimes . . . . . . . | 15 | 30 |
| d° | 4,174 | De plus de 0ᵐ54 d'épaisseur, comme au chapitre 4°. Maçonnerie, avec augmentation de un dixième . . . . . . . . . . . . . . . . . | 1/10 | |

| NUMÉROS | | DÉSIGNATION DES OUVRAGES. | PRIX |
|---|---|---|---|
| DU DEVIS. | DE LA SÉRIE. | | DE L'UNITÉ. |

## CHAPITRE XIV.

### Schiste ardoisier. — Appareils pour lieux d'aisances.

#### Ardoiserie d'Angers.

ART. 1er. — PRIX ÉLÉMENTAIRES.

*Heures de travail effectif.*

| | 4,201 | *Tailleur* ou poseur de schiste, y compris frais d'outils, soixante-dix centimes. | 0 f. 70 |
| | 4,202 | *Travaux* de nuit : Dans les travaux de nuit, l'heure d'ouvrier sera payée moitié en plus de celle du jour ; les frais d'éclairage seront à la charge de l'Entrepreneur. | |

| NUMÉROS | | DESIGNATION DES OUVRAGES. | PRIX |
| DU DEVIS. | DE LA SÉRIE. | | DE L'UNITÉ. |
|---|---|---|---|
| | | **ART. 2<sup>e</sup>. — PRIX DES OUVRAGES.** | |
| » | 4,203 | *Aire* en salpètre de 0<sup>m</sup>08 d'épaisseur.<br>Le mètre superficiel, un franc . . . . . . . . . . . | 1 f. 00 |

DÉTAIL.

Dressement de la forme, transport du déblai à 90<sup>m</sup>00 et ré-
galage . . . . . . . . . *. . . . . . . . . . . . . . . 0 f 10 ⎫
Dressement du fond de la forme. . . . . . . . . . 0  05 ⎬ 0 f 15
0<sup>m</sup>09 de salpètre, y compris le déchet, à 8 fr. . . . . 0  72 ⎫
Emploi et pilonnage du salpètre . . . . . . . . . 0  13 ⎬ 0  85

                    Total. . . . . . .   1  00

| | | | | |
|---|---|---|---|---|
| » | 4,204 | *Forme* en mortier hydraulique ou en plâtre de 0<sup>m</sup>03 à 0<sup>m</sup>05 d'épaisseur sous le dallage ou le carrelage en schiste.<br>Le mètre superficiel, un franc vingt centimes . . . . . . . . . | 1 | 20 |
| 418 | 4,205 | *Béton* composé de 0<sup>m</sup>50 de mortier hydraulique et de 0<sup>m</sup>80 de caillou en silex, passé à l'anneau de 0<sup>m</sup>06.<br>Le mètre cube, dix-neuf francs. . . . . . . . . . . . . | 19 | 00 |
| 412, 417 | 4,206 | *Grant* pour seuils et bordures.<br>Il sera payé aux prix indiqués au chapitre deuxième, pavages, bordures, etc. | | |
| 426, 427 | 4,207 | *Maçonnerie* en schiste pour soubassements, seuils, socles, etc., ayant plus de 0<sup>m</sup>08 d'épaisseur, avec mortier de chaux hydraulique.<br>Le mètre cube, quatre cent soixante francs. . . . . . . . . | 460 | 00 |
| 422, 427 | 4,208 | *Parements* vus dressés et rabotés, de la maçonnerie en schiste, ayant plus de 0<sup>m</sup>08 d'épaisseur.<br>Le mètre superficiel, cinq francs vingt centimes . . . . . . . . | 5 | 20 |
| | | *Recoupements*, évidements, refouillements dans le schiste, produisant une surface au-dessus de 0<sup>m</sup>10, compris taille des faces droites ou courbes.<br>Le mètre superficiel, savoir : | | |
| 426, 427 | 4,209 | 1<sup>o</sup> Pour la première épaisseur de 0<sup>m</sup>01, dix francs cinquante centimes . . . | 10 | 50 |
| » | 4,210 | 2<sup>o</sup> Pour chaque 0<sup>m</sup>005 d'épaisseur en sus, deux francs dix centimes. . . . | 2 | 10 |
| | | *Recoupements*, évidements, refouillements ou percements dans le schiste, produisant une surface égale ou inférieure à 0<sup>m</sup>10, compris taille des faces droites ou courbes. | | |

| NUMÉROS | | DESIGNATION DES OUVRAGES. | PRIX |
|---|---|---|---|
| DU DEVIS. | DE LA SÉRIE | | DE L'UNITÉ. |

| | | | | |
|---|---|---|---|---|
| 426, 427 | 4,211 | Chaque recoupement, évidement, refouillement ou percement, savoir : 1° Pour la première épaisseur de 0ᵐ01, un franc. . . . . . . . . | 1 f. | 00 |
| d° | 4,212 | 2° Pour chaque 0ᵐ005 d'épaisseur en sus, vingt-cinq centimes . . . . . | 0 | 25 |
| 427 | 4,213 | *Carrelage* en carreaux de schiste poli, depuis 0ᵐ135 jusqu'à 0ᵐ333 de côté, non compris la forme, Le mètre superficiel, savoir : 1° En carreaux carrés ou rectangulaires de 0ᵐ015 à 0ᵐ020 d'épaisseur, dix francs. . . . . . . . . . . . . . . . . . . . . . . . . . . . | 10 | 00 |
| d° | 4,214 | 2° En carreaux carrés ou rectangulaires de 0ᵐ021 à 0ᵐ025 d'épaisseur, douze francs. . . . . . . . . . . . . . . . . . . . . . . . . . . . | 12 | 00 |
| d° | 4,215 | 3° En carreaux carrés ou rectangulaires de 0ᵐ026 à 0ᵐ030 d'épaisseur, quatorze francs.. . . . . . . . . . . . . . . . . . . . . . . . | 14 | 00 |

| DÉTAIL : | ÉPAISSEUR DES CARREAUX | | |
|---|---|---|---|
| | De 0 m. 015 à 0 m 020. | De 0 m. 021 à 0 m. 025. | De 0 m. 025 à 0 m. 030. |
| Fourniture des carreaux. . . . . . | 8 f. 00 | 10 f. 00 | 12 f. 00 |
| Pose des carreaux: . . . . . . | 2 00 | 2 00 | 2 00 |
| TOTAUX. . . . | 10 f. 00 | 12 f. 00 | 14 f. 00 |

| | | | | |
|---|---|---|---|---|
| d° | 4,216 | 4° En carreaux losanges, pentagones, hexagones, octogones ou circulaires ; les prix ci-dessus (de 1°, 2°, 3°) avec augmentation de un dixième . . . . . | 1 + 1/10 | |
| d° | 4,217 | 5° En petits carreaux carrés, posés en remplissage de carreaux octogones, les prix ci-dessus (de 1°, 2°, 3°) avec augmentation de un quart . . . . . . . | 1 + 1/4 | |
| 416, 422, 426 427 | 4,218 | *Dallage* en schiste de 0ᵐ05 d'épaisseur, à un parement, la dalle étant évidée et taillée en pente pour former ruisseau, pour fourniture et pose. Le mètre superficiel, cinquante-cinq francs soixante centimes . . . . . | 55 | 60 |

DÉTAIL :

Dalle de 0ᵐ05 d'épaisseur pour fourniture, y compris la façon d'un parement, (la longueur ne dépassant pas 2ᵐ00. . . . . . . . . . . . . 26 fr. 10
Pose de la dalle. . . . . . . . . . . . . . . . 11 80
Évidement jusqu'à 0ᵐ035 d'épaisseur et taille en pente avec nervures, etc., etc., 23 fr. 60.
L'évidement n'occupant que les trois quarts de la surface du dallage, il n'y a à compter que les 3/4 du prix ci-dessus, ou 23 fr. 60 × 0ᵐ75. . 17 70
                                         Total. . . . . 55 60

NOTA. — Le dallage de 0ᵐ05 d'épaisseur, à un parement sans évidement sera payé comme ci-dessus, 26 fr. 10 + 11 fr. 80 = 37 fr. 90.

| NUMÉROS | | DÉSIGNATION DES OUVRAGES. | PRIX |
|---|---|---|---|
| DU DEVIS. | DE LA SÉRIE. | | DE L'UNITÉ. |
| 416, 422, 426, 427 | 4,219 | *Dallage* en schiste de 0ᵐ08 d'épaisseur, à un parement, la dalle étant évidée et taillée en pente, pour former ruisseau, pour fourniture et pose.<br>Le mètre superficiel, quatre-vingts francs . . . . . . . . . .<br><br>       DÉTAIL :<br><br>Dalle de 0ᵐ08 d'épaisseur, pour fourniture, y compris la façon d'un parement (la longueur ne dépassant pas 2 00) . . . . . . . . . . . 40 fr. 80<br>Pose de la dalle . . . . . . . . . . . . . . . . . . . 15    70<br>Evidement jusqu'à 0ᵐ05 d'épaisseur et taille en pente avec nervures, etc., etc., 31 fr. 50. — L'évidement n'occupant que les 3/4 de la surface du dallage, il n'y a à compter que les 3/4 du prix ci-dessus, ou 31 fr. 50 × 0 m. 75 = 23 fr. 63 passé à . . . . . . . . . . . . 23    50<br><br>               Total.    . . . .   80 fr. » | 80    00 |
| 419, 422, 423, 426, 427 | 4,220 | *Dalles* en schiste de 0ᵐ02 d'épaisseur, à un parement, employées en revêtement de mur ou en dallage pour fourniture et pose.<br>Le mètre superficiel, dix-sept francs trente centimes. . . . . .<br><br>       DÉTAIL :<br><br>Dalle de 0m02 d'épaisseur pour fourniture, y compris la façon d'un parement (la longueur ne dépassant pas 2ᵐ00) . . . . . . . . . . . 11 fr. 40<br>Pose de la dalle. . . . . . . . . . . . . . . . . 5    90<br><br>               Total.    . . . .   17 fr. 30 | 17    30 |
| dᵒ | 4,221 | *Dalles* en schiste de 0ᵐ02 à 0ᵐ05 d'épaisseur, à un parement, employée comme ci-dessus.<br>Plus-value à ajouter au prix précédent (nᵒ 4,220) par chaque 0ᵐ005 d'épaisseur en plus de 0ᵐ02.<br>Le mètre superficiel, pour fourniture et pose, trois francs quarante centimes . | 3    40 |
| 420, 422, 423, 426, 427 | 4,222 | *Dalles* en schiste de 0ᵐ02 d'épaisseur à deux parements employées en stalles intermédiaires, cloisons, tablettes, etc., pour fourniture et pose.<br>Le mètre superficiel, vingt-un franc cinquante centimes . . . . .<br><br>       DÉTAIL :<br><br>Dalle de 0ᵐ02 d'épaisseur, pour fourniture, y compris la façon des deux parements (la longueur ne dépassant pas 2ᵐ00). . . . . . . . . . . 14 fr. 20<br>Pose de la dalle . . . . . . . . . . . . . . . . 7    30<br><br>               Total.    . . . .   21 fr. 50 | 21    50 |
| dᵒ | 4,223 | *Dalles* en schiste de 0ᵐ02 à 0ᵐ05 d'épaisseur, à deux parements, employées comme ci-dessus.<br>Plus-value à ajouter au prix précédent (nᵒ 4,222) par chaque 0ᵐ005 d'épaisseur en plus de 0ᵐ02. | |

| NUMÉROS | | DÉSIGNATION DES OUVRAGES. | PRIX |
| DU DEVIS. | DE LA SÉRIE. | | DE L'UNITÉ. |
| --- | --- | --- | --- |
| | | Le mètre superficiel, pour fourniture et pose, trois francs soixante centimes. | 3 f. 60 |
| 427 | 4,224 | *Mesurage* des dalles des nos 4,218, 4,219, 4,220, 4,221, 4,222 et 4,223. La surface de chaque morceau sera calculée sur le plus petit rectangle dans lequel on l'aura inscrit. | |
| | | **Fouillures, Rainures.** | |
| | | *Fouillures* longitudinales évidées dans la dalle de 0m05 ou de 0m08 d'épaisseur, celle antérieure pour recevoir le bitume ou tout autre revêtement du sol, celle postérieure pour recevoir les revêtements verticaux du mur du fond. | |
| | | *Rainures* verticales, évidées dans les stalles, pour y incruster lesdits revêtements du mur du fond. Le mètre linéaire savoir : | |
| 426 | 4,225 | 1° *Feuillures*, rainures, la plus forte dimension ayant jusqu'à 0m02, un franc dix centimes. . . . . . . . . . . . . . . . . . . . . . | 1  10 |
| do | 4,226 | 2° *Feuillures*, rainures, plus fortes que les précédentes ; le prix ci-dessus de 1 fr. 10 sera augmenté de 0 fr. 50 par chaque 0m005 de plus ; (ainsi une feuillure, dont la plus forte dimension sera de 0m025, sera payée 1 fr. 10 + 0 fr. 50 = 1 fr. 60), cinquante centimes . . . . . . . . . . . . . . . . . . . . . | 0  50 |
| | | **Bords arrondis, bords ajustés.** | |
| | | *Bords* arrondis des stalles intermédiaires (l'arrondissement des deux arêtes compté pour un seul arrondissement) sans plus-value pour les quarts de rond de la partie supérieure. | |
| | | *Bords* ajustés. 1° Des joints horizontaux des stalles intermédiaires et de celles extrêmes, ainsi que des revêtements posés sur la dalle formant ruisseau. 2° Des revêtements posés dans les rainures des stalles intermédiaires et dans les rainures des stalles extrêmes. Le mètre linéaire, savoir : | |
| do | 4,227 | *Bords* arrondis, bords ajustés. 1° Pour dalles de 0m02 d'épaisseur, un franc dix centimes. . . . . . . | 1  10 |

| NUMÉROS | | DESIGNATION DES OUVRAGES. | PRIX |
|---|---|---|---|
| DU DEVIS. | DE LA SÉRIE. | | DE L'UNITÉ. |
| 426 | 4,228 | 2° Pour dalles ayant plus de 0ᵐ02 d'épaisseur. Le prix ci-dessus de 1 fr. 10 sera augmenté de 0 fr. 50 par chaque 0ᵐ005 d'épaisseur en plus de 0 02. (Ainsi, pour une ardoise de 0ᵐ025 d'épaisseur, le mètre linéaire de bords arrondis ou de bords ajustés sera payé 1 fr. 10 + 0 fr. 50 = 1 fr. 60), cinquante centimes . . . . . . . . . . . . . . . . . . . . . | 0 f. 50 |
| 424, 426 | 4,229 | *Percement* de trou circulaire avec feuillure dans la dalle, formant ruisseau, pour le passage des eaux. Chaque percement de trou de 0ᵐ03 de profondeur, deux francs dix centimes . | 2 10 |
| | 4,230 | Chaque 0ᵐ005 de profondeur en plus de 0·03 sera payé vingt-cinq centimes . | 0 25 |
| 413 | 4,231 | *Enduit* en ciment hydraulique de Pouilly et sable de rivière. (Dosage en volume, une partie de ciment et une partie de sable). Le mètre superficiel, savoir : 1° De 0·01 d'épaisseur, un franc soixante-dix centimes . . . . . . . | 1 70 |
| d° | 4,232 | 2° De 0·02 d'épaisseur, deux francs trente centimes . . . . . . . . | 2 30 |
| d° | 4,233 | 3° De 0·03 d'épaisseur, trois francs trente-cinq centimes . . . . . . | 3 35 |
| 413, 422 | 4,234 | *Joints* en ciment hydraulique de Pouilly ou de Vassy. Joints du pied des stalles et des revêtements sur la dalle formant ruisseau ; joints des revêtements sur les rainures des stalles. Le mètre linéaire, y compris le dégradage des joints, vingt-cinq centimes . . | 0 25 |
| d° | 4,235 | *Jointoiement* en ciment hydraulique de Pouilly ou de Vassy, sur murs en moellon ou en briques, y compris le dégradage des joints. Le mètre superficiel, savoir : Sur murs en moellon ou en meulière, quatre-vingt-cinq centimes . . . . | 0 85 |
| d° | 4,236 | Sur murs en briques, un franc cinquante centimes . . . . . . . . | 1 50 |
| 424 | 4,237 | *Crapaudines* en cuivre pour urinoirs, jusqu'à 0ᵐ06 de diamètre ; le diamètre mesuré non pas sur la partie formant pomme, mais sur celle formant tuyau. Chaque crapaudine, compris pose, trois francs . . . . . . . . | 3 00 |
| d° | 4,238 | *Crapaudines* en cuivre pour urinoirs, comme celles ci-dessus, mais de plus de 0ᵐ06 de diamètre. Elles seront comptées au poids. Le kilogramme, compris pose, cinq francs. . . . . . . . . . | 5 00 |
| 423 | 4,239 | *Agrafe* en cuivre incrustée dans la dalle en schiste et scellée en ciment hydraulique de Pouilly dans un mur en moellon, brique ou pierre. Chaque agrafe, pour fourniture et pose, y compris l'incrustement de sa tête dans la dalle, ainsi que le trou et le scellement de sa queue dans le mur, soixante-quinze centimes. . . . . . . . . . . . . . . . . . | 0 75 |

| NUMÉROS | | DESIGNATION DES OUVRAGES. | PRIX |
| --- | --- | --- | --- |
| DU DEVIS. | DE LA SÉRIE. | | DE L'UNITÉ. |

**Appareils pour lieux d'aisances de la fabrique de Rogier-Mothes.**

NOTA. — Pour les figures des appareils, voir la série de la gare Montparnasse (année 1863).

| | | | | |
| --- | --- | --- | --- | --- |
| 428, 429, 430 | 4,251 | *Appareil* pour intercepter l'odeur de la fosse et placé immédiatement au-dessus de celle-ci. | | |
| | | Ledit appareil en fonte pèse 65 kilogrammes. | | |
| | | Chaque appareil, sans la pose, quatre-vingts francs . . . . . . | 80 f. | 00 |
| | | *Appareil*, sans enveloppe métallique, la valve fonctionnant dans le vide de la fosse, pour lieux d'aisance, à la turque. | | |
| | | Chaque appareil, sans la pose, savoir : | | |
| d° | 4,252 | 1° En fonte brute, pesant quatorze kilogrammes, vingt francs . . . . . | 20 | 00 |
| d° | 4,253 | 2° La valve de fermeture et la cuvette étant en fonte émaillée et l'axe roulant sur cristal, trente-cinq francs. . . . . . . . . . . . . . | 35 | 00 |
| | | *Appareil*, sans aucun accessoire, pour lieux d'aisances à la turque. | | |
| | | Chaque appareil, sans la pose, savoir : | | |
| d° | 4,254 | 1° En fonte brute, pesant 19 kilogrammes, seize francs . . . . . . | 16 | 00 |
| d° | 4,255 | 2° La valve de fermeture et la cuvette étant en fonte émaillée et l'axe roulant sur cristal, trente-un francs. . . . . . . . . . . . . . | 31 | 00 |
| | | *Appareil* pour lieux d'aisances à la turque, comme celui ci-dessus, mais ayant en plus une hausse servant de cuvette, dont le dessus est au niveau du sol. | | |
| | | Chaque appareil, sans la pose, savoir : | | |
| d° | 4,256 | 1° En fonte brute pesant vingt kilogrammes, dix-huit francs cinquante centimes. . . . . . . . . . . . . . . . . . . . . | 18 | 50 |
| d° | 4,257 | 2° La valve de fermeture et la cuvette étant en fonte émaillée et l'axe roulant sur cristal, trente-six francs . . . . . . . . . . . . . | 36 | 00 |
| d° | 4,258 | *Siége* en fonte pour être adapté à l'appareil ci-dessus. | | |
| | | Le siége sans cuvette ni pose, dix-neuf francs . . . . . . . | 19 | 00 |
| | | *Appareil* pour cabinets d'aisances communs avec hausse portant trou au niveau du plancher pour l'écoulement des liquides, ayant en plus une cuvette en fonte placée au-dessus du sol, à la hauteur ordinaire d'un siége d'aisances. | | |
| | | Chaque appareil, savoir : | | |
| d° | 4,529 | 1° En fonte brute pesant vingt-deux kilogrammes, vingt francs . . . . | 20 | 00 |
| d° | 4,260 | 2° La valve de fermeture, la hausse et la cuvette étant en fonte émaillée et l'axe roulant sur cristal, trente-neuf francs . . . . . . . . . . | 39 | 00 |

| NUMÉROS | | DESIGNATION DES OUVRAGES. | PRIX |
|---|---|---|---|
| DU DEVIS. | DE LA SÉRIE. | | DE L'UNITÉ. |
| 428, 429, 430 | 4,261 | *Appareil* pour cabinet d'aisances de petit appartement. On pourra employer l'appareil des nᵒˢ 4,259, 4,260, dont le prix est de 20 fr. 00 ou de 39 fr. 00. | |
| dᵒ | 4,262 | *Appareil* pour cabinet d'aisances de petit appartement, comme celui ci-dessus, mais avec une cuvette en faïence au lieu d'une cuvette en fonte. Chaque appareil, non compris la pose, trente-six francs . . . . . . | 36   00 |
| | | DÉTAIL : | |
| | | Appareil basculant, en fonte brute, pesant dix-neuf kilogrammes. . 16 fr. » | |
| | | Emaillage de la valve de fermeture et plus value pour axe roulant sur cristal . . . . . . . . . . . . . . . . . 15 » | |
| | | Cuvette ovale en faïence . . . . . . . . . . . . 5 » | |
| | | Total. . . . 36 fr. » | |
| dᵒ | 4,263 | Appareil pour cabinet d'aisances à l'anglaise pour grand appartement. Chaque appareil, sans la pose, soixante-seize francs .. . . . . . | 76   00 |
| | | DÉTAIL : | |
| | | Appareil basculant en fonte brute, pesant 19 kilogrammes. . . . 16 fr. » | |
| | | Emaillage de la valve de fermeture et plus-value pour axe roulant sur cristal . . . . . . . . . . . . . . . . 15 » | |
| | | Cuvette ovale à douille, en porcelaine . . . . . . . . 13 » | |
| | | Réservoir en fonte vernie avec embout de tuyau en cuivre. . . . 28 » | |
| | | Tuyau en caoutchouc avec mouvement et corde de tirage . . . . 4 » | |
| | | Total. . . . . 76 fr. » | |
| 429, 430 | 4,264 | *Flotteur* sphérique (pour indiquer la plénitude de la fosse) en cuivre de 0ᵐ004 d'épaisseur, de 0ᵐ20 de diamètre extérieur avec tige en fer de 0ᵐ70 de longueur et accessoires, y compris pose. Chaque flotteur, douze francs . . . . . . . . . . . . | 12   00 |

*Dressé par l'Ingénieur,*
*Chef de la deuxième division*
Rouen, le 1ᵉʳ janvier 1867.
J. DE COËNE.

VU ET VÉRIFIÉ :
*L'Ingénieur des Ponts-et-Chaussées,*
*Chef du service de l'entretien et de la surveillance.*
E. CLERC.

# TABLE DES MATIÈRES.

FIN DE LA TABLE.

Rouen.—Imp. E. CAGNIARD, rues de l'Impératrice, 88, et des Basnage. 5

IMPRIMERIE E. CAGNIARD

ROUEN

www.ingramcontent.com/pod-product-compliance
Lightning Source LLC
Chambersburg PA
CBHW070248200326
41518CB00010B/1728